国家社会科学基金重点项目 （14AZD107） 资助
国家自然科学基金项目 （51278437）

国家公园设施系统与风景设计

Park and Recreation Structures

[美] 艾伯特·H·古德　著

吴承照　姚雪艳　严诣青　译

中国建筑工业出版社

著作权合同登记图字：01-2001-3594号

图书在版编目（CIP）数据

国家公园设施系统与风景设计 /（美）艾伯特·H·古德（Albert H. Good）著；吴承照等译.—北京：中国建筑工业出版社，2018.1

书名原文：Park And Recreation Structures

ISBN 978-7-112-21335-1

Ⅰ.①国… Ⅱ.①艾…②吴… Ⅲ.①国家公园—设施建设 ②国家公园—风景设计 Ⅳ.①TU986.3

中国版本图书馆CIP数据核字（2017）第255488号

责任编辑：刘爱灵　戚琳琳

责任校对：王　瑞　张　颖

国家公园设施系统与风景设计

[美] 艾伯特·H·古德　著

吴承照　姚雪艳　严诒青　译

＊

中国建筑工业出版社出版、发行（北京海淀三里河路9号）

各地新华书店、建筑书店经销

北京京点图文设计有限公司制版

北京圣夫亚美印刷有限公司印刷

＊

开本：880×1230毫米　1/16　印张：39¼　字数：1042千字

2018年2月第一版　2018年2月第一次印刷

定价：150.00元

ISBN 978-7-112-21335-1

（31040）

总 目 录

总序

英文原著 1938 年第一版　　1999 年第二版

美国内务部（UNITEO STATES DEPARTMENT OF THE INTERIOR）
哈罗德·伊基斯，秘书

国家公园局（NATIONAL PARK SERVICE）
阿尔诺·B·坎默尔，局长

民间保护组织（CIVILIAN CONSERVATION CORPS）
罗伯特·费克纳　主任

咨询委员会（ADVISORY COUNCIL）
乔治·泰纳少将旅长，战争秘书

国家公园局主任助理，内务部秘书，康拉德·L·沃思
美国森林局主任助理，农业秘书，费雷德·莫雷尔
美国森林局主任，美国就业处劳动秘书，费兰克·珀森斯

总　序

艾伯特·H·古德(Albert H.Good)的《国家公园设施系统与风景设计》一书能够吸引一代又一代的建筑师和公园规划师，这真令人感到有点惊奇。本书原出版于1938年，正值美国公园发展史上的一个鼎盛时期。FDR的新政(New Deal)计划极大地扩充了国家和州立公园体系。民间保护团体及由"CCC男孩"们建造的公园已经成为罗斯福(Roosevelt)政府致力于保护人文和自然资源的最好见证。古德（Good）对原野公园建筑的分类代表了这个公园设计高峰期的时代风格，促进了公园建筑形象的普及和标准化。

今天，人们对原野公园建筑的持续的兴趣表明光有圆木建筑和木板瓦屋顶这样的怀旧物已远远不够了。本书描述的公园博物馆、公厕、小屋、餐厅、标识系统和基地小品设施合起来构成了国家和州立公园的持续不变的视觉标志，并反映出一种突出的公园特性。这是一个不再含混不清的时代，人们通过建筑设计来表达对自然地区的使用和享受。游憩对环境的影响还没有被当作对原野地的严重威胁。至少在某一时刻，游客和公园被和谐地联系在一起，而这个时刻就定格在《国家公园设施系统与风景设计》这本书里。

这本书是许多作者共同努力的成果。艾伯特·H·古德只是许多在20世纪30年代为国家公园局工作的建筑师中的一个，他撰写了对这些建筑的深刻评论，并绘制了许多平面图与立面图，这些图为我们比较全国各地的建筑师和景观设计师的作品确定了标准格式。选择本书收入的例子的小组成员除了古德(Good)，还有多萝西·沃(Dorothy Waugh)、托马斯·C·文特(Thomas C．Vint)、赫伯特·梅耶(Herbert Maier)及诺曼·T·牛顿(Norman T．Newton)。这项计划由CCC基金赞助，由公园局的景观设计师康拉德·L·沃思监督(Conrad L．Wirth)。

总的来说《国家公园设施系统与风景设计》代表了建筑师赫伯特·梅耶(Herbert Maier)的艺术传统，梅耶从20世纪20年代就开始担任公园局的顾问了。梅耶设计的大熊(Bear)山公园、优胜美地(Yosemite)公园、大峡谷(Grand Canyon)公园及黄石(Yellowstone)公园的博物馆曾帮助公园局建立了自己的"原野"风格，他还在早期标准化CCC计划资助的建筑工程的进程中具有较大的影响力。1934年，梅耶还专门将他自己的一些作品和他负责监督的西南地区的早期CCC州立公园建设项目制成了照片画册。这本画册是保证快速完成的CCC建设项目的质量的有力方法，也是1938年出版的艾伯特·H·古德为公园局编写的《国家公园设施系统与风景设计》一书目录的前身。

古德将他自己的艺术和文学天才特别赋予了这次扩充版本。书中精美的平面和立面图明确了公园建筑应该怎样和不应该怎样。古德在这里确立的原则和目标反映了公园设计和开发的一个时期的终结。

在这本书出版之时，建筑师和景观设计师们已经感受到了其他的艺术思潮，而他们设计了许多至今我们仍在游览的公园。战后，公园设计师们迅速抛弃了过时的浪漫主义的原野风格。然而，如果这些建筑只是带有幻想色彩的建筑，它们也绝对是具有持续而强烈吸引力的美国式的幻想。

兰德尔·J·比亚拉斯(Randall J. Biallas)，AIA，国家公园局总历史建筑师

第一部分　管理与基本服务设施

艾伯特·H·古德

国家公园局建筑顾问

目　录

在以保护自然美为主要目标的地方，任何改变自然景观的项目都应该经过深思熟虑，无论是修建一条公路还是竖起一个亭子。公园建设工程管理的基本目标就是将对自然景观的改变减小至最低程度，对建筑设计的要求除了注重美观性，更强调与环境的融合性。

有一段时间，国家公园局、州立公园机构及其他管理自然公园的机构一直在致力于提高公园建筑的设计水平和使用性能，以使它们为公众提供安全、便利、有益的服务。自从《紧急保护工作计划》实施以来，这项工作取得了重大的进展，越来越重视游憩设施的开发，尤其是在州立公园内。面对过去存在的问题，有才干的建筑师们在这些专门化建筑的设计领域有了长足的进步，并且这些设计都变成了现实。

这里列举了一些成功的自然公园建筑，这些例子并不局限于过去4年建成的建筑或者那些在国家公园局监督下完成的项目。因为每个人的品味不同、经历不同，这样会产生不同的结论，所以很难期望人人都欣赏某一个例子，否则就不会有人参加书里提出的问题讨论了，而这正是本书很重要的一部分内容；另一方面，这里进行的选择和提出的讨论都经过了认真尽责的研究。

我相信，这本书一定对那些关心公园和游憩设施设计的读者有珍贵的价值，它将有力推动这个特殊设计领域的发展。在这本书出版之前人们对它出版的兴趣表明，的确有必要对本书进行重新编纂出版。

国家公园局局长，阿尔诺·B·坎默尔 (Arno B. Cammerer)

致谢

国家公园局的《国家公园设施系统与风景设计》一书在 1938 年 11 月出版后，受到了读者的热烈欢迎。早期的版本数量十分有限，以至达到了完全供不应求的程度。由于涉及的范围有限，全国的国家公园和名胜区、州立公园和其他自然公园地区进行的紧急保护工作迫切要求它尽快再版。另外，在经过原始材料汇编后的两年时间内，已经建成了许多不同类型的并具有不寻常价值的公园建筑和设施，当然应该将它们和旧版本中选出的例子一起编入新版本。为了使新版本更全面并且最低程度地对其实用性产生限制，需要对旧版本进行修订和扩充。

广受欢迎且成功的民间保护组织的董事长罗伯特·费克纳 (Robert Fchner) 为本书划拨了一笔足够支付出版费用的基金，费克纳董事长对公园和游憩发展的主要问题的深切理解继续对那些在工作中和他有联系的人士提供了巨大的帮助和鼓舞。

在许多提交的材料中，令人遗憾的是缺乏对书中列举的建筑有过贡献的许多规划小组及个人、热情的艺术家和技术人员们的赞扬。因此，最公平的方法是只提这些建筑的地点，而极少提及个人或团体。对全体的不公平似乎比对部分的不公平更加妥当。这样做并不是为了通过将其他人匿名以突出国家公园局的功劳，这种说法是令人遗憾的也是不公平的。无论来源是什么，这些建筑都十分适合建造在自然公园内。书中有许多建筑，包括一些最著名的建筑成就，是在没有国家公园局参与的情况下建造的。我们应感谢国家公园局对这本书所做的贡献，收录这些建筑使本书增色不少，而国家公园局给予了我们收录这些例子的特权。

两年前，本书第一版的成功可以归功于艾伯特·H·古德不知疲倦的个人努力，因此他自然被选作这个版本的作者。有机会使用这些书的人将意识到并感激他为这项工作进行的大量研究和思考。我们深深地感激他，他的专业成就已经获得了大家的肯定。

虽然，最后材料的选择和大部分的讨论和评论的写作是由个人完成的，但是没有无数的国家公园局的同事们在提供材料方面的慷慨帮助，这本书也不可能出版，而这种不畏疲倦的协助精神正是国家公园局组织的重要精神。感谢这些人，并感谢公园局那些对公园和游憩发展有兴趣并且提供真诚合作的同事们。

国家公园局副理事　　康拉德·L·沃思 (Conrad L.Wirth)

在自然公园概念形成初期，朋友们中流行的格言是：游憩设施应该被看成是对需要保持自然状态的地域的入侵物。这句名言确实在公园概念的萌芽期对自然保护起到了有益的推动作用。对这个原则的普遍接受已经到了一种神圣化的地步，以致很少人对这个说法有过很大的怀疑，因此急需对这个说法进行一些修订以适应今天多元化的公园概念。无疑的，这样做如果不被看成是异端邪说，也会被当成少数派的意见。但是，我还是要在这里讨论这个课题。

过去，只有那些具有极美的风景、杰出的科学研究价值或重大历史意义的地方才能引起自然公园的赞助者的兴趣。人们积极地关注着如何首先保护这些卓越的自然奇迹，当然也就会对自然公园中那些最初外来的并具有入侵感的设施产生不满的情绪。试着回忆一下形成这种观念的约塞米提山谷、黄石峡谷和科罗拉多大峡谷吧。对于这些风景胜地中的入侵物的憎恶是完全可以理解的。在这里，人类首先应该感到，他完全出于善意的对游憩设施的建设所付出的努力造成了空前的不和谐，因为，无论多么精心设计的建筑物，都不是为了这样一个具有明显自然特色的公园的美学方面的特征，而是为了其在使用方面的具体需要而产生的。当他意识到建设一个具有永恒利用价值的设施是不可能的时候，便确立了至今仍对这些地方极为重要的原则——不是绝对必要就不建造建筑，并且深知它根本不可能美化自然，而只会破坏自然。大自然是一幅美丽的油画，现在或是永久，他在这些地方的成功与否都将由他的自制程度来衡量。

杰出的、鼓舞人心的、令人惊叹的自然景观之所以存在，完全是因为这些只有几英亩的土地与几百万英亩相对平凡的土地产生了显著的对比。品质超凡的公园往往离居民点十分遥远，致使大多数人无法便捷地到达。更多的人口密度高的地区是不具有自然赋予的美景的。

在这些事实面前，自然公园运动就不能一直完全由自然第一的原则决定了。在人口分布、汽车发展、闲暇时间增多和人类耕耘对保护自然公园重要性的认识等因素的影响下，自然公园理念注定要经历一场不拘传统的演变。

虽然这最美的自然并不是五百万人或一千万人很容易到达的，但是这并不表示这些人就不能得到游憩和激励的益处，事实上，次一级的自然也可以提供这些。这里就体现了家里半个面包比天边的整个面包营养更好的道理。有许多公园保留地并不因为其具有最高的山峰或最深的峡谷、最蓝的湖泊或最高大的树木而存在，而是它们成功地给大都市的年轻人带来了山水风景、游泳池、阳光与绿荫，而这些年轻人曾经只能在单调简陋的城市街道上积满雨水的排水沟边戏水玩耍。

虽然拖车缺乏自然方面的趣味，但是它自身的交通与生活及其他方面的便利性很快受到了百万大众的欢迎。按照普遍接受的含义来称这些地方为"公园"是不准确的——它们是专门为游憩而设计的保留地区。它们的自然背景更多的只是衬托出其他地方的自然条件的优越。这样一个背景能否保证在人们对一个以自然为决定因素的地方的建筑物具有"请勿带狗入内"的态度吗？它能不使建筑物为了满足游憩需求而对自然造成侵害，或支撑起一个普通的或已遭破坏的自然吗？有理由说，建筑物也许为自然带来了它缺乏的美。

规划师往往很愿意对一块不必考虑建筑物对环境美造成侵害的地块进行规划，因为这种规划是不必考虑和谐性的。和谐性往往是选用自然材质的结果。我们会怀疑将石料引入不产石料的环境中或将木材引入不长树木的环境中的做法是否恰当。我们有时甚至对我们的机器生产的材料的精度产生了怀疑，因此也就表明适应的相对性是可以理解的。

当我们模糊地意识到这些时，我们不禁对过去产生了谦卑的尊敬之情。我们感觉到了那些早已销声匿迹的种族的未发出的呼声和那些曾经在原野地、平原或沙漠中留下足迹的先辈们。我们希望通过我们自己的理解方式来修饰公园的游憩设施，使其传统性和实用性达到统一。

早先的亚特兰大海岸的英国与荷兰的开拓者以及沿着皮尔马凯特小路及皮毛贸易商路线活动的法国人都影响着我们。从新奥尔良、佛罗里达和老墨西哥开始，西班牙的传统与习俗十分兴盛。在马车驿道上开拓者的斧子的响声至今仍在回响。美国印第安人的习惯和原始的创造性仍然存在并且在广泛的领域内有着各种表现形式。通过诠释，这些影响预示着永久的公园与游憩建筑的存在，它们不需担心被蒙上"非法进入"的罪名而在神圣禁地外畏缩不前。

面对着须将代表性的建筑和设施在真正的自然公园和游憩保留地展示的特权，有必要确定一个正确的方法。这样一种编辑方法是因为读者没有关于这个主题的基础知识，因而这本书会成为入门读物，对这个主题完全从字面上和比喻意义上进行处理吗？它应该假定读者渴求大量的包括所有与公园有关的主题吗？它需要关心公式、图表、单凭经验的方法和有事实根据的方法吗？它应该成为储藏技术的、审美的、基本的和先进的材料的仓库吗？

结论是：这个呼吁与上述无关，只是关于对公园建筑和设施的一种全面的表现方式，在这里，建设公园设施的公园规划师、景观设计师、工程师和建筑师

严格遵守着最少地牺牲自然特色、最多地满足人类需要的原则。为了防止这本书成为启蒙读物、百科全书或有关这个主题的手册，它将更多地直接聚焦在公园建筑的最新发展方向上。我相信，通过使这些主题能够广泛地应用于比较研究，它们之间相互产生的影响会汇成一股强大的力量以推动公园设施的技术发展。

本书提供的例子是很适合自然公园的，而不是自然化的或模式化的城市公园。后者与自然公园有着本质的不同，因而自成一套体系，最好从自然公园地区中独立出来。本书被推选出来以介绍公园设施的实例，无论地点在何处，只要它们能够融合在稍微经过修改的环境中即可。

为了更方便阅读参考，有必要将相关用途的设施分为三组以代表某种特定的主要功能。因此，第一部分题为管理和基本服务设施，并且包括了有边界、入口和循环系统的、有监督和维护功能的设施，以及那些被称为城市社区公共设施的对应物的公园地区的基本服务设施。

第二部分的内容是：游憩与文化设施——这并不需要详细的阐述。这里讲述的是那些野餐、积极的游憩活动和涉及文化事业的代表着公园地区的日常使用的设施。

第三部分题为——过夜的与有组织的露营设施——这是不需加以说明的。在此讨论与说明的是个人的过夜用的生活设施和依赖物，包括帐篷露营地和宾馆，以及组成一个完整的露营地所需的游憩设施。后者将必定会重复前面的一些分类，但是将更关注适应集体露营的设施的实例，而且将在经济上更适应公众游憩的社会性的一面。

设施有三种表现方法。第一类是在一定的功利或技术的限制内发展成为具有宜人外观的小型设施，它们可以适当地在很多地点被复制。在这些情况下，应尽力提供如何对这些设施进行修改的信息。这绝对不是提倡不加选择地照搬，也不表示选用成品的小构件

比强调独特性的创造更好。

另一类是特别适合于某一特殊地点的设施，它们一旦被原封不动地移到其他环境中就很难获得成功了。这些设施没有被很详细地表现，只是希望通过它们表达：对环境和表达方法的适应往往能提供灵感，要避免过于依照字面释义的翻译方法。意在体现例子的精神意义而不局限于例子本身。只有依靠最专业的意见才能防止在一个地方很合适的设施在别处成为笨拙的模仿。在进行修改时只有高超的技术和罕见的正确判断力才能防止混杂式的发展。

第三类是对于个别问题的成功解决，某个问题各方面的因素是决不会与另一个问题相同的。它们是极有价值的成就，可以鼓励那些将来可能遇到更加复杂的公园设计问题的设计人员，使他们以相同的令人振奋的独特性、独创性和率直性解决新的问题。在这种情况下无论是明显的还是微妙的剽窃都是极端愚蠢的。

我感到收入特别复杂的设施的例子将不会给这本书增加太多实用价值。设施越复杂、越详尽，越说明它是一个独一无二的由使用需求、地形、传统、材料和许多其他因素共同作用的结果。完全的简单之上其实是复杂性不同的无数的可能性。任何重复或模仿都是毫无道理可言的。读者将会注意到，许多具有无可非议的公园特征的著名的、令人赞叹的大尺度的建筑未能收入书中。它们因为自身的成功获得了尊崇，忽略它们是为了防止使它们成为被模仿的素材。

在此，也收入了一些组合设施，我有必要对分类系统再做一番解释。这样的组合式建筑数量很多，如果为它们创造一个独立的类别将引起结构的松散，和其他的分类产生不合理的联系。因此，把它们称为组合式设施最能表明这些建筑的主要作用。

在"材料的选择"一章，一直有一个不断引起争议的主题。这个主题是关于我们一般认为是"朴实的"或"创新的"风格的公园设施的选材问题。一种意见是公园建筑如果要模仿原始的结构就应该将原型的所有元素及构造方法一起进行模仿。例如，在真正的圆木构造中不容许有折衷，一旦采用圆木构造就必须每一个细节都严格遵从要求。相反的意见认为：现在我们的木材资源不像以前那样丰富，像我们祖先那样奢侈地使用圆木也许在审美方面合乎逻辑，但实际上浪费了许多宝贵资源，而扩大公园本来就是为了保护这些资源。

考虑到现今的经济和节约原则的要求，脱离我们先辈的直接但奢侈的建筑的趋势会怎样发展？应该推荐什么替代材料作为公园建筑的墙面材料？事实是否表明建造一个真正的圆木建筑需要的木料足以造出好几个宜人的设施？

作者两头肩负的责任都很重。在指定需要使用木材的地方，一些更重要的设施可以忠实地按照圆木建筑的构造建造，因此可以将正在逐渐失传的构造方法保存下来以供研究；另外一方面，小型的及经常被重复的单元，例如小木屋，经常采用虽然不够独特、耐久，但是更经济的材料和构造方法。

如果这份出版物只是被读者当作公园设施的素材手册，而否认它能为建造公园建筑提供足够专业性的帮助，那么它的出版目的就被曲解了。意图完全相反。最令人满意的设施不是来自于巧合，而是在专业训练、想像力、努力和熟练的技术等各项因素的共同作用下才诞生了这些在具体环境中如此宜人的建筑或设施。只有经过专业训练和有经验的人才能决定在一个环境下完美的结构是否适合另一个环境，以及通过怎样的修改才能充分利用另一个环境的条件。如果一座现存的建筑如此令人喜爱而使人想复制它，那么经过仔细分析后，人们必然将发现这个建筑只是因为在某一种环境模式下达到了尽善尽美才得到了人们的赞美。一旦环境模式改变，建筑也要改变。冒险进行没有技术支持的抄袭如果不是失败，也注定只会走向平庸。

书中的"结构成就"反映了许多努力将其他人的创造力精确体现出来的人的技术和贡献。但我们不能认为书中的讨论和注释能够精确地反映具有清晰的目光并能指明方向的设计者的思想和哲学。在以下所述的人名中，作者愿意把自己暴露在"鹦鹉学舌者"或"剽窃者"这样的嘲笑中，如果这两个都不合适，他会羞愧地认为自己是无能的。

向赫伯特·梅耶致敬，因为他提出的公园博物馆概念和其它许多适宜的公园建筑的基本概念在书中被采用；向朱利安·H·萨洛蒙致敬，因为她提出了有组织的露营的理论和标准；向艾德华·B·巴拉德致敬，因为书中讨论的冬季活动设施。感谢约翰·D·科夫曼及他的合伙人，因为他们提供了火警监视台所使用的材料的信息；感谢索斯·C·维特及他的合伙人，因为他们在开拓拖车露营地的布局中的合作。感谢克鲁尼·理查德·利伯，康拉德·L·沃思和赫伯特·艾维生，因为他们详细解释或支持公园和游憩哲学。

读者将为作者对特别顾问艾维生先生的深深感激见证，他从严格阅读本书的许多手稿到经常校订和重新制定出版计划的过程中给予了慷慨的帮助。作者个人也想对那些为本书提供精美插图的优秀的绘图者们表示非常诚挚的谢意。

A．H．G．

就像已经被反复提到的，管理和基本服务设施对公园的发展具有最基础的意义，是对一个地区实施管理、监督和维护所必需的基本设施，这些基本设施如同城市的公共设施，包括公园入口、公园边界建筑、秩序和权力中心的管理建筑、指示牌（如同控制工具一样）、设备和维护用房、员工住房（提供给负责管理和维护公园保留地的工作人员使用）等；同时还包括户外游憩地的公共安全和首要生活设施，即饮用水供应、厕所、垃圾处理、火情监测站，它们分别相当于城市的给水、卫生、垃圾处理和火警系统，步行路、交叉口、下水道及桥梁等设施联结成一个整体，类似于政府办公楼的公共系统。

上述设施具有高度的实用功能，这将对我们一直致力于提供实用设施的工作的完成大有裨益。有些设施的功能已超越了公众的要求，但并没有给公园带来过重的经济负担。在这些经过分类的几种设施中，任何一种都是公园十分必需的，具有特定的公共用途。这些公用设施提供基本功能的同时具有非常直接、朴实的理念。

关于自然环境的建筑和天然公园特定地点主要与次要设施的理念将被多次提到，本章所列举的理念对很多读者来说都已经很熟悉，但由于它们是最基本的特征，所以仍然不能省略，它们是一个完善的公园设施的根本。从这里，新的东西才能生长出来。

这些理论绝不仅仅限于管理和基本服务设施，事实上，很可能涉及那些因为与公众的接触更多而更注重审美性、不太注重专门实用性的设施。

"乡土"是森林化国家公园与其它荒野公园中使用最多的建筑风格。其含义超越了破旧和被滥用的词的意思。我们一直试图找到一个比"乡土"更确切、更有表现力的名词，但还没有找到。我们在这里的讨论仍然要用这个词。如果能成功地加以处理，通过使用本土材料、适宜的尺度，避免严谨的平直线条和过度复杂的装饰，就能成功地造出这种风格，给人一种拓荒工匠使用有限的工具手工完成的感觉，达到和周围自然环境与历史环境的协调。

在高原、山地和森林地带，乡村式建筑的各种结构要素——原木、木材、石头必须采用适当的夸大尺度以避免建筑因为尺度过小而与周围的大树和崎岖不平的地形不协调。在地形不那么崎岖的地域，使用这个风格时可以少强调一些加大尺度的要求。为了达到完美的和谐，建筑要素的尺度必须根据环境的崎岖度和尺度的减小而相应减小。当尺度减小到使人感觉在"乡村"风格这个术语的伪装下有任何细枝末节的感受时，具有洞察力的设计师将立刻意识到它的局限性并求助于其它大不相同的风格。

所谓乡村风格往往比更复杂的表现方法更容易失败，而这一点还没有广为人知。大致说来，它也许比其它的建筑风格更适合那些半荒野地区，但并非适用于所有的公园。这可以马上通过我们对公园广域特征的回忆来说明。壮观的雪山公园，引人入胜的原始森林，广阔的干旱沙漠或一望无际的草原，流动的沙丘，缓缓起伏的林地和草地以及亚热带的小岛，在这些地方，不可能只使用一种建筑表现方法。像这些景色一样丰富多样的建筑风格必须在我们的公园建筑学达到成熟之前就要使用。

由于在公园设计中缺少正确的价值观，以至于在避雨棚或其他公园设施设计中经常性地决心"制造特色"，事实上我们再三强调的这些所谓的特色，是自然特色，而不是人造的。不管怎样，每个建筑在自然公园内仅仅是整体中的一小部分。单独的建筑或设施必须完全服从于作为基本方针的公园规划，这一点决不能忽视。公园的规划决定了每个建筑的大小、特征、位置以及功能。它们之间是密切相关的，必须合理地保证公园规划的可行性和协调性。否则，就像有些人所说的，它们只会成为昂贵而无用的"部件"集合罢了。

公园建筑仅是因为公众的使用而存在，但并不要求它们在很远的距离就能够被看见。最令人满意的效果是，建筑成为环境中的风景，从任何角度看其存在都是合理的、有益的。使用合适的标志牌来指明通向位置不那么明显的公园建筑的做法远比一座突兀建筑的冲击或老远就能看见这座建筑来得高明。

要使建筑物在环境中处于从属地位有很多方法，其中之一就是将其建在现有的植物背后，或者将其建在某个能部分被其它自然地形遮挡的被隔离的地点。在一个十分适合建筑的功能需要但缺乏这类遮蔽物的地点，可以通过种植附近的植物来营造一个合适的"屏障"。当然，更可取的方法是根据景观的自然特色来决定建筑的选址。

建筑外观的颜色，尤其是公园建筑中木作部分的颜色，是另一个在景观的协调方面十分重要的因素。自然存在的颜色几乎都能和环境很好地协调起来。总的来说，暖棕色将大大有助于使木制建筑融合于林地和半林地环境。明亮的木灰色是另一种可以放心使用的颜色。在需要强调的一些建筑小构件譬如窗格条上，可以少量地使用明亮的浅黄色或岩石的颜色。奇怪的是，绿色差不多是所有颜色中最难以把握的，因为要在一个特定的环境获得合适的绿色调是十分困难的，并且它几乎总是会褪色而变成某种不同的色调。我们可能会期望一个绿色的屋顶可以和周围的绿树协调起来，但事实上混合了其它颜色的树叶从表面看参差不齐的，明亮的空隙和深色的阴影形成了斑驳的色彩，加上屋顶是可以反射周围环境的光滑平面，在这种情况下，根本不可能得到协调的结果。而棕色或暗灰色的屋顶，反而可以和土地及树干的颜色取得很好的协调效果。

当建筑物被这样设计和定位时我们就不必考虑把它们隐蔽起来，适当地在基地的周围栽种植物可以较好地消除建筑物和场地之间令人不愉快的界线。粗糙的石板路可以巧妙地使人们有这样一个印象：自然露出的岩石使建筑物与场地合而为一了。一堵通过壁角支撑的倾斜的石墙，如果技术高明的话，会使建筑看起来就像是从土壤中生长出来的一样，给人带来愉悦之感。给人们留下这种印象的公园建筑是十分优秀的例子。

某些公园建筑体现出它们的设计者长期居住在城市中，在那里建筑设计已经变成只要考虑一个立面就够了。我们应该记住公园建筑是从各个方向来欣赏的，设计不能只在一个立面上浪费精力，事实上所有的四个立面都是正的，所以必须经过仔细推敲。我们知道，主要的公园建筑有一面总是用于服务出入口，而因为在公园区域设置围墙总是令人不满，因而围墙只在非常必要的地方设置，一般做法是在公园建筑的服务面设置一排木栅栏或者其他形式的围墙形成一个完整的服务区。

作为一条规律，当公园建筑的立面以水平线条为主并且建筑轮廓较低矮时，它们不会那么显眼，也比较容易融入环境。在积雪情况允许的范围内，应该避免任何垂直感，可以采用降低屋顶倾斜度的方法，一般来说倾斜度不应超过1/3，因为太过频繁地采用倾斜屋顶会使得屋顶不必要地凌驾于建筑和环境之上。

天然材料能赋予公园建筑多少原始特征，这完全取决于怎样巧妙地使用它们。我们还应该尝试发挥材料本身的"自然性"。当地出产的石材如果被加工成规整尺寸的切割石块或水泥块的样子，或者将当地的圆木加工成像电线杆一样整齐的商用木料，就完全失去了其天然特色。

石材加工最需要的是适当的尺度，这些石材的平均尺寸必须足够大以方便工匠加工，岩石应放置在天然的基础上，层叠或承重的面必须是水平的，决不能是垂直的。由大小不同的石块组成的图案远比那些由大小相同或相近的石块组成的图案显得生动。如果将石块像砌砖块那样整齐排列，或者保持水平的接缝，就可以消除随意和不正式的感觉了。在墙体中较大的石块应该砌筑在接触基础的地方，但这并不意味着较小的石块只能用于墙体顶部，整个表面可以采用各种尺寸的石块，而在基础中较大的石材采用的最多。我们必须根据硬度和颜色来挑选石材。

圆木绝不是因为它们是天生的柱子材料而被选用。从美学的角度来讲柱子一点也不漂亮。在公园设计师眼中具有美丽的树节疤的圆木才是最合适的。树节疤不会被完全锯掉。去掉树皮可以更好地欣赏和保留木材的表面纹理。虽然，现在要求对建造公园木构建筑的木材保留树皮的呼声越来越高，我们最好立刻反对这种暂时的热情。如果不剥去树皮，不仅树皮会立刻自然脱落，而且木质更容易因为昆虫和腐烂作用遭到破坏。我们更关心公园建筑的使用寿命，也希望防止这种由于树皮脱落造成的长期满地树皮的结果，因此我们普遍达成了一开始就剥除树皮的共识。

当美国的未开发区的木材资源看起来还是取之不竭的时候，人们通常把木屋直接建造在没有石板基础的地上。当一段时间之后木材与地面的接触部分逐渐腐烂，木屋开始倾斜或下陷时，人们就另外修建一栋木屋，而直接废弃掉原来的那栋。从未开发区的经济角度来看，这样的方式似乎比早期在木房子下建造基础更合理。虽然现在的木屋建造者出于虔诚的敬意希望保留以前木屋的传统形势，但是我们今天已经改变的经济情况使得我们必须通过建造石头或混凝土支撑墙或者伸出地面的柱子来使这些木屋免受侵蚀。

如果屋顶的结构被不加考虑地搁在一边，对有助于增加公园建筑的朴实感和手工感的要素的概括工作将是不完整的。除非加上同样适合自然环境的屋顶，否则那些使用岩石或木材建造的厚重的墙体以适应自然环境的一切努力都是徒劳的。增加土墙的边缘构件的尺寸，加粗屋檐的线条，选用同样厚实坚固的材料建造屋顶，在克服了屋顶的外观和结构上的浅薄感之后，厚重的墙体就显得无可非议了。如果不是一栋极小的建筑，可能的话，在建造屋顶的时候，选用的木瓦或屋盖顶应该厚一英寸，并且使每组五排的木瓦增加一倍的厚度，这会使屋顶的结构更适合建筑本身的尺度和运用的其它材料的特质。如果我们避开那些严格规整的直线条的屋檐线，适当采用一些不规整的、波纹的"徒手画"线条，我们尝试的创作质朴特色的工作就会有惊人的进步。在公园艺匠的工具箱里很少或几乎没有直尺规这个工具。

既然公园中的建筑以退让的方式存在，就必须尽量控制它们的数量。一个小地方的环境会因为一群小建筑带来的混乱而被破坏，无论这些建筑的用途有多么必要，它们总像是被放置在每个景点里以给人人工化的感觉。只要在同一个地点有两个或两个以上的功能相互联系就应该将它们同时安排在一个建筑内。这可不是提倡建大规模的建筑。只有在合理的限度下这才能成为切实可行的方法。基于这样一个理念，与许多令人不快的小建筑遍布各处的情形相比，将影响限制在较小的范围内反而更加可行。

纽约州，达奇斯(Dutchess)县，桥

从理论上说，对公园入口最简单最合适的表述是：离开公路把游客引入公共使用与游乐地域的小路或车道。但事实上不是这么简单，因为交通安全的需要，必须消除陡坡、急转弯和视线障碍物带来的危险，所以必须设计简单的、安全的入口通道。

为了增加汽车在主要出入口的交通安全系数，必须拓宽公路和公园的入口通道，并且在两者的交叉点要根据汽车的转弯半径进行改造，消除那些会干扰以60英里时速行进的驾驶者视线的障碍物，包括：乔木、灌丛、高草、小山丘等。对于公共敏感地域如新高速公路或郊游地入口等都必须努力解决这类问题。毫无疑问，除了公园次入口以外，所有必需且不可避免地给自然环境带来很大破坏的"改善"，都会消亡。

这将是一个非常可怕的更新，为了获取巨大的世俗价值，而不惜破坏它的纯洁性和自然性。我们应该承认公园入口受到指责超过其应得的程度。当它不得不采取措施为自己辩护时，我们只能指望不要过分粗暴地藐视它的人工化和伪劣性。

事实证明仅仅有一个标示牌是不够的，塔门能够使你远离那些超速车。原本希望大门成为公园的象征，但事实上成为现代"墓地公园"的标识，这样人们更加迷惑了，并且很难找到解决的方法。于是用侧墙、门屋、塔、灯和拱门作为入口的配件，来体现入口的实用性和局限性，也就不值得奇怪了，这种诱惑是很难抵制的，于是复杂的、几乎是模式化的表现方法就形成了。

公园规划师一方面认识到入口的复杂性，同时又难以取得复杂设计的成功，在所有不利因素的限制下，最好先观察一下一个公园入口是怎样的、能够传达什么信息。

公园入口同时具有欢迎游人和阻挡游人的作用，既鼓励公众使用公园，又能防止对公园的滥用。既能吸引那些热爱自然和历史的人，又能阻挡或是使那些只是想多消耗一些汽油的人们绕道而行，是一种能同时读出"停止"和"前进"的信号灯，还可以使用一些方法避免所有的交通事故和纠纷。要做到这些很不容易，或许根本做不到！

使用简单而神秘的乡村小路似乎行不通，我们可以尝试着用具有诱人宽度的通道来吸引游人。但又要使用一些策略来阻挡那些以最快速度开车而没有目的地的驾驶者。一个能够分隔进出车辆交通的安全岛可以促进车辆安全行驶并阻止鲁莽的驾车行为，受到普遍的欢迎。如果要收门票，那么安全岛上的收费亭就能够成为收费、检查并提供问讯服务的一个非常实用的站点。通过设置这样的管理亭，门卫能够很方便地回答正离开公园的游客而不会过度妨碍收费活动。通过人们回想起那些要征收过桥费的入口，暗示人们进入这里是要收费的，这样可以节省时间，因为任何其他的布局方法都可能引起不必要的提问和解释。车道旁的检查站、小屋或岗亭有时更好，特别是在交通不拥挤的时候。当一个门卫或其他员工在公园开放的时间在入口处值勤时，必须提供他们适当的遮蔽物，并为在检查站或者门房工作的员工提供暖气和卫生设施。一些国家公园如印第安纳州立公园收费站由于其吸引人的特征和完整的实用功能而著名。当游客乘公交进入公园时，作为公园入口通道的附属物，一个有屋顶的休息空间是非常实用的。我们将在本文之后附上一些这类成功例子的照片。

为了便于管理并限制车速，理想的公园应该只规划一个入口。也就是说，要求设置多于一个入口的诸如地形条件、入口中心和其它的因素越少越好。特别是在需要收门票的公园，从经济的角度考虑更要减少入口。因为对于任何需要配备有工作人员的入口，那些必要的设施，要比简单的、无需有人管理的入口需要更多的初期投资。况且，员工本身也是一项持续运行的成本。

为了适当的控制，很多公园的入口必须在某些定时段内用来作为路障。大门成了一个实用的必需品，任何对于大门的装饰都要具有一个适当的原则。在外观上很像人们熟悉的停车场圆木栅栏绕一边转动的矮门是一个令人满意的解决办法。它作为路障既不会破坏周围的景观质量又不会与周围的景色"斗艳"。在同类的众多例子中，俄克拉何马州的特那瀑布公园收费站大门具有独特的优点。链条式的路障是一个更加简单的方法，但应该设置一个明显的标志，或者使其能在汽车灯的照射下很容易被人看到。

在顶部采用拱门或横木的结构，这在过去使用得很多，而现在似乎已不受欢迎。毫无疑问这种心理上的转变源于一种有价值的渴望：避免引起任何界限感、任何关于凯旋门以及与街道游行、狂欢节庆有关的下意识的回忆。

在个别例子中，例如对于使用不多并只需少数员工维护的小公园，管理员住处几乎就是公园入口的不可缺少的一部分。要避免产生一种入口门房是在保卫国家财产的含义。一般来说，将公园管理人的住所安排在这个地点是不公平的，因为这样便会使那个管理员及其家人不公平地被要求在一天24小时随时处于待命状态。

当今交通的速度和情况是：小汽车的速度比我们眼睛看的速度更快，因此我们要从视觉上及时地给公众已接近公园入口的警示。当汽车以普遍常见的车速行驶时，为了司机能够安全有效地刹车，拓宽公路很有必要。对于热心自然公园事业的人来说，保护所有的森林植被是最主要的和有价值的目标。但为了安全的需要对入口外的森林植被只能放弃这个目标了。将入口从主要公路后退并保持视线的畅通，其好处是很明显的。

公园入口路可能满足了功能方面的所有要求以及许多关于审美标准的要求，然而它还有其它潜在的功能未被发掘。作为一个被保留下来的提供给大众某种特殊的游憩机会的地方的前哨，它精细并优雅地折射出这个地区所具有的潜力和魅力，以及它能为公共交通干道提供的游憩机会。真正成功的入口路应精心设计为公园特征的缩影，并能体现出入口和栅栏路障的基本的和物质的功能的综合。公园不应对出入口路障的基本的和物质上的功能有任何的干涉。

阿肯色州，小石城，波义耳 (Boyle) 都市公园

华盛顿州，塔诺 (Twanoh) 州立公园

入口大门

不是主入口，但有时也是公园中很重要的部分，当牧牛人要求穿过主路时，公园就必须为被允许偶尔进入公园的动物提供进出的条件。具有这种功能的大门如上方、下方和右方的插图所示。右上角所示的大门在西北太平洋地区具有代表性。右下方的装饰性的大门明显具有西南部的地区特色。它的几乎用实心的图案暗示着：它的目的是遮挡远处的风景——是服务性大门的一个主要特点。

科罗拉多州，普韦布洛 (Pueblo) 都市山地公园

亚利桑那州，图森 (Tucson) 山地公园

亚利桑那州，萨瓜罗 (Saguaro) 州立森林公园，大学废墟 (University Ruins)

俄勒冈州，开普圣锡巴斯琴 (Cape San Sebastian) 州立公园

纽约州，韦斯特切斯特 (Westchester) 县，埃科 (Echo) 湖

入口石塔

外部的柱状物显示出石塔垂直的感觉。一个更低矮的形式通常介于它们其中。从以林肯公园的支持石塔的随意乱堆的岩石和以宰恩国家公园石塔的一丝不苟的石工为代表的两个例子中，石匠技术的成熟度大不相同。一开始，工作就受到了严重的阻碍，因为在当地只有这些巨砾才是天然的岩石。巨石加重了建设加利福尼亚的斯泰克公园的标志塔的负担，但却达到了优秀的水平。

平纳克尔斯 (Pinnacles) 国家名胜

俄克拉何马州，俄克拉何马城，林肯 (Lincoln) 公园

华盛顿州，迪塞普新山 (Deception pass) 州立公园

宰恩 (Zion) 国家公园

　　林肯公园的入口石塔，从露出地面的基岩到切割平整的石顶，其间过渡处理得很好，说明了石工技艺的精湛，体现了石工技术的发展。

　　标志总是标塔上必要的附属物。它可以悬挂在臂状物上，以板的形式镶嵌在石塔上或者合并在建筑设计中。在迪塞普新山州立公园中，一块刻有地名的长方形木块垂直地放置在石墩的一角，这种方法十分独特。

加利福尼亚州，斯泰克 (Steckel) 县公园

拉森 (Lassen) 火山国家公园

得克萨斯州，博纳姆 (Bonham) 州立公园

得克萨斯州，古斯岛 (Goose Island) 州立公园

得克萨斯州，加纳 (Garner) 州立公园

得克萨斯州的石造塔门

在孤星州（得克萨斯州）的公园发展历程中，入口标志塔的设计给人留下了深刻的印象。周围的插图向我们展示了这个地区材质多样、造型各异、各具独创性的入口设计。古斯岛州立公园塔门是由规则的石砖垒成，这在公园建筑中比较少见，令人耳目一新。博纳姆州立公园入口的标志具有严肃与平衡的比例，而在赫里福德州立公园，可以感受到强烈的个性。莱克沃思都市公园的高耸的入口石塔向我们展示了利用建筑技术可以迅速建好一座精致、坚固的石造塔门，而没有石材本身

得克萨斯州，莱克沃思 (Lake Worth) 都市公园

得克萨斯州，长角洞 (Longhorn Cavern) 州立公园

得克萨斯州，赫里福德 (Hereford) 州立公园

得克萨斯州，卡多 (Caddo) 湖州立公园

的质地和不规则外形带来的粗糙和不稳定感。

　　如下图所示，长角洞州立公园入口两侧分列着两座石扶壁，其中一个上面镶着指示牌，而另一个则用洞穴符号来突出该公园的特征。在加纳州立公园入口，砖石图案和塔门的大体量十分引人注目。右下角下的大体量塔门作为服务亭，却保持塔门的外形。遗憾的是，这里展示的例子比较集中，因此很难搞清每一个塔门的实际大小。

得克萨斯州，布郎伍德 (Brownwood) 湖州立公园

得克萨斯州，长角洞 (Longhorn Cavern) 州立公园

得克萨斯州，巴斯特罗普 (Bastrop) 州立公园

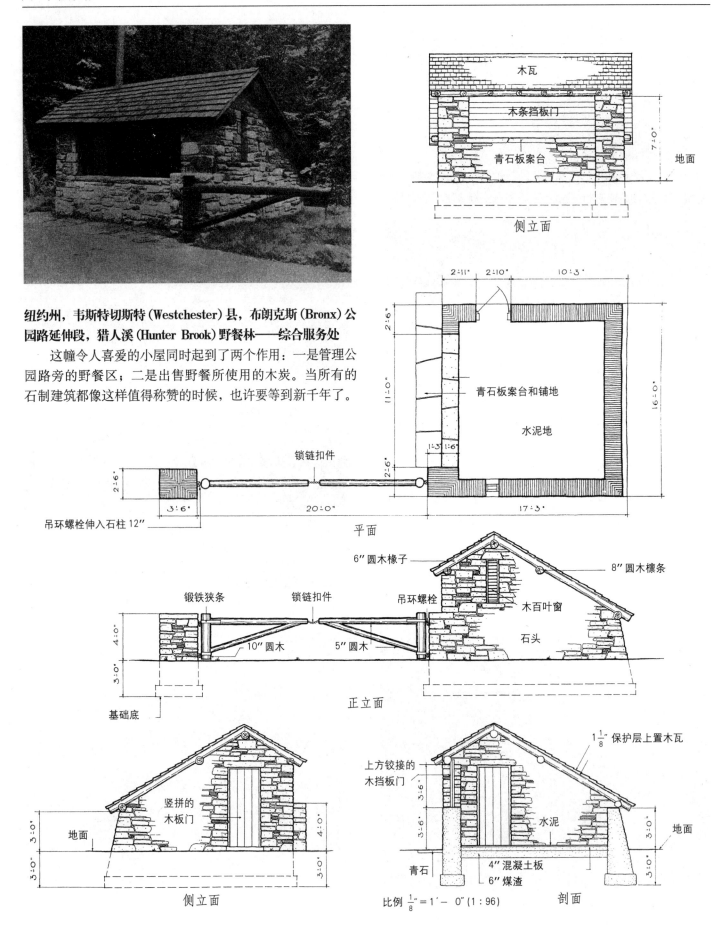

纽约州，韦斯特切斯特 (Westchester) 县，布朗克斯 (Bronx) 公园路延伸段，猎人溪 (Hunter Brook) 野餐林——综合服务处

这幢令人喜爱的小屋同时起到了两个作用：一是管理公园路旁的野餐区；二是出售野餐所使用的木炭。当所有的石制建筑都像这样值得称赞的时候，也许要等到新千年了。

木瓦

木条挡板门

青石板案台

7′-0″

地面

侧立面

2′-11″ 2′-10″ 10′-3″

2′-6″

11′-0″

青石板案台和铺地

水泥地

16′-0″

2′-6″

1′-3″ 1′-6″

17′-3″

锁链扣件

2′-6″

3′-6″   20′-0″

吊环螺栓伸入石柱12″

平面

6″圆木椽子

8″圆木檩条

木百叶窗

石头

锻铁狭条   锁链扣件   吊环螺栓

4′-0″

3′-0″

10″圆木   5″圆木

基础底

正立面

竖拼的木板门

地面   3′-0″

4′-0″

3′-0″

3′-0″

侧立面

1 1/8″ 保护层上置木瓦

上方铰接的木挡板门

3′-6″

3′-6″   3′-6″

水泥

青石

3′-0″

地面

4″混凝土板
6″煤渣

比例 1/8″ = 1′-0″ (1:96)   剖面

宾夕法尼亚州雷丁 (Reading)，佩恩 (Penn) 山公园入口

　　与上例相同，这不像公园入口，而是作为野餐场地的管理设施。所有必要的工作都可以在这里完成，如收费、出售木炭、分配餐桌和进行一般的管理和野餐区关闭后的工作。

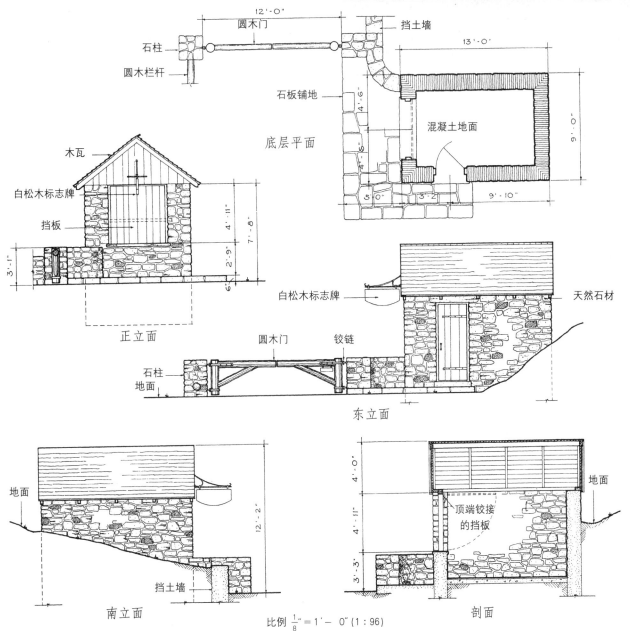

比例 $\frac{1}{8}'' = 1' - 0''$ (1：96)

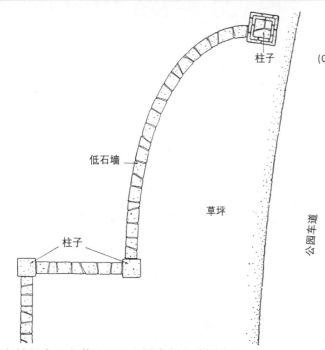

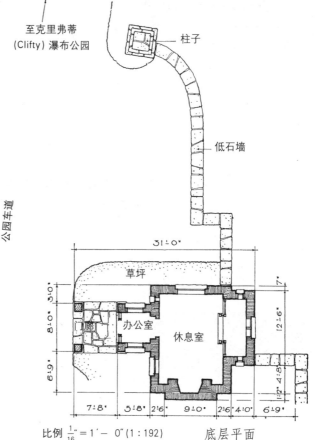

印第安纳州克里弗蒂（Clifty）瀑布州立公园入口

将服务点设在此处完全适应了时间的柔化影响和环境对建筑物的同化过程，如同植物生长过程一样。为了在门厅里装上大窗，石柱被做得很细长，这与门廊的厚重木柱形成了不适当的对比。大而结实的烟囱，坡屋顶上饶有趣味的屋脊，是其令人喜爱的细部。

比例 $\frac{1}{16}'' = 1'-0''$ (1:192)   底层平面

印第安纳州，布朗 (Brown) 县州立公园，

印第安纳州，斯普林米尔 (Spring Mill) 州立公园

印第安纳州的公园入口

　　本页所示的 5 个公园入口的例子如同一本家庭相册中显示的克里弗蒂瀑布入口五兄弟。和任何一个同一家庭中的成员一样，这些入口小屋和检查站既有相同点又有惊人的不同点。布朗县和斯普林米尔"两兄弟"是道地的印第安纳州"人"，这一点是毫无疑问的。对于另外三个，虽然并不完全具有老印第安纳州"人"的全部特点，但是毫无疑问，它们都能吸引人，这一点已得到证实。

印第安纳州，特基朗 (Turkey Run) 州立公园

印第安纳州，坡卡根 (Pokagon) 州立公园

印第安纳州，麦克·考米克斯 (McCormick's) 溪州立公园

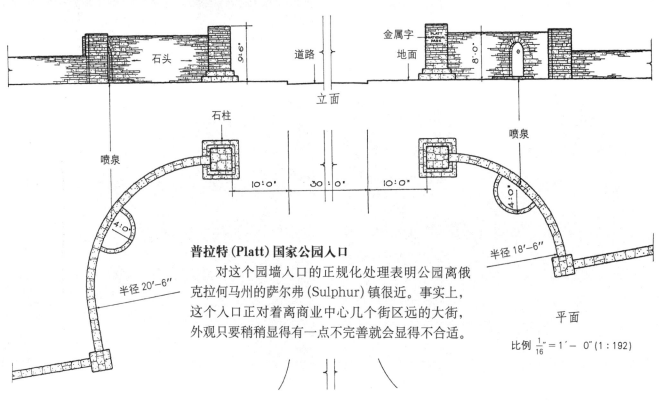

普拉特(Platt)国家公园入口

对这个园墙入口的正规化处理表明公园离俄克拉何马州的萨尔弗(Sulphur)镇很近。事实上，这个入口正对着离商业中心几个街区远的大街，外观只要稍稍显得有一点不完善就会显得不合适。

平面

比例 $\frac{1}{16}'' = 1' - 0''$ (1:192)

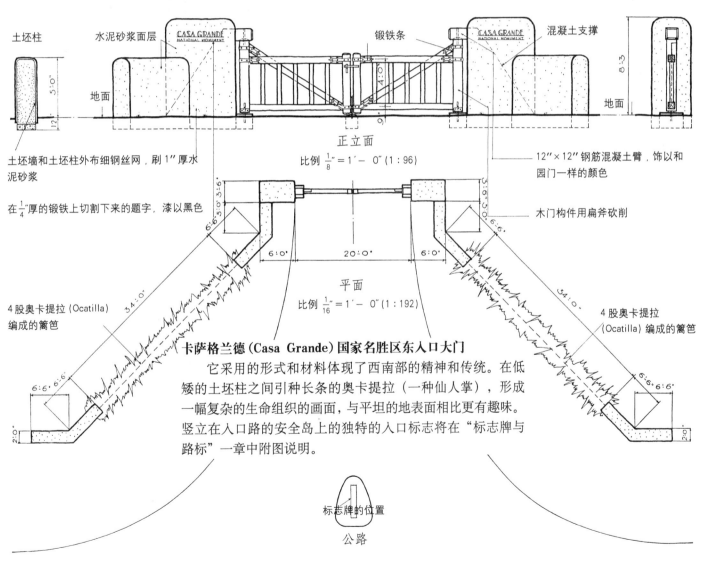

土坯柱

水泥砂浆面层

锻铁条

混凝土支撑

CASA GRANDE
NATIONAL MONUMENT

CASA GRANDE
NATIONAL MONUMENT

地面

5'-0"

12"

8'-3"

地面

土坯墙和土坯柱外布细钢丝网，刷1"厚水泥砂浆

正立面
比例 $\frac{1}{8}$" = 1'－0" (1:96)

12"×12"钢筋混凝土臂，饰以和园门一样的颜色

在 $\frac{1}{4}$" 厚的锻铁上切割下来的题字，漆以黑色

木门构件用扁斧砍削

3'-6"

6'-0"

6'-0"

20'-0"

6'-0"

3'-6"

平面
比例 $\frac{1}{16}$" = 1'－0" (1:192)

34'-0"

34'-0"

4 股奥卡提拉 (Ocatilla)
编成的篱笆

6'-6" 6'-6"

6'-6" 6'-6"

2'-0"

2'-0"

4 股奥卡提拉
(Ocatilla) 编成的篱笆

卡萨格兰德 (Casa Grande) 国家名胜区东入口大门

它采用的形式和材料体现了西南部的精神和传统。在低矮的土坯柱之间引种长条的奥卡提拉（一种仙人掌），形成一幅复杂的生命组织的画面，与平坦的地表面相比更有趣味。竖立在入口路的安全岛上的独特的入口标志将在"标志牌与路标"一章中附图说明。

标志牌的位置

公路

约塞米提 (Yosemite) 国家公园泰奥加山口 (Tioga Pass) 入口

入口由简单的石墩和转轴门构成，旁边有一个设计简洁的门卫室。切削过的椽条顶端显得很有趣。而这里加工大型圆石的石工技术也十分精湛。

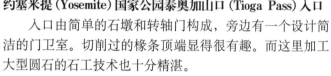

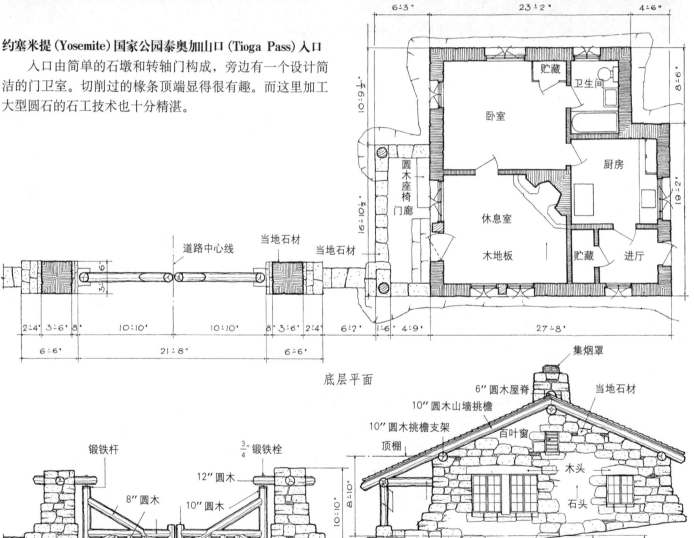

底层平面

正立面　　　比例 $\frac{3}{32}'' = 1'-0''$ (1:128)

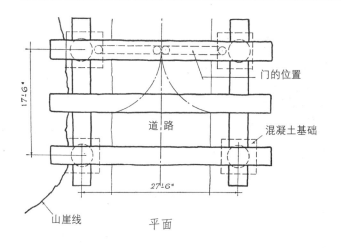

门的位置

17'-6"

道 路

27'-6"

混凝土基础

山崖线

平面

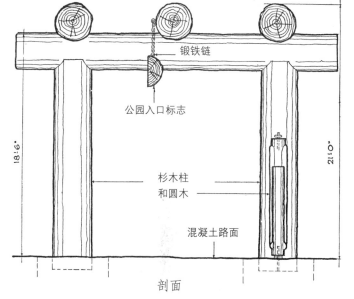

锻铁链

公园入口标志

18'-6"

21'-0"

杉木柱
和圆木

混凝土路面

剖面

雷尼尔（Rainier）山国家公园入口

具有顶部构件的入口大门形式在我们的天然公园中并不常见。这个例子具有强有力的体量感，这些巨大的西洋松木无疑体现了当地木材尺寸巨大的特点。这种大体量的门使用滚珠轴承做枢轴十分合适。

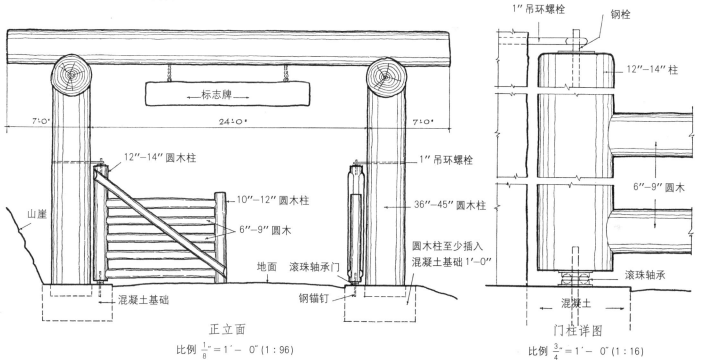

标志牌

7'-0"   24'-0"   7'-0"

12"-14"圆木柱

10"-12"圆木柱

6"-9"圆木

山崖

地面   滚珠轴承门

混凝土基础

钢锚钉

1"吊环螺栓

36"-45"圆木柱

圆木柱至少插入
混凝土基础1'-0"

正立面

比例 $\frac{1}{8}$" = 1'— 0"（1：96）

1"吊环螺栓   钢栓

12"-14"柱

6"-9"圆木

滚珠轴承

混凝土

门柱详图

比例 $\frac{3}{4}$" = 1'— 0"（1：16）

俄克拉何马州佩里（Perry）湖入口和入口小屋

　　这个连接石墩的小型入口木屋是用来夸大尺度的。从干砌石料过渡到使用砂浆砌筑石料的过程需要技术及自始至终的谨慎才能达到令人满意的效果。这个小型的入口建筑的平面布置是紧凑使用空间的典范。

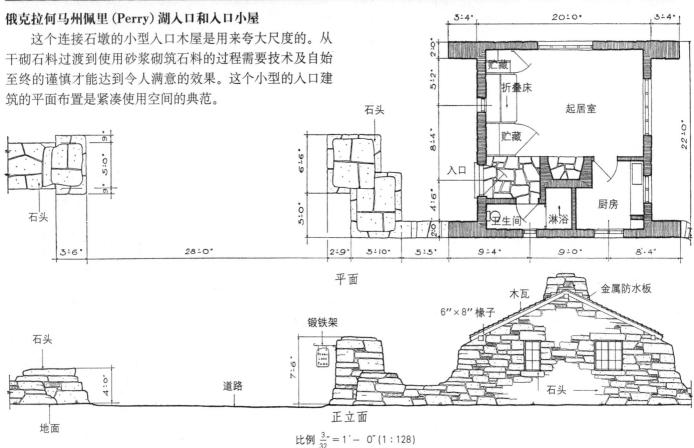

比例 $\frac{3}{32}'' = 1' - 0''$ (1 : 128)

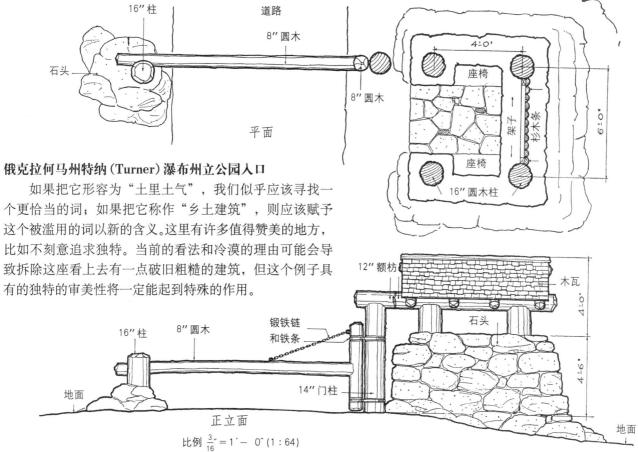

俄克拉何马州特纳 (Turner) 瀑布州立公园入口

　　如果把它形容为"土里土气"，我们似乎应该寻找一个更恰当的词；如果把它称作"乡土建筑"，则应该赋予这个被滥用的词以新的含义。这里有许多值得赞美的地方，比如不刻意追求独特。当前的看法和冷漠的理由可能会导致拆除这座看上去有一点破旧粗糙的建筑，但这个例子具有的独特的审美性将一定能起到特殊的作用。

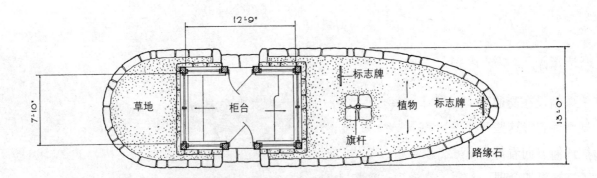

塞阔亚 (Sequoia) 国家公园

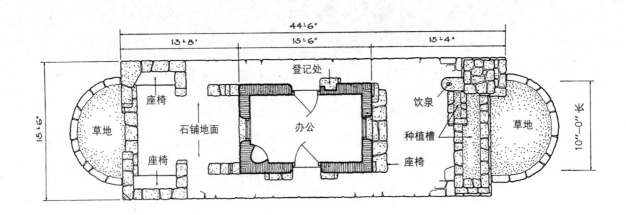

弗德台地 (Mesa Verde) 国家公园

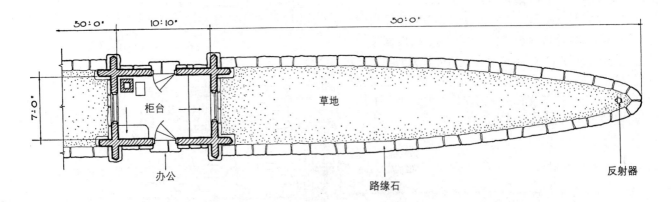

布赖斯 (Bryce) 峡谷国家公园

比例 $\frac{3}{32}'' = 1' - 0''$ (1：128)

将检票站设在交通岛上，可以有效地突出旗杆、交通和规章标志等这些普通的入口辅助设施。在这个建筑中往任何方向看都有清晰的视野。在这里，质朴的乡村风格被更加合理、有效的严格控制。

塞阔亚 (Sequoia) 国家公园入口检票处

这个吸引人的小建筑和在其他章节中描述的其它弗德山的建筑在建筑风格上的联系证明它们都经过了精心设计。这个岛状物有趣的特色在于低矮的围墙、饮水器、室外座椅、栽植树穴、窗格和建筑外墙上的供登记用的搁板。

弗德 (Verde) 山国家公园入口检票处

这个小型圆木建筑体现了这个公园的管理建筑的特征。交通岛式的入口检票站的优点在这里当然得到了充分的理解。位于交通岛上的警告安全用的反射镜非常实用。烟囱的位置很好地避免了与圆木墙的接触，这是一种很好的防火方法。

布赖斯 (Bryce) 峡谷国家公园入口检票处

雷尼尔 (Rainier) 山国家公园，入口检票站

这幢外形优美的圆木建筑值得用这样令人印象深刻的背景来衬托。只有那小小的烟囱没能达到所有其它细节保持的标准。圆木工艺、椽和檩条的比例及屋脊包杆的木板瓦屋顶都得到了极好的处理。低矮的圆木护栏除了本身的作用还能协调这幢圆木建筑与周围环境的关系。这幢建筑及其环境经过照管而保持的整洁是一般的原野地罕见的，但在这儿却毫无不和谐之处。

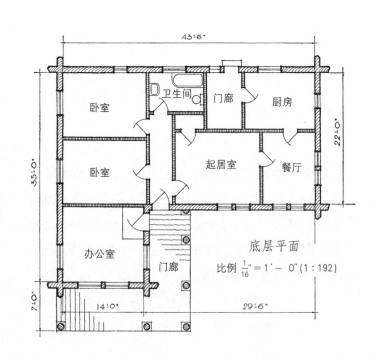

底层平面
比例 $\frac{1}{16}'' = 1' - 0''$ (1 : 192)

黄石 (Yellowstone) 国家公园入口检票站

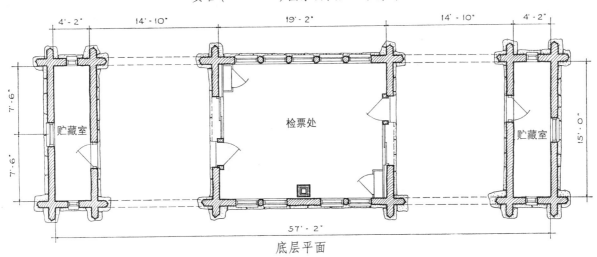

底层平面

比例 $\frac{3}{32}'' = 1' - 0''$ (1:128)

　　这个入口建筑的不寻常之处在于它为检查进出公园的汽车的管理者提供了遮阴处,这在许多地方都不是多余的设施。石质基础的高度可以在这个降雪量很大的地区保护木质结构,而且能防止车辆通过时可能对建筑造成的破坏。在不影响基础的实用性的前提下,通过巧妙的细微变化,打破了刻板的基础的线条,并提高了建筑的整体效果。

33

俄克拉何马州塔尔萨（Tulsa），莫霍克（Mohawk）都市公园售票亭

这个多用途设施的具体用途并不明确，但可以在游客较多的野餐地推荐使用，在那里有时野餐桌和火炉是分配的而不是人们自己争抢来的。当举行大型野餐会或家庭团聚会时，它能有效地充当登记用的小棚。

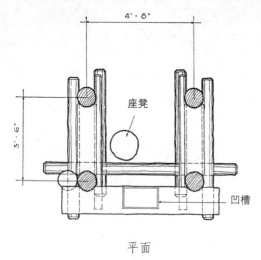

平面

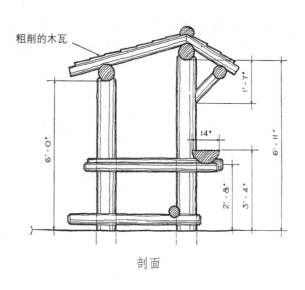

剖面

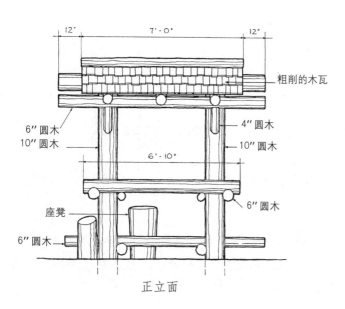

正立面

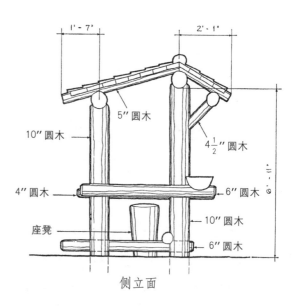

侧立面

比例 $\frac{1}{4}'' = 1' - 0''$ (1：48)

如果人类能够将大自然赋予野生动物的保护色运用到国家公园的建筑上，这将对他们给大自然造成的侵扰起到多大的调和作用啊！人们特别希望包括石墙、木栅栏、护栏和挡土墙等用来限制汽车通行的障碍物与自然环境融为一体。这些设施都是公园不可缺少的，任何缺乏技术性的处理都将成为玷污自然美的污染源。

所以，要精心规划，具体建设要结合场地条件，因地制宜。否则，如果采用不适合基地条件的栅栏或挡土墙的设计方案将导致灾难性的后果。自然性很容易消失，人工性却容易留存。

石制栅栏比木制栅栏多了一个基本的优点。石头更能持久的事实使之成为人们更喜爱使用的材料。可是，选择石头还是木头，并不能仅仅由材料性能的要求决定，还应该考虑到每种材料对本土的适用性。在不出产石材的地方引进石材作为材料看起来是不合适的。有些公园所在地缺乏适合的建筑石材，而公园的景观构成显然有岩石这一自然元素存在。在这种情况下，通过在设计中采用有效的技术手段和艺术手法，可以引进石材建造栅栏。但是，除非可以使用本地石料建造栅栏，一般均放弃耐久性而采用木材，这样更加合理。在某些地区，当地丰富的木材资源使木材成为更合适、更经济的建材，这一点将抵消木制栅栏不耐久的缺点。在树木繁茂的地区，无论石材供应的情况怎样，总有人赞成使用木栅栏，通常是圆木制成的栅栏，它们可以被造得结实耐用而不引人注目。

当一个地方既不出产木材也不出产石材时，在理论上能否成为公园用地就应该质疑了。我们讨论的前提是可以成为公园的任何地域，木材或石头可以作为栅栏的材料，这样问题就变成如何根据自然条件巧妙使用这两种材料了。

我们一旦游览了许多公园就会注意到处理栅栏和护栏的不足之处。当需要大量使用护栏时，只使用一种形式的护栏就变得非常单调。

对于不十分简洁或者在尺寸上过于精确的结构物尤其如此。长达几英里的石栅栏若重复着相同长度与高度的墙垛，如同钟摆一样使人的意志迟钝，简直是用枯燥的单调来玷污大自然。最好还是引入大自然的丰富多彩吧。如果只是为了避免连续的顶部轮廓线产生的单调的规则感而有规律地重复打破轮廓线，则只是选择了另一种形式的单调。通过不同的长度和宽度来使顶部轮廓线上下起伏更符合自然的韵律。

当公园需要大量使用护栏时必须注重护栏的多样性，避免一种类型的单调重复。这不是提倡在一个地方对栅栏的形式采用混杂的处理方法或者将两种形式截然不同的栅栏混在一起。但是，如果几个需要使用护栏结构的地块被无需使用护栏的地块相互隔开时，在每个地块使用形式各异的护栏是十分合理的。

具有复杂结构的长长的护栏，不仅会使观赏者产生不愉快和迷惑感，而且会使景色无法与其复杂性直接协调。一般情况下既具有满意的视觉效果又有实用性和经济性的护栏是那些在节点处用圆木柱高高支起中心柱头的圆木护栏。圆木和支柱首先应该具有足够大的直径，因为就像在一座桥上，构件的脆弱感会使人感到不安全。需要埋在地底下的木柱应该经防腐剂处理以延长其使用期。应该让它们深深埋入地下以便有效地承受压力。

真正令人感到不悦的是由弯曲着的圆木构成的栅栏，这些圆木扭曲得如同渐渐变细的螺丝锥。同样令人讨厌的是沿着路边随意上下起伏，一会儿高出地面，一会儿又低得像要紧贴地面的圆木栅栏。若想获得和谐的效果，圆木栅栏应该平行于道路坡度。

有可能应通过详细设计使木护栏的一部分被损坏后，与其邻近的那一部分不会因为事故本身或其后的维修而受到损坏。当需要考虑维修经费的限制时尤其应该这样做。嵌入石柱的木制栏杆一旦损坏，往往需要付出额外的劳动来维修。

理想的护栏形式是自然成组的岩石，它们深深埋入土中，以不规则的间隔沿路分布着。就现在的例子来看，还没有办法实现这个理想，这需要更多的技术以及对自然价值更深的理解。

在由美国森林署出版的《营地规划和改建》一书中，E.P.梅奈克博士讨论了与营地规划的规则相关的路障、阻隔物、栅栏的选择和使用。因为书中谈到的这些障碍物的使用原则并不局限于营地，同样适用于公园，所以值得仔细研究梅奈克博士的著作。

如何使石制栅栏或挡土墙在与露出地面的岩石交接时显得自然，是公园设施建设的一个难点。然而处理这个难点的结果看起来恰恰表明人们并没有意识到融合人造物和天然物的交接面是问题的关键，或表明现在还缺乏这种技术。当天然物和人造物的过渡接合看起来十分自然时，这样的成就是值得赞赏的。

特别重要的是邻近入口处的墙或栅栏的处理。除非经过完整的规划设计，应该使它们带有入口处建筑的风格。典型的新英格兰式、纽约式以及具有其它地方特征的石墙和曾经广泛分布在中西部的蛇形篱笆都让我们感到熟悉和富有深意。因为它们在潜意识的层面带来了公园试图重新获得的价值：开阔的空间、未遭破坏的自然、从拥挤的人造环境中解放出来，它们完全可以成为历史的见证。

毫无疑问，有时需要在自然区域的栅栏上涂以色彩以便向人们，尤其是驾车者传达有效的警示信息。用来防止交通事故的栅栏和路障不应该被一笑置之。即使不受欢迎，它们在公园里也被认为是必不可少的，而且在我们的快速公路上也有许多这样的装置，它们或多或少是有效的。也许，在较狭小的空间里巧妙地设置反光柱可以起到最有效的警告作用，而且对自然价值的影响也很小。使用栅栏来警告危险无需技巧，而确定沿公园道路的栅栏在什么地方需要具有警告的功能，需要深思熟虑后的判断。在一个特定的公园内设置不太多又不太少的栅栏，这既是一个问题又是一个解决方法。对于以悠闲的汽车旅行为主要功能的公园道路，应处理好交通速度与栅栏的关系，这个道理应该被充分的理解。公园里过于显眼的栅栏比快速公路上少，而且公园里更多采用的是无障碍式的处理。

内布拉斯加州，庞卡 (Ponca) 州立公园

科罗拉多州，丹佛 (Denver) 山公园

木栅栏

本页圆木栅栏的共同特征是采用不相连的构件单元来减少强烈的视觉冲击带来的破坏。圆木栅栏最简单的表现方法是设置一排圆木柱，而汽车无法从木柱间隙通过。这里展示的一个例子适应了经过改造的环境，另一个处于更崎岖的环境。另外的例子是一系列装配式的栅栏，由两端的支柱支撑起水平圆木，这类共展示了三个例子。

得克萨斯州，巴斯特罗普 (Bastrop) 州立公园

阿肯色州，德弗尔斯登 (Devil's Den) 州立公园

俄勒冈州，沃恒克 (Woahink) 湖州立公园

新泽西州，南山 (South Mountain) 县保护区

南达科他州，卡斯特 (Custer) 州立公园

俄克拉何马州，塔尔萨 (Tulsa)，莫霍克 (Mohawk) 都市公园

木护栏和围篱

　　本页以中间的页边为界，左边是低矮的护栏，右边是围篱。最上面的两张图是典型的由连续的圆木架在支柱上的圆木护栏，以逆时针的顺序延伸；固定在支柱一侧的圆木，并排的两根圆木，最后是增粗的支柱。

　　从下页的左上图开始显示围篱的例子，这个围篱比

肯塔基州，坎伯兰 (Cumberland) 瀑布州立公园

伊利诺伊州，杜佩奇 (DuPage) 县森林保护区

新泽西州，南山 (South Mountain) 县保护区

伊利诺伊州，库克 (Cook) 县森林保护区

护栏高，并加了一根缓冲杆，在有限的维护条件下这样
做很实用。按顺时针顺序，是三个都需要作为阻碍车行
交通的路障的围篱。下图所示的由石材和木材建成的
围篱，其美观性超过了实用性。木构件必会腐坏，而
它们和石构件的连接方法会使替换朽木的工作很麻烦。

俄勒冈州，德弗尔斯庞奇鲍 (Devil's Punch Bowl) 州立公园

宾夕法尼亚州，雷丁 (Reading)，佩恩 (Penn) 山都市保护区

得克萨斯州，卡多 (Caddo) 湖州立公园

俄克拉何马州，石英 (Quartz) 山州立公园

阿肯色州，德弗尔斯登 (Devil's Den) 州立公园

亚利桑那州，塔克森 (Tucson) 山公园

岩石路界、路缘石和石墙

　　左上部的三个例子向我们展示了在半自然地区使用岩石作为路界的成功例子，这样做看起来总是很难，而在这里却比较成功，尤其是石英山州立公园的例子。左下角的路界更像墙，但仍然十分随意并且只用了少量的砂浆。这个例子和它右边的例子一样作为缓冲路缘石以引导行人在停放的车辆及路界中间通行。

　　本页显示了典型的砂浆砌筑的防护石墙。大部分

阿肯色州，小吉恩 (Petit Jean) 州立公园

洛基 (Rocky) 山国家公园

火山口 (Crater) 湖国家公园

黄石 (Yellowstone) 国家公园

石墙设了雉堞。在这里体现了石工技艺的许多特征。

　下一页展示的路缘石和石墙种类丰富。低矮的规整式的路缘石适用于整洁的大都市地区；另一个路缘石的例子适合设在人流不多的较原始的环境。右侧展示的石墙显示出它们所处的环境是比较现代化的乡村，这与本页所示的原始环境截然不同。

大雾 (Great Smoky) 山国家公园

大峡谷 (Grand Canyon) 国家公园

俄克拉何马州，特纳 (Turner) 瀑布州立公园

伊利诺伊州，库克 (Cook) 县森林保护区

格林威治 (Greenwich)，康乃迪克 (Connecticut)，埃里克·古格勒 (Eric Gugler) 建筑师

新泽西州，伍里斯 (Voorhees) 州立公园

肯塔基州，巴特勒 (Buter) 纪念州立公园

阿肯色州，小石城，波义耳 (Boyle) 都市公园

伊利诺伊州，库克 (Cook) 县森林保护区

伴随游憩设施的发展，指示牌和相关标识在数量和形式上也都必须相应地增加。如果这些标识是定向的、有指示性的、受规章限制的或警戒的，它们被分在"指示牌"这一类；如果是使有关公园地区的历史名胜或自然景观有教育价值，它们在这里被称为"标示牌"。这种文化游憩的小物件，也应拿来同那些与游憩发展阶段有关的设施一起讨论。

在公园，除了入口通道外，为表达个体特征或特殊地域的背景，没有什么比指示牌和标志物更能提供广泛而合法的机会了。这些指示牌和标志物可以成为那些稀少的、特殊的特色的化身。正是这些特色促使了公园——微型主题园的成立。

莫里斯顿国家历史公园的指示牌是对一个历史时期的漂亮的解答。在这里，主题当然是美国独立战争时代。

在伊利诺伊州新萨勒姆州立公园，为重现林肯成年期而重建一个村庄，旅游者游览时会由于那些风格化的指示牌和标示物而产生一种恭敬的心情并产生一种幻觉。这种幻觉使人如同置身于19世纪30年代时期美国中西部边远地区的村庄。那白色底子上黑色的不确定的字，手写的非正规的并颤抖着的字里行间，使人回想起那个时代和地方的未经提炼的报纸印刷品和广告单。立即，想像的音调、理解的语调和美妙的曲调将重新响彻我们耳畔。

在任何一个地方，确实有用的指示牌的数量和摆放它们的重要且有意义的位置应该经过深思熟虑后才决定。提供太多的指示牌很快会遭到那些渴望大自然井井有条的人们的反对。若是没有足够的指示牌服务，缺少指示性的信息会惹恼那些既没有时间又不喜欢一路找寻的人们。

一个指示牌的合适的建筑尺度是需要特别要求的，作为一个指示牌的次要的细节，在需要的地方自然材料的使用是必须的。若一个地区的树木没有成林，它就不适合放巨大的指示牌，否则会增强自然环境的缺陷。同样的，若一个地区有大树的话，也应该考虑指示牌的建筑尺度和位置。

指示牌上文字的比例和易读性是需要认真考虑的，比起为了其他的目的，那些警戒的和指示性的指示牌上的文字要求精练，并在一个合适的距离内快速易读，如"急转弯"、"停止"、"浅水横渡"。像这样的指示牌文字是遵循一定标准的，这完全不同于为露营者和野餐者写的长篇详细的规定。虽然对一个迷人的特有的地区的尊重可能来自于风格化的文字的质量、奇异性和个性，但对于所有以警戒为目的的指示牌来说，文字的易读性超过了其它考虑因素。

当一个公园需要很多指示牌时，预算是重要的，它将决定成本和耐久性。一个经过深思熟虑的指示牌易读且维修费用最少，其中以烘烤过的瓷釉文字的金属指示牌为代表，但它最缺少特色。漆在木头上的文字肯定要不断地重新漆，这就增加了维修的费用。在平坦表面上更新文字是一个繁复的工作，如果文字最初是被雕刻的，或被烧烫和通过模板技术处理而做成浮雕的，文字更新就会很快，因为这对油漆工有一个限定的向导。不用任何油漆的雕刻文字被使用于许多公园里，这以科罗拉多山脉公园最有代表性，一个公园设置那么多指示牌，考虑到经久耐用，专门选择几种规格的沉重的铁模板和烧烫制品，这被认为是实际的。指示牌的制作是一个机械的操作过程，模板被放置在合适的位置，文字被热的铁水烧入木头里四分之三英寸深。这样的指示牌是易读且耐久的，除非上帝的旨意，如龙卷风，或是恶魔的袭击来临。最初的指示牌就像誓言一样永存。

所有公认的公园艺术破坏行为可以用指示牌进行检查。方法是把指示牌放置在不高不低正好位于破坏者方便破坏的范围内。最容易被破坏的高度是在地面以上三英尺到六英尺之间。尽管在我们的公园里所有的迹象都是反对这种行为的，但这些破坏者是粗野的、神经质的、懒惰的，并可能在他坚持自己的主张之前经过再三考虑（我们这样奉承他们），或者攀上一个位置去实现他的可耻的破坏目的。

另一类破坏者是针对具有纪念意义的指示牌的"狩猎者"。因为指示牌是那么的吸引人和那么的生动别致，容易得到，并能装在包裹中带走。他的破坏使得指示牌的功能受到了明显的限制。

自然主义者要求公园指示牌刻在天然的大鹅卵石和悬崖上虽已成为历史，但这种做法值得肯定，包括把指示牌固定在树上的做法，这在当今公园思想里也被更好地接受。我们需要警告那些把公园指示牌变成一种现代的、商业的、吸引人的技术的倾向。公园入口处绝不允许指示牌与沿路香烟海报竞争。几条不同信息按照一定的逻辑关系把它们积累起来，用一个指示牌传达。在下面的几页插图中，几个指示牌组将成功地示例这一点。

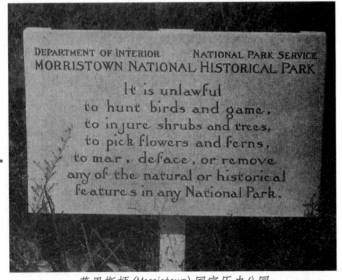

莫里斯顿 (Morristown) 国家历史公园

伊利诺伊州，新塞勒姆 (Salem) 州立公园

华盛顿州，福特·杜邦 (Fort Dupont)

华盛顿州，福特·杜邦 (Fort Dupont)

低平指示牌

　　这一页和接下来的两页示范了指示牌的简单结构
——用水平的或垂直的单根木头来制作。把木头平躺
的做法应谨慎处置，因为除非一直警惕地关注着，否
则木头上的指示牌会由于树的迅速生长而看不见。"住
宿区"这一指示牌缺少一个地面遮盖物去掩饰粗糙的
花园岩石前景。木头上的树皮是永远不被赞同的——是
的，几乎永远。林肯木屋州立公园的指示牌文字会和
树皮一起消失。也许每隔几年重写一下指示牌的选择
是有道理的。

艾奥瓦州，奥科博吉 (Okoboji) 州立公园，海鸥聚居处

怀俄明州，萨拉特加 (Saratoga) 温泉州立公园，

伊利诺伊州，林肯木屋州立公园

科罗拉多州，众神 (Garden of the Gods) 公园

阿肯色州，小石城，波义耳都市公园

立柱指示牌

坚固耐久性是这类指示牌的宗旨。一种真正的"指示牌"语言是可理解的、简短的，这里展示了一些设计精巧的片段和恰如其分且简单的给别人带来兴趣的雕刻。被烫出来的文字几乎是规则的，有效的深度烧烫也得到了很好的示例。通过这一组范例，似乎证明

科罗拉多州，众神 (Garden of the Gods) 公园

威斯康星州，里布 (Rib) 山州立公园

科罗拉多州，众神(Garden of the Gods)公园

科罗拉多州，众神(Garden of the Gods)公园

了比起无趣的专业用语，一段不完全的文字所体现的非凡感染力更适合开敞的空间。

　　波义耳都市公园的一群标示牌曾经标志着塔式建筑物，有着有趣的数量和相当的个性。同是这个公园的"男—女"指示牌与其他同类相比，更加轻松愉快，而不是乏味僵化。

阿肯色州，小石城，波义耳(Boyle)都市公园

阿肯色州，小石城，波义耳(Boyle)都市公园

得克萨斯州，奥斯丁 (Austin)，兹尔克 (Zilker) 都市公园

亚利桑那州，萨瓜罗 (Saguaro) 森林州立公园

单柱十字交叉式指示牌

在左上图的例子中，简单的一个脚印代替了以往惯用的一个食指指路的方式，右上图的例子具有西南部的特点，因为立柱模仿了仙人掌的形式。左边的两个指示牌的方柱都未被剥去树皮，这样做是无可厚非的。树皮的留存给指示牌增添了一份粗犷美，而由此引起的木料腐烂的加速就变得微不足道了。

当没有植物遮挡时，指示牌最好放得低矮一些，

得克萨斯州，长角 (Longhorn) 洞州立公园

得克萨斯州，沃思堡 (Fort Worth)，沃思 (Worth) 湖都市公园

俄克拉何马州，特纳(Turner)瀑布州立公园

科罗拉多州，丹佛(Denver)山公园

例如写着"小径"和"通向瀑布的小径"的这两个指示牌。写着"菲利亚斯公园"（Fillius Park）的指示牌受到了很高的评价，看上去它极具特色，包括那个在我们平常所见的指示牌中绝对算得上独一无二的螺旋式扭转的立柱。

右下图的指示牌显得十分粗壮坚固，它具有全方位指示交通的能力，简单得连最成功的交通指挥官都要羡慕了。

艾奥瓦州，多利佛(Dolliver)名胜州立公园，

得克萨斯州，沃思堡(Fort Worth)，沃思(Worth)湖都市公园

塞阔亚 (Sequoia) 国家公园

加利福尼亚州，圣罗莎 (Santa Rosa) 县公园

单柱支架式指示牌

　　这些指示牌由立柱及指示方向的悬臂标牌构成，上排的例子只有单个标牌，下排的例子具有多个标牌。它们展现了不同体量和不同的形式。

　　在某几个指示牌上，如果这些刻出的或烧制出的文字刻得更深一些或油漆成强烈的对比色调，则能大大加强易读性。莫兰州立公园的手工制造的已经风化的指示牌也许是拓荒时代的遗留物。

阿肯色州，小吉恩 (Petit Jean) 州立公园

华盛顿州，迪塞普新山 (Deception Pass) 州立公园

华盛顿州，莫兰 (Moran) 州立公园

田纳西州，皮凯特 (Pickett) 州立公园

　　右下图中幽灵似的支柱让人想起阿瑟·雷克汉姆（Arthur Rackham）绘画作品中的树的形态。举这个例子是因为它是一个有趣的"小玩笑"，是有一定限度的异想天开。如果经常出现这种支柱，也许会把人惹恼的。

　　很遗憾，我们无法使在同一组中展示的例子的比例达到相对统一，因此我想提醒读者当心被这些无法统一的比例误导而搞错这些例子的真实大小。

华盛顿州，莫兰 (Moran) 州立公园

阿肯色州，克罗利 (Crowley) 岭州立公园

阿肯色州，尼博 (Nebo) 山州立公园

阿肯色州，小石城，波义耳 (Boyle) 都市公园

单柱悬挂式指示牌

　　这组指示牌是由单根立柱及悬挂的指示板构成。我们不应该依靠使用不易读懂的字体来赋予一个公园指示牌以纯朴的乡村气息，而最好是在指示板及立柱上多做文章。在指示板上使用常用的字体并不会破坏指示牌的原始感。

内布拉斯加州，野猫 (Wildcat) 山狩猎区

俄勒冈州，洪堡格 (Humbug) 山州立公园

阿肯色州，克罗利 (Crowley) 岭州立公园

火山口 (Crater) 湖国家公园

　　也许对本页所示的例子提出批评并不容易。火山口湖国家公园的精美的入口标志其实比照片上显示的更美。德弗尔斯登州立公园的多方面指示牌正对着一座桥。将指示牌凹进一堵挡土墙的做法罕见而有趣，而且还能避免指示牌阻碍交通。

俄勒冈州，洪堡格 (Humbug) 山州立公园

阿肯色州，德弗尔斯登 (Devil's Den) 州立公园

加利福尼亚州，洪堡雷德伍兹 (Humboldt—Redwoods) 州立公园

俄克拉何马州，罗伯斯 (Robbers) 洞州立公园

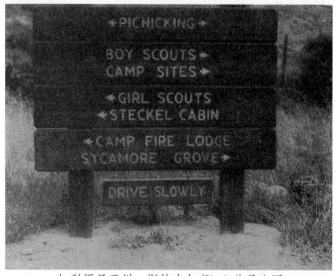

加利福尼亚州，斯特克尔 (Steckel) 县公园

双柱式指示牌

总的看来，左页所示的指示牌像是位于或多或少经过人工改造的自然地，右页所示的指示牌位于地形崎岖、森林茂密的地区。虽然这些指示牌都有两根支柱，但除此之外它们有很大的差别。

页面左上方和右上方的雕刻在指示牌上的文字看起来经过了精心的设计和制作。左边的三个例子中，通过在雕刻的文字上另外添上一层对比色使文字变得

纽约州，布朗克斯 (Bronx) 河景观大道

俄亥俄州，弗吉尼亚·坎道尔 (Virginia Kendall) 州立公园

怀俄明州，根西 (Guernsey) 湖州立公园

内布拉斯加州，怀尔德卡特 (Wild Cat) 希尔斯狩猎区

更加清晰易读了。根西湖公园的指示牌上漆色的刻字展现出一种朴素的精美感。"可趣湾旅馆"指示牌上第二行摇摇摆摆的文字将会引起别人的评论。制造这样的文字需要金属板或石棉模板以及鼓风式焊炬，至于制作刚才提到的有点摇摆的文字则需要将摇摆的程度控制在可以让人容忍的限度之内。

俄勒冈州，洪堡格 (Humbug) 山州立公园

伊利诺伊州，黑鹰 (Black Hawk) 州立公园

阿肯色州，克罗利 (Crowley) 岭州立公园

伊利诺伊州，怀特派恩(White Pine)森林州立公园

亚利桑那州，帕帕戈(Papago)州立公园

得克萨斯州，卡多(Kaddo)湖州立公园

双柱悬挂式指示牌

　　这里展示的图例的主题是由两根支柱支起的横木下悬挂的指示牌。这些指示牌的体量感从左上角图例向右下角图例的方向渐渐增强，它们几乎适合我们所有的公园地区，包括了图示位于沙漠地带的帕帕戈(papago)州立公园，这个指示牌的立柱仿造了直立的仙人掌。有几个例子却明显地揭示了因为所处的环境

艾奥瓦州，加尔波因特(Gull Point)，奥克伯基(Okaboji)州立公园

珠宝(Jewel)洞国家名胜

得克萨斯州，沃思堡 (Fort Worth)，沃思 (Worth) 湖州立公园

俄克拉何马州，斯帕维诺 (Spavinaw) 山州立公园

缺乏地被植物和矮灌木而使设计完美的指示牌显得有点黯然失色的事实。

    右下方的两个指示牌根据特定的基地情况而设计，一个是成角度的指示牌，十分适合放在岔路口，另一个是呈三角形平面布置的指示牌，适合放置于交叉口的路岛上。这些指示牌具有惊人的体量感，如果这是缺点，也是一种讨人喜爱的缺点。

俄克拉何马州，比弗斯本德 (Beavers Bend) 州立公园

阿肯色州，尼博 (Nebo) 山州立公园

阿肯色州，小吉恩 (Petit Jean) 州立公园

科罗拉多州，拉夫兰 (Loveland) 山都市公园

阿肯色州，尼博 (Nebo) 山州立公园

南达科他州，卡斯特 (Custer) 州立公园

有檐指示牌

　　在指示牌上附加一个檐板能突出指示牌的重要性，尤其在需要这样做的时候。檐板可以显著而切实有效地保护文字及其它显示牌显示的内容，减少因暴露在空气中而受到的腐蚀。

　　从带檐板的指示牌形式发展到典型的位于小径旁的神龛式标志的形式的距离并不遥远。左侧的指示牌绘制了一遍营地的地图，与其说是指示牌，不如说它更接近本书中归类的标志牌。

阿肯色州，小石城，波义耳 (Boyle) 都市公园

阿肯色州，尼博 (Nebo) 山州立公园

得克萨斯州，巴斯特罗普 (Bastrop) 州立公园

得克萨斯州，巴斯特罗普 (Bastrop) 州立公园

杂录

　　将这些例子归为杂录不是因为它们被遗漏了，而是因为它们新颖独特的形式。金属板的剪影以巧妙的表达方法讲述了它们的故事，这样就能杜绝现代清教徒的反对。虽然人们在评论公园建筑时如同躲避瘟疫似的从不使用"迷人的"和"可爱的"这两个词，但是用它们来形容莫霍克都市公园一例中的指示牌是不会引来非议的。请注意，克罗利岭州立公园一例中的指示牌是守卫于交通岛一角的三个指示牌中的一个。

俄克拉何马州，塔尔萨，莫霍克 (Mohawk) 都市公园

阿肯色州，克罗利 (Crowley) 岭州立公园

华盛顿州，米勒西尔韦尼亚 (Millersylvania) 州立公园

加利福尼亚州，洪堡雷德伍兹 (Humboldt–Redwoods) 州立公园

用横纹木板来做野餐桌面并不实用。用它们来做指示牌也不被普遍看好，但当这些木板是从直径很大的树干上锯下时，它们就不仅可以理所当然地成为指示牌，而且成了有教育意义的展览品。左图所示的指示牌来自一棵红木巨树，它上面的年轮结构常引起好奇者的兴趣。

俄克拉何马州，特纳 (Turner) 瀑布州立公园

特纳瀑布附近的乡村具有一个显著的特点：露出地面的石灰岩如同一排排墓碑一样蜿蜒起伏地越过高山。这些石灰岩层以大致相等的厚度冲出地面。本图的岩板来自于其它地方再重新竖立于此。这个精心的杰作只适合建在这个特别的地方。上面的字从锅炉钢板上切割下来，再用钉子和水泥固定在石灰板上。

卡萨·格兰德 (Casa Grande) 国家名胜

这个不同寻常的标志的制作方法很巧妙：由经过锤炼的铜片和浇筑的混凝土制成。除了可以指示公园入口的位置，它还可以作为交通岛分离进出的交通。这些富有现代感的文字字体也显得十分有趣。读者们可以在本书的"入口"一章找到这个入口的完整布局。

在本书的材料收集与策划中，读者如若不给予编辑一定的自由度（更不用说完全的自由），那么，本部分内容就不会存在。如果被问及公园中必需的六类建筑物，读者可能会将管理建筑定为其一，不过，如果再让他描述管理建筑的特定组成内容时，他可能就会一头雾水了。现在，这一令人尴尬的问题将不再如此困扰读者，因为我们会在这里承担起寻找答案的任务，而且，找到答案的过程也并非一个魔术。

理论上，公园中的管理建筑是指导整个公园运作方向和进行商务管理的指挥部。实际上它的规模可能非常小，一张办公桌，一间带有打字机、复印机、保险柜等各种设备的房间。经常，我们把传达室、办公人员宿舍、社区建筑、娱乐场所、餐厅、多功能厅等都称为管理建筑。

除了在幅员广阔的国家公园之外，几乎没有什么地方的管理建筑是与其它功能建筑完全分开的。在国家公园中，管理人员和大量职员要从事以下工作：处理公众和园内工作者以及土地所有者的各种事务、记账、负责对公园设施的维护、制订园区的长远规划等。由于他们所需的工作空间相当之大，所以产生了对管理建筑的规模和单一功能的要求。不过，在小型国家公园和纪念地中，将办公地点和博物馆结合，则更有利于达到所需的集中管理的效果。

在州立公园中，管理建筑常与门房紧邻，且建筑形式也是不拘一格的。有时，作为公园控制点的管理建筑还与宿舍或其它主体建筑连接，从而具有了社区建筑的特点；另一方面，当需要与公众进行有限接触，并要配合公园的不断发展、维护、管理状况时，公园指挥部可能还应配置各种便利的服务设施。从对大多数综合性建筑和办公空间的分析报告中，我们经常可以看到，将办公所属建筑物的名称指定为管理建筑，有时只是出于礼貌（如果不是误称的话）。

这种似是而非的称呼已是广为流传，它的存在已非常自然甚至还具有一定的合理性。公园的控制场所是管理机构的标志，它也许就应在公园建筑中居重要性支配地位。如果管理的空间要求与有限的空间发生矛盾，便可以借助次要空间来解决，然后再为最终产生的组合构筑物命名。公园的管理建筑需要更为自由的空间。

不过，那些被尊称为"管理建筑"的建筑物有时会在场地中太过显眼，或被加以夸张处理，以暗示国家公园建筑所"特有"的与自然竞争的特权。无论是公园的主体建筑还是次要建筑，都不能容忍这样的粗野行为。

以下图片中有大量的建筑物，它们的功能之一即是管理。有些建筑是与管理密切相关的办公设施，而另一些建筑则是多功能组合物，其内部设施与管理无关或仅有一点关系。不过，打着管理建筑旗号的多功能建筑也有其存在的道理，它可避免多个建筑的散乱分布以及由此产生的各个建筑单体"哗众取宠"的混乱场面。所以，这的确是一个值得鼓励的方法。

卡萨·格兰德 (Casa Grande) 国家纪念地管理建筑

图例
① 预备室
② 展厅
③ 博物学办公室
④ 管理员室
⑤ 门卫室
⑥ 馆长室
⑦ 档案室
⑧ 男厕
⑨ 女厕

大厅

门廊

平面图

比例 $\frac{1}{32}'' = 1' - 0''$ (1：384)

土坯房是一种传统的建筑形式，其低矮的体量可与周围广阔的平坦地形保持一致，图中这座建筑肯定是为美国西南部地区度身定制的。它包括办公管理真正所需的各种设施，同时又表达出有组织的管理机构的建筑感觉，而这种感觉则是非常令人难忘的。这一建筑的风格与公园的入口及入口标志相关。这些主题在本书其它部分同样可见。

新墨西哥州，圣菲 (Santa Fe) 州立公园中的管理建筑

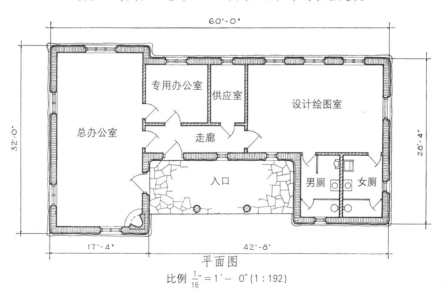

平面图

比例 $\frac{1}{16}'' = 1' - 0''$ (1 : 192)

　　这是一个州立公园的管理系统总部。它沿袭了美国西南地区的建筑传统，如：少而小的窗洞、挑出的杆撑椽木、所有的交角均为圆角、内凹门廊中用木柱支撑的定型托架。它在城中的位置可以说明其环境为何如此局促。

弗德台地(Mesa Verde)国家公园管理建筑

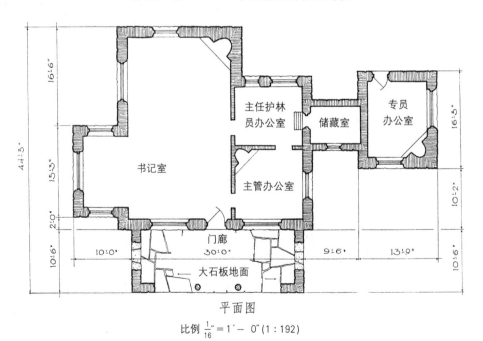

平面图

比例 $\frac{1}{16}'' = 1' - 0''$ (1:192)

这是一处与众不同的公园构筑物，它并非凭借功能的堆积来获得感人至深的体量。其平面和外观均呈不规则形，并很好地与该国家公园中的其它建筑（其中有些建筑属于其它分类）结合。

本德利尔 (Bandelier) 国家纪念地的管理建筑

一些建筑的体量和结构与周围环境能够很好地协调，它们也会因其简洁而优雅的建筑形式而倍受瞩目。上图即是这种建筑的一个实例。它是小型管理建筑的代表作。这一服务性建筑群体位于本德利尔国家纪念地，它是特定地区单一建筑表达形式或单一建筑主题的表达和希望，所以它应该成为该纪念地其它地方建筑形式的参照。

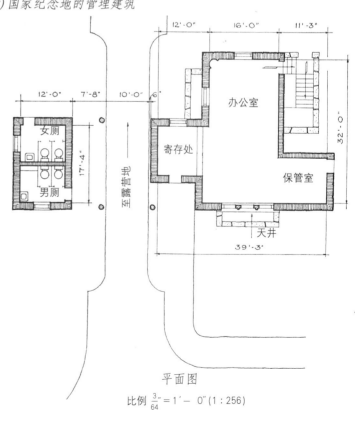

平面图

比例 $\frac{3}{64}'' = 1' - 0''$ (1:256)

亚利桑那州，菲尼克斯 (Phoenix) 南山都市公园的管理建筑

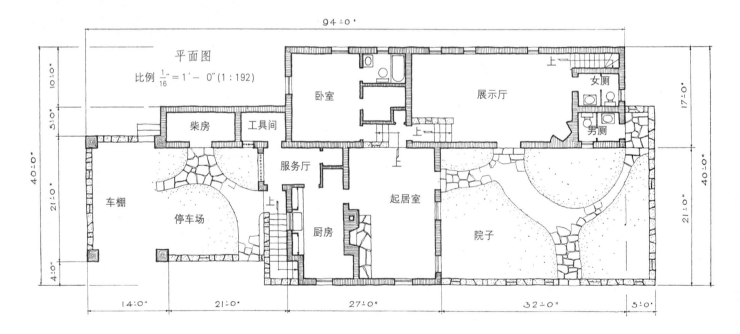

为了延续史前印第安人村庄的建筑传统，该建筑物将公园建筑的概念拓宽，并掺加了令人喜爱的、非常适合西太平洋地方色彩的表现形式。引人注目的是其砌筑工程的独特个性、多层次的屋顶、矮墙的随意起落以及挑出椽子的富有韵律感的投影。同许多管理建筑一样，该平面所表现的不仅仅是其管理功能。门房区、服务后院和展览厅的组合形成了更确切的管理场所。

宰恩 (Zion) 国家公园的管理建筑

这里，管理建筑所具备的管理、涉外等常规功能被集中于一个小型建筑中，该建筑平面简单明了，建筑外观非常适合其位于宰恩峡谷峭壁底部的场地特征。无论将来需要添置何种管理设施，现存建筑在改造和扩建时，对原有结构的变动都会保持在最小状态。

平面图

比例 $\frac{1}{16}'' = 1' - 0''$ (1 : 192)

雷尼尔 (Rainier) 山国家公园亚基马 (Yakima) 的管理建筑

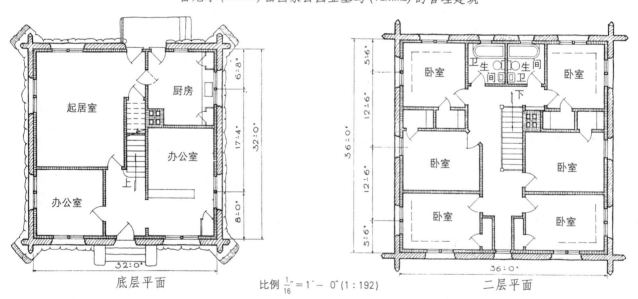

底层平面

比例 $\frac{1}{16}$" = 1' − 0" (1:192)

二层平面

即使没有雷尼尔山雄伟背景的衬托，这座木结构建筑也会是公园建筑中的杰出作品。显然，它不自觉地受到早期圆木小屋的影响，从而成为与传统建筑形式合理结合的典型代表。其圆木做工既不过于精细，也不显笨重粗糙。

布赖斯 (Bryce) 峡谷国家公园的管理建筑

在一些游客量不大的公园里，简单的管理功能和单纯的展示空间常常被合而为一，这样可使得管理建筑更加实用。上图即为一例。它限制了工作人员的数量，并促使工作人员身兼两职。如果在距布赖斯峡谷很近的地区建造两座建筑，则无法避免建筑外观上的繁琐和不适；而当把两座建筑合为一体，将有助于形成适宜的空间尺度。

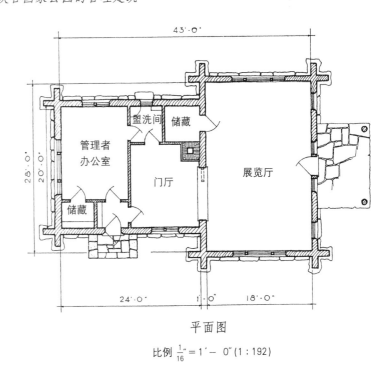

平面图

比例 $\frac{1}{16}'' = 1' - 0''$ (1:192)

纽约州塞尔扣克（Selkirk）海滨管理建筑

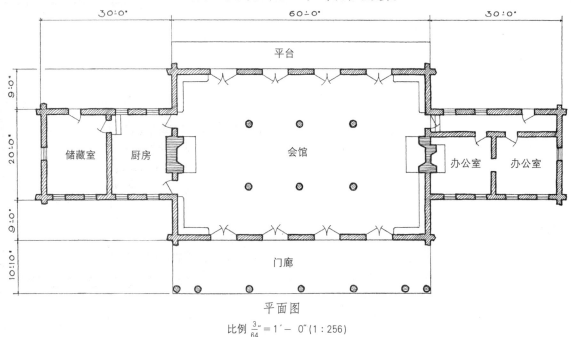

平面图

比例 $\frac{3}{64}'' = 1' - 0''$ (1:256)

　　该建筑因其精湛的木作工艺和宽大的斜面屋顶而给人深刻的印象。其朴实无华的混凝土基础、零散石块砌筑的烟囱以及屋面材料的细薄质感，都是让人心动的细部特征。

马萨诸塞州莫霍克特雷尔 (Mohawk Trail) 州立森林公园的管理建筑

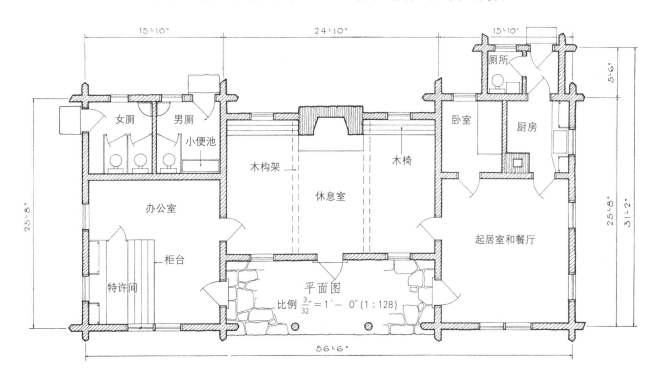

平面图
比例 $\frac{3}{32}'' = 1' - 0''$ (1:128)

在这一地区，由于可供开采的长直木材已远不如从前丰富，这座总体上具有亲近感的建筑物已堪称成功典范。其建筑比例、细部设计和施工工艺均无可挑剔。在同一公园中还有一座形体突出的木桥（在本书"桥梁"部分有图示），此管理建筑和木桥一起宣称，并非所有的木结构技术都随帝国路线而向西部发展。

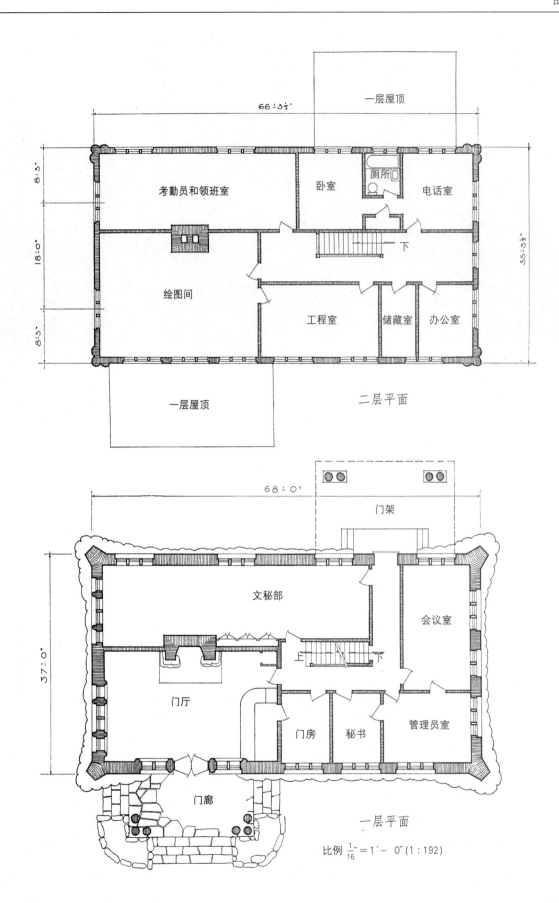

二层平面

一层平面

比例 $\frac{1}{16}'' = 1' - 0''$ (1 : 192)

雷尼尔 (Rainier) 山国家公园朗迈尔 (Longmire) 管理建筑

在对面一页的平面图中展示了在大型公园中可能需要增添的几种功能。由于附近地区缺少可利用的块石材料，所以，本案例选用圆石作为铺筑材料。无论如何处理，似乎都不可能获得一种令人满意的稳定外观。椽子的尺度恰当而活泼，其削成钝角的端部特别值得称道。该建筑有足够的窗洞，可以保证室内的良好采光，同时又不使建筑的外立面效果受到损害。

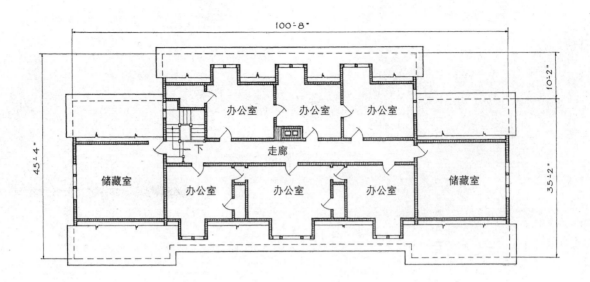

二层平面

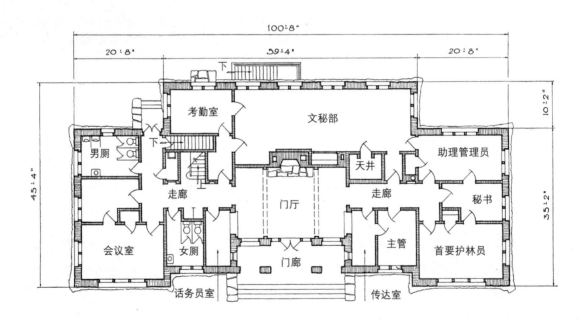

一层平面

比例 $\frac{3}{64}'' = 1' - 0''$ (1 : 256)

火山口 (Crater) 湖国家公园的管理建筑

　　这座大型管理建筑同时又是雷尼尔山朗迈尔的标志。如前页所示，这是一个典型的建筑物，可容纳各种行政管理活动。前页为该建筑的一层和二层平面。由于当地降雪量很大，积雪会堆积高于一层窗台，所以，该建筑采用了坡度较大的斜屋面形式。在本书的"公园主管和员工住所"部分中，提到了位于火山口湖的职员宿舍。在这里，我们也要关注其宿舍的几种结构形式，因为通过研究特定地区建筑整体结构的统一性特征，可对该地区所有建筑的设计都具有普遍参考意义。大面积的毛石墙体、染色的木材、倾斜的屋顶和老虎窗即被普遍应用于当地的所有建筑。

温德凯夫 (Wind Cave) 国家纪念地的管理建筑

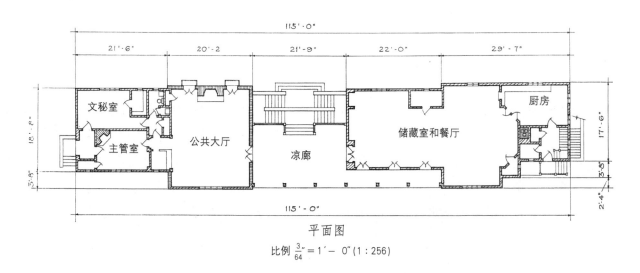

平面图

比例 $\frac{3}{64}'' = 1' - 0''$ (1 : 256)

　　这一建筑的应用材料及其使用方式，都与人们最初设想的公园建筑迥然不同。我们欢迎建筑表现形式的多样化，而且，这种特殊的建筑处理方法很适合周围环境缺少树木的地方。该建筑的平面狭长，使得它的外观显得低矮，这也符合如图所示的环境特征。从平面图上，可以看到许多与公园产业管理相关的功能设施。

公园主管与员工住所

通常，公园主管、管理员和其他职员的家庭住所的外观，都可以适度反映出该地区原创住宅的特点。现代住宅与原创住宅在很多设计要素上都可以有或多或少的相似之处，这样，现代住宅不必经过大动干戈的改动（这种改动缺乏对旧的形式和现代生活需求之间的联系，所以也常常不被认可），就可以让人回想起传统建筑的线条。我们易受地域影响的支配，可能会适当地将公园员工安置在这样一种构筑物中：它们源于木石小屋这样的原创建筑形式，而这种形式则取自西班牙建筑、印第安人村庄和多种殖民建筑及基于许多因历史、地方材料和气候而出现的其它建筑表达方式。

这里涉及的最典型的问题也就是如何设计一种最经济的乡村住宅，而在这种住宅中应有组织地安排5～6个房间，同时又突出建筑与环境的合理结合。此外，还应适度考虑当地气候、舒适度、传统性，以及最重要的经费预算问题（经费预算应包括公园及其居住者两部分，其中，居住者无论主管或博物学家，看守人或劳动工人等）。

在员工众多的公园里，有时可借助于一些小型的公寓建筑来解决员工住宿问题。这一方法原是用于解决城市问题的，虽然这种集中布局会牺牲公园的某些个性，但在理论上，单一建筑仍优于多个小型建筑的累计。

在大型、独立又需要频繁养护的公园中，未婚员工的住房、特别是季节性员工的住房问题，可通过临时工房或集体宿舍来解决。可建造一个看林人俱乐部，通过提供各种舒适、有益的生活条件来调节员工的精神状态。约塞米提国家公园即是这一制度的著名例证，其发起人便是国家公园服务部门的首位理事史蒂芬·T·马瑟（Stephen T. Mather）先生。

如果居住地的环境舒适、维护良好，居住者为此住所而感到自豪，那么，员工们也会重视公众区域的环境维护。通常，零星散乱、濒临崩溃的生活场所会对公园的经营产生负面影响。

从最终分析上看，由于住所可作为员工薪水的补足物，这样看来，住所和薪水的相互调节也就很合适了。在建立住所与薪水间适当关系方面，用正常的薪水代替宽敞的住所、或用正常的住所代替丰厚的薪水，都是不能令人满意的。如果有更多人了解这一概念，将减少许多由此引起的不满事件。

有时，出自管理、经济或其它方面的原因，员工住所会与公园的其它设施结合在一起，如办公和特许建筑、入口大门和售票处等。在一些小型公园中，这种做法是合理的，因其可以避免过多的小型建筑拥挤在园内而破坏园区的景观。

这里，最值得研究的问题是员工住所在公园中的位置。为提高公园管理的有效性，员工住所的布局必须根据公园的集中活动区来分布；员工住所应是在避免受到不当侵入的前提下，可方便通达的集中活动的地块。也许，远东地区将外国侨民用院落隔离的习俗，正适合于我们大型公园的员工住所设计。值得一提的是，保护公园免受员工侵害和保护员工不受公园侵害，并非一个草率的规定。太过分散的住所不能达到公园管理的最大限度，这会导致难以保证公园遥远地区的环境变更。而且，让独立的职员每天24小时地服务公众，这固然对公园大有裨益，但却对员工很不公平。

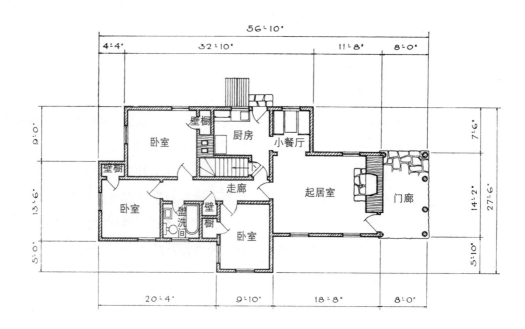

肯塔基州坎伯兰 (Cumberland) 瀑布州立公园

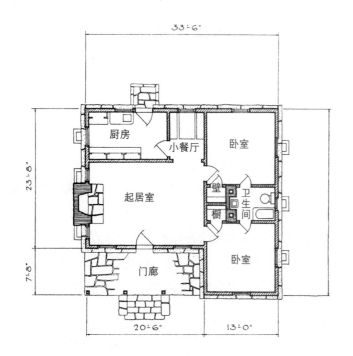

亚拉巴马州韦古弗卡 (Weogufka) 州立公园

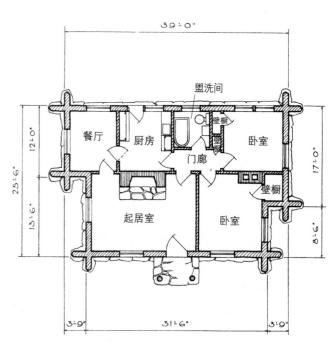

阿肯色州克罗利岭 (Crowley's Ridge) 州立公园

肯塔基州坎伯兰 *(Cumberland)* 瀑布州立公园的管理员住宅

　　简洁的设计、完善的平面布局以及廉价的建筑材料——如图所示为一幢得体的管理员住宅。宽木板和木板条构筑的壁板被竖向放置，使它与周围林区环境的结合远胜过其它经济型木构建筑。如果在每间卧室都设置通向室外的门扇，便可成为一处方便易达的办公室。

亚拉巴马州韦古弗卡 *(Weogufka)* 州立公园的管理员住宅

　　木结构建筑的对比手法如本页三个住宅单元所示。这一实例选用了南方当地使用的对开圆木的传统方法。光滑一侧处于墙体内侧，圆弧一侧则暴露在外部。与那些用完整圆木建造的住宅相比，这种结构的经济性是显而易见的。

阿肯色州克罗利岭 *(Crowley's Ridge)* 州立公园的管理员住宅

　　本页和另一页中的管理员住宅都具有家族相似性，它们体现了阿肯色州公园的建筑形式既确定又多变。如果读者并非偶然翻阅本书，你会希望且通常会发现，这个州立公园内的建筑具有活泼的尺度感，且与乡土材料产生交互作用，所以，这种建筑得到人们的高度赞扬，并引起人们的研究兴趣。

弗吉尼亚州大塞特(Dounthat)州立公园的管理员住宅

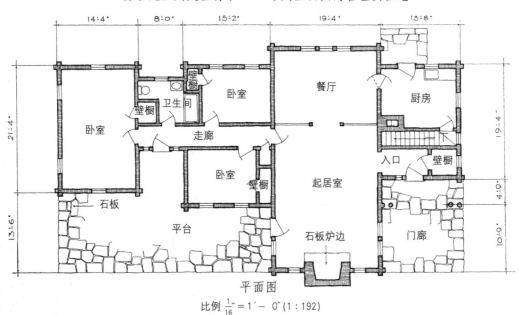

平面图

比例 $\frac{1}{16}'' = 1' - 0''$ (1:192)

　　如图所示,木构建筑物可在保持传统风格的同时,形成多样而激动人心的建筑形式。一个坚持完美者可能希望建筑的屋顶比较蓬松,原木之间有比较紧密的衔接,以及不太抢眼的阶状脊线,他在要求其它建筑要素的高品质方面确实同样也是很固执的。

阿肯色州小石城波义耳(Boyle)都市公园的管理员住宅

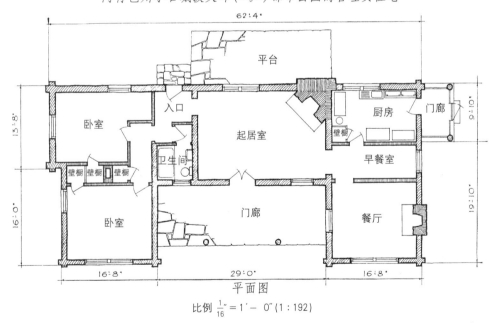

平面图

比例 $\frac{1}{16}$" = 1'— 0" (1 : 192)

虽然在道德准则上并未特别告诫人们，不要觊觎可能引起他人嫉妒的、位于世俗所有物之中的管理员住宅，但那肯定是因为在当时尚未存在这种建筑。看见眼前这幢住宅，我们可以不觊觎，但却无法否认羡慕之情——其平面布局非常完美，而对外包材料的选用又是如此的精细。

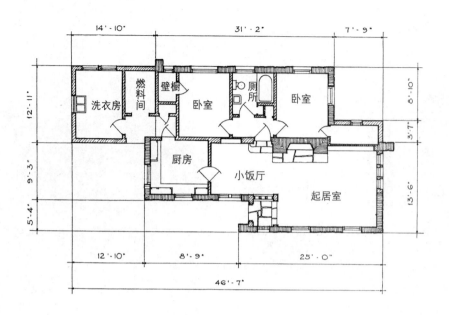

爱达荷州黑本 (Heyburn) 州立公园

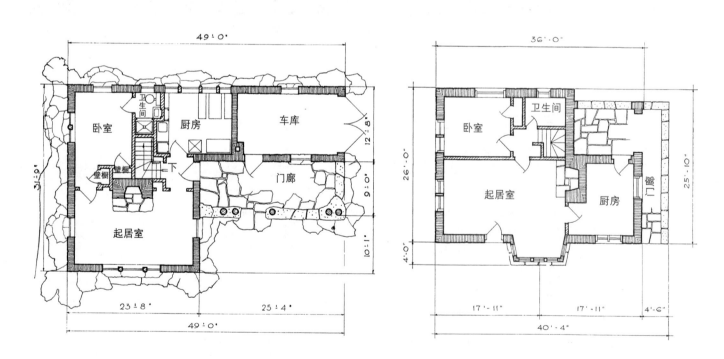

南达科他州卡斯特 (Custer) 州立公园   艾奥瓦州巴克本 (Backbone) 州立公园

比例 $\frac{1}{16}'' = 1' - 0''$ (1 : 192)

一个还未完工的、布局合理的员工住所，它十分需要的是未来的基础种植，并将受益匪浅。石工技艺、木板瓦屋顶以及低平的线条都是使这幢建筑最终呈现出令人满意的效果的因素。

爱达荷州，黑本 (Heyburn) 州立公园，员工住所

这个紧凑、吸引人的小住宅是这个大型公园猎场管理员的住所。使用的材料会使人想起其它章节引举的这个公园的博物馆和几个亭子。围栏十分精致，但在一定程度上与几乎贫瘠的周围环境并不协调。

南达科他州，卡斯特 (Custer) 州立公园，员工住所

这个平面布局紧凑的建筑具有精细的细节，它代表了东部和西部交界处的风格。那精心砌筑的石砖在离密西西比河较远的公园建筑中已不多见了。这是为了适应地形的逐渐崎岖和距离的逐渐扩大而采用的正确做法。

艾奥瓦州，巴克本 (Backbone) 州立公园，员工住所

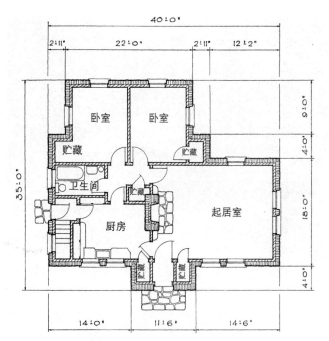

华盛顿州里弗赛德 (Riverside) 州立公园

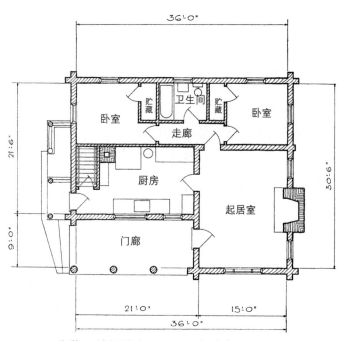

俄勒冈州银溪 (Silver Creek) 瀑布州立公园

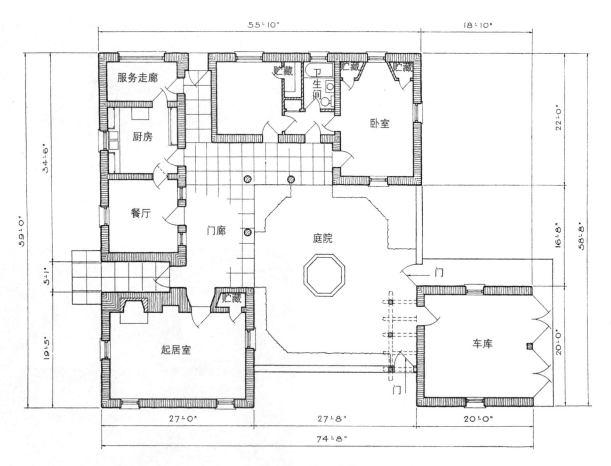

加利福尼亚州立动物园

比例 $\frac{1}{16}'' = 1' - 0''$ (1 : 192)

这幢建筑的构件之间呈现出一种迷人而简洁的关系，可以说是一般公园员工住所的典型做法。它的和谐感超过了一般水平。唯一需改进的地方是应该加一座水平的石基座。石头上和接缝里长满青苔，为石工增色不少。

华盛顿州，里弗赛德 (Riverside) 州立公园，员工住所

平面布局的精彩并不能掩盖烟囱部分石工的缺点和过于完美的圆木构造，这种机械化的完美恰恰剥夺了圆木能够成为公园建筑首选材料的优点。如果将这个建筑的石工和木工部分的技术平均一下，则能获得更好的效果。

俄勒冈州，银溪 (Silver Creek) 瀑布州立公园，员工住所

为员工住所设计一个庭院的做法在西南部特别受欢迎，尤其对于比较偏远的、无树木的地方更是如此。私密感和安全感产生的绿洲般的效果，这是用其它方法无法获得的。一个足够大的庭院很难与非常小的居住部分连在一起，除非像这里一样与服务用房和围墙连在一起。

加利福尼亚州立动物园，员工住所

华盛顿州，刘易斯 (Lewis) 和克拉克 (Clark) 州立公园，员工住所

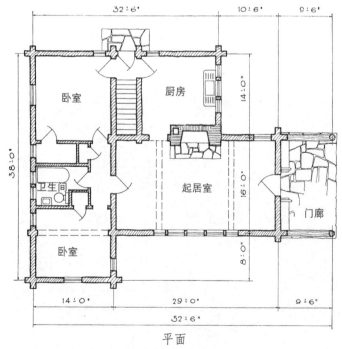

平面

比例 $\frac{1}{16}'' = 1' - 0''$ (1 : 192)

这是一个展现水平感极强的连续表面的很好范例。也许可以用"平稳"来表达这种特点。无论用什么词，这里表现的是一种大效果，而令人感兴趣的小细节在于那些窗格、圆木构件及屋面的比例。这幢建筑是典型的华盛顿州公园员工住所。若将一个公园系统的所有公园的这类设施进行标准化，则能防止任何人提出在雇员或地方之间存在差别的控告了。

弗德台地 (Mesa Verde) 国家公园,公园主管的住所

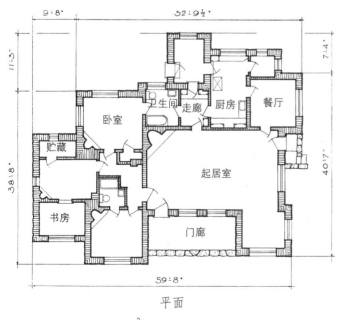

平面

比例 $\frac{3}{64}'' = 1' - 0''$ (1:256)

这幢建筑的石工技艺、突出的格栅、扁平屋顶上方的变换高度的女儿墙都极具地方色彩,而它比这里举例的可供公园管理者家庭居住的住所都大。这幢建筑看起来特别适合这个基地和这个地区。那几个位于墙角的壁炉具有美国西南部建筑原型的精神。

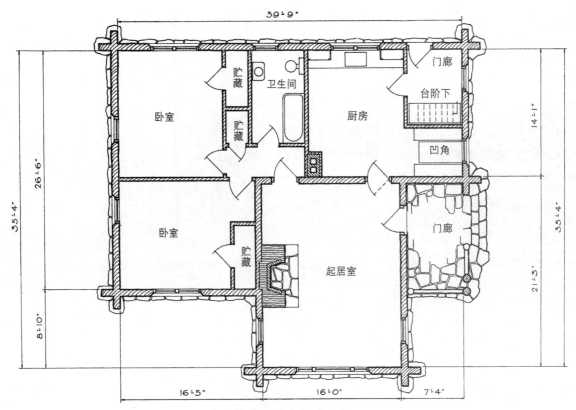

洛基(Rocky)山国家公园

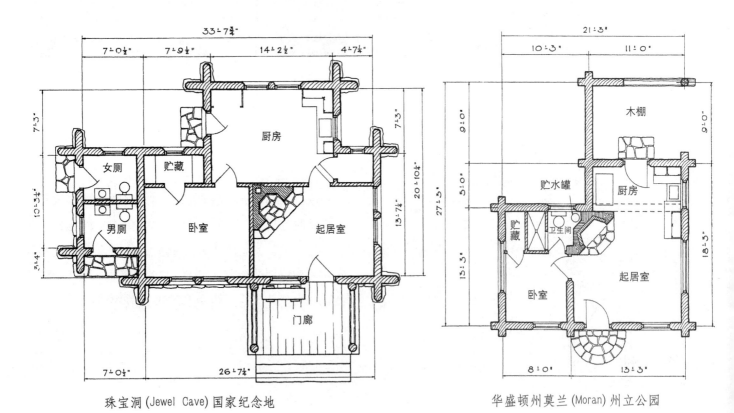

珠宝洞(Jewel Cave)国家纪念地

华盛顿州莫兰(Moran)州立公园

比例 $\frac{3}{32}'' = 1' - 0''$ (1:128)

洛基山国家公园，护林员小屋

　　这一页的例子说明圆木是建造守园人小屋的最受欢迎的材料。与前面相比，技术与空间利用上都有细微的差别。圆木被抬高架在石基上，这样就消除了致命的隐患。

珠宝洞 (Jewel Cave) 国家纪念地，护林员小屋

　　这个木屋尺度很小，并浓缩了小木屋构造技术的精华。短木地板和门廊台阶都使用了圆木，而在现代的小木屋中，这些细节往往已经不再坚持过去的做法而现代化了。

华盛顿州，莫兰 (Moran) 州立公园，护林员小屋

　　这个小屋小而精，它的紧凑是最主要的成就。也许对于气候寒冷的地区，需要在屋内留出一块堆放柴火的地方比较合适。

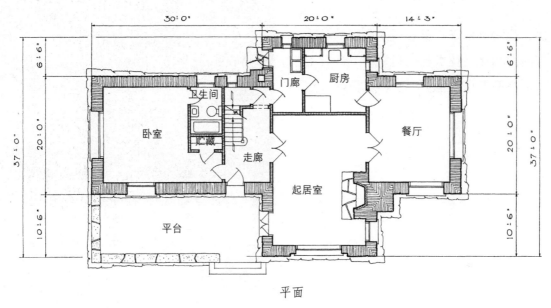

平面

比例 $\frac{1}{16}'' = 1' - 0''$ (1 : 192)

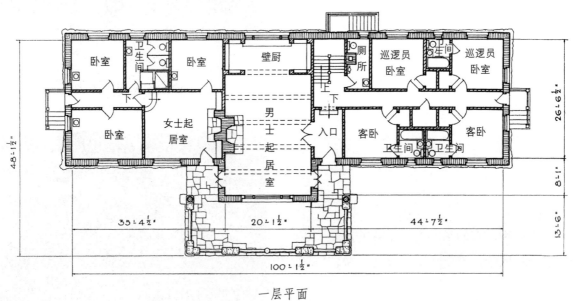

一层平面

比例 $\frac{3}{64}'' = 1' - 0''$ (1 : 256)

公园主管的住所

自然主义者的小屋

火山口湖国家公园, 员工住所

在所有的管理者和员工住所中，存在着统一、明确的结构特征。尖尖的屋顶，有利于冬天积雪的滑落，石结构部分采用了较大的石块，令人印象深刻，粗加工的外墙板、垂直板条都是主要的共同特点。这些住屋显示了大型国家公园里能满足人们理想的生活条件的典型。前面显示了管理者住所和守园人宿舍的一层平面。

员工宿舍

巡逻员宿舍

宿舍和食堂

入口一侧

花园一侧

服务通道

得克萨斯州洛克哈特州立公园，管理者住所

这是一个杰出地融合了早期得克萨斯式建筑风格的传统形式的公园建筑，应该鼓励为了适应公园建筑的需求而经常进行一些改变，而少使用所谓的乡村风格。这种发展将标志着公园建筑的重要进步。看来很可能在这里并没有缺乏创新而坚持传统，以自由的创作精神取得了最后令人满意的效果。

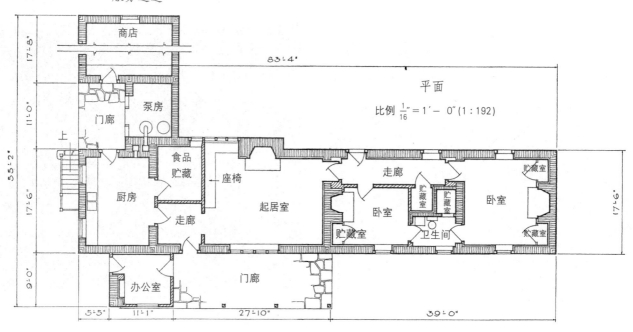

平面

比例 $\frac{1}{16}'' = 1' - 0''$ (1:192)

公园建筑离不开设备和维护设施。一般来说，其最好的位置不要在游客活动区内，不与公园内其他建筑比好坏。

这并不是说这类建筑不应位于便捷的位置上，不引人注目的便利设施是符合要求的，如果这样的地点不适宜，这些建筑必须寻求保护色。因此与其他公园建筑相比，在更大程度上它们没有游憩价值，与公众没有非常直接明显的利益关系。对于非理性的公众来说，这类建筑的存在是不适宜的，甚至在潜意识中感到憎恶。

公园内典型的维护建筑主要包括车库、棚屋（堆木柴）、储藏室、库房以及其他相关建筑，供给库房包括木柴、冰、维修材料、饲料、爆破器材、气体、石油等，其种类和数量取决于公园规模、特征和地理区位。

一般的供给还包括役马和管理员、护林员以及其他履行职务的人员的坐骑的马厩。这会带来对货车和饲料空间的需求。

对于所有大型公园，配备机修工、锻工、木工和漆工的工作间是很必要的，它们扩展了公园系统。即使在一些小型公园，作为一种业余爱好，这类空间也是不应忽视的。还必须有一些可用的空间，在这些地方野餐桌、标志、帐篷和其他项目可以兼容，卡车能被检修，即使是公园中唯一的汽车设备处。

由于公园政策的约束，流动野餐桌和工作点在冬季必须放在室内，这就需要更多的储藏空间，把冬季的自然冰切割后储藏在冰屋里来满足夏季的需求，有时是比较经济的办法。在可采集冰块的湖的岸边建一座这样的建筑，用于储藏冰块，十分方便，但不要带来灾难性的破坏，人们同时会发现储藏室与用冰处在合理的距离内同样的方便。

或许在很多遥远的公园，木材是最需要的燃料，这些地方冬季漫长、寒冷、多雨，需大量的层积柴堆，而且要保持干燥。木屋或遮棚通常是半封闭的，通风防雨，形成一种有序的木堆景观，否则木材随意堆放会给人以杂乱一片的感觉。特别是太平洋西北部的公园都有相当大的棚屋，这是一种认可的建筑。

伴随公园开发，各类服务空间应运而生，设备和维护建筑处于不断的变化之中，显然把这类原建筑作为固定的模式，一成不变是不明智的。它可以很好地适应当时的需要，在公园发展时期，没有什么比服务和基本需要更易变化，几乎没有一个公园能越过这个阶段。服务中心的选址从一开始就应预见到未来发展的可能性，聪明的建筑师将富有远见地设计最初的建筑，以适应未来的需要。

或许最令人满意的终极维护建筑的形式是周边环绕服务设施的广场庭院。如果在起初终极庭院的一两个面被服务设施利用，规划师对其不完善性并不感到遗憾，那么时间将会迅速改变这一切。在庭院周边设施关闭之后，这时才会发现保持服务设施的通达性才是真正的问题。

"空荡广场"（Hollow square）计划的主要目的是把维护活动和器具限定在公众不易见到的地方。卡车和设备库房入口的山洞般的大门以及如同用于改善车间光线的厂房的窗户等，所有这些不协调的和非公园化的元素均可以面向院内。暴露在公众视野中的墙不要过于明显。这就导致限制"眼睛呼吁"（eye appeal）的机会，对于暴露的外墙在实用性和服务性方面应加以严格控制。"空荡广场"计划用来调解和隔离所有设备用房带来的不良视觉。它遮蔽供给货物的装卸、工作人员上下班和其他对游客主要欲望产生不良影响的必要性的活动。

对于被围在"设备棚"内的永久性建筑似乎构成远距离的风景。比较常见的办法是用临时（尽管是持续的）栅栏或其他类型藩篱将其完全围合起来。

这样，游客活动被限制在相对固定的区域，同时也避免维护设施遍布于游客自由享受特权的地域。各种活动和设施都被限制到各自相对固定的地域，配以相应的服务和支持设施，有其自身的发展机制和维护需要，不构成对自然保留地景观的破坏。

得克萨斯州，帕尔梅托 (Palmetto) 州立公园

得克萨斯州，加纳 (Garner) 州立公园

服务门

　　作为服务性入口或各类用途的围栏，这些门无不具有装饰价值，特别是上面的两幅图，右边的门，车可以直接进出，里面是一个焚化炉，右下图的门车同样可以进出，这是一个典型服务性组合围栏。下图是由连续的木柱组成的门，构成这栋门房建筑的服务庭院，形成最高的观景障碍物。

得克萨斯州，博纳姆 (Bonham) 州立公园

阿肯色州，小吉恩 (Petit Jean) 州立公园

得克萨斯州，布朗伍德 (Brownwood) 湖州立公园

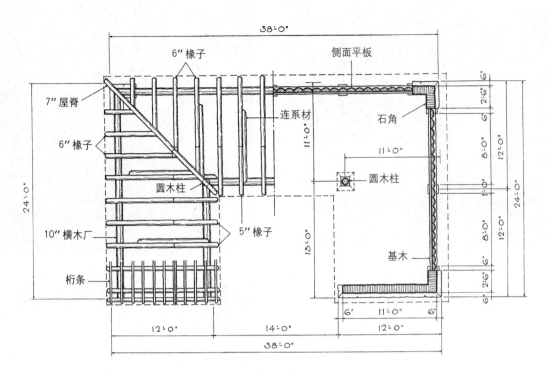

木库建筑

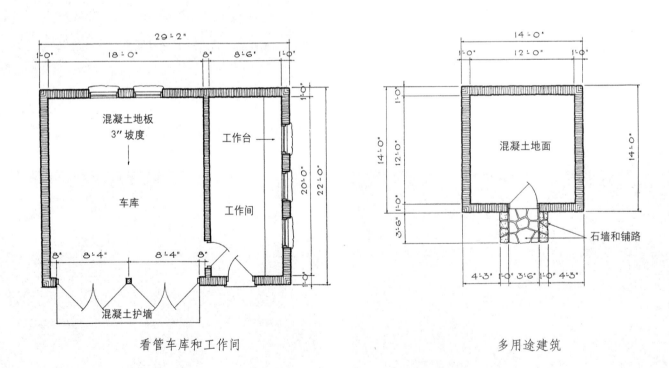

看管车库和工作间

多用途建筑

华盛顿州，里弗赛德 (Riverside) 州立公园

比例 $\frac{3}{32}'' = 1' - 0''$ (1 : 128)

华盛顿州，里弗赛德 (Riverside) 州立公园，木库建筑

这里列举的三个维护建筑例子以及本书中其他有关看管人住宅例子，都体现了建筑主题的愉悦和连续统一性。把这些建筑合成一组说明了建筑风格与区位、功能的关系。完美无缺的石屋来自于地方石材的特征，这些石料难以构建多种建筑形式。

华盛顿州，里弗赛德 (Riverside) 州立公园，管理员车库和工作间

这个带有工作空间的车库是一般公园的典型设施，它与管理者住宅互为补充，工作间光线充足。地面上突出的岩石是地域特征的指示，也可能是对这里石造技术有限性的解释。石墙面上的地衣和连接处地衣是对非石结构模式的补充。

华盛顿州，里弗赛德 (Riverside) 州立公园，多用途建筑

这栋小建筑没有按照本书所定义的一般地理区位的原理来选址，尽管它是一个泵房，但在这里与设备和维护建筑放在一组，主要是来充分说明使用类似材料的和谐性和对一组相关设施用一种建筑来表现的统一性。

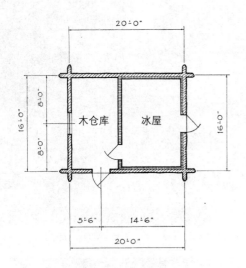

明尼苏达州，锡尼克州立公园

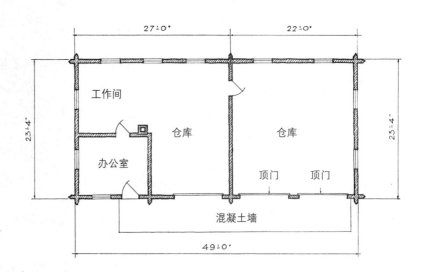

明尼苏达州，锡尼克州立公园

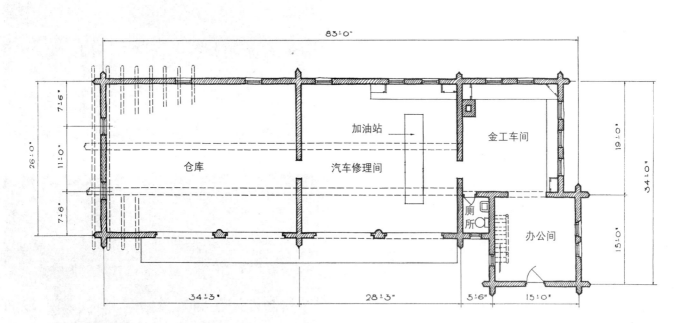

明尼苏达州，艾塔斯卡 (Itasca) 州立公园

比例 $\frac{1}{16}'' = 1' - 0''$ (1 : 192)

明尼苏达州锡尼克州立公园，木与冰之屋

这幢小建筑的用途很平凡，但卓越的石工技术使它成了明尼苏达州公园的一项不朽成就。墙角处突出的圆木恰到好处地赋予了它生动的效果。杆状的屋脊以及其它一些细节，都是值得关注的地方。建筑里可以存放冰、木头和工具。存放冰的部分的墙和屋顶的表面都覆盖了隔热材料。

在同一座公园里的这一幢设备和维修用房明显与刚才所述的用来存放冰和木头的建筑属于同一种类型。精选笔直的圆木和细木工的精湛工艺毫无疑问是它们的"家族"特征。当所有的公园景观建筑证明这些设施的坚固性和有效性时，许多现有的建筑将会被这种类型的建筑取代。

明尼苏达州锡尼克州立公园，车库

这幢技术精湛的建筑有一个令人遗憾之处，它的功能和建筑材料结合起来会产生不止一般水平的火灾危害。两层楼的部分使人想起碉堡的形式，而挑檐看起来使人产生了一种视错觉。如果没有尽可能多的基础种植作为陪衬，这幢建筑就会因为过于显眼而不能被允许长期存在。

明尼苏达州艾塔斯卡州立公园，维护用房

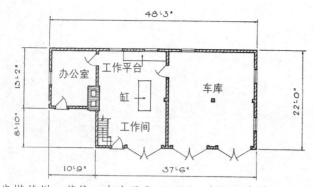

肯塔基州，莱维·杰克逊 (Levi Jackson) 原野路州立公园

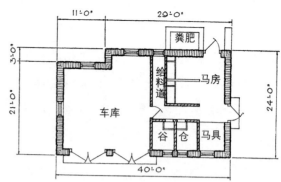

艾奥瓦州，派勒特山 (Pilot knob) 州立公园

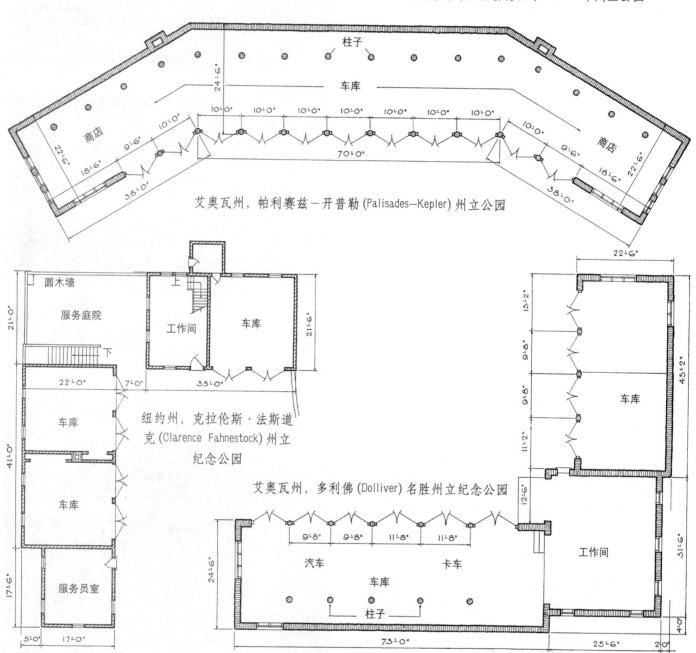

艾奥瓦州，帕利赛兹－开普勒 (Palisades－Kepler) 州立公园

纽约州，克拉伦斯·法斯道
克 (Clarence Fahnestock) 州立
纪念公园

艾奥瓦州，多利佛 (Dolliver) 名胜州立纪念公园

比例 $\frac{3}{64}'' = 1' - 0''$ (1 : 256)

肯塔基州，莱维·杰克逊 (Levi Jackson) 原野路州立公园

艾奥瓦州，派勒特山 (Pilot knob) 州立公园

不断发展的服务四合院

　　上方所示的艾奥瓦州和肯塔基州公园的小型建筑是小型公园中与管理小组所在地毗邻的用来存放维修材料与设备的贮藏设施，是一个典型的不断发展的类型。这里的另三个例子很好地说明了服务建筑本身具有的扩大规模的倾向。令人愉快的是，下方的两个例子提示了值得推荐的扩大规模的方向——最终形成庭院式或围合式的设备和维护场地。

艾奥瓦州，帕利赛兹－开普勒 (Palisades–Kepler) 州立公园

纽约州，克拉伦斯·法斯道克 (Clarence Fahnestock) 州立纪念公园

艾奥瓦州，多利佛 (Dolliver) 名胜州立纪念公园

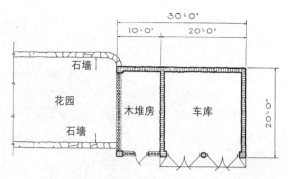

加利福尼亚州，帕洛马 (Palomar) 山州立公园

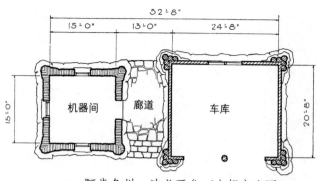

阿肯色州，波义耳 (boyle) 都市公园

比例 $\frac{3}{64}$″ = 1′ － 0″ (1：256)

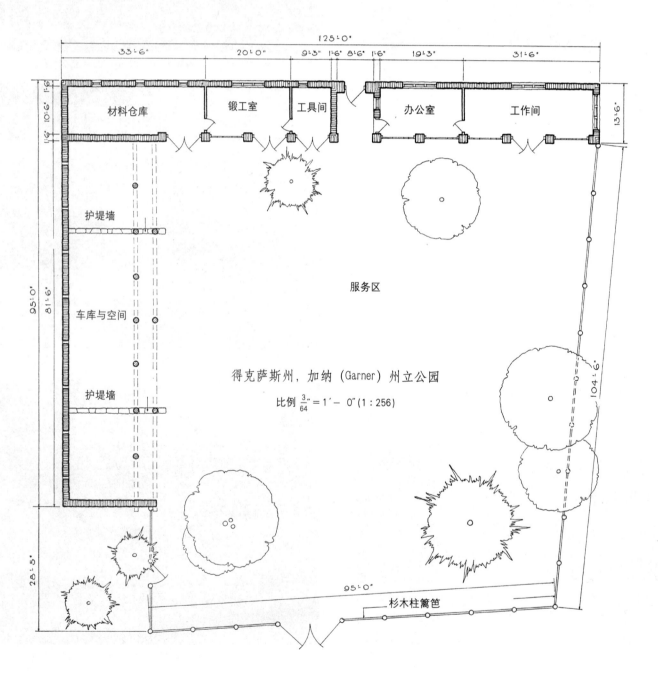

得克萨斯州，加纳 (Garner) 州立公园

比例 $\frac{3}{64}$″ = 1′ － 0″ (1：256)

这里又展示了一个车库建筑，它带有贮藏室，可以满足公园管理人的一般需要。将石材和垂直放置的细木杆幕墙加以组合的做法很新颖。影响其整体效果的是它扁平的薄屋顶，因为太细密而无法完全与整体环境相协调。

加利福尼亚州，帕洛马 (Palomar) 山州立公园，管理用车库

这个公园管理用车库的风格在于它与泵房和贮水塔的连接方式与典型的方法大不相同。这个设计中运用的材料种类之多令人惊奇。木板瓦屋顶的构造，只使用了少量砂浆的粗石基部的倾斜做法都是十分有趣的细节。

阿肯色州，波义耳 (boyle) 都市公园，管理用车库

设备和维护用房形成庭院或围合形式的例子可参考本例及其后的两个例子。本例的设备棚一侧面向院子，另一侧是商店。它通过木栅围篱完成了这个内向的布局，这样就能保证大众不会看到公园里那些大面积的车库门、机械设备及其它此类不美观的装备。

得克萨斯州，加纳 (Garner) 州立公园，服务组团

得克萨斯州，戈利亚德 (Goliad) 州立公园，服务组团

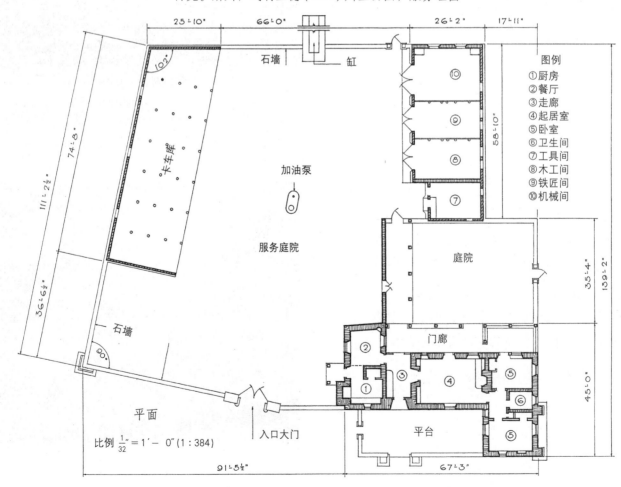

图例
① 厨房
② 餐厅
③ 走廊
④ 起居室
⑤ 卧室
⑥ 卫生间
⑦ 工具间
⑧ 木工间
⑨ 铁匠间
⑩ 机械间

平面
比例 $\frac{1}{32}'' = 1' - 0''$ (1 : 384)

得克萨斯州，戈利亚德（Goliad）州立公园，埃克斯坦索（Extenso）的服务组团

这个服务组团并不满足于仅仅充当提供设备和维护需求的附属建筑，它与管理员用房统一规划，有机联系，而其整体布局着重于体现传统的南得克萨斯住宅的风格。在公园服务建筑普遍不受重视的趋势下，这里对细节的关注既受到了欢迎又令人惊讶不已。

班德立尔 (Bandelier) 国家名胜，服务组团

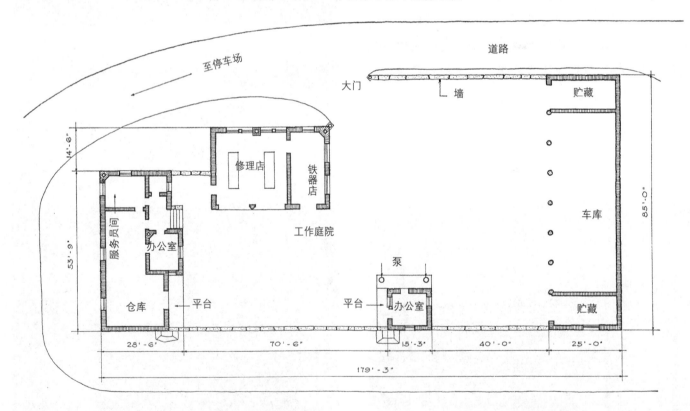

这个自成一体的服务庭院在整个公园范围得到了表现机会。必要的建筑物及联系墙紧密地围合成一个工作庭院，这样就能相对较好地防止好奇游客的打扰及偷窃行为。平面布局的某些次要元素有待未来的建设，虽然规划本身并没有体现这一点。主体建筑及围墙的简洁特征看起来非常适合西南部的环境。

喷泉式饮水器和供水系统

公园饮用水供应首先要考虑两个绝对重要的因素，一是供水系统应予以全面保护，不容污染；二是公园饮用水的分配地点应非常多，这样，在通常情况下，游客就可以直接利用受到保护的供水系统，而不需四处寻找溪流和其它可能出现的、未经污染控制的饮用水源。只有在上述两个主要需求被满足之后，才可能考虑对喷水式饮水口、水井或泉水的建筑（或景观）处理。同样，只有确定公园规划中所需的安全卫生、分布广泛的供水系统随处可见之后，才可能考虑公园探险所需的建筑、景观形式和特点，才可能考虑各配水点供水工具的设计。

为使供水系统更加安全，可通过对泉水的净化处理和建立一些适宜的围合设施，将污染的危险减至最小。然而，如果公众能够自由接近水源处的泉水，就会产生持续不断的清洁问题。"屈膝品尝清凉的池水"是一种诗意的想像，而事实上，大部分人在习惯上都很疏忽，他们根本不会意识到前人和后人。

分配饮用水的设施可能是一根未经包装的竖管，其顶端有一龙头，水龙头翻转即可成为一个简单的引水器，但其卫生状况实在较差。这种露天装置能够解决人的口渴问题，但不甚美观。可将其隐藏于低矮灌木之中，但必须标出其位置。如果未予考虑滴水和溢水问题，那么，水龙头将很快成为一块潮湿地面的中心，只能铺设石板，才能走进和使用龙头。以上现象证明，这种简易设施存在着严重弊端，它有理由也必然会被当作一种特色部件，其实用主义的表征既不应如此全然暴露而有碍观瞻，也不应过于精心地加以装饰，以致无法辨别。在有关供水系统的设计及选择时，人们迫切需要合理的废水处理方法和真正清洁卫生的喷水

式饮水器类型，需要适合小孩使用的、细致入微的附加设施（如台阶），需要可方便提壶装水的水龙头，（在特定气候条件或特定地区）甚至需要抵御太阳辐射热的屋顶防护设施——这就使得供水系统的特征变得多功能化，并需要认真研究，以达到令人满意的效果。

对于室外的管道供水系统而言，很重要的一点是在冬季关闭水源和排空水管。无论在何种气候条件下，这一措施决不可忽视。

如果将喷泉式饮水器或喷水式饮水口作为一项孤立设施来处理，这种做法是非常困难的，所以，只要某处确实需要饮用水供应，就有必要尽可能地利用临近的建筑物。将喷水式饮水口作为其它功能性建筑物的附加部件，这种做法是可能且可取的。这样，就可以减少一些单独设施的安装。现有的喷水式饮水口中，就有许多是本不用独立安装却被独立安装的。

有时，公园中的水源可能会是一口配有手动水泵的浅井。这种装置目前正被大量生产，虽然它决不是某个工业设计师的作品，但已远不及老式的城镇水泵般具有诗情画意。它丝毫没有表现出旧式原始材料的优良品质，但又并非流水线生产的改进操作。因此，这个被人忽视的"丑小鸭"激发了公园设施设计人的骑士精神，他们身披闪亮的盔甲，骑马向前寻找公正。

可采用下述方法改进原有设施：将中空的圆形或方形原木尽可能地覆盖或外包在不好看的机械装置上，水泵的基本装置——手柄可用木头代替，其喷口有时可用分叉的枝条包裹。当然，如果将一个新奇的金属泵改造得如同一个原始的木质水泵，这种做法是必定会受人谴责，也是让人无法容忍的。正确的做法是这样的，那些不雅观的东西可以用适合公园环境的

自然材料遮掩起来，如同用篷盖将汽车发动机覆盖和掩藏起来一样，这种做法也是可以让人接受的。

当然，还有这样一些人，他们赞成使用敞开式管道系统，他们轻视前面的解决方法，认为那些做法是极其不道德的。对他们而言，这是一个非常好的时机，他们可以用另一种方法使吱吱作响、叮叮当当的水泵产生一种魅力，而不是求助于前述那些手工遮羞布般的不道德的处理。他们将未经装饰的水泵隐蔽于小型遮蔽物的阴影之中。

水井和水泵的遮蔽物可以被精心处理，使人们只注意其遮蔽物的美妙而忽视水泵的丑陋。对于位于遮蔽物中的水泵而言，有效的废水处理过程是一个非常重要的细节。有时，可通过水泵基部的污水坑来解决。不过，更积极的办法是防止遮蔽物受潮，以及其它不良状况的出现，也就是用一个可渗入排水井的水槽，将废水引导至建筑物外部。通常，可用某种形式的座椅与水泵遮蔽物合为一体。

在公园内，经常还需使用另一种构筑物，即一个升起式的贮水箱，它作为供水系统一部分，但却极少用于饮用。设计这类建筑物的理论方法与火警观察塔具有非常相似的困境：既迫切需要简略地揭示其用途，又要一定程度地隐藏其功能。前一方法的一个很好实例在阿肯色州的尼博山州立公园，我们可以确信，这是一个可以接受的设计"理论"；当我们研究一些对水箱进行围合、隐藏的实例时，我们又开始向第二种方法考虑，承认它也不无道理。

升起式贮水箱的辅助设备是一个较小的建筑物，内设可将水从井、泉或其它来源地提升至升起式水箱的电动或汽油驱动的机械装置。不难想像，在某些特殊情况下，水泵装置可能会处于围合升起式水箱的塔架基部，所以，这种小型建筑物通常会被独立设置，其基址由供水系统的水源地所决定，并与贮水箱的合理位置保持着一段距离。如果要将水从井中抽出，则应在水泵房屋顶留设一个直接位于水井上方的开口，以备在不影响固定结构的同时，又可以拉开箱盖或进行其它维修工作。

因此，本文的问题归结为一点，即：在对喷泉式饮水器、水泵遮蔽物和其它供水系统构筑物加以美化时，应清楚其所需达到的程度。以下实例展示了这种美化过程的各个阶段。个人的喜好将决定，在何种场合和何种细节处理上已超出了个人的判断力和欣赏力范围。

阿肯色州克罗利岭 (Crowley's Ridge) 州立公园

新泽西州帕维 (Parvin) 州立公园

森林风格的水泵

　　这里的水泵都在勇敢地竭力使自己能够"入乡随俗"，在其粗野的、实用主义的形体周围包裹了一件木质外套。从道德规范而言，它们无疑会被一些人大肆贬低。之所以选用这些实例，是因为其灵活的改装方法及精湛的掩饰技术。

怀俄明州萨拉托加 (Saratoga) 温泉州立公园

科罗拉多州博尔德 (Boulder) 山公园

华盛顿州，刘易斯和克拉克(Lewis & Clark)州立公园，自动饮水器

　　有些人会很不喜欢那种用未加工圆木所制作（他们会称之为"伪装"）的喷水式饮水器，或是借用了（他们会称为"假装"）自然圆木保护性色彩的喷水式饮水器，所以，我们向这些人推荐使用如图所示的饮水器。这个适当加工的木质基座可能是一种比较符合道德规范和可以被人接受的折衷做法，在这个至关重要的使用的正确性的问题上，它使敌对双方的争论暂时休止。

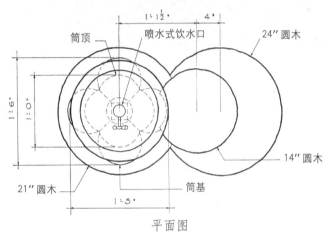

平面图

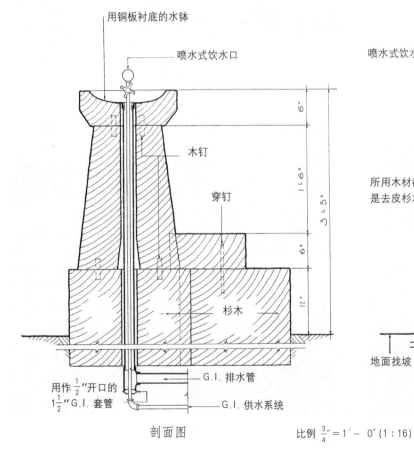

剖面图　　　　　比例 $\frac{3}{4}$" = 1'- 0"(1:16)

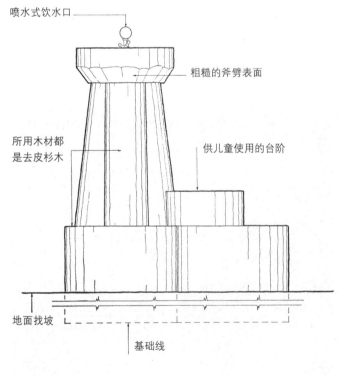

正立面

俄克拉何马州塔尔萨市莫霍克 (Mohawk) 都市公园

宾夕法尼亚州约翰斯敦市的斯泰克豪斯 (Stackhouse) 都市公园

圆木基座的喷水式饮水器

通过圆木立柱和指定标牌、保护装置和真正使用价值的组合，造就了上图的露天式管道，管道收尾即是一个水龙头。其它图例所示均为木包装的喷水式饮水器，其中一例没有剥去树皮，而另一例则因其设有不同高度的台阶而引以为荣。如要公正评价这些木质饮水器的适宜度，则必须看此喷水式饮水器是否像一树干，或其是否充分利用了手边的材料来组建该设施。

宾夕法尼亚州雷丁市的佩恩 (Penn) 山都市保留地

阿肯色州克罗利岭 (Crowley's Ridge) 都市公园

俄勒冈州洪堡格 (Humbug) 山州立公园

怀俄明州根西（Guernsey）湖州立公园喷水式饮水器

　　该例的喷水式出水口和水龙头肯定是自然化处理的最大成就。人们无法不去想像一个圣经传说：岩石遭到一根棍子的重击，然后，水从石中涌出。不过，下面的剖面图则显示出相反的劳苦过程——艰苦的钻孔和装管工作。如果能用棍子鞭打出水来，那就比较简便了。

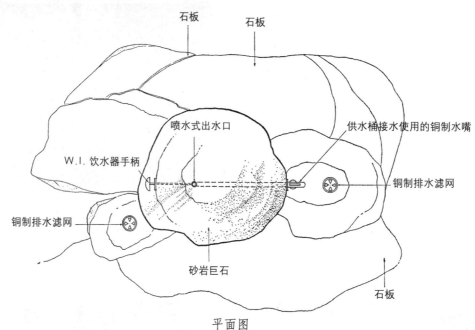

平面图

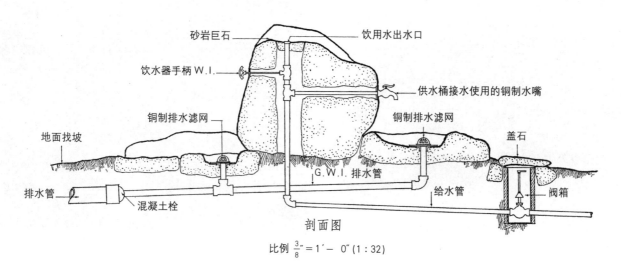

剖面图

比例 $\frac{3}{8}'' = 1' - 0''$ (1 : 32)

科罗拉多州科罗拉多斯普林斯的帕默 (Palmer) 公园

加利福尼亚州塔马尔派斯 (Tamalpais) 山

开发中的石制饮水器

上面两图中的饮水器仍然利用了前页岩石饮水器的动人的自然特性。在火山口湖国家公园标题上的图例是单独放置的本地石，其顶部被挖空。下图中的实例开始表现出我们熟悉的出水口形式。其一也是一块独石，但被粗略地弄平，其二为多块巨石，但其所用石块数量少于后页复杂的出水口基座。在这一阶段，供小孩使用的台阶已成为喷水式饮水器的标准装备。

火山口 (Crater) 湖国家公园

加利福尼亚州的斯特克尔 (Steckel) 地方公园

华盛顿州的米勒西尔韦尼亚 (Millersylvania) 州立公园

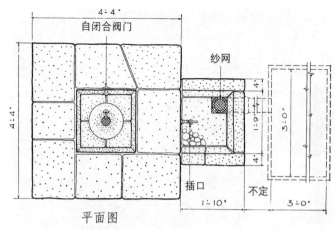

自闭合阀门　纱网

平面图

插口　不定

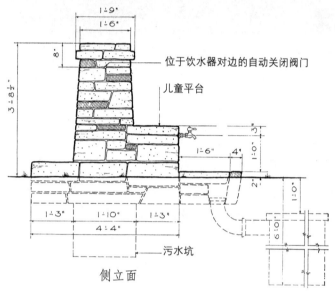

位于饮水器对边的自动关闭阀门

儿童平台

污水坑

侧立面

纽约州莱切沃斯(Letchworth)州立公园喷水式出水口

　　这一石制饮水器是纽约州很多公园中普遍使用的典型饮水器样式。它具有清洁的喷水式出水口和便于小孩使用的台阶。其低处的水龙头可用于水桶接水，该水龙头下方是用砾石填充、接收废水的水坑。其所有设计要素都未经过多修饰。

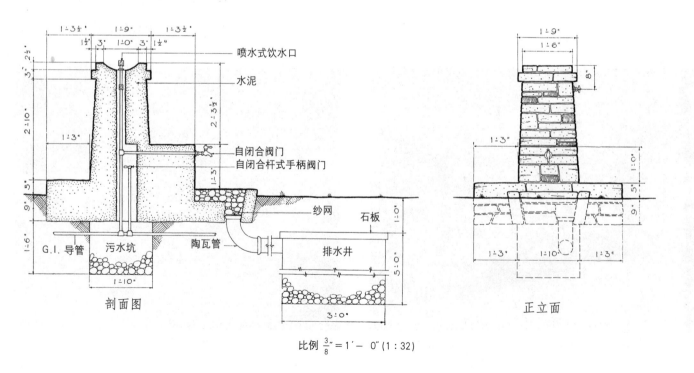

喷水式饮水口

水泥

自闭合阀门
自闭合杆式手柄阀门

纱网　石板

G.I. 导管　污水坑　陶瓦管　排水井

剖面图

正立面

比例 $\frac{3}{8}$" = 1' — 0" (1 : 32)

得克萨斯州博纳姆 (Bonham) 州立公园

伊利诺伊州库克 (Cook) 县森林保护区

石台饮水器

　　本页所示的是一些普通的喷水式石台饮水器。研究这些石台的特征、制作工艺、石块大小等方面的不同以及在如此固定的限制下如何能产生惊人的变化是十分有趣的。在外形、特征方面的变化很小，而石台一般都置于接近或位于地面标高的平台上。另外两个特色主题是为放置水桶而设的壁凹、作台阶用的埋入的天然卵石以及用基岩水平砌成的石台。

明尼苏达州锡布利 (Sibley) 州立公园

伊利诺伊州新赛勒姆 (New Salem) 州立公园

加利福尼亚州福斯特 (Foster) 县州立公园

得克萨斯州，沃思堡 (Fort Worth)，沃思湖都市公园

伊利诺伊州，皮尔·马凯特 (Pere Marquette) 州立公园

印第安纳州，斯普林斯米尔 (Spring Mill) 州立公园

多样化的饮水器

　　上方是一个有着圆形基座的喷水式饮水器，它的特别之处在于它坐落于一座挡土墙的凹进处。左图所示的饮水器装置了两个或更多的喷水式饮水口，左下角的石台为了表现古井台的形式而无法体现精美的石工。文字下方是一个有屋顶的井圈，与本页其它几个例子相比，它向与众不同的方向跨了一大步。

伊利诺伊州，I & M 运河州立公园

得克萨斯州，巴斯特罗普 (Bastrop) 州立公园

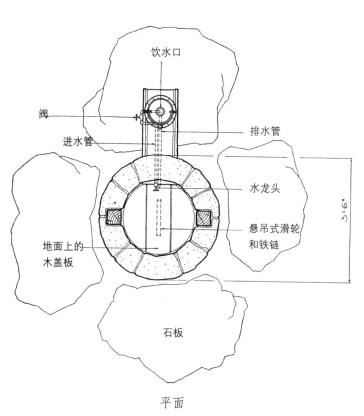

饮水口

阀

进水管

排水管

水龙头

悬吊式滑轮和铁链

地面上的木盖板

石板

3'-6"

平面

艾奥瓦州，莱杰斯（Ledges）州立公园喷泉式饮水器

也许你会感到这个饮水喷泉有点做作、有点牵强，但它能使许多人回忆起很久前的事，而这正是一个公园具有的功能和价值。

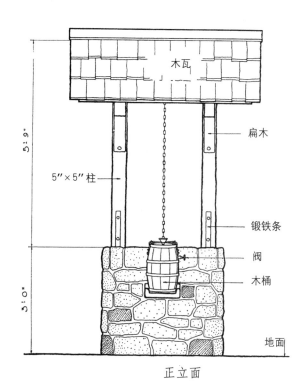

木瓦

扁木

5"×5"柱

锻铁条

阀

木桶

地面

5'-9"

3'-0"

正立面

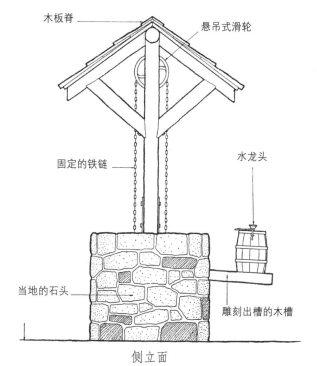

木板脊

悬吊式滑轮

固定的铁链

水龙头

当地的石头

雕刻出槽的木槽

侧立面

比例 $\frac{3}{8}$" = 1' — 0" (1 : 32)

阿肯色州，克罗利岭州立公园抽水泵亭

　　这个抽水泵亭的迷人之处在于它那灵巧的外形和原始本色。它还未被过于专业化的建造方法侵染，因而保留了原始建造方法的个性。水泵包在圆木内，并箍以铁圈，这是很有意思的细节。

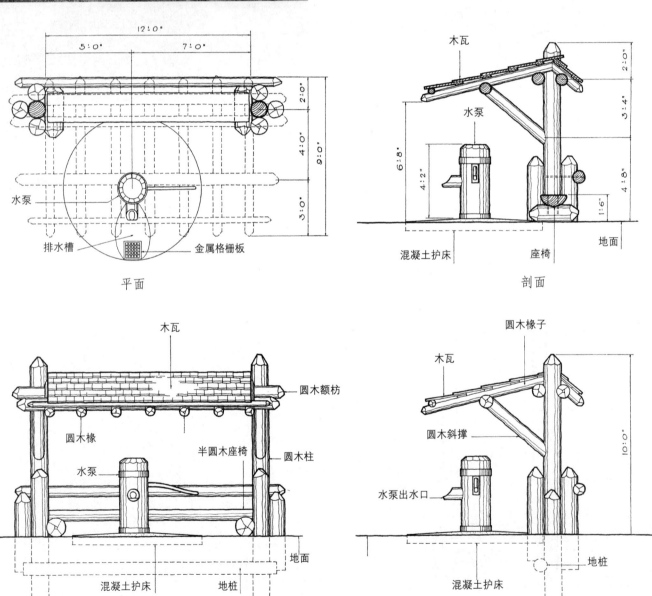

平面

剖面

正立面　　　　　比例 $\frac{3}{16}'' = 1' - 0''$ (1 : 64)　　　　　侧立面

明尼苏达州，艾塔斯卡 (Itasca) 州立公园饮泉亭

　　这个小建筑向我们例证了真正的乡村风格建筑的理想比例，它当然不可能被指责为"纤细"。将圆木挖空来盛放由管道输送的泉水的主意十分有新意。粗糙的木板瓦屋顶尤其是一项成功之作。而这个例子也并不乏材料的经济性与原创性。

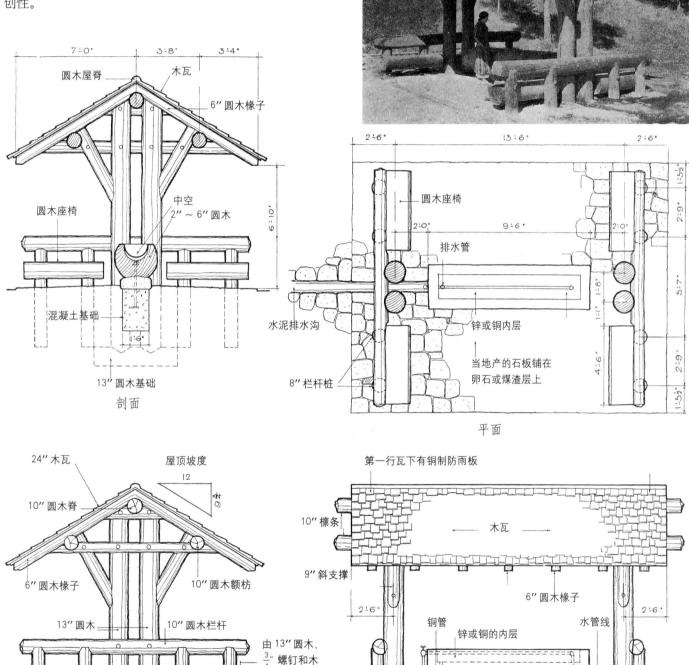

剖面

平面

侧立面

比例 $\frac{3}{16}'' = 1'-0''$ (1 : 64)

正立面

伊利诺伊州，怀特派恩 (White Pine) 州立森林公园

伊利诺伊州，威洛斯普林斯 (Willow Springs) 州立公园

伊利诺伊州，斯达伍得罗克 (Starved Rock) 州立公园

抽水泵与饮水亭

　　位于野外的公用的抽水泵的亭子式样各异，尺度宜人。伊利诺伊州有三个例子作为代表，它们各自使用了不同的语汇。这些亭子都经过了精心的设计，左上角的亭子尤其具有适宜而坚实的比例。文字正上方的亭子用了圆木板做顶，这样做并不能很有效地遮风挡雨。下方是一个西部的抽水泵亭及一个东部的饮水亭。这些并不能严格代表其所在大区域的流行的尺度标准，因此也许不应该拘泥于对它们进行比较。

南达科他州，卡斯特 (Custer) 州立公园

西弗吉尼亚州，洛斯特 (Lost) 河州立公园

南达科他州卡斯特（Custer）州立公园抽水泵房

　　这个亭子总的来说很可爱，其不足之处在于它粗壮的木材选料使周围的树相形见绌了。它为周围的树木设定了努力生长的目标和榜样，并且在耐久性上也会使这些树木持续地处于相形见绌的境地。它适宜的比例和那特有的风向标都值得注意。

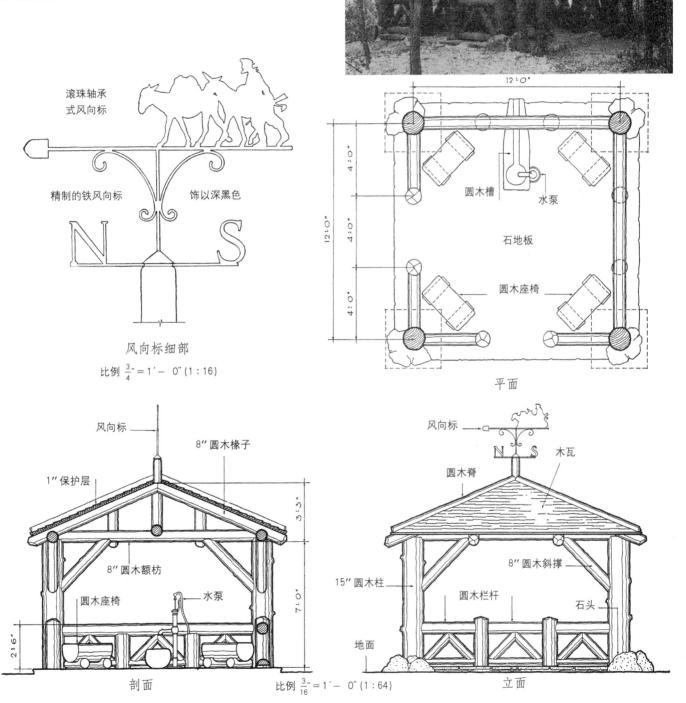

滚珠轴承式风向标

精制的铁风向标　　饰以深黑色

N　S

风向标细部

比例 $\frac{3}{4}'' = 1' - 0''$ (1:16)

圆木槽　　水泵

石地板

圆木座椅

平面

风向标

8″圆木椽子

1″保护层

8″圆木额枋

圆木座椅　　水泵

剖面

风向标　　木瓦

N　S

圆木脊

8″圆木斜撑

15″圆木柱　　圆木栏杆　　石头

地面

立面

比例 $\frac{3}{16}'' = 1' - 0''$ (1:64)

怀俄明州根西（Guernsey）湖州立公园喷泉小亭

　　这个亭子有点过于粗壮，里面的取水器由中空的圆木制成，并且通过水管输送泉水至喷水式饮水口和饮水龙头。

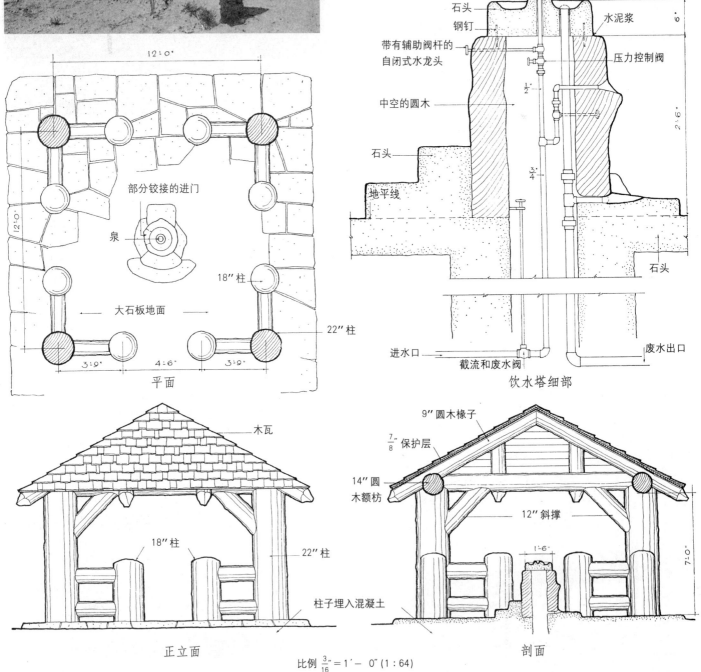

平面

部分铰接的进门

泉

大石板地面

18″柱

22″柱

12′-0″

12′-0″

3′-9″　　4′-6″　　3′-9″

石头

钢钉

带有辅助阀杆的自闭式水龙头

中空的圆木

石头

地平线

进水口

截流和废水阀

水泥浆

压力控制阀

石头

废水出口

6′

2′-6″

½″

¾″

饮水塔细部

木瓦

18″柱

22″柱

柱子埋入混凝土

正立面

9″圆木椽子

⅞″保护层

14″圆木额枋

12″斜撑

7′-0″

1′-6″

剖面

比例 $\frac{3}{16}″ = 1′ - 0″$ (1 : 64)

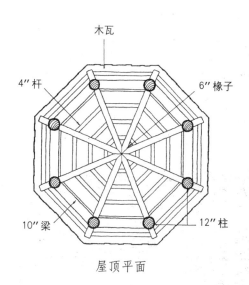

木瓦

4″杆

6″椽子

10″梁

12″柱

屋顶平面

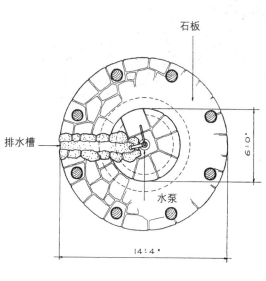

石板

排水槽

水泵

平面

华盛顿州莫兰(Moran)州立公园抽水泵亭

抽水泵亭的设计一般很少使用八角形或六角形的平面，然而这样做看起来能很好地满足功能的需求。它的特写照片平实无误，虽然从照片上看上去在环境中有点突出，但是实际上它已与环境融为一体了。

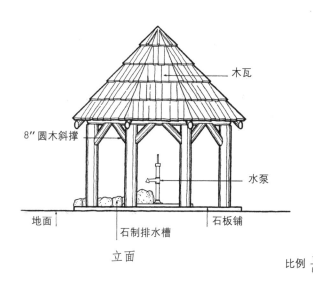

木瓦

8″圆木斜撑

水泵

地面

石制排水槽

石板铺

立面

比例 $\frac{1}{8}″=1′-0″$ (1:96)

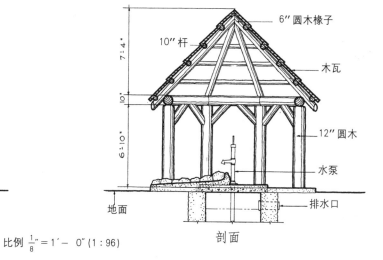

6″圆木椽子

10″杆

木瓦

12″圆木

水泵

地面

排水口

剖面

阿肯色州，小石城，波义耳(Boyle)都市公园，泉水亭

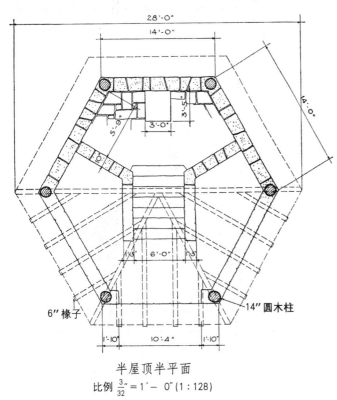

6″橡子　　　　14″圆木柱

半屋顶半平面
比例 $\frac{3}{32}″ = 1′ － 0″$ (1：128)

　　如果一个乡村式建筑能被称为一座寺庙，这就是一个例子。这个林中饮水的真正圣庙看起来在任何一个细节上都无可非议。屋顶的纹理、切削的橡尖及石工的特色——联系在一起谱写了一首建筑交响乐。甚至那置于岩石基础上的几乎总是不美观的圆木柱在这里看来也并不令人感到突兀。入口的宽度、有充分遮阴的内部环境以及通向山泉的那段短短的台阶都似乎在诱人进入。

普拉特 (Platt) 国家公园溴化物矿泉屋 (Bromide Pavilion)

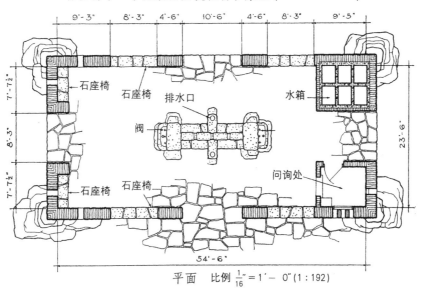

平面   比例 $\frac{1}{16}'' = 1' - 0''$ (1 : 192)

这个公园与众不同的特色是许多泉水含有矿物质。这个建筑里的泉水中含有溴化物。这种矿泉池相当于"水泵间"的室外形式，而后者在巴斯 (Bath) 及英格兰的博布鲁梅 (Beau Brummel) 的其它温泉疗养地是一个非常重要的社交场地。这个亭子面对着一个台地，台地上阳光普照，中间有一个正式的池塘，四周则围着坐凳。

俄克拉何马州默里(Murray)湖州立公园水泵房

　　这个极具特色的小建筑证明许多公园里的次要设施都值得在设计和管理方面花费大量精力。如果用途单调的水泵房能够防止"三只小熊"或"大灰狼"住进来，那么，为什么不将它造得好一些呢？美观性并不影响其实用性，例如那为了拉起顶板而设的天窗。

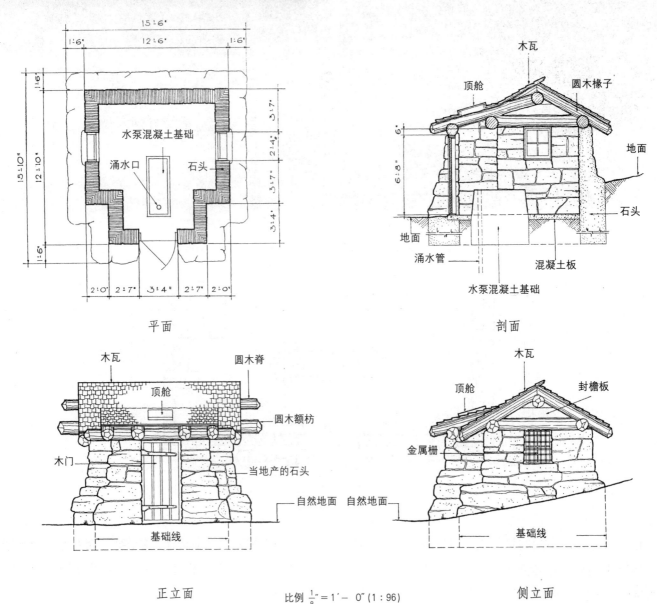

平面

剖面

正立面

比例 $\frac{1}{8}'' = 1' - 0''$ (1:96)

侧立面

如果人工湖水位上升一半，这个小建筑的外观将大大改善，尺度感增强。读者可以带着评判的眼光在评价这个建筑时设想一下这种变化。这个水泵房及其下方的水泵房在建筑风格上与左页的默里湖公园的水泵房有着必然联系。

阿肯色州，德弗尔斯登 (Devil's Den) 州立公园，水泵房

这个水泵房从厢房开始到右翼的屋顶是下沉式的水池，建筑体量较大，外形美观。石材及屋顶的木材部分具有厚重的尺度感，它们与屋顶厚厚的、凹凸不平的木板瓦形成了无可挑剔的和谐感。从屋顶上的天窗可以看出，建筑的主要部分放置着水泵机器。

俄克拉何马州，罗伯斯凯夫 (Robbers Cave) 州立公园，水泵房

这个建筑位于前面介绍的极具乡土气息的水泵房和下页更精致的水泵房之间。这个建筑毫无疑问地表现出意大利古代农舍的建筑风格，即使没有充分证据表明它是我们公园里建筑的先例，但也绝不会令人不悦。

伊利诺伊州，皮尔马凯特 (Pere Marquette) 州立公园，水泵房

密歇根州怀尔德尼斯(Wilderness)州立公园水泵房

　　这个小建筑的成功之处在于同时具有完全的实用性和特殊的吸引力。简单地说，这正是许多公园建筑力求达到的效果，却常常在有些看来似不经意的次要建筑上实现了。宽敞的出入口以及为了方便拉出池盖维修而设的可随时移动的与主屋顶分离的单坡屋顶，是实用性的表现。

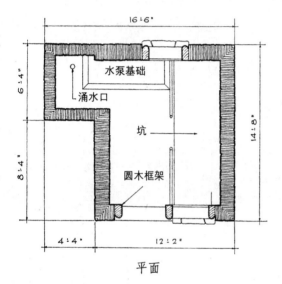

平面

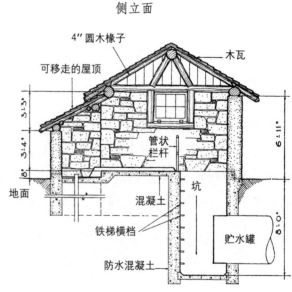

侧立面

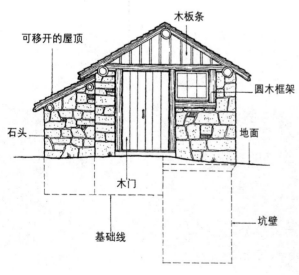

正立面

比例 $\frac{1}{8}$″ = 1′ — 0″ (1 : 96)

剖面

阿肯色州尼博(Nebo)山州立公园水塔

　　这个以实用为目的的建筑将它的功能直接展示在我们面前，这令人很满意。它并不会为了显得像一个毁坏的瞭望塔而过分做作或假装成更具美感的建筑。它获得了一种坦率的美。

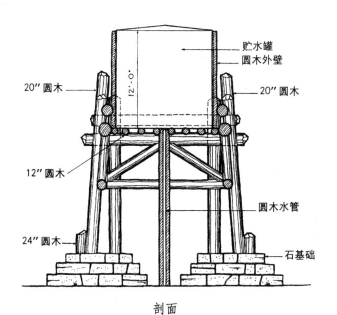

剖面

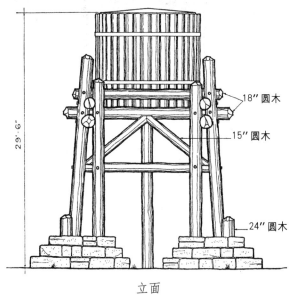

立面

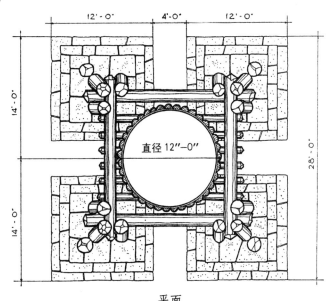

平面

比例 $\frac{3}{32}'' = 1' - 0''$ (1 : 128)

得克萨斯州博纳姆（Bonham）州立公园水泵房

　　这个建筑结合了被抬高的水箱和一个水泵房。石材部分大小不同的石块、深深倾斜的接缝以及厚实的木板和木条部分都极具特色。博纳姆公园的其它建筑也具有这种特色，这可以从其它章节所述的船库、浴室和入口塔门看出。

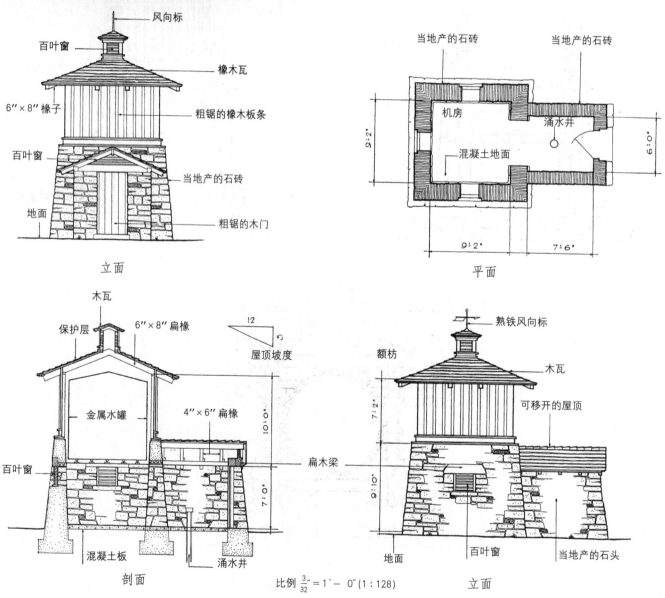

比例 $\frac{3}{32}'' = 1' - 0''$（1：128）

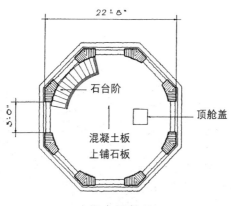

瞭望台层平面

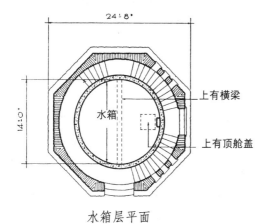

水箱层平面

比例 $\frac{1}{16}'' = 1' - 0''$ (1:192)

纽约州塔卡尼克(Taghkanic)湖州立公园瞭望塔

这是一个将升高的水箱和升高的理想观测点集中于一个建筑的例子。

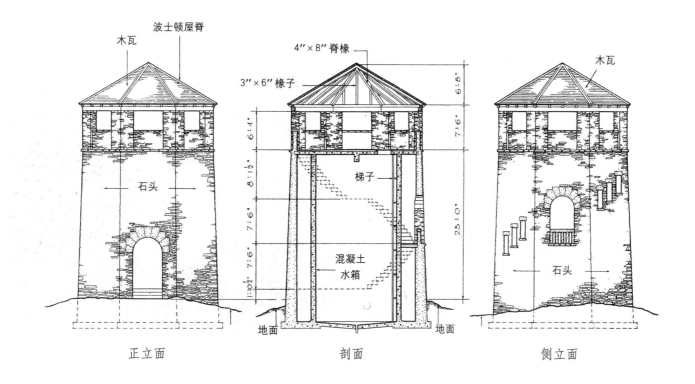

正立面　　　　剖面　　　　侧立面

阿肯色州，克罗利 (Crouley) 岭州立公园

俄克拉何马州，默里 (Murray) 湖州立公园

水塔

　　上图的贮水箱被石墙所围合，这样就与多石的环境很好地融于一体了。这样的组合好似一个画谜，谜面是"找寻水塔"，下图是一个显眼的石墙。两者都有室外楼梯通达的瞭望平台。左侧是两幢很高的木构架水塔，它们的外观具有对比感。应该知道帕尔梅托州立公园的水塔表面的垂直木板并不是支承结构，而是用来遮蔽结构框架的围帘。

得克萨斯州，帕尔梅托 (Palmetto) 州立公园

得克萨斯州，马瑟内夫 (Mother Neff) 州立公园

公厕与茅房

人们普遍认为，在自然公园的所有构筑物中，厕所是最必要的一项。只要这些自然区域能提供安全用水和合适的厕所，开发的基本要素就已经具备了。甚至有人认为，没有给予场地适当卫生设施的人不应留在公园里，而应让那些"以自己的公厕建筑为荣"的人来接手管理公园。

通常情况下，"公厕"与"茅房"的区别只是表现为措辞的高雅性不同而已。在本文中，这两个词具有更明显的差异，"公厕"指具有冲洗卫生设施的建筑物，而"茅房"则是指未配备冲洗设施的建筑物。

从长远观点看，在自然公园中，最好选用现代公厕而非旧式茅房。前者可以提供较高标准的卫生设备，是美国国家公园管理局和绝大多数公众健康机构的绝对推荐物。无论公园的自然条件和经济条件如何，现代公厕都可适用。这一推荐还包括对污水的自然处理过程，和对堆积物的化学处理过程。而对于废水的化学除菌则应被理解为另一过程，污水处理的理想方法通常是细菌作用。

为使人们更加清楚有关公园厕所的卫生详情，可参阅《国家公园部工程手册》第 700 部分：污水处理。

如果公厕位于冰点气温地区，而在冰冻期内又无加温设施，则必须提供保证水管和附属设施完全疏通的防备装置。在冰冻的冬季气候条件下，厕所的改装与否主要取决于其使用强度，而其经济性则是另一独立问题了。有时，公园厕所的冬季使用率有限，如果要对冲洗式厕所进行排污或加热，则更适合采用暂时性的化学处理设备。在这种情况下，比较适宜建造前面提到的《工程设计手册》中的小型移动式坑厕。

对于公园内的公厕建筑，只有在满足其各种卫生和实用需求后，才能将其视为真正的景观建筑物。如果为达到这些主要需求而对结构物滥加装饰，这种太过冲动的开支是很荒谬的。更好、更有效的改造方法是用心选址，并通过植被来掩饰厕所建筑及通向厕所的道路。通常，厕所可被建造在具有其他用途的公园主建筑中。当公厕与一个庇护所或特许建筑毗连，或被修建于一个多功能管理建筑内部时，则必须有精致的外形包装；但如果公厕只是一个半隐半现的独立建筑实体，其外型装饰则并不重要。

当厕所为建筑内多种设施之一时，通常既需内部通道相连，又有外部通道直接抵达。在公共空间中，当厕所位置指示不清时，很多游客都不愿进入使用。穿过旅馆或其他特定建筑的公厕通道可能只被那里的客人所使用。如果某一公厕是免费使用的，它的入口指示应清楚明确。

为建造一处适宜的卫生设施，最重要的是满足其实际需求，首先就应充分了解和严格遵守政府和司法机关颁布的法律、规章和其它约束性条款。此外，还包括一些不容忽视的实用和美学考虑因素。厕所的地面、墙体、隔板和其它室内表面材料的光滑度和不透水性是非常重要的。应选用方便清洁和经久耐用的材料，否则会导致维护费用的严重不足。材料的易于清洁程度决定了公厕的长期保洁度。因此，为适用于公园环境而有意识形成的简朴的公厕外观，应在公厕室内设计中有意识地加以否定。现代的标准卫生设备和材料都应运用到整个室内细部装修之中。

在建造公厕时，如果将男、女厕所建在同一屋檐下，可以节省不少费用。而建造不带冲洗设施的茅房时，建议采用男、女厕所各自独立的构筑物，这种做法几乎不会增加成本。独立的茅房不如冲洗式公厕的设施齐备，所以，最好使男、女厕所保持较大距离。

当公厕或茅房的男、女间都处于同一建筑物中时，很重要的一点是设置单独的出入口，以分离两部分。若男、女间分设于建筑的两端，便使两个出入口的距离达到理想的最大状态。男、女厕所的道路和入口应予明确标志。两个厕所之间应采用有效的隔音墙，如采用坑厕，其地下部分也应男、女分离。为避免视线通达室内，可用走廊或弹簧门加以屏障，否则，需在门口设置有效、自然的外部构筑物来阻挡视线，如墙体、格架和栅栏等。

无论是公厕还是茅房，都应该光照充足、通风良好，并能够挡风避雨。为保护如厕者的个人隐私，厕所的窗户应开设于高出视线的地方。否则，就应选用磨砂玻璃，不过，当夏季开窗透气时，便会以损失隐私权为代价。另外，也可在窗外增设小格子纱窗。最实用的厕所窗户是铰链位于窗下部、并有链条固定的内开窗，它不仅能遮风避雨防雪，还能外装纱窗，达到长期通风的目的。在温带气候区，或者当公厕不用于冬季时，比较通用的方式是用百叶窗板来代替玻璃窗，它既可最大程度地通风透气，又可作为防范蚊虫的有效屏障。然而，除非百叶的间隙足够大，厕所就难以保证足够的光线。营建一座环境清洁、设备良好、又不为公众滥用的厕所，其先决条件即是充足的阳光和通风条件，所以，人们寻求的是有着充足窗户和百叶窗板的地方。

厕所的门应可以自行关闭，如有可能，最好选用高质量的门扇闭合器，或者选用较为廉价而有效的替代设备。如果厕所窗户或其它洞口装有纱窗，也应给门装上纱格，以最大程度地帮助夏季通风。所有公厕纱窗的金属丝间距至少应为 14 根／英寸。电镀或黑搪瓷外皮的金属线适用于临时性的公厕建筑，而黄铜或其它铜制的金属丝则适用于长久性的建筑，材料的有效使用期足以抵消最初的高额成本。

要提醒读者的是，在浏览本文后面图片时，只需从建筑的角度来观察。如果还想有意探察卫生设备的细部节点，则是不值得的。

加利福尼亚州塔马尔派斯山 (Mt. Tamalpais) 州立公园茅房

在大公园的偏僻地点,比较适于建造一个简朴的公厕。其简单的外观不受地方风格的约束。其成本低廉但并不难看。它宽广突出的屋檐掩蔽了出风口,并使室外光线不能进入而导致室内光线昏暗。

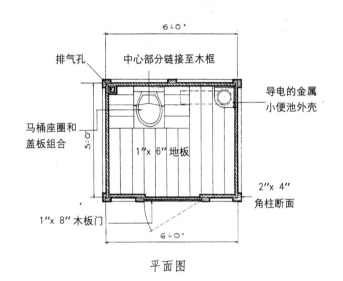

排气孔
中心部分链接至木框
导电的金属
小便池外壳
马桶座圈和盖板组合
1"x 6"地板
2"x 4"角柱断面
1"x 8"木板门

平面图

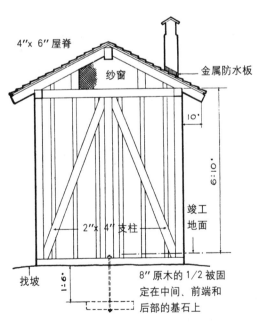

4"x 6"屋脊
纱窗
金属防水板
10'
6:10'
竣工地面
2"x 4"支柱
找坡
1:6'
8"原木的1/2被固定在中间、前端和后部的基石上

背立面

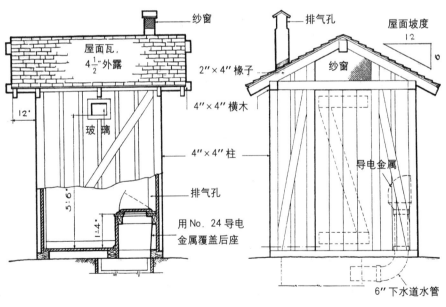

纱窗
屋面瓦,4½"外露
12'
玻璃
5:6'
1:4'
排气孔
2"x 4"椽子
4"x 4"横木
4"x 4"柱
排气孔
用 No. 24 导电金属覆盖后座
6"下水道水管
排气孔
屋面坡度
12
6
纱窗
导电金属

侧立面

比例 ¼" = 1′ — 0″ (1:48)

正立面

135

新泽西州卡姆登埃格港(Egg Harbor)河公园路茅房

不管是否建造于隐蔽场所，这座外观简朴而不失高雅的茅厕都不会显得格格不入。它运用了最简单的建筑形体，使用者可直接进入这两个厕间或者多个此类厕间的组合。格构的纱门是一道优美的风景，整齐的挑檐也特别适合于这类小型建筑。

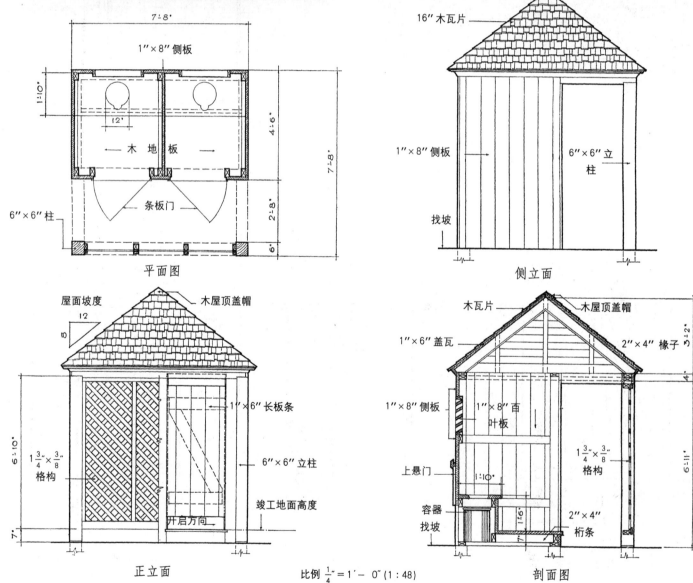

平面图

1″×8″ 侧板
7′-8′
1′-0″
12′
木 地 板
4′-6″
7′-8″
2′-8″
6″×6″柱
条板门
6′

侧立面

16″木瓦片
1″×8″ 侧板
6″×6″立柱
找坡

正立面

屋面坡度
12
8
木屋顶盖帽
6′-10″
1 3/4″×3/8″ 格构
1″×6″ 长板条
6″×6″立柱
竣工地面高度
开启方向
7′

剖面图

木瓦片
木屋顶盖帽
1″×6″ 盖瓦
2″×4″ 椽子
1″×8″ 侧板
1″×8″ 百叶板
3′-2″
4′
上悬门
1′-10″
1 3/4″×3/8″ 格构
6′-11″
容器
找坡
1′-6″
2″×4″ 桁条

比例 1/4″ = 1′ − 0″ (1:48)

伊利诺伊州马赛 (Marseilles) 州立公园茅房

　　这座茅厕与一个露营地相关联，为保养土地，防止对土地的过度使用，该露营地的场址会不时发生变更，所以，该茅厕建于垫土之上并可平稳移动。通过将厚板直接附在模板上，这一建筑可令使用者从远处即可感受到其高贵的木构艺术风格。木栅栏成为茅厕入口的良好屏障。

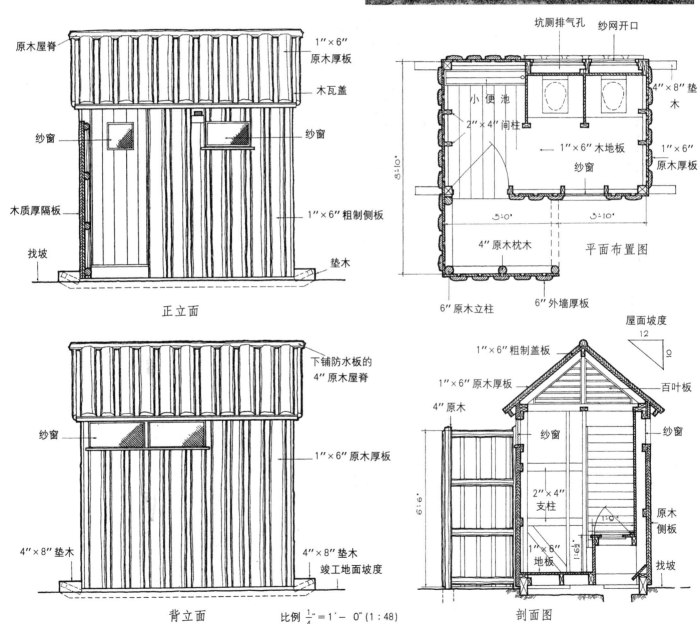

正立面

背立面　　　　比例 $\frac{1}{4}'' = 1' - 0''$ (1:48)

平面布置图

剖面图

阿肯色州德弗尔斯登 (Devil's Den) 州立公园茅房
　　这是一座朴素得体、并不矫揉造作的公园建筑，但它引人注目，有明显的木构建筑风格。

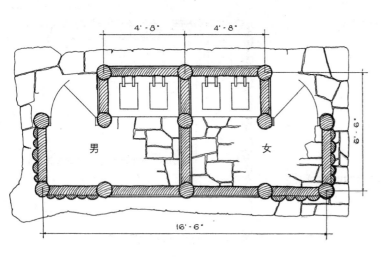

平面图

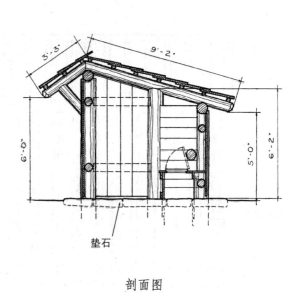

剖面图

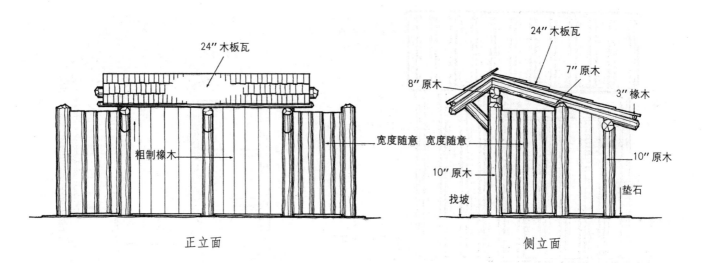

正立面　　　　　　　　　　　　　　　　　　　　　　侧立面

比例 $\frac{3}{16}$″ = 1′ — 0″ (1 : 64)

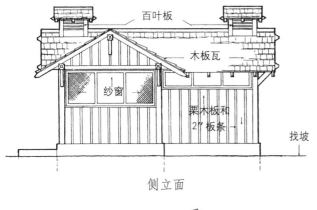

侧立面

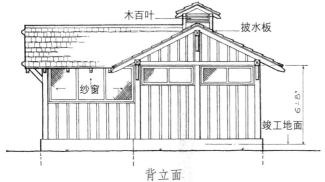

背立面

俄亥俄州弗吉尼亚肯德尔（Virginia Kendall）州立公园茅房

这一光线充足、通风良好的坑厕显然很适合林区环境，且并未滥用旧式的"本土主义"。除平面布局存在差异，其男、女厕所间几乎相同。引人注目的排气口活泼地骑跨在屋顶之上，而这一做法可能会引起争议。

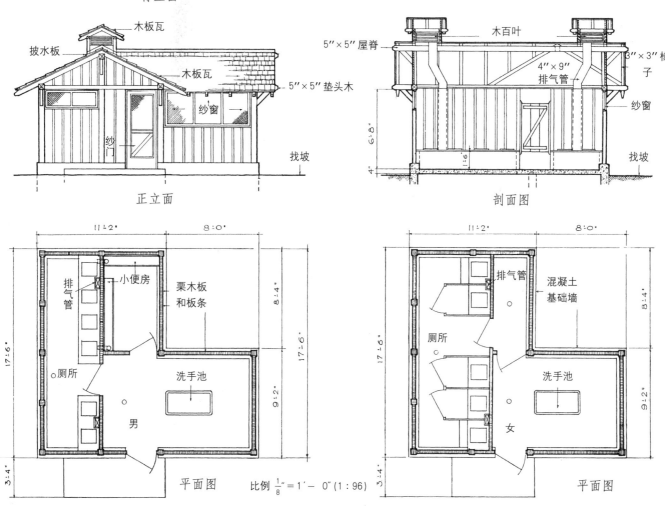

正立面

剖面图

平面图 比例 $\frac{1}{8}'' = 1' - 0''$ (1:96)

平面图

宾夕法尼亚州雷丁佩恩山（Mt. Penn）公园茅房

　　这里提供了极其简朴而悦目的基础设施。即使当这个地区可能建造一个更加永久性的、带冲洗设施的公厕或卫生间时，废弃原有的简单卫生设备也不足为惜。

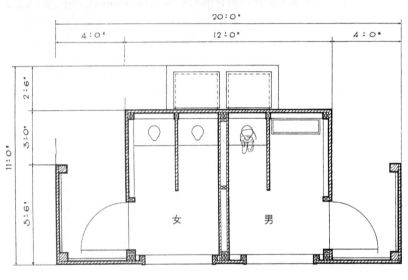

平面图

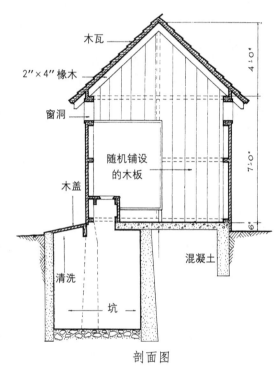

剖面图

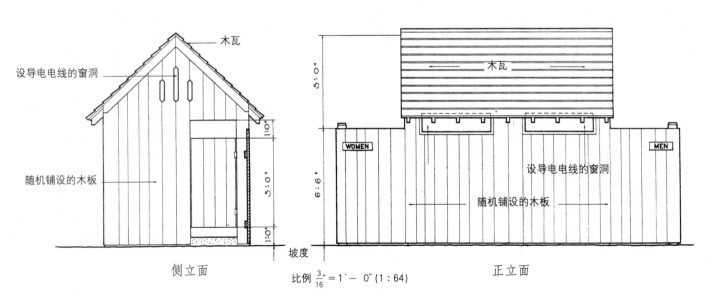

侧立面

比例 $\frac{3}{16}'' = 1'-0''$ (1:64)

正立面

加利福尼亚州洪堡雷德伍兹 (Humboldt Redwoods) 州立公园厕所

这座单坑位厕所选用了茅房建筑常用的、最简单的材料，其外立面也保留着简单的形式。不过，它精细的外观的确很适合这座带有冲洗卫生设备的高档厕所。男、女厕所相距 25 英尺。

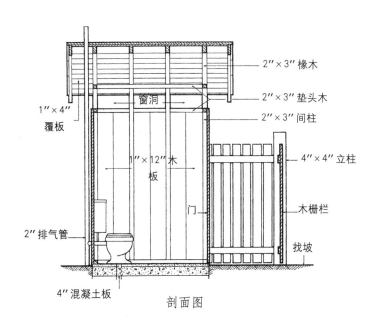

剖面图

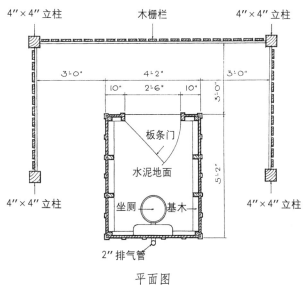

平面图

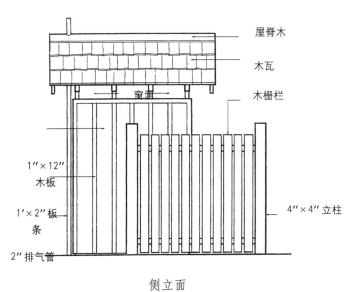

侧立面

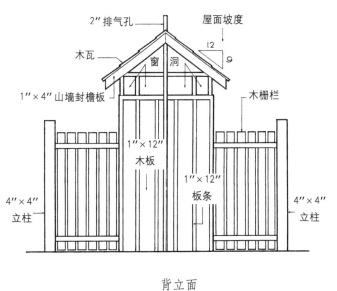

背立面

比例 $\frac{1}{4}'' = 1' - 0''$ (1 : 48)

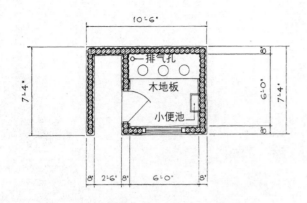

俄勒冈州，库斯海德(Coos Head)都市公园

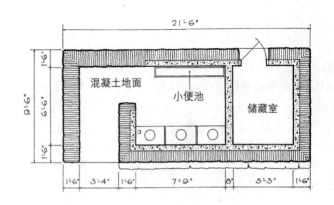

纽约州，韦斯特切斯特(Westchester)镇莫汉西克
(Mohansic)自然保护区

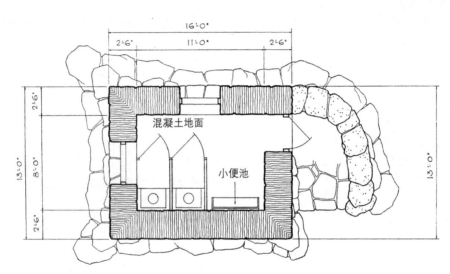

阿肯色州，波义耳(Boyle)都市公园

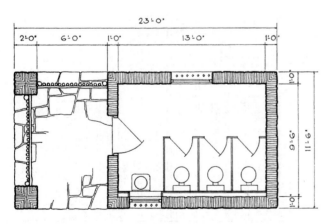

加利福尼亚州，圣罗莎(Santa Rosa)地方公园

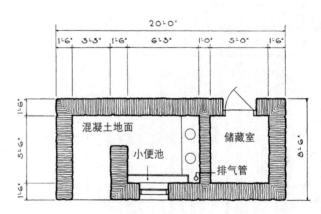

俄勒冈州，沃恒克(Woahink)州立公园

比例 $\frac{1}{8}'' = 1' - 0''$ (1：96)

俄勒冈州，库斯海德 (Coos Head) 都市公园

纽约州莫汉西克县 (Mohansic County) 自然保护区

单性使用的公厕建筑

对面一页中的平面图显示出供不同性别人群使用的独立式公厕建筑，这类建筑不如被分成两部分的单一建筑普及。后面这类被普遍使用的布局特点将随后介绍。这些固定设施的风格从原始类型发展到现代冲洗类型，如同建筑材料应用的巨大变化一样，这些成品的乡村风味也在相当程度上发生了改变。图中的三个构筑物都打通了山墙，以提供充足的采光和通风条件。

阿肯色州小石城波义耳都市公园

加利福尼亚州，圣罗莎 (Santa Rosa) 地方公园

俄勒冈州，沃恒克湖 (Woahink Lake) 州立公园

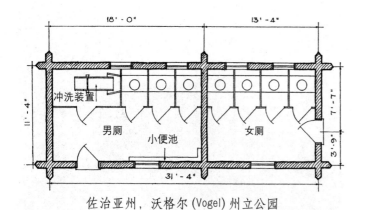

佐治亚州，沃格尔 (Vogel) 州立公园

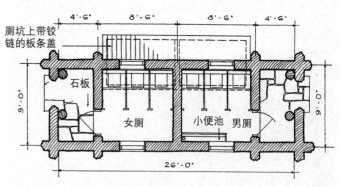

南达科他州，卡斯特 (Custer) 州立公园

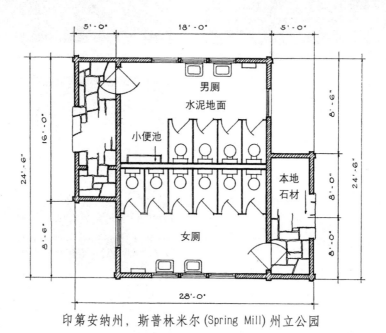

印第安纳州，斯普林米尔 (Spring Mill) 州立公园

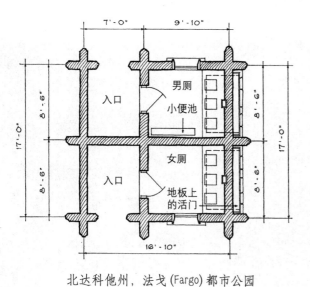

北达科他州，法戈 (Fargo) 都市公园

约塞米提 (Yosemite) 国家公园

比例 $\frac{3}{32}'' = 1' - 0''$ (1:128)

佐治亚州，沃格尔 (Vogel) 州立公园

南达科他州，卡斯特 (Custer) 州立公园

供男女合用的原木公厕建筑

与一般的公厕建筑不同的是，这类厕所采用木结构，其无论在质量还是体量方面都可以说是完美的。现存的唯一一个完全采用原木的实例在印第安纳原始丛林中。为了延续印第安纳人的原始传统，在公园中重建了一个村庄。卡斯特州立公园的实例是非常令人赏心悦目的。其中两个采用了典型的"对头拼接"式，其余三例的平面布局也很不一般。与普通墙壁不同，原木的隔墙营造出一种并不明确的空间界限。

印第安纳州，斯普林米尔 (Spring Mill) 州立公园

北达科他州，法戈 (Fargo) 都市公园

约塞米提 (Yosemite) 国家公园

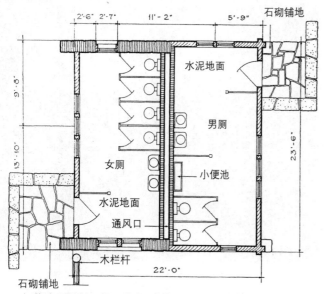

印第安纳州，克里夫提瀑布 (Clifty Falls) 州立公园

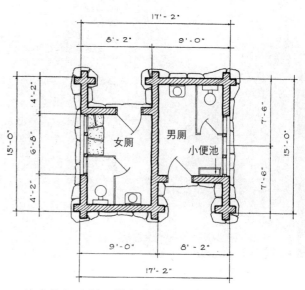

俄克拉何马州，塔尔萨市莫霍克 (Mohawk) 都市公园

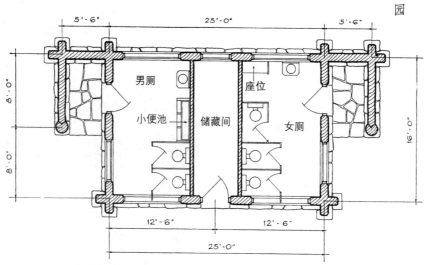

华盛顿州，刘易斯和克拉克 (Lewis & Clark) 州立公园

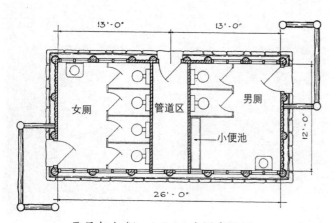

雷尼尔山 (Mount Rainier) 国家公园

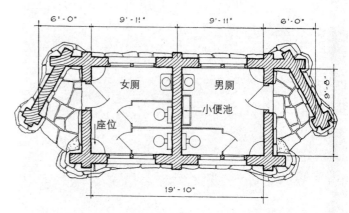

俄克拉何马州，塔尔萨市莫霍克 (Mohawk) 都市公园

比例 $\frac{3}{32}'' = 1'-0''$ (1:128)

印第安纳州，克里夫提瀑布 (Clifty Falls) 州立公园

俄克拉何马州，塔尔萨市莫霍克 (Mohawk) 都市公园

原木和石料的结合物

在公厕建筑中，底部石墙上部木墙的做法具有很强的实用性。石墙保证了建筑必需的牢固性和不渗透性，而原木墙体则可以毫无困难地做大百叶窗，或在木墙上开窗洞，用以获得充足的光线和通风。莫霍克都市公园因其滨水建造的乡土建筑而闻名。在克里夫提瀑布州立公园，劈成方形的圆木和当地石材与山地融为一体，构成一幅美丽的图画。

华盛顿州，刘易斯和克拉克 (Lewis & Clark) 州立公园

雷尼尔山 (Mount Rainier) 国家公园

俄克拉何马州，塔尔萨市莫霍克 (Mohawk) 都市公园

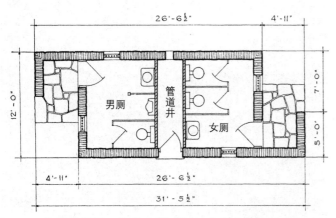

亚利桑那州，菲尼克斯 (Phoenix) 南山都市公园

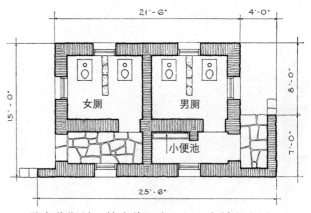

得克萨斯州，帕洛德罗 (Palo Duro) 州立公园

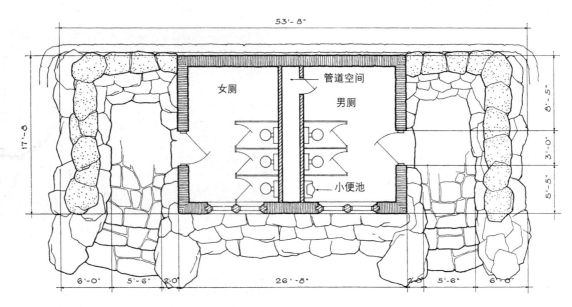

俄克拉何马州，默里湖 (Lake Murray) 州立公园

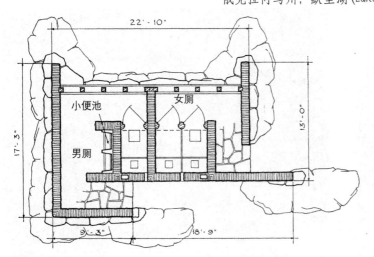

俄克拉何马州，佩里湖 (Perry Lake) 都市公园

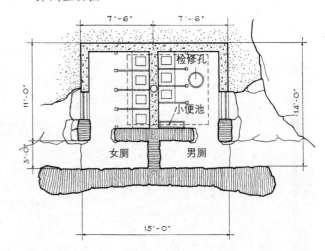

科罗拉多州，科罗拉多斯普林斯天堂花园

比例 $\frac{3}{32}'' = 1' - 0''$ (1:128)

亚利桑那州，菲尼克斯 (Phoenix) 南山都市公园

得克萨斯州，帕洛德罗 (Palo Duro) 州立公园

西南部的厕所建筑

在美国西南部，平屋顶或坡度较小的坡屋顶建筑是与周围环境结合较好的一类建筑。在分层铺设的石砌建筑中，这种屋顶同时也是其中很明确的一个水平层。在默里湖山脚下的茅厕几乎全被加以掩饰。天堂花园中的隐蔽厕所，即是将建筑融入自然环境的最成功的案例。

俄克拉何马州，默里湖 (Murray) 州立公园

俄克拉何马州，佩里 (Perry) 湖都市公园

科罗拉多州，科罗拉多斯普林斯天堂花园

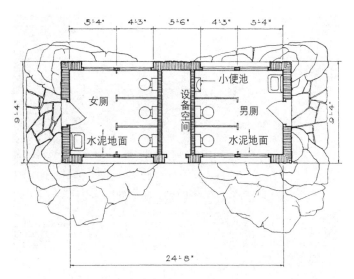

约塞米提 (Yosemite) 国家公园

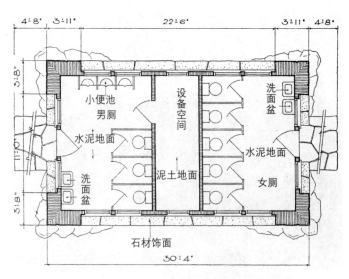

约塞米提 (Yosemite) 国家公园

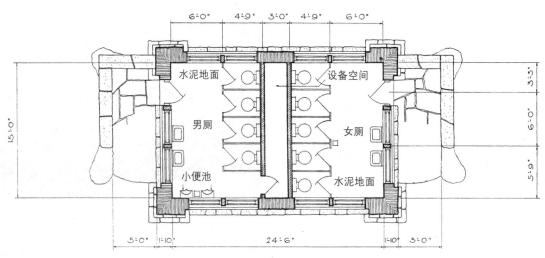

普拉特 (Platt) 国家公园

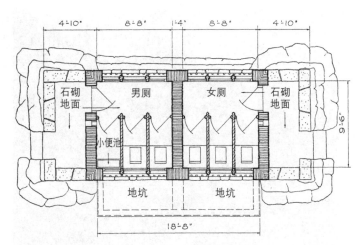

怀俄明州，根西湖 (Guernsey) 州立公园

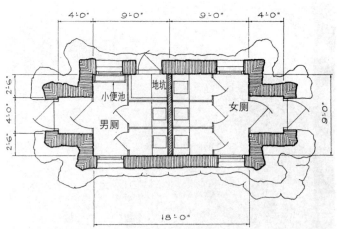

怀俄明州，萨拉托加 (Saratoga) 温泉州立公园

比例 $\frac{3}{32}'' = 1' - 0''$ (1 : 128)

约塞米提 (Yosemite) 国家公园

约塞米提 (Yosemite) 国家公园

西部公园里的厕所

　　这里用三个实例展示了西部国家公园厕所的特点。其建筑尺度与高低不平的地形相适应。这三幅图揭示了人们对这种原始石墙的各种描述，如"斜面墙"、"扶壁"和"与地面融合"等。不可否认，这里的建筑在一定程度上并未被周围环境完全同化，各式各样的屋顶结构作为环境的对比因素而存在。

普拉特 (Platt) 国家公园

怀俄明州，根西湖 (Lake Guernsey) 州立公园

怀俄明州，萨拉托加 (Saratoga) 温泉州立公园

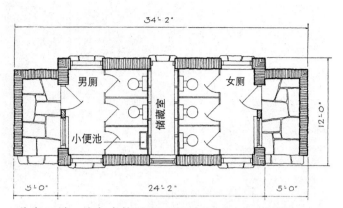

艾奥瓦州，埃尔多拉派恩河 (Eldora Pine Creek) 州立公园

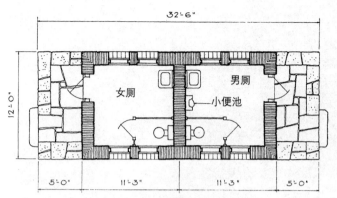

得克萨斯州，兰帕瑟斯 (Lampasas) 州立公园

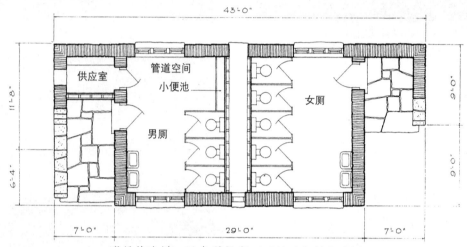

明尼苏达州，里奇利堡 (Fort Ridgely) 州立公园

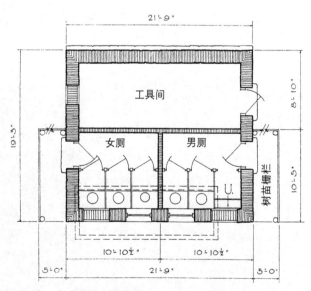

纽约州，韦斯特切斯特 (Westchester) 镇萨克森 (Saxon) 森林

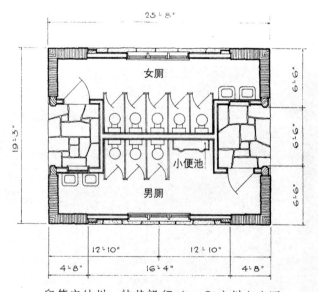

印第安纳州，特基朗 (Turkey Run) 州立公园

比例 $\frac{3}{32}'' = 1' - 0''$ (1:128)

艾奥瓦州，埃尔多拉派恩河 (Eldora Pine Creek) 州立公园

得克萨斯州，兰帕瑟斯 (Lampasas) 州立公园

混合类型的公厕

　　在对砌体建筑的处理上，这些实例的装修比前面所述都更为完善（乡土气息较弱）。可以推断，其周围地形比较缓和，不似前述例子般崎岖不平。由于前面已描述了各种可能的砌体形式的应用，所以我们在此更多地展示其细部设计，即：无定形的砌筑单元、无定向的分层、混凝土砌块的动向、连续的竖向接缝、竖砌的石块等（为达到合适的砌筑效果，上述情况都应加以避免）。因此，如果解决了这些问题，此种建筑的缺点也得以弥补。

明尼苏达州，里奇利堡 (Fort Ridgely) 州立公园

纽约州，韦斯特切斯特 (Westchester) 镇萨克森 (Saxon) 森林

印第安纳州，特基朗 (Turkey Run) 州立公园

格拉西尔 (Glacier) 国家公园洛根山 (Logan Pass) 公厕

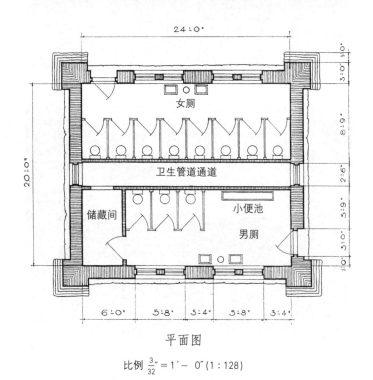

平面图

比例 $\frac{3}{32}'' = 1' - 0''$ (1:128)

如图是一个尺度较大的公厕，其外部处理非常适合当地环境，这样的成就是本文其它实例所无法超越的。大胆的砌体尺度，突出的杆结构梁椽，与崎岖地形的巧妙融合等，都是这一构筑物得以成功建造的重要因素。

饮用水安全和公厕卫生是公园各类公共设施中的首要问题，同等重要的还包括垃圾污染物的正确处理，这样才能保证公园有一个健康、卫生、良好的诱人环境。我们知道，饮用水的供给必须保持水质不受污染，而污水的处理也必须保证其不产生污染，所以，垃圾废品的收集和处理也必须正确而完善。这并非一个很随意的工作。垃圾焚化炉只是一种建筑形式，它并不能自动工作，其作用效力完全取决于人为因素。

通常，公园野餐区会提供由游客自助使用的垃圾焚化炉，但其效果不大。无疑，这种焚化炉并不善于处理各种餐后废弃物。绝大多数野餐者似乎并不具备操作垃圾焚化炉的天赋，即使他们也由衷地去努力过。所以，将垃圾焚化炉放在公众活动区的做法并未起到一定效果。

假如公众的协作意愿可以达到一种不太现实的高水准，那么，警务人员就可以指望公众来完成一些清理工作，如用野餐火炉烧尽易燃物，将空罐空瓶置于坑内，将废弃物放入地面的垃圾箱等。有经验的公园管理人员指出，为促进公众协作所必须开展的宣传工作，本身就是一项艰巨任务，他们宁可自己接受垃圾的回收处理工作。部分人指出，在公众达到那种协作度之前，必须将这种宣传工作开展起来。

作为一项大众服务行为，这种收集处理废物垃圾、维护垃圾焚化炉的工作必须勤快认真，且应成为一种制度。决定工作进度表的因素有：公众的初步合作情况，野餐设施的使用率，以及垃圾箱、垃圾坑和垃圾焚化炉的种类和规模等。

垃圾焚化炉的建筑形式很多，但重要细节应有：选定一个合适容量；选用抗热性材料；以及为实现垃圾的最大程度燃烧，在燃烧前应排除堆积的废弃物，充分的通风是绝对重要的。另外，为提高工作效率，可能需要不止一名工作人员，所以，最好还能为垃圾焚化炉的操作人员提供一个带顶的庇护所，这在恶劣气候时特别重要。

垃圾焚化炉的管理方法是一件非常值得深思熟虑的问题。如果大量垃圾是被装在卡车上运来，则可以设法将垃圾从焚化炉上方倾倒或铲入燃烧室，这样可以节省人力。

如果垃圾焚化炉的烟道又高又难看，这是很让人遗憾的，但是，如果因试图改变这一情形而将烟道改低，致使浓烟和臭味四溢，这就更令人遗憾了。在垃圾焚化炉选址前，必须清楚当地主导风向。只有当树木及其它自然障景物没有成为挡风元素时，它们的存在才是有益的。

为方便使用，垃圾焚化炉应靠近集中活动区，但必须被体面地隐藏起来，以尽量减少其不良影响。

总之，同其它设备房和维护性建筑以及公园内其它所有不和游客直接接触的功能性建筑一样，只有不干扰游客的观赏视线和游览路线，这种垃圾焚化炉的功用可能才是最好的。

北达科他州，法戈 (Fargo) 市的垃圾焚化炉

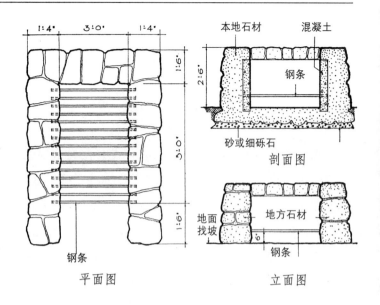

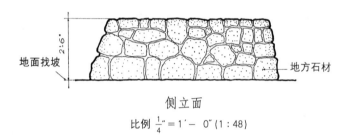

这是垃圾焚化炉类型中最为基本的一种形式，它如同一个尺度夸张的野餐炉。该焚化炉的容量比后述实例小了很多。这种顶部敞开的垃圾焚化炉不适于大降雨量地区。

得克萨斯州，博纳姆 (Bonham) 州立公园的垃圾焚化炉

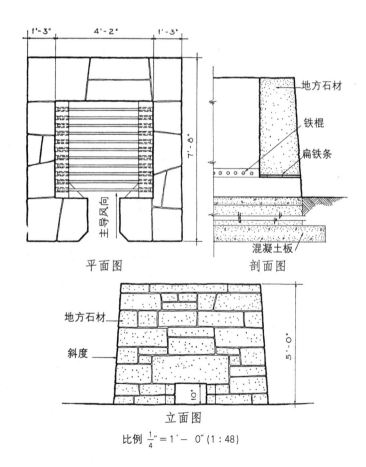

这是一个极其简单的设计，在焚化前，可利用开敞的顶部来加速湿垃圾的干燥。如图所示有一段具有良好公园特征的栅栏，它将垃圾处理装置和难看的服务部件（如供应物、设备等）从游客眼中隔离。

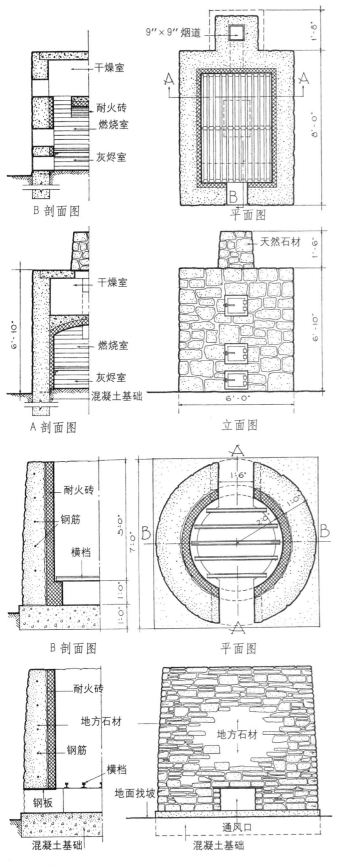

干燥室

耐火砖
燃烧室

灰烬室

B 剖面图

9″×9″ 烟道

A

A

B

平面图

干燥室

燃烧室

灰烬室

混凝土基础

A 剖面图

天然石材

6′-0″

立面图

耐火砖

钢筋

横档

B 剖面图

A

B

B

A

1′-6″

1′-0″

2′-0″

平面图

耐火砖

地方石材

钢筋

横档

钢板

混凝土基础

A 剖面图   比例 1/4″＝1′－0″(1:48)

地方石材

地面找坡

通风口

混凝土基础

立面图

艾奥瓦州，巴克本 (Backbone) 州立公园的垃圾焚化炉

尽管这是一个尺度适中的公园垃圾焚化炉，但因其位于山坡，故仍将它的巨大体量加以掩饰。在对回收的垃圾进行焚化处理之前，为使垃圾完全燃烧，需要一个很重要的辅助手段——对垃圾滤水和干燥，本例即考虑了此过程。从周边环境看，林木的生长将会妨碍空气流通。

纽约州，陶汉洛克 (Taughannock) 瀑布州立公园的垃圾焚化炉

卡车或货车经左侧混凝土铺装道路进入，将垃圾直接倾倒入这一圆形的垃圾焚化炉。这一设计外观并不难看，并可提供较大的容量。对该焚化炉而言，一块清洁的场地就可以保证足够的通风。

俄亥俄州，辛辛那提沙伦 (Sharon) 森林的垃圾焚化炉

该垃圾焚化炉具有纪念碑式的尺度和形体特点，但它的实用性很强。通过抬高的土坡，垃圾车得以直接到达装料口。该实例和下一例的烟道设施容量，都远远超出了前面所述实例。

肯塔基州，奥德班 (Audubon) 州立纪念公园的垃圾焚化炉

这一建筑物的冲天烟道被其基部的坡顶构筑物所大大软化，该坡顶构筑物内不仅含垃圾焚化炉，还为操作人员提供了庇护间。该设备从前墙装料，这不同于上面实例的顶部开口。本页的两个垃圾焚化炉都装有钢丝网的火花消除器，这是一种重要防护手段。

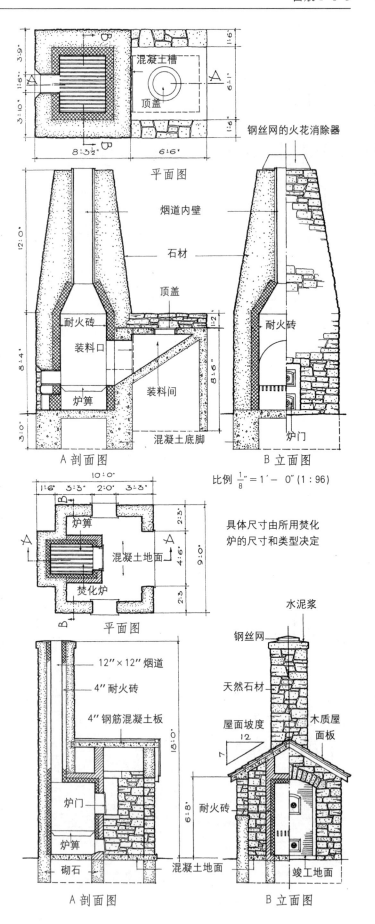

比例 $\frac{1}{8}$″ = 1′ – 0″ (1 : 96)

具体尺寸由所用焚化炉的尺寸和类型决定

火警观察塔

有效保护森林公园的基本要求是，能够即时发觉可能发生的森林火灾。为在火势蔓延之前早期发现并及时报告其规模、地点和火况，有必要对受训观察员的站点加以配置，使森林处于持久的观察之中。这些观测站点的选址高度应能俯瞰危险区的最大可能范围，特别是要覆盖最有可能的火源地。

在特定公园中，满足火警监视所需观察塔的要求、地点和数量，是经过仔细研究而确定的，并不仅仅是选择最具高度优势的地点。所选站点应为能最大限度覆盖潜在林火危险区的最佳站点或联合站点。由于烟雾或其它限制因素使得有限范围内的能见度被降至 10～15 英里；因此，即使某点的可见范围很广，在确定观察塔位置时也不会特别看重这一增加视域范围。

在选择建筑形式，使其更好地适应某些特殊地点的同时，还应注意其它几点考虑因素。

首要因素是从各个方向均能无障碍地看清火灾发生地点。当所选地势平坦并有山体阻碍实现、或者四周存在因美学及其它因素所不能移走的树木时，我们需要把观察站架设在地面上方。在可以清楚看到整个危险区的地点，该建筑物可为一层或两层。

另一考虑要素是，为观察员提供充足、安全且舒适的居住单元。为及时发现灾情，除非建筑物高度不足，观察员必需住在站内。由于火灾随时随地可能发生，所以，观察员必须时时保持警惕，并需要一个可以及时发现灾情的位置。如果观察员的住处远离其岗位，就有可能在火灾发生一段时间之后才会发现灾情。由于大多数观察站都建在暴露的地方，所以我们应为抵挡闪电、大风、暴雨和烈日作充分准备。如果观察点必须架设高塔（高度超过 4.8 米），那么，观察员的住所应靠近高塔基部，以便于观察所有区域。如果场地上没有生活用品来源，则还需提供水、食品、其它生活用品和设施的储备。在只能提供间断性服务供给的偏远地区观察站点，这种储藏空间是相当重要的。

如要迅速发现森林火灾，则需要使用昂贵的精密仪器，包括电话（或无线电）、火灾定位器等设备。至关重要的是，应有足够空间放置和保护这些设备。

由于火警观察塔都位于视域辽阔的有利地点，它们也是游客欣赏森林全景的最佳地点。所以，设计精美的建筑物和称职的观察员有助于公众更好地领略公园景致，而观察员也可借此机会让游客轻松接受防火规范。

这里有几种专为有效防火而设计的观察塔形式，其中包括：简单的 $4.2 \times 4.2 m^2$ 单间，它既是观察台又是居住单元，上层为观察台、下层为储藏室的两层建筑，顶部设有 $4.2 \times 4.2 m^2$ 观察台的低塔，和较高的钢结构观察塔（有些观察塔外围较小，但高度可达 20 米）。在设计这类建筑物时，需要运用大面积的玻璃，以提供观察站所必须的、最大程度的无阻碍能见度，便于在观测时使用望远镜。此外，还必须有足够的保护措施，以防范雷电、大风及冬季的暴风雪等。在设计观察荷载时要将游客考虑在内。

如果你希望游客参观观察塔，则必须考虑游客的安全问题。一般做法是在观察塔周围设计步行道或平台，以供游客站立，也便于观察员在观察塔外围视察危险区。在高塔的踏步、站台和楼梯平台处都需设计扶手。楼梯平台的设置打破了攀登高塔的单调感，并使得这一登塔过程不太吃力。出自安全方面的考虑，可供游客使用的观察塔不应使用梯子作为垂直交通工具。

为方便发现火情，火警观察塔会建于显眼的地方，常常在一定距离之内可见。因此，在设计该建筑物时要考虑其外形是否美观。在建造过程中，一个可行的方法是，通过石材和木材的运用来求得与周围环境的协调。特别是建造于岩石峰顶时，利用石材可使建筑物如同从山顶长出般和谐。然而，当在将建筑物隐藏而无法不降低其观察效率、或不可能使建筑物与场地协调时，园区的这类保护性活动（防火、公众安全等）的利益度及重要性，远远超出了该设施可能存在的美学缺陷。

下图即是一个实用的火警观察塔。与下一页所描画的、形态突出的木构观察塔不同，这一观察塔不具有公园建筑的任何姿态。

大峡谷国家公园的火警观察塔

南达科他州卡斯特（Custer）州立公园火警观察塔

　　这是一座木构观察塔，其实用性很强，且没有破坏公园特有而惬意的现存环境。如图所示的大屋顶是深受大众喜爱的实用性构造，它可以抵挡强光，而那些被白色喷漆的观察间和悬臂底面则可以有效地散热和反射阳光。处于公园的这一场址中，观察塔还具有以下可取之处：观察间的木构矮墙、支承木材强有力的体量以及大幅度倾斜的角柱，它们使得观察塔产生一种昂首阔步的态势。

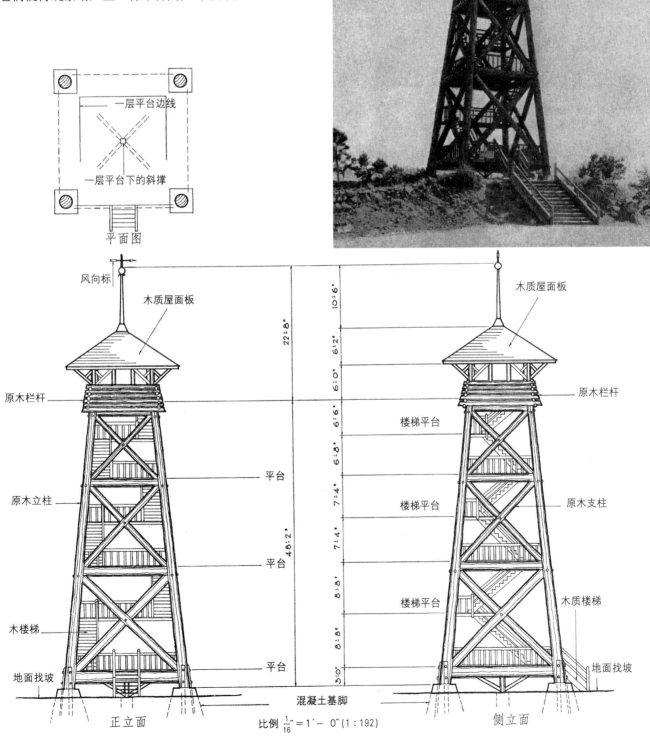

平面图

一层平台边线

一层平台下的斜撑

风向标

木质屋面板

木质屋面板

原木栏杆

原木栏杆

原木立柱

原木支柱

木楼梯

木质楼梯

地面找坡

地面找坡

平台

平台

平台

平台

楼梯平台

楼梯平台

楼梯平台

22'-8"

10'-6"

6'-2"

6'-0"

6'-6"

6'-8"

7'-4"

7'-4"

8'-8"

8'-8"

3'-0"

48'-2"

混凝土基脚

正立面　　　　　　比例 $\frac{1}{16}$" = 1'-0" (1:192)　　　　　侧立面

火山口湖国家公园火警观察塔

这个实例的新奇之处在于其底层空间所设置的展厅和厕所。它们靠近公园的小路，便于游客进入。如前文所推荐，这一建筑的观察间尽可能多地使用玻璃和尽可能减少阻碍视线的立柱。围绕观察塔的阳台同时可供工作者和游客使用。

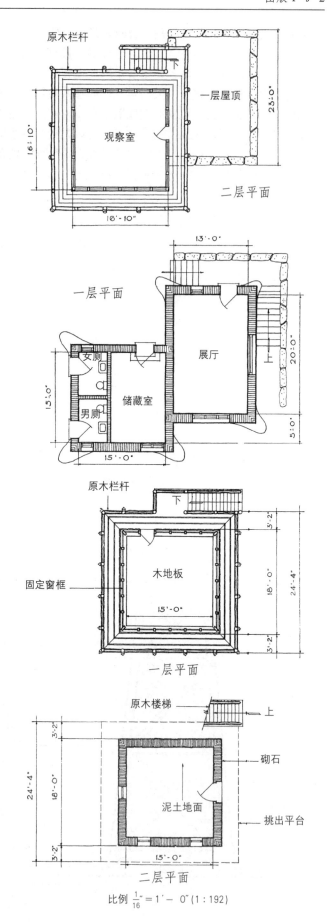

二层平面

一层平面

一层平面

二层平面

比例 $\frac{1}{16}$ = 1′— 0″ (1 : 192)

拉森 (Lassen) 火山国家公园火警观察塔

图中的二层建筑采用了使观察层所受视线阻碍最小的开窗方法。其栏杆和支柱的强有力的比例很令人满意，而其砌石技术更令人神往。该建筑的通风装置位于飞檐之下，它十分适用于这种几乎完全用玻璃所围合的房间。

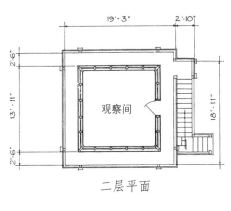

二层平面

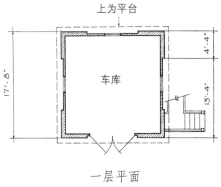

一层平面

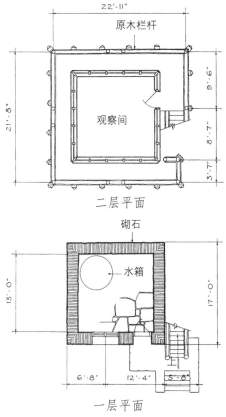

二层平面

一层平面

比例 $\frac{1}{16}'' = 1' - 0''$ (1 : 192)

约塞米提 (Yosemite) 国家公园克伦弗拉特 (Crane Flat) 的火警观察塔

　　或许，这种在底层设置车库的观察塔并不多见。不过，从火警观察设施的主要实用构造方面看，其不同寻常之处还表现在大面积的玻璃幕墙、轻便楼梯以及悬挑的飞檐。作为建筑一部分的车库表明了场地的可达性较强，这可能是通常的火警观察塔所不及。

洛基山国家公园影 (Shadow) 山火警观察塔

　　该建筑物具有较前述实例更合意的比例，它仿佛从石头中生长出来的建筑。其砌筑技术仍保留着现场岩石的特征。观察间及围绕其四周的阳台则是火警观察塔建筑的典型形式。

奇里卡华 (Chiricahua) 国家纪念地舒格洛夫 (Sugar Loaf) 火警观察塔

在地势平坦且没有高大植物生长的地方，允许建造这种实用性很强的单层火警观察塔，以降低对公园景观的影响。由于地形原因及其它影响因素的存在，这类观察塔非常少见。

塞阔亚 (Sequoia) 国家公园帕拉代斯火警观察塔

无论图中观察塔的形体多么突出，它脚下的巨石都会使其显得微不足道。它甚至还强调了这一曾经人类涉足的原始区域的巨大尺度感。

约塞米提 (Yosemite) 国家公园亨尼思岭 (Henness Ridge) 火警观察塔

火警观察塔的高度在增加，如本例所示的三层楼建筑物，它最终可能形式即是用钢结构或木结构所架设的框架塔。在公园中，该建筑细部特征的吸引力并不如前述更富乡土特征的构筑物实例。

在许多小路的许多节点上都需要有台阶，但却从来并非一旦需要即行建造。或许，多数人还未意识到，如果关于小路设计的研究能够像现代公路设计一样充分，则可以降低道路坡度，从而减少小路上的台阶数目。不管怎样，只有在陡坡不可避免且无法将其替换为缓坡时，才能证明选用台阶的正确性。

沿陡峭小路设置台阶的首要目的是便于步行，这一点是无可否认的。此外，还有另一个也许不甚明显但同样重要的考虑因素，即在小路台阶的每一细部设计中都要注意保护其自然特征。

为表明小路台阶在自然区存在的正确性，台阶的宽度既应有利于步行，又不能破坏原有的自然性。台阶的设计必须尽量仿真而又不致给人的行走带来危险。无论何种方法，都必须在自然和安全之间得到适宜的协调。在自然区的小路上，对步行设施的要求被简化，几乎不需对踏步的竖板高度、踏面宽度以及竖板与踏面之间的交接形式加以统一，而这种做法在其它任何地方几乎都是不允许的。不难理解，典型的公园小路并未排列着防滑板和安全扶手，它们供那些"与自然为邻"的、无畏艰险的徒步旅行者所用。

无可否认，在大多数公园中，只有有限的集群区可被所有年龄阶层、有着不同身体活动能力的人所游玩。显然，在这些区域中，台阶的安全性和便利性胜过了自然性，而那些经时间检验的、有关满意度的理论和实践也更加适合于这种场地。但是，对于那些使用强度较低，也是本文主要关注的那些地区中，台阶的设计不应为迎合人的需要而去除其天然特性。

在岩石外露的公园自然保护区中，特别是在基岩地区，绝好的背景促使人造的小路台阶更显自然。不过，即使有了大自然的绝妙合作，为达到满意效果，台阶的营造仍须有足够的技巧。在建造过程中，具有层化特征的基岩经常被直接加以利用或复制，其最终结果可以看不出人为痕迹。在那些没有外露岩石作景观联系物的地方，为避免台阶与自然不相协调，在石阶的自然化处理过程中，要求建造者有着雕刻家的技巧以及对形态的整体感知能力，这样才能产生自然岩层的观感。为达到这一目的，决定性要素便在于台阶踏面宽度的变化幅度。台阶两壁岩石应在水平和高度方向校正，并不时地、无规则地向两侧植被伸出一定长度，以与自然场景融合。由于施工过程无须灰泥涂抹，所以这一做法无疑会增加台阶的自然观感。台阶的踏面宽度和竖板高度在相当程度上取决于自然坡度。踏面应尽量宽，而竖板高度一般不会超过 6 英寸（150mm）。如斜坡不太陡，当实际需要台阶时，岩礁可能已在小路中自然存在，因此，合理的台阶处理方法是使其竖板较低而踏面较宽。

当小路所处环境没有突出的岩石特征，且对小路的自然化处理非常困难时，可用木制竖板加以协调，并在踏面上填以砾石和泥土。如图所示，木材的加工成型技术和定位方法多种多样，它们具有不同程度的实用和艺术成就。台阶的建造不应强求与自然完全一致，而应重视其自然和谐性和使用安全度。为充分利用公园建造中所使用的原木，木质竖板都应剥去树皮，不仅因为这一现象会及时地自然发生，而且因为在特定的松动过程中，树皮将不断成为安全隐患和垃圾来源。木质竖板有时会被粗制成方形，或被加以细心的人工伐制。这样，虽未将木材保留为圆形，使之成为"走向天然"的极端，但却减少了行人发生扭伤和骨折事故的危险。台阶的竖板必须固定在特定位置，确保其不会随意移动。外露的树桩必须完全压在踏板下方，以免其突出物绊住行人脚后跟。这种情况下，最好还有看不见的树桩加以锚固。

在小路台阶的设计上有着许许多多的不同寻常的方法。在陡坡处，我们通常有必要打造出一个真正的阶梯，它比理想情况下的、便于行走的踏面竖板更为陡峭。在悬崖峭壁处，有时必须打造一个梯子。横过峡谷或山涧的大树可以成为一座如画的步行桥，它不拘泥于固定模式，可根据树木表面的凹凸变化来打造台阶，并配以粗拙的木扶手。

在一侧是悬崖、一侧是峭壁的狭窄梯级上，扶手常常被用作一种必要的安全防护设施。为鼓励冒险者放心攀爬，其材质必须非常坚固。许多扶手的结构和安全性虽然符合要求，但却因其外观的轻薄无力而令人顿感不快。

得克萨斯州，帕尔梅托 (Palmetto) 州立公园

明尼苏达州，喀斯喀兹 (Cascades) 州立公园

宾夕法尼亚州，雷丁佩恩山 (Mount Penn) 大都会自然保护区

原木台阶

如图所示为木质台阶的分类研究实例。图中所列为兼具实用和美学价值的圆形和方形台阶及其建造方法。右下图中的台阶是与众不同的，它是木质竖板和石砌踏板的组合。左下图清楚显示，当树皮未从原木上剥离时，便产生了垃圾。不过，这例台阶的建造方法依然是饶有兴趣的。

纽约州，莱切沃斯 (Letchworth) 州立公园

印第安纳州，斯普林米尔 (Spring Mill) 州立公园

纽约州，阿勒格尼 (Alleghany) 州立公园

纽约州, 布朗克斯 (Bronx) 河园路

纽约州, 布朗克斯 (Bronx) 河园路

阿肯色州, 小吉恩 (Petit Jean) 州立公园

石制台阶

周围的插图显示了步行小路上用以调整坡度的不太规则的岩石。这些设计几乎没有掩盖其人工制造的痕迹, 而对自然环境采取了含蓄的表达方式。其中有些实例较好地与相邻台地的特征相融合。其它一些实例, 特别是左上图, 则是不规则花园的一种暗示, 除非公园直接环境的原有特征已发生了相当大的改变。

马默斯凯夫 (Mammoth Cave) 国家公园

俄克拉何马州, 佩里湖 (Perry Lake) 大都会公园

马默斯凯夫 (Mammoth Cave) 国家公园

明尼苏达州，喀斯喀特 (Cascade) 州立公园

如右上图及右中图所示，强硬而复杂的刻板线条表明，场地的全部潜能并未实现。

事实上，右下图中的台阶并不是真正的小路台阶，其周边的岩石工事也不是天然所成。这些台阶通往一个俯瞰点，它位于堆石构筑的储水槽（该水槽如本卷其它部分所示）顶部。这些台阶的尽端符合所谓的"闭合"。

黄石国家公园阿普林纳爱斯斯普林斯 (Apollinaris Springs)

田纳西州流域管理局，惠勒坝 (Wheeler Dam) 自然保护区

俄克拉何马州，莱克默里 (Lake Murray) 州立公园

科罗拉多州，普韦布洛 (Pueblo) 大都会公园

俄克拉何马州，温特史密斯 (Wintersmith) 市政公园

科罗拉多州，普韦布洛 (Pueblo) 大都会公园

威斯康星州，因特斯泰特 (Interstate) 州立公园

石台阶

"小路台阶雕刻"一词也许适用于本文的大多数实例，特别是温特史密斯公园中的两个实例。此外，值得赞誉的还有普韦布洛公园中与侧坡相融合的台阶。以下有些图片不甚清晰，难以辨别其中的台阶。如果是因为照片拍摄不佳，我们深表遗憾；如果是因为精到的小路建筑雕刻使之然，则应感谢岩石雕刻家！

这里的大多数图片都比前几页更大程度上成功地反映了自然，而先前几页所揭示的通行区可能也不如本文所示的台阶场景繁忙。值得注意的是右下图，因

怀俄明州，莱克根西 (Lake Guernsey) 州立公园

俄克拉何马州，温特史密斯 (Wintersmith) 市政公园

艾奥瓦州，多利瓦 (Dolliver) 纪念地州立公园

为人造台阶巧妙地摹仿了球形风化的岩石，看上去如同天成。

后页中的实例则背离了对大自然的摹拟，表现为其采用了更直接的人造台阶。设计中所遇到的问题即是由陡峭的坡级和繁重的使用强度所构成。这里的台阶更多地符合公认的踏步高宽比，而更多的这类相同的台阶便非常恰当地解决了场地问题，当然，其台阶的使用既非令人不快的陈旧模式，也无需数理上的极端精确。

阿肯色州，小吉恩 (Petit Jean) 州立公园

弗德台地 (Mesa Verde) 国家公园

俄克拉何马州，石英山 (Quartz Mountain) 州立公园

阿肯色州，克罗利岭 (Crowley's Ridge) 州立公园

俄克拉何马州，特纳瀑布 (Turner Falls) 州立公园

田纳西州流域管理局，惠勒坝 (Wheeler Dam) 自然保护区

火山口 (Crater) 湖国家公园

纽约州，托汉洛克瀑布 (Taughannock Falls) 州立公园

得克萨斯州，帕洛杜罗 (Palo Duro) 州立公园

交叉口与涵洞

这些设施的紧密结合是基于这样一个前提：涵洞的功能是让一条小路或车行道从一个排水系统所形成的障碍上方通过，而交叉路口的功能则是让排水系统从一条小路或车行道上方通过。矛盾的是：正是它们截然相反的功能使它们紧密地联系在一起。

如果我们考查造园技术的发展历史，就会发现古人使用了正确的方法，他们使用汀步以及风景如画的涉水路面。由于马行道和从属的车行道是处在交通并不繁忙的公园内，涉水路面是一个用以通过浅水小溪的合适且经济的选择。如果没有因为本身的过于奇特而引起公众不便的话，这将成为继续保留的事物。低水位的涉水处如果因为洪水的原因经常无法通过的话，它是不会受到欢迎的。同样，松软的河床和危险的洞穴，或是其它不能保证安全的地方，都不可行。当涉水处被植物遮掩时，入口和视线都不能过分倾斜，若缺少以上必要条件，公众对于涉水处的接受态度会有所变化，易于引起反对意见，并会导致对替代物的需要。此替代物会是涵洞或桥梁，这样就同时会导致长久的不够经济的结果。

在某种意义上，交叉路口是桥梁的雏形，而涵洞则扮演了桥梁之父的角色。我们从来就不会对一座桥梁的存在视而不见。然而，这可能也是对桥梁无法和谐融于周围自然环境的一种讽刺。即使是一座小小的桥，它也不可能真正地做到不显眼。与此相反，一个涵洞在现实环境中只是一道在水边被保留的墙而已。通常，偶尔路过的行人会意识不到有涵洞在此自然环境中存在。如果涵洞在路的两边延伸得足够远，道路绿化就可以不间断地延展过涵洞，地表上部的端墙就可以被忽略。植物会更自然巧妙地限定交通道路，这比具有强迫性的端墙更能达到目的。后者一旦接近交通道路，性质立即就产生变化，变得与环境不能相容，显得矫揉造作并有着交通上的风险。

如果由于地形的原因，种植植物这种使涵洞变得与环境相协调的办法变得不切实际或者不经济的话，端墙的阻挡就成了一个非常必要的保护措施，值得探讨的是所需阻挡物的材质。它的人造痕迹应当被控制到最小。就如同自然公园里的许多其它设施一样，它应当首先考虑对自然的处理，要与周围环境浑然一体。材料和工艺保持本来的面目，涵洞建造起来以后，就无须再拨款来维护和保养。

在某些时候，当地石材充足，这时用当地的石头来建造涵洞很切实可行。但是如果非要用混凝土或金属来建造涵洞时，则应当力争合理地隐藏起这些材料的本来面目。端墙可以通过充分地延伸进涵洞的开孔，以避免暴露它仅仅是个饰面的事实。天然岩石是建造端墙的良好材料，端墙可用也可以不用泥浆，不用灰泥。前一种方法若要使结构保持长久的话，就必须选择大小尺寸合适的石头。在一个公园中，石墙是很难被取代的。

同公园的其它设施一样，对涵洞端墙的设计和施工应当尤其加以注重。通常的失误出现在对灰泥的处理上，粗枝大叶的处理导致了不结实的接缝。还有一些毛病就是石头的尺寸过于细碎，或者是因为石头尺寸的单一导致了表面纹理的单调和缺少变化。这种毛病不单出现在公园里的建筑物上，还常见于当代的其它石质建筑。

普拉特 (Platt) 国家公园

密歇根州，拉丁顿 (Ludington) 州立公园

科罗拉多州，拉夫兰 (Loveland) 山都市公园

交叉路口与涵洞的处理

上方插图说明创造交叉路口独特个性的可能性。普拉特国家公园小溪中的踏步石与游步道台阶的交接处呈现出了一种特别的趣味。拉丁顿州立公园的沼泽中，有着创意新颖的踏步木桩。

在本页呈现的，正是对于涵洞外观随意的、自然的处理方式。这些外观不易获得的特性曾经几次被做

·纽约州，布朗克斯 (Bronx) 河风景大道

阿肯色州，小石城，波义耳 (Boyle) 都市公园

得克萨斯州，赫里福德 (Hereford) 州立公园，

俄克拉何马州，默里 (Murray) 湖州立公园

了标记。事实上，除了右下图中的两幅，这些涵洞的处理是不太能够被区分或被认为是有涵洞端墙的。应当意识到，许多涵洞的端墙都处在它们完整的结构状态中，这些矗立着的建筑都极大地获益于生长的自然植物的影响力。对于植物而言，目前它们中的一些正处在新生的裸露状态，这至少是一个最大限度清晰地提示它们结构的有利机会。

科罗拉多州，拉夫兰 (Loveland) 山都市公园

俄克拉何马州，斯帕维诺 (Spavinaw) 山州立公园

俄克拉何马州，罗马鼻 (Roman Nose) 州立公园

俄克拉何马州，斯帕维诺 (Spavinaw) 山州立公园

俄克拉何马州，罗伯斯 (Robbers) 洞州立公园

俄克拉何马州，阿巴克尔 (Arbuckle) 小路

涵洞桥中的涵洞端墙

　　较小涵洞的砖石端墙常用来在两岸架桥。它会被看作是被托架支撑的过梁，就如同阿巴克尔游步道的例子一样。或者像弗吉尔州立公园那样，它是通过一个缓和的拱门的提示，在弧形拱门之前出现了一个蓝山公园大道的例子。这里复兴了一个介于石器时代与罗马帝国之间的里程碑式的微缩景观。左下方的插图表明水的流量大时会使单个涵洞负担过度。

俄克拉何马州，比弗斯本德 (Beavers Bend) 州立公园

俄克拉何马州，阿巴克尔 (Arbuckle) 小路

得克萨斯州，科珀斯克里斯蒂 (Corpus Christi) 湖州立公园

堪萨斯州，怀恩多特 (Wyandotte) 县公园

乔治亚州，沃格尔 (Vogel) 州立公园

右上角的例子是一个既不完全是涵洞又不完全是桥的东西，可能涵洞桥是个合适的叫法。在后一页会看到更多的这样的例子。从一个完整的有个性的变化到针对多山地区所进行的得体的岩石处理，总的来讲，此种建筑方法正在全面发展，端墙与周围环境不露痕迹的交融是有技巧的处理结果。

得克萨斯州，沃思堡，沃思 (Worth) 湖都市公园

北卡罗莱那州，蓝岭 (Blue Ridge) 风景大道

弗农 (Vernon) 山纪念公路

科罗拉多州，杜兰戈 (Durango)，希尔克雷斯特 (Hillcrest) 公园

得克萨斯州，长角洞 (Longhorn Cavern) 州立公园

堪萨斯州，怀恩多特 (Wyandotte) 县公园

俄克拉何马州，默里 (Murray) 湖州立公园

俄克拉何马州，默里 (Murray) 湖州立公园

公园里的桥包括人行桥、马行桥和车行桥。每座桥在建造前都必须证明它的必要性。特别是人行桥和马行桥。许多远离游客密集地区的跨越干涸沟谷的此类桥均具有倾斜度，而不是像一般的桥一样保持不变的坡度。是否位于游客较多的地区及排水的难度是对桥进行调整的决定因素。

这里的介绍旨在探讨能带给宽度、跨度、高度及建筑形式各不相同的园桥以最大的自然协调性的那些特征。在其它的书中有充足的信息说明如何使桥梁具有结构耐久性，包括图表、规定及公式等，对于原材料的叙述则少得多，而对于自然环境来说，它才真正值得持久。有太多的桥违反了美观与适宜的原则后，企图以耐久性的优点洗刷这个罪过。这种桥当然不应该出现在我们的公园里。只有在具有所有其它优点的情况下，耐久性才能被当作优点，否则只能是缺点。

从外表来看，桥最重要的是看起来有力而稳固。为了取得完全的成功，一座桥仅在工程师眼中看来满足了功能需求是不够的；它还应该使外行人也有同感，公园建筑的建设在超越了工程性要求的情况下扩大或减小材料的尺度是可以原谅的，更不必说在超越了结构性能的情况下满足尺度美感的要求。园桥结构直接影响园桥与公园粗犷风景之间的比例关系。那些希望以精确的方式获得迷人的比例的人将会发现这很难在园桥上实现。园桥往往在视觉上比在结构上更容易产生脆弱感。相对而言，很少有园桥因为看起来过于笨重而引起不满的。

也许同样重要的要算园桥的选材了。只有那些本地出产的材料及园桥附近最多的材料才是具有说服力的合适而和谐的材料。这个原则当然适用于所有的公园建筑，而它特别适用于石桥，最成功的例子是那些色彩、质地、尺度真正地与周围的岩石有呼应的石桥，它们好似从溪岸或河岸生长出来一样。

当明智地选择出一种看起来合适的材料之后，下一步就是要使桥在合理的范围内富有变化，应避免走向过于普通或过于奇异的两个极端。用途范围、跨度、高度、材料、拱形和构架的结构、当地的技术（这些都是可能产生变化的因素）都能通过无限的组合及多重组合方式创造出富有个性的桥。

一般来说，石桥或木桥比钢桥或混凝土桥显得更适合我们的自然公园，反之，后者比前者更适合城市或宽阔的主要高速公路。在原野环境中最不协调的是钢结构桥。然而，过分精湛的石工或木工一定会削弱这些石材和木材的优点。粗犷而随意的简单感才是不容置疑的材料使用方法。

在公园建筑中，石桥结构的选择最重要，它与桥周围地区的自然结构形成呼应，并引导避开石工中常见的错误。将形状不规则的石头像贴马赛克式地垒起来是极不合适的，这种做法在自然地区或成熟的石工传统中都没有先例。对于桥来说，特别是石块水平堆砌序列、竖向砌缝以及石块大小的变化，都是产生工艺成熟、外观美丽的石工的原则。通常一座园桥成功的石工技艺能创造一种反映出它周围自然岩石构造的效果。拱的弧度、拱券石块的大小及石工技艺、桥柱的大小、拱顶以上石块的大小，这些都是石桥成功的重要因素。

用圆木或方木可以使木桥获得令人满意的效果，手削的方木能增强公园特性。建筑形式的简单化最值得考虑。它和自然元素的对比较弱，也不会过分吸引人的注意力，在自然公园，使僵硬的人工形式和自由的自然形式产生竞争是一种公认的禁忌。

出于实用和审美因素的考虑，开敞式的木构桥总的来说不怎么受欢迎。优点认同少，反对意见多。当使用了结构上并不需要的构架时，人们往往会谴责这种构架既使设计复杂化，又阻碍了视线。即使每个细节都经过小心翼翼的设计，也很难完全防止水进入并滞留在接缝中。木料的收缩、压力拉力造成的变形以及暴露的接缝处的腐蚀作用都会加快这种类型的桥的老化，使用寿命短而很快会变得不安全。为了克服开敞式木构架桥的这种内在缺点而为它设置遮蔽物以免被暴露在露天环境下的实践，恰恰促进了古代有蓬桥的发展。

许多本可以完全令人满意的园桥因为忽视了最后的修饰而未获得完全成功。最后的修饰与总体效果的关系远不如人们经常忽视的那样不重要。边墙、栏杆或翼墙不应该突然断头，像临时构筑物那样靠在邻近的构件上，而应该充分与连接的构件接合。有时，可以将边墙、栏杆在与桥面连接处削成斜角，尤其是在桥面狭窄时。通常，若边墙、栏杆就着坡度渐渐降低高度至收头处，则园桥的轮廓看起来更美。合理的过渡，可以消除任何材料改变时的突兀感。尤其对于一座木桥骑跨在石桥礅上的桥来说，同样令人不悦的、尖锐的过渡也存在于园桥的坡度线上。在以下的例子中，你可以看到一些外形并不优美的、粗糙的与环境不融合的园桥通过弯曲的坡度线或河岸的形状，对环境合理的清理以及恢复自然地被以取得柔化效果等方法消除了外形的不足之处。

阿肯色州，小吉恩 (Petit Jean) 州立公园

华盛顿州，迪塞普新山 (Deception Pass) 州立公园

步行及马行桥

周围是一些形式最基本的桥，由小小的平台跨过障碍物，在法国叫作过路桥 (Passerelle)。在森林环境的衬托下，这种桥的自由和简洁性使之看起来是原野地中的一条小径的一个和谐的组成部分，又窄又浅的小溪几乎算不上什么障碍，因而常常不设防护围栏或扶手。左下角的小桥具有低矮的栏杆，它是这组例子和下页的例子之间的过渡。

科罗拉多州，丹佛 (Denver) 山公园

塞阔亚 (Sequoia) 国家公园

新泽西州，帕维 (Parvin) 州立公园

华盛顿州，迪塞普新山 (Deception Pass) 州立公园

加利福尼亚州，普雷里河 (Prairie Creek) 州立公园

大雾 (Great Smoky) 山国家公园

设单面栏杆的小型步行桥

当穿越障碍物有较大危险时，就需要具有单面栏杆的步行桥。这里的每个例子都具有与众不同的个性。普雷利河州立公园的例子是两棵倒伏的红杉树，一棵在顶上提供水平的行走平面，另一棵仍在发芽抽枝，在无栏杆的一面充当着美丽的护栏。同样新颖的是那座在桥当中改换栏杆方向的小桥，大雾山公园的悬臂桥及莫兰公园里从一棵倒伏的树干上砍出台阶的桥。

大蒂顿 (Grand Teton) 国家公园

华盛顿州，莫兰 (Moran) 州立公园

俄克拉何马州，特纳 (Turner) 瀑布州立公园

南达科他州，卡斯特 (Custer) 州立公园

有栏杆和护缘的步行桥

　　本页的例子显示出粗壮的体量，这既是这五个例子的共同之处，又是它们和前页的例子的主要区别之处。这五个例子的另一个共同之处是它们都是一边设栏杆，另一边设护缘。除了左下角的桥以外，其余的桥都用一根圆木作为护缘。左下角的护缘已开始向栏杆形式发展，而从以后的例子开始都有了双面栏杆。

科罗拉多州，拉夫兰 (Loveland) 山都市公园

俄勒冈州，洪堡格 (Humbug) 山州立公园

阿肯色州，德弗尔斯登 (Devil's Den) 州立公园

内布拉斯加州，怀尔德卡特希尔斯(Wildcat Hills) 狩猎

双面栏杆步行桥

　　我们从这里开始用占满半页的照片推出我们最优秀的步行桥，当然我们坚决否认是被聪明的摄影师的技巧欺骗而这样认为的。我们忠实的编辑已努力去除了那个"坏家伙"给它加上的不公平的优势，但它仍是其设计者和施工者的骄傲之作。

　　适宜的对尺度的夸大、微微弯曲的栏杆、不同的木构件之间尺寸的合理关系、桥侧斜支架的夸张斜度——这些都成为其令人印象深刻的理由。希望读者只看好的一面，并跟我们一样对桥墩较差的石工视而不见。当然，这种石工不可能被推荐为典范。

　　这两页列举的所有的桥之间都有一定的联系。从左上角粗短的桥到右下角细长的桥，这些桥的体量有很大的变化。前者的桥面较宽，足够能完成任务了，而那斜置的栏杆支柱（理论上完全可以省去），若以功能为借口而采取另一个斜角则是荒谬的。

　　值得注意的是，直到这一页才出现的桥外侧斜支架几乎成为桥梁建设的一个惯例。

南达科他州，卡斯特 (Custer) 州立公园

怀俄明州，萨拉托加 (Saratoga) 温泉州立公园

怀俄明州，根西 (Guernsey) 湖州立公园

俄勒冈州，奥尔德伍德 (Alderwood) 州立公园

阿肯色州，德弗尔斯登 (Devil's Den) 州立公园

马萨诸塞州，萨沃伊 (Savoy) 州立森林公园

大雾山 (Great Smoky) 国家公园

各种步行及马行桥

从上图的桥中你可以很高兴地发现一种强有力的体量感。这座中间狭窄、两端张开的桥摆出了欢迎的姿态，是一个很好的例子。

下页的桥作为一组，不如上页的那组桥那样具有内在联系。更值得注意的是它们的个性。只有克雷特公园的桥的坚实感可以与上方这座桥相比。下页左列的例子中，帕文公园的桥借鉴了东方园林中典型的优美宜人的桥拱或分段桥拱的特征。克里夫蒂瀑布公园中的桥第一次为我们带来了方木桥的例子。这座桥和风穴公园的桥一起证实了将木跨桥的石磴部分延展到栏杆高度的可能性。两者又显示了至此还未出现过的精湛和细致的石工技艺。这种石工对于大型桥往往更加典型。锡尼克州立公园的桥的精巧的栏杆形式在桦树林中比在更大的树丛中或旷野地中合适。

新泽西州，帕维 (Parvin) 州立公园

火山口 (Crater) 湖国家公园

新泽西州，帕维 (Parvin) 州立公园

明尼苏达州，锡尼克 (Scenic) 州立公园

印地安纳州，克利夫蒂 (Clifty) 瀑布州立公园

风洞 (Wind Cave) 国家公园

科罗拉多州，福特·科林斯(Fort Collis) 山都市公园

多跨木质步行桥

　　这两页的桥几乎都使用了石桥墩，只有一座桥使用了木桥柱。这个例外并不能证明使用石桥墩是一种惯例，因为有各种各样的木构架和圆木格架，它们可以为这里所示的多跨木质步行及马行桥带来更多的多样性。后面所示的多跨车行桥就能证明这点。

　　克劳利山公园及庞卡湖公园的桥显示了将扶手的端头延伸到地面可以取得的效果。诸如厚实的支座、牢固的锚固及夸张的桥拱等令人满意的特色加起来形成了既代表力量又代表对环境的巧妙适应的总体效果。

　　梯形石桥墩在实用性、合理性及审美性方面的优越性可以通过对这一系列桥的仔细研究获得充分的认识。这里所示的科罗拉多州、俄克拉何马州及怀俄明州的例子都具有这种特点，值得我们注意。这组例子同时在评价桥外侧斜支架的优点、单个木构件的尺度与周围构件、桥跨长度及桥身长度的关系方面提供了一个合适的机会。

阿肯色州，克罗利岭 (Crowley's Ridge) 州立公园

约塞米提 (Yosemite) 国家公园

新泽西州，南山保护区

怀俄明州，萨拉托加 (Saratoga) 温泉州立公园

俄克拉何马州，庞卡 (Ponca)，庞卡湖都市公园

艾奥瓦州，莱杰斯 (Ledges) 州立公园

伊利诺伊州，新塞勒姆(New Salem) 州立公园

步行及马行桥

　　这些桥的共同特点是它们的方木构件。这些方木构件可能是刨光的、粗糙地锯下或砍下并用斧子或扁斧削平的。用斧子或扁斧削平表面的方木的审美价值从照片上看并不明显，但如果在现场，就能很快地感受到这样的木构件为园桥带来的美感。这两座新泽西的桥也从砍平的木构件中获益不少。

　　新塞勒姆公园的这座桥位于一座重建的拓荒者村庄里，通过手工劈制的扶手、手工砍制的柱子及磨平尖锐的边角来模仿久远的岁月和风化造成的效果，这座桥力求以原始风貌来融于环境。

　　明尼苏达州怀德沃德公园中的桥的弧形拱顶及灵巧的栏架形式都使它看起来很吸引人。

　　下页右列的桥的共同特点是纤细、分段的拱。在伊利诺伊这种拱通常由木板制成，有时也用外表看来像木头的混凝土板制成。石溪公园的桥十分明显是由混凝土制成。这种桥的轮廓看起来非常优雅、迷人。大型的悬索桥使我们对这种桥的外形很熟悉，似乎无意间它已经使用了现代的流线形设计。

新泽西州，库帕 (Cooper) 河风景大道

伊利诺伊州，盖博哈兹 (Gebhards) 树林，I. & M. 运河州立公园

新泽西州，埃格 (Egg) 港河风景大道

伊利诺伊州，怀特派恩 (White Pine) 州立森林公园

明尼苏达州，怀特沃特 (Whitewater) 州立公园

华盛顿州，罗克河 (Rock Creek) 公园

南达科他州，卡斯特(Custer)州立公园

小型车行桥

从这里开始描述的桥具有一定历史并且能供车行。这里，我们又一次怀疑有个聪明的摄影师偏心地为这座桥选择了最好的表现方式，当然这个桥本身具有真正的优点。美丽的桦树林可以巧妙地遮掩不成形的石墩，而木质桥跨部分的支柱、扶手构件、桥侧斜支架比例协调、图案也很吸引人。下页展示了从右上角的和步行平板桥相似的车行桥到页面底部结构完整、支承结构延伸到入口处的车行桥的发展。得克萨斯古斯岛公园的小桥有个幽默可爱的特点，它的名字叫"马瑟古斯"。从照片中可以发现近几年的干旱使拍摄到的桥几乎很少处在有水的环境中。这种情况对这一系列的桥尤其明显，所以我们不应该对这些桥的功能产生轻视。

南达科他州，罗斯福 (Roosevelt) 地区州立公园

得克萨斯州，古斯岛 (Goose Island) 州立公园

纽约州，莱切沃斯 (Letchworth) 州立公园

华盛顿州，刘易斯 (Lewis) 和克拉克 (Clark) 州立公园

俄克拉何马州，奥赛治 (Osage) 山州立公园

俄克拉何马州，塔尔萨 (Tulsa)，莫霍克 (Mohawk) 都市公园

赛阔亚国家公园

木梁车行桥

上图中的桥的稳定感尺度是所有图例中最为突出的，围栏柱与木梁的尺度及其组合图式与卵石溪流、荒野环境非常协调。

下页图例中左边的三个桥的栏柱是圆形的，右边的桥的栏柱是方形的。左上方的桥体量较小，但仍保持大于实物的尺度。值得注意的是桥座是仿木的，比较接近自然。

下页右边三组方柱桥中，最上面的桥台与地面持平，中间的桥台是栏杆高度的一半，最下面的桥台达到栏杆的高度，通过几级台阶与地面相连。这些桥上都可看到斧削的痕迹和木钉的连接。

班德列尔 (Bandelier) 国家纪念地

伊利诺伊州，I & M 运河州立公园

黄石国家公园

伊利诺伊州，库克 (Cook) 县森林保留地

拉森 (Lassen) 火山国家公园

印第安纳州，斯普林米尔 (Spring Mill) 州立公园

纽约州，玛格丽特 (Margaret) 刘易斯诺里 (Lewis Norrie) 州立公园

小石桥

石拱桥由于拱形、石色、质地以及石拱技术的多样性而具有多种形式。拱石长度与跨度之间的比例是很重要的。不成比例的拱效果差，即使混凝土桥面铺上石墙饰面效果也是如此。

上图拱桥具有令人满意的效果，下页底部得克萨斯桥也是如此，而其他的桥均有所欠缺。密苏里桥用混凝土拱缘线，代替真实的石拱线来表现现代桥梁结构的特征，而忽视了其美学效果。

在劳克哈特和长角洞州立公园，桥的护栏用台阶式的石块砌成，如图所示，这比使用任何薄的、凸出的、规则的帽石能更好地体现"公园特征"。

第 8 页附属图片中的小石桥也属这一类，它位于纽约达奇斯县。如果关于这座桥的信息是正确的话，它曾经历过一段时间的困惑，作为一种古典结构，当初并不是有意识地创造独特的公园特征。作为其成功的一面主要是体现了公园桥的个性。

马萨诸塞州，十月山州立森林公园

密苏里州，本尼特 (Bennett) 斯普林斯州立公园

俄克拉何马州，俄克拉何马市，坎宁 (Canyon) 公园

俄克拉何马州，韦特斯密斯 (wintersmith) 都市公园

得克萨斯州，洛克哈特 (Lockhart) 州立公园

得克萨斯州，长角 (Longhorn) 洞州立公园

纽约州，恩菲尔德格伦(Enfield Glen) 州立公园

大石桥

更大石拱桥是一个不好的趋势即拱顶变薄，结构上显得不坚实。上图列举的例子均有不牢固的缺点。俄克拉何马奥巴科车行桥尽管跨度不大但仍存在这样的问题，还有很多未被列举的愉悦优美的公园桥，也是这个原因。

随着石拱长度的增加，要保持像小石拱桥那样跨度与拱顶宽度的合理比例的难度也日益增加。我们不会筑堤造月，但要把评价标准限制在可能的范围内，宰恩（zion）国家公园石拱桥设计的尺度比较合适。

下页这组图片展示了石拱桥的各种模式、技术和优点。在用混凝土建造承重拱的时代，石壁及其退化的拱仅仅是一种装饰，所以当看到麦科米克的克里克桥是真实的拱桥时令人鼓舞。当用没有个性的混凝土做装饰性拱桥的拐角时，视觉上的不协调损害了整体的效果。

亚拉巴马州，奇霍 (Cheaha) 州立公园

俄克拉俄马州，阿巴克尔 (Arbuckle) 车行桥

黄石国家公园

宰恩 (Zion) 国家公园

印第安纳州，麦科米克克里克 (McCormick's Creek) 州立公园

纽约州，沃特金斯格伦 (Watkins Glen) 州立公园

阿肯色州，德弗尔斯登(Devil's Den) 州立公园

多墩车行桥

保持桥梁连续性的条件是相对缓的斜坡、两岸之间相隔一定的距离、桥墩之间没有任何支撑点。上图中的桥的突出特点是有较高的高度和连续的大量的桥墩，桥面两侧的栏杆很有韵律、优雅，是最好的例子。

下页左边的一组桥是圆木构造（其中一个是石座），由支柱、脚柱以及搁槽等组合为一个整体，如

马萨诸塞州莫霍克州立森林公园。

右边的一组桥使用一组等距石栏，上面的桥是木质桥面，中间的桥是钢筋混凝土桥面，两侧饰以长长的木梁，底下的桥是混凝土桥面，不加掩饰地用石墩和石柱来支撑，两侧用圆木护栏，这是现代与历史在材料和方法方面合理而直接的融合。

肯塔基州，莱维杰克逊 (Levi Jackson) 荒野路州立公园

伊利诺伊州，巨城 (Giant City) 州立公园

马萨诸塞州，莫霍克 (Mohawk) 州立公园

艾奥瓦州，巴克本 (Backbone) 州立公园

黄石 (Yollowstone) 国家公园

黄石 (Yollowstone) 国家公园

明尼苏达州，怀特沃特(Whitewater)州立公园

多样化的拱洞和吊桥

  重复的拱洞形式如同愉悦的韵律，在静静的水面上回响，直至永远。在多拱石桥设计中易犯的错误就是没有足够重视桥柱的整体性。下页左下图桥所代表的方向是要引起注意的。顶部例子令人激动的地方是栏杆轮廓形成巧妙的桥顶端的韵律，以至于这些建议实际上成为多余的。左上图双拱石桥的尺度是非常适宜的，其面一背的厚度没有暴露混凝土内部构造。

  左图吊桥包含了2个桥脚、顶和底部，是雨山国家公园的一座飞桥，吊桥比其他类型的桥更容易引起争论，尤其在原野公园中的适宜性。有些人接受圆木桥而废除杰伊库克州立公园中的那类桥，对这两种类型有些人赞成、有些人反对。事实上，什么样的空间适宜建什么样的桥，应该从中立角度对此进行评论和分析。

芒特费农纪念路 (Mount Vernon Memorial Highway)

华盛顿，雷恩博瀑布 (Rainbow Falls) 州立公园

伊利诺伊州，库克 (Cook) 县森林保留地

雷尼尔 (Rainier) 山国家公园

密苏里州，本尼特 (Bennett) 泉州立公园

明尼苏达州，杰伊库克 (Jay Cooke) 州立公园

俄克拉何马州，石英 (Quartz) 山州立公园

俄克拉何马州，罗马鼻 (Roman Nose) 州立公园

得克萨斯州，帕尔梅托 (Palmetto) 州立公园

近水桥

　　由于地形和其他因素的影响，在洪水时期，通向桥的路及其附近溪岸不能通行时，要抬高桥面是不可能的，否则产生与地形不协调的关系，在这些地方建近水桥是比较合适的。由于洪水频繁地淹没，这类桥一般都是超常规尺度，以保证其经久耐用。

阿肯色州，小石城，波义耳 (Boyle) 都市公园

阿肯色州，小石城，波义耳 (Boyle) 都市公园

第二部分　游憩与文化设施

目　录

通常，我们倾向于将公园中所有的日用游憩形式归为"动态游憩"或"文化性游憩"。事实上，我们曾将"动态的和文化的游憩设施"作为本部分论述内容的暂定标题，直到对野餐活动（它可能是公园中最受人喜爱的游憩活动）加以深入透彻地观察之后，才对标题进行了更换。

人们对野餐活动的回忆、观察和研究，似乎都在证实这样一种感觉：野餐活动无疑是一项游憩活动，但它的实际存在周期很简短，在最初，野餐活动具有极度的动态特征，然后，这种动态特征急速变弱，直至一种相对静止的（更不用说是迟钝的）状态；而且，野餐活动的任何阶段几乎都不具备任何意义上的文化特征。或者发动一场战役，对野餐活动的当前习俗进行彻底检查，或者采取战术撤退，选择"游憩与文化设施"作为一个更恰当的标题，而选择后一种主动妥协的方式似乎更胜一筹。因此，野餐活动可能只具有暂时的游憩特征，既没有法定的动态性，也没有静态特征，其文化状态也并非公众关注的内容。对于野餐设施的论述是一项让人烦扰的非典型案例，所以，在我们充分详尽地剖析那些标志明显的"动态游憩"或"文化游憩"之前，先对野餐设施加以谈论。

一般说来，公园野餐区的自然价值特征具有天生的快速衰退趋势，它会对整个公园地区的自然组织造成长久的威胁。认真诊断存在的问题并英勇地治疗是非常适宜的。尽管警告声不断，但人类对土地的使用就"如同叶芽中的蠕虫"一样，他们以大自然的锦缎般的面颊为生，在这里，我们的祈祷者就可能起到一种潜在杀虫剂的作用，即使不能完全排除对区域的侵害，也可以延缓土地的退化过程。

通过将人类使用损耗限制于确定的集中点，可以最大程度地保留和培养公园当前和潜在的自然价值，如今，这种做法几乎成为合理的公园规划思想的通用准则。与某一集中使用区的可承受强度相适应，该区域的内部设施也要集中设置，但其确切的集中程度却绝不是大众所能普遍了解的。活动的负面影响持续扩展，使其影响区域与公园的比例失衡。在其它地区，由于对该准则的接受状况过于停留在字面上，在这些区域也出现了相同的破坏性结果。

在野餐区域的建设中，要注意改善野餐者的直接环境和最大程度地保持变更较少的周边地区的自然面貌，为探寻这样的双重目标，究竟应使野餐设施更为集中，还是避免将野餐设施过度集中，我们几乎不可能给现有地区设计一个用于决策的通用公式。尽管缺少一根占卜用的神杖，但是，如果你仔细而冷静地观察该地区所遭遇的一般维护，并调整自己的观察结果，然后再坚持获得一个理性的结论，则会非常清楚特定地区的补救方法，这样，当需要时，你就可以起到一定作用。

我们很难在过于拥挤的野餐区和延伸过长的野餐区之间寻找到恰当的平均数，而如果我们未能找到这个平均值，就会处于一个两难境地，或者使该区域成为一个令人生厌的伤疤，或者成为一种威胁周边地区的传染源，因此，我们鼓励研究和探寻那些更有前途的和更积极有效的解决方法。

最符合逻辑性但却并非最先进的建议是对野餐区的交替循环使用。为满足指定顾客的需求，不是按通常方式对设施进行补足，而是在某些可行性规划布局时建议加倍设施数量，以使该区域的一半地区可每年交替解脱于集中使用。通过这种开发模式，野餐区迷人的自然价值得以终年重生。更新的过程可能并非完全自动化，但它几乎不会增加经营管理的沉重负担。

初一想，备用地区及其重复设施可能会增加最初的开发成本。事实上，这种成本预支仅仅存在几年时间，且只存在于一定程度上，而如果年年不断地集中使用而将一个野餐区搅得乱七八糟，则会招致更大的开销。这些年来，在为持续使用的野餐区反复寻找所需的绿色草场时，导致恶化的区域产生不必要的外延，而累进的迁移也促使成本倍增。我们有理由声称，从长远看，由于保存了迷人的自然环境，备用区域具有成本和空间上的经济性。

采用一种暹罗人的规划布局方式，可以大大减少建造一个备用野餐区的开支，因为这种布局方式会避免重复设置一些野餐设施，特别是那些较为贵重的设施。如果将厕所、庇护设施和厨房都设置于两年一换野餐区的中间边界处，就可以节省大量开支，同时，不管使用哪一处野餐场地，都不会过多牺牲其便利性。

针对这些双重布局形式，我们特别推荐使用沉重的木制野餐桌，普通公众是无法移动餐桌的，而维修队则会庆幸于这种餐桌只是每隔十二个月移动一次。如果所选餐桌类型不当，以至于公园的工作人员也无法将其移出至替换的野餐场地，则很难将公众排除在修复场地之外。石质餐桌存在着自身缺陷。推荐的可移动度不仅可使修复区免遭非法使用，同时又可以将餐桌的最初成本限制于那些正常使用所需的餐桌类型。如果上述的替换野餐场地能够严格按推荐内容实施，过度的成本则应控制于重复设置的自动饮水器、垃圾坑和火炉等设施。而复制火炉的成本甚至也是可以避免的，即采用某种移动式的金属或混凝土火炉（如下文图例），这样的场地也是受人欢迎的。

因此，关于备用野餐区的提议，价格问题并非特别重要，要紧的是公园的面积和地形条件（以及公园规划者的认识）是否能够接受这一做法。

备用野餐区还具有另一个重要优势。节假日的人群常常使得公园中的野餐设施承受非常严重的负载，而这些设施在正常客容量情况下却是相当充足的。这些超载现象常常致使公园管理局提供超出正常需求比例的野餐桌和火炉。这种解决方法并不明智。然而，通过将再生过程中的备用区域作为一种暗中的应急手段，可为公园吸收高峰负荷的冲击作好准备。只要高峰负荷并不表示所有的周末，而是限制于节假日和类似罕见的特殊场合，替换野餐区的开放就没有理由抑制场地的恢复过程。如果野餐桌已经从休整区撤出，则可将备用的折叠餐桌暂时放置于植物生长不当令的地区，以供假日人群使用。

另一个阻止野餐区遭受毁灭性损耗的规划步骤是，采用数个小型的庇护所或厨房庇护所来替代一个大型的建筑单体。因为大型的建筑单体是所有野餐活动的中枢，它会导致与其紧接区域的破损和陈旧，这些邻接区域沿着多条路径急速扩展，而所有的路径均交汇于该大型建筑单体。另一方面，小规模的特许建筑（如果在设置过程中有必要使用），以及数个分散的、补足的小型野餐庇护所或厨房庇护所也经常会对周边环境产生破坏性的损耗，在对其进行布局时，应使大自然的固有恢复力赶得上破损过程。

同样地，自动饮水器的场地破坏速度也不能太过迅猛而超过自然再生过程，这就需要在较大范围的野餐区内明智地分散设置数个类型非常简单的饮水器，而不是仅设置一个饮水设施并令其使用负担过重。

许多野餐团体都必然会要求某种程度的私密性，在合理的范围内，应准允那些团体的这种需求。如果缺少野餐专用区，或野餐区的供给比较分散，可以用低矮植物来营造合理的隔离空间，而增加餐桌和火炉间距则可称为另一种选择。通过对低矮植被和灌木的利用，自然环境表现出其实用的经济价值。我们应对这些自然植被认真加以保护，因为它们可以抑制野餐专用地区的蔓延和扩张。

在野餐区所需的设施之中，有这样两件物品，在高强度使用区内，它们引发了关于方法合理性的分歧意见，它们是桌凳综合体和火炉。如果野餐区的规模适中，且位于几乎未加变更的环境中，则可能会出现不赞成其适用性的反对意见，并呼吁采用坚固的手工野餐桌。因此，打造自然化的岩石火炉时，也应具有雕刻家一般的技巧，使火炉能巧妙融入其背景环境之中。不过，如果公园中的野餐者如蝗虫般密集，这样的公园需要每周、甚至每日提供成百成千张餐桌和火炉（库克县森林保留地的许多野餐区可作为这种高强度使用的实例），在这种情况下，人们有充分的理由怀疑：如果过分有意识地去无休止重复使用那些原始、费力而矫揉造作的设施，这种做法就不只是让人感觉有一点恶心了。

为满足大量的消费需求，则需要进行批量生产，而在完全批量生产的产品中，是否就不存在高度的合理性和适当性、甚至是真正的艺术性？为聚集于芝加哥大都市地区的野餐小树林所设计的、用钢板制作的"立式圆筒型"火炉正是这样的一个范例。此外，其所用材料非常经济，可节约空间和燃料，并极其实用和有效。如果某个设施并不具备这些真正意义上的属性，那它即是被滥用了。

我们发现，如果将12个、甚或20个用具带有鳞状斑点的本土材料手工制作的野餐桌分布在风景区内时，这样的餐桌就是一件迷人的作品。但是，在风景较为次等和平常的环境中，如果要满足对于该设施的数百个使用需求，这样的野餐桌难道就不可能是不合时宜吗？许多人都坚持认为，只有从工厂装配线上产生的餐桌才与我们时代的波长真正调谐。

在公园所提供的更具动态性的游憩活动之中，最令人沉湎的是徒步旅行。这是一个并不合适的名词，但是，如同"乡村的"（rustic）这一词语，在更为贴切的词语出现之前，我们必须采用这样的名称。在公园诞生之后，徒步运动立即成为一项具有游憩特征的活动。在为改进步行路系统而展开任何开发、建设之前，这项活动就已受到人们喜爱（有些人从未完全满足于这种喜爱）。这些步行道的开发不用借助于有意识的规划，而且，有些人会说，正在形成过程中的小路，可根据一些优势点或兴趣点来标记最容易到达的路线，但这样的小路也并不总是有意识努力的结果。未经规划的小路所存在的潜在弱点是，它的路幅可能会过宽，且产生一些不需要的岔道和旁路。在对小路展开"竭尽全力"的开发利用过程中，通常会出现这样一段时期，必须通过有意识的和认真的规划来加以援助，而且，当这一步骤被拖延的时间过长时，常常是很危险的。

显然，小路所必需附设或适宜附设的、或者是辅助性的许多物件都绝非刚起步开发。在易于侵蚀的场址上，最终必须建造排水道或排水沟。座位（有时带顶的座位）和小型庇护设施是很受人欢迎的，它们提供了休息和防御烈日、暴雨的场所。在危险的陡坡或狭窄的路上，防护栏可增加这些路段的安全性。在公园的观景点，建议在自然标高上建造一个了望构筑物，以改善和拓展游客的视野。

在类似于阿巴拉契亚小路的越野路线上，以阿迪郎达克庇护所为原型而建造的夜宿小屋是一项必需的藏身处，对于周末或较长时间的徒步旅行、或者在道路状况艰难的地区，这类小屋可为步行者提供方便。在提供滑雪板和滑雪鞋进行冬季旅行的地区，以及在易于发生突然降大雪的高海拔地区，特别需要沿着小路的关键性间歇处设置夜宿小屋。而且，在这样的条件下，适合采取一些措施，将这种典型的小路庇护设施的开放式前部加以封闭。

在许多自然公园内，特别是那些靠近人口聚集中心的自然公园内，以及在大多数的游憩保护区，除野餐和徒步旅行之外，动态游憩主要指水上游憩。在有些地方，由于洪水、污染或其它影响因素，可能会限制河流的游憩价值；而有些地方的自然湖泊极少或根本不存在自然湖泊。不难理解，在这些情况下，人们自然会迫切地要求修建用于游泳和划船的水域。人工湖的适当与否完全取决于该地区的主要潜力是保持其自然美景、历史价值或科学重要性，还是对游憩设施进行开发。在兴建人工湖泊时，必须对以下所有考虑因素加以严肃、认真的权衡：其淹没区是否以侵占陆上游憩活动为代价而造成用地比例不当？该湖泊的建设是否只有通过设置一个水坝才能得以实现，而该水坝会产生一个无法根除的疤痕？在雨季，该湖泊是否会成为泥泞的洪流，而在当年的其余时间则沦陷为一个繁殖蚊虫的滞流水坑？

人们已经注意到，"在天然环境中建造人工湖泊的狂热癖好"是很危险的，在各地普遍创建一些不适当湖泊的流行潮中，反对"急躁和不妥当行动"的警告也已被传扬。

在原本具有风景价值的地方，人工湖的建造并不能让风景增值。如果将人工湖强加于风景区中，则很少不会削弱该地区原有的天然价值。人工湖的好处主要在于其游憩性。如果该景区的主题是其天然风光或科学、历史价值，人工湖则没有立足之地。

然而，如果公园团体有责任对公园及游憩系统进行开发，那么，建造一个大型水坝来蓄积大量水体的行动显然成为公园规划的"要义"。保护原则和游憩目标之中存在着令人困惑的混杂性。

当前，人们都在为占地数英亩和数十英亩的外来水面而自豪，这些都是以牺牲某些价值来换取的。这种可悲的地方风尚，类似于上一代人在标榜美国中南部最高的银行建筑物，而其之前的一代人则是因其红色、豪华的"大剧院"为荣。该"大剧院"早已成为一个市场或一个滑稽剧场。而如今的银行则在一个破产财产接管人手中。如果构思拙劣的人工湖泊侵入优美和谐的自然风光中，或者变更了一

个具有历史或科学价值的环境，它们的命运也可能同样令人震惊！

实际上，有些公有区域已经被水体所淹没，人们似乎也有了完美的理由去拓展公园和游憩活动的命名法，使"公共湖泊"的名称与"公园"、"古迹"、"游憩保护区"和其它较熟悉的已知名称相提并论。

由于地形反常，人造湖泊的岸线几乎从未与公有土地的边界线确切相符，各处都会有一些存在未被淹没的高出部分。对于那些提倡将湖泊建造得更大、更好的人而言，废弃物问题是一个棘手的难题，该问题给他们带来巨大的苦恼。他们尽量从某些事实中（如这些残余物的尺度可以尽可能小）寻找慰藉，并竭尽全力不去过于看重这些残余物。最终，这个凹凸不平的边缘地带会被老式人群所接管。对于地球上大陆表面和海水表面的完全重组需求，这些人漠不关心。只要能摊手摊脚地平躺在残存棉白杨的树荫之下，或者能在几棵幸存于湖泊清场行动的美国梧桐中进行野餐，这些反动分子就非常满足了。

幸运的是，如果人工湖泊的缺点只在于其挪用了与区域比例不相称的一部分土地，那么，这一缺陷常常是可能得以修正的。我们也许会在将来增加其面积，使之最终发展进化为一个成熟的规划，并可为陆地游憩活动提供适当的空间。

当然，最愚蠢的行为是使湖泊的蓄水范围过大，致使公有土地边界以外的私有地产被大量置于湖滨地带。游憩湖泊水岸地带的无序发展，会不断给公园和游憩地区所必须高标准环境造成威胁。即便是接触极少，所有劣质的商业游憩计划的破坏性表现形式（如舞厅、特许营业区等），也必然会给天然公园的价值和有待我们去维护的游憩理想带来不良影响。

在游泳和划船之后，还有其它一些运动和动态游憩活动，它们的需求面虽不及游泳和划船，但其对于参与人群的吸引力和普及程度仍与日俱增。

在这些运动中，作为整体的冬季运动是非常重要

的，它包括了多种活动。事实上，作为公园中的游憩供给内容，几乎没有活动是必须依靠建设工程而存在的，然而，借助于特定的附属构筑物，所有的活动都可以得到极大促进，并为更广泛的人群所喜爱。因此，或许只有平底雪橇和大雪橇运动才真正需要建设工程（当缺少适宜的山坡时，或要求最大安全性和最大满意度时，建设工程以滑道的形式存在），不过，户外的冬季活动通常需要辅以具有保温的庇护设施、特许建筑以及对于其它季节的游憩计划同样重要的其它设施。如果可以利用地表小路上重要节点处的庇护小屋，显然会拓展了越野滑雪和穿雪鞋走路的范围，不过，这些小屋的设置通常是为满足双重或多重需要，而非单单局限于冬季运动计划。

在今天的某些地方，骑马运动正受到越来越多人的欢迎，人们对于骑马运动所表现出的极大兴趣，几乎不亚于新英格兰和美国西部某些地区盛行的冬季运动。在较为大型的国家公园中，骑马运动早已成为一个流行项目，其范围既包括以为期几个小时的骑马训练，又包括长达数天的、延展至偏远而难以接近地区的骑马旅行。直至最近，骑马运动才被引入面积较小且距离人口中心较近的公园。对骑马运动具有直接促进作用的构筑物包括马房和畜栏，如果骑马道路很开阔，而国土崎岖不平、几未开发，那么，为骑马者提供的路边庇护设施和过夜住所、为坐骑和驮兽提供的路边庇护设施和畜栏都并不罕见。

只有当动态游憩活动在天然公园内长时间取得立足之地后，才会存在安排文化娱乐项目的可能性。尽管对文化游憩的认知和开发周期相对较短，在这种公有区域内设置文化活动设施的适宜性几乎已得到普遍承认。

长期以来，旧有理论决定了博物馆内关于户外生活及其历史的说明，直至最近几年，才对这些旧理论进行了健康大检修。随之呈现的现代观念认为，在原地观赏大自然及自然现象的做法更为文明，也更能给

人以启迪，而汽车的普及迟早会使每一个人都能享有这种观景成为可能。

有些人对此持相反意见，他们认为，将对大自然的说明从城市博物馆内移至户外的原因，在于许多大都市博物馆受到了粉尘爆炸的不断威胁。这是一个存在于有关机构之中的未决论点，但是，如果急需探究这一转变的原因，该论点也是值得提及的。

"大启蒙运动"对于博物馆内各种标本（地质碎片、恐龙足迹、加迪夫巨兽等）产生了消极的影响。在那些曾经广为分布且非常吸引人的设施——小镇动物园内，其样本物种的死亡率极其令人震惊，而"大启蒙运动"极有可能对这一现象起到了一些推动作用。不过，在平衡这些不幸损失的同时也会有收益，具有自然和科学价值的公园即是受惠者。

今天，用于说明公园的自然、科学和历史状态的构筑物的数量很多且各不相同，它们极大地拓展了实用领域，并增强了公共保护区的吸引力。如果公园能够在提供动态游憩活动的同时，再增加对于其文化要素的说明，则会吸引许多原本不会对步行小路、骑马专用道、或跳水板、或大自然本身（在未加说明的情况下）的游客。

可通过对事件的展示、对残存物的保护和对大事件的再现，来突出与大自然相关的自然科学（涉及土地、天空、自然元素、自然现象、动植物、和人类历史等）报道，而有助于记录自然进程的辅助媒介，可以归为两类。

其中一类要依靠眼睛来接收。它包括标记物、祠堂和博物馆，这组内容的尺度逐个增加，每一内容都源自前面相邻的简单设施，并对前一设施进行详细说明。保护和重建的历史文物以及所谓的现场展览品都属于这一类别。

另一类主要通过耳朵起作用。该组内容比较接近，包括环形营火场地和户外剧场、或圆形露天剧场。根据其细密程度，同样分为几个阶段，例如，户外剧场

就是由环形营火场地发展而来。总体而言，我们可以将社区建筑（特别是它在许多国家公园中的功能作用）作为这一组群的最终成果，因为它还可为营火场地和户外剧场中的某些活动提供屋顶。通常，社区建筑所提供的活动内容不止局限于讲座和展览，还包括大量的游憩活动，如音乐会和舞会等，因此，它的作用可能更具社会性而非文化性。在这里，我们对于社区建筑的选择还在于，它可作为与公园或游憩区内的夜宿行动相关的补充设施。

密苏里州，埃德蒙·A·巴布尔博士（Edmund A. Babler）纪念公园的野餐庇护设施

野餐桌

长期以来，人体骨架的尺度范围及其内部关节分布的同一性就决定了野餐桌特定的基本尺寸。一般而言，座椅表面距地面或地板的高度为 16～18 英寸（约 406～457mm），餐桌表面距地面或地板的高度为 28～30 英寸（711～762mm），座椅前缘与餐桌边缘的距离为 1～3 英寸（25～75mm）。在实际应用中，所有的成功建造的野餐桌和大多数不成功的野餐桌都遵循了这些尺寸。成功与否的衡量是由大量的、各式各样的其它因素所决定，并非那么容易地被简化为相关规则。

本文用插图列举了多种餐桌形式。人们意识到，不同的气候条件、资源和盛行于国土各个角落的使用习惯，都会要求这个公园的必要设备使用不同的建筑材料和细部处理方法。在某些地点，人们会希望这些次要物件的木材加工和手工技艺具有坚固、本土的品质，而在其它地点，我们必须认识到，如果花费太多力气去达到上述目标则是极不明智的。

野餐桌可以完全由木材或石头搭建，或者可以巧妙地被设计为两种材料的组合物。如果是用岩石来组建整个餐桌或餐桌的局部，也很有可能会比那些用原木或规格木材建造的餐桌更容易与自然景观相融合。石制餐桌可能会具有美学方面的优势，它们还极具耐久性，不过，它们的不可移动性抵消了这些益处。野餐场地通常是一个集中活动区，其设备以金属器具为主。可能比较具有远见的方法是用石头砌筑野餐单元，因为这些材料能够长期使用。石制餐桌确实能够充分满足这样的使用需求，但是，只有当场地（特别是一般的野餐场地）因集中使用而丧失了自然区的主要价值之后，石桌的潜在生命周期才开始，这时，人们必须将其从场地搬出，并通过大自然的治愈过程使场地逐渐复原。在这些情况下，最为

笨重的木制餐桌也可被移动，但是，那些本身并无缺点的石制野餐桌却可说是成了废品。可见，使用石制餐桌的资金总额中，忽视了场地恢复时期的额外收益。

此外，还有其它一些并不很难克服的因素影响了石工餐桌的使用。由于建造这种野餐桌适宜采用随手描绘的直线，而工人们发现，很难根据一张在随意性和精确性之间达到完美平衡的设计图来绘制这些线条，所以，石工野餐桌的施工难度非常巨大。餐桌单元必须位于几乎是永久性的树荫之下，否则，它们会被长时间地彻底加热和向外辐射热量。而且，只有最平滑的石板才适于用做桌面，不过，要获得这样的桌面也并不总是一件易事。作为替代物的水泥平板桌面极少具有令人满意的外观。由于只有宽厚的基础看上去才足以支撑起石制桌面，这就妨碍了座位前的伸腿空间。当人们逐渐理解了石制餐桌的许多不足之后，完全由木材制作的野餐单元就受到越来越多人的青睐。

在设计木质野餐桌时，设计者的首要决策是一个极具争论性的焦点。对于设计者而言，在建造乡村背景中的野餐单元时，究竟是选用商用木材还是本地砍伐的木材，只是一时兴致而已。不过，从一开始就应提醒设计者，不管他选用何种材料，都会遭到近 50% 的这方面权威人士的极力反对。

不管站在哪一边，设计者都可以表明自己的清白和公正，只有使设计者对所有可能的争论都有所设防，并预先对设计者进行警诫，这样的做法才是公平的。

如果他推选使用商用木材：

（赞成的理由）他直接利用现代生产设施来满足对该设备的强度、舒适度和经济性等各方面的所有功能要求，这样的做法是值得表扬的；

（反对的理由）他具有不可原谅的傲慢态度，由于倡导了绝对的不调和性、权宜之计、顽固的线条和丑陋的形象，他亵渎了一个自然风景区。

如果他推选使用本土砍伐的木材：

（赞成的理由）他具有艺术修养，通过一个和谐的设施而使自然场景增辉，它的实际应用性并非独一无二，但却具有坚定的美感和精美的手工艺特征；

（反对的理由）他残忍地砍倒了使公园得以存在的树木，掠夺了大自然的荣誉，并产生了一个过时的、具有艺术技巧的琐碎附属物。如果用今天的机器来进行加工，这些附属物会建得更好。

如果能将周围所有可能遇到的困难都全面地告知工匠们，使其即刻就敢对这两种木材作出选择，接下来就可以着手野餐桌的施工作业。能使工匠们受到鼓舞的是，在决定了所选材料之后，后面的工作情况就会比较顺畅。

如果工匠们自己并不能确定该问题的正确与否，他们可以采取一条中间路线。为了赢得两类极端主义者的适度赞同，他们也要敢于接受适度藐视。在一方面，他们会认为机器产品的线条确实很僵硬；另一方面，即使是为了获取更为粗糙而随意的所需木材，他们也会避免砍伐公园范围内的任何树木。如果所需的本土材料可以来自身边的其它一些资源，而不用牺牲公园自身的木材资源，餐桌制造者就能够赶紧前去争取，同时有可能赢得众人喝彩。另一种折衷方法是建造一个餐桌组合体，即桌面和椅面材料使用标准尺寸锯材，而餐桌的下部结构采用带有树皮的粗面木材，这样也可以产生非常漂亮的野餐桌椅。

前面已经提及，应尽量防止公众将餐桌四处移动。如果将餐桌在野餐区周围拖动，会给地被植物带来极大破坏。如果有一个良好的固定位置，将餐桌固定在公众的相关区域，这种做法是非常值得的。可通过增加餐桌自重或锚固餐桌的办法来达到此目的。

在设计餐桌单元时，有许多的实际加工方法都值得广泛采用。不管材料和工艺的合理性如何，当暴露在外界气候时，形成木桌面的木板都会发生拉裂现象。在木板之间多少会产生一些窄缝，而食物颗粒很容易进入缝隙并固定在那里，并很难除去。这里有一个非常好的方法，即，在建造桌面时预留约 1/4 英寸（约 6mm）宽的露缝接头。这样，假如食物颗粒未被粉碎，就很容易将其去除。

如果座椅和餐桌的边缘很粗糙，则应对其加以防护。令人遗憾的是，由粗面木质材料建造的、独特的餐桌单元会撕破丝袜和轻质面料的衣服，从而给游人造成极大损失。对于由碾压材料所建造的餐桌单元而言，其所有边缘和可能与衣服接触的粗糙部位（或可能产生尖片的粗糙部位）都应进行圆滑处理。即使是对于手工制造的单元类型，也有许多既可用以清除最大危险可能性、又完全不会损失其乡土特征的方法。为防止有些游客用桌面来打开瓶盖的恶习，可将一个便于开瓶盖的装置紧扣在桌面一端的凹口中。

在锚固餐桌时，可将餐桌的木质支撑杆件延伸入地，在大多数情况下，低于地平的部分应用木焦油、柏油或其它防腐剂加以处理。当所用木材为大侧柏或红杉木时，则不必使用柏油或木焦油。在通常情况下，也可为地面以上的外露部分加油、涂上虫胶、灌注防腐油或采用其它可靠方法，来增强其抵抗风吹日晒的能力。在偏远的西部，并不鼓励采用这种方法；在那里，自然的木材本色更受人欢迎，而对于本地木材的防腐处理则被认为是不必要的。特别是当处理后的颜色不令人喜欢时，这种方法更被人排斥。鉴于此，我们很容易理解，当我们在观看那些可以成罐购买的油漆时，会发现其绿色和蓝色色度具有相当惊人的数量，但是，这些颜色却总是与大自然的色彩不调和。

在我们的公园中，对于那些不太寻常的餐桌具有地区性的偏好。例如，在加利福尼亚州的露营和野餐场地，人们似乎比较喜爱使用圆形和八边形的餐桌。有人声称，这种餐桌更有利于玩纸牌！它们通常取自美国西海岸地区的大型红杉木和枞树的横断面。不过，这些横断面在风化后会开裂，出于这一原因，这种木材的性能是远不能让人满意的。因此，在附随插图中，对这类餐桌没有任何展示。平板制成的木纹桌面更易于保洁，并具有更长的使用周期，因此，它也是我们的推荐餐桌类型。

考虑到某些环境条件和相关因素（例如，在假期中，会大量需要额外的餐桌），有些餐桌应便于移动，并可折叠或拆卸，以将其紧凑地加以储藏。可拆卸餐桌单元的设计应易于装配，而且，它们的自身重量也应与构造要求相一致。其装配部件越少越好。如果装配部件可交换使用，在整理时就不会浪费时间。在任何可行情况下，小屋或纱门的钩状扣绊都比那种松散扣件强。为防止可拆卸餐桌单元的椅面和桌面破裂或下垂，应选用足够重的材料或足够牢固的支撑构件。

我们已经提到过了一种处于发展中的观念：如果将沉重、原始的木质餐桌聚集在拥挤的野餐小树林中，而这些小树林又位于一个具有自然景观价值的地区、特别是森林植被地区，那么，这样的设置是很不协调的。当前已展开了一些实验，以开发实用的、舒适的和具有"当代"面貌的持久性野餐桌，也即是说，从传统的束缚中走出来，并承认对于新材料和新方法的要求。在这方面，德克萨斯州的公园已在从事两个有趣的研究计划，而在本文后面的图版中对此有详细介绍。研究计划之一是，餐桌的构架使用常规的金属导管，桌面使用钢筋混凝土平板。其改进成果在使用中是无法被破坏的，而它自身也不具有破坏性。这种餐桌的材料特性使那些使用大折刀者的不良企图成为泡影，而餐桌的自重又使得公园中的另一类有害物——那些移动餐桌的人望而却步；另一项具有当代方向的餐桌研究计划是一种木质餐桌，除了用以连接木材和地面的铸造金属压盖之外，该餐桌的其它部件均使用木材。这种餐桌的造价低廉，但使用起来非常舒适。在功能设计中，商用木材的运用可直接与机器时代的技术相联系，由于它朝着合理方向迈出了坚定的第一步，很多人都会表示赞同。

有时，可以通过变更标准化的桌凳组合体，来突出野餐活动的随意性特征。现在，有这样一个新颖的布局方法，即，将自然化的石制餐桌设置在壁炉旁的阴影处，而将座位随意设置，使其与那些自然散置的巨石、扁平的岩石、或倒在地上的原木、或天然岩石的外露部分巧妙结合。

在那些缺乏阴凉处或降雨量通常不大的公园保留地中，应在野餐单元中增加一个庇护屋顶。这样的野餐单元甚至可能需要设置一个防风墙，以抵挡盛行疾风。对于那些适于保持在不显眼状态的物体而言，任何复杂物件或任何尺寸的增加都是不适宜的，不过，实物的外在形式总是必须跟随功能的需要来确定。

得克萨斯州博纳姆（Bonham）州立公园野餐单元

　　在使用商业规格的方木进行设计的野餐单元中，本图所示为最吸引人的一例。与对页所示的各种餐桌变体相比较，该实例的优势表现于良好的比例、八字形张开的桌腿等重要因素。该范例具有一种极佳的外观，它的支撑形式可充分防止构筑物的倒转作用。

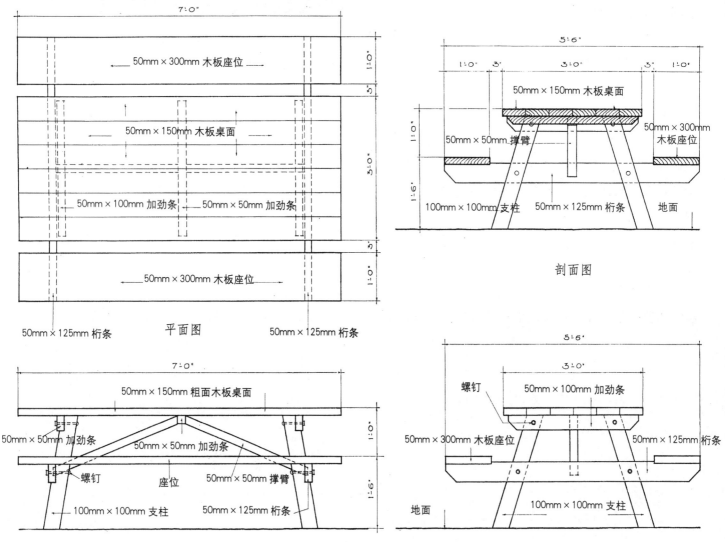

平面图

剖面图

侧视图

端视图

比例 $\frac{1}{2}'' = 1' - 0''$ (1 : 24)

南达科他州，张伯伦 (Chamberlain) 美洲岛都市公园

华盛顿州，张伯伦米勒西尔韦尼亚 (Millersylvania) 州立公园

方木材料的野餐桌

本页所示的实例与对页所述的餐桌有着或多或少的联系。除米勒西尔韦尼亚州立公园的实例中，使用了极为厚实的混凝土平板作为椅面和桌面之外，这里的餐桌全部都选用了具有通用商业规格的方木材料。这些被砍平的木板具有随意性的线条，它们促使该人工物件成为与周边环境相协调的一部分。

以下两例展示了餐桌台面的构造，在其组成构件之间留有一定空隙，这样，就不会产生那种可能会将食物和其它积聚物卡在其间的狭窄裂隙或接缝。如南达科他的餐桌所示，其椅面和桌面边缘都经过了认真的磨圆处理，这样，就可以将损坏衣物的危险减至最小。皮基特森林中的餐桌看上去特别坚固且联结紧密。普拉特国家公园中的餐桌也同样具有相当牢固的联结，它的重心很低，只有特意去努力才能将其翻转。为了将餐桌固定在场地上，所有的这些实例都可能（也许对于有些实例而言是确实）将一段桌椅支柱埋设于地。

田纳西州，皮基特 (Pickett) 州立森林

普拉特 (Platt) 国家公园

怀俄明州根西（Guernsey）湖州立公园野餐单元

　　这是一个重型的乡土类型的野餐单元，其中的座位由横梁支承，而横梁则被螺栓固定在餐桌桌腿上。为防止人们随意搬动餐桌单元，可以将桌腿延长并安置至土地中。这是基本类型的餐桌被广泛运用于平原和山地区域。幸运的是，所选乡土材料的自然特性有助于每一野餐单元都不致成为相邻单元（如对页插图所示）的完全复制物。

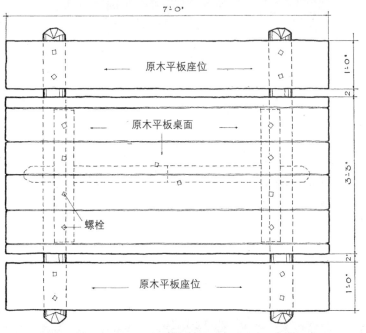

平面图

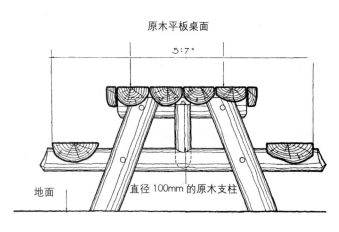

剖面图

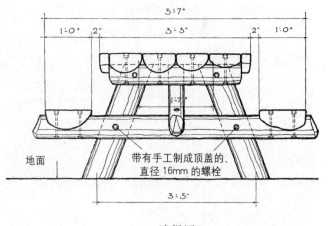

端视图

侧视图

比例 $\frac{1}{2}$″ = 1′ — 0″ (1 : 24)

阿肯色州，克罗利岭 (Crowley's Ridge) 州立公园

艾奥瓦州，多利弗 (Dolliver) 州立纪念公园

具有圆形下部构件的野餐桌

　　这些实例是对页所述餐桌的变体，它们展示了具有广泛尺度范围的手工品质。这些餐桌间更为显著的差异性表现在其椅面和桌面。在左上图中的椅面和桌面均为锯材；在右上图中，只有桌面为修琢过的材料——而其椅面由对开圆木构成。下面两例的座椅和餐桌表面材料均选用了对开圆木。

　　值得注意的是，克罗利岭和格布哈兹森林的桌腿都被埋设在土地之中。实际上，由于后面一例中缺少任何的纵向支撑，故需要将桌腿加以锚固，以保持餐桌被使用时的有效稳定状态。如果野餐单元需承受单一季节野餐活动所必然遭遇的应力和张力，则其横向和纵向的刚性撑杆是非常必要的。对此现象，负责公园维护工作的有经验雇工会很快予以证实。

科罗拉多州，丹佛 (Denver) 山都市公园

伊利诺伊州，格布哈兹 (Gebhards) 森林州立公园

新泽西州南山自然保留地野餐单元

本例为一个令人满意的方木和圆木组合体，其外观既不显矫揉造作，又没有被过度机械化处理的痕迹。这是一个非常优秀的妥协方案，既适用于原野场景，也可满足对实用性野餐桌（适用但不浪费）的大量需求。该实例的桌椅木板具有适宜厚度，它还具有可防止桌面翘曲的加劲条。借助于深埋入地的支撑杆件，可确保餐桌被固定于适宜场址。

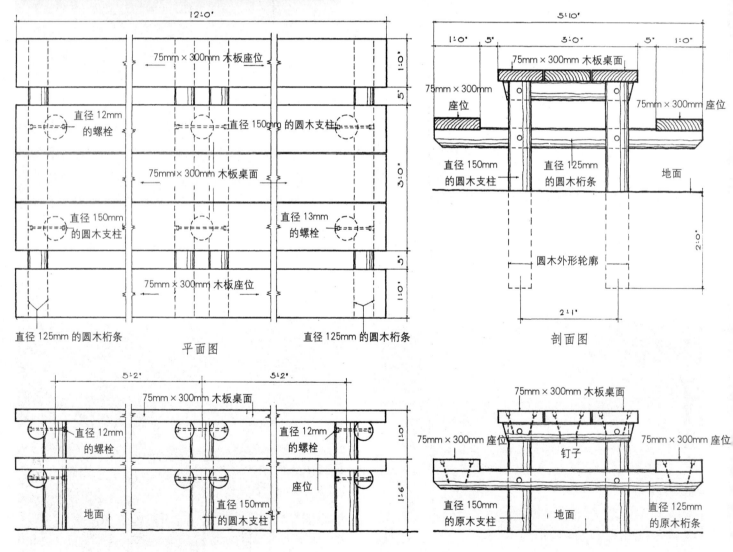

平面图

剖面图

侧视图

端视图

比例 $\frac{1}{2}'' = 1' - 0''$ (1 : 24)

220

俄勒冈州，洛基河 (Rocky Creek) 州立公园

华盛顿州，里弗赛德 (Riverside) 州立公园

具有固定位置的野餐桌

　　这些实例为对页详述的野餐桌的变体，它们具有一个共同特点，即其锚固程度恰到好处，它可有效阻止公众将餐桌四处移动，不过，当必须将野餐地腾空以用于场地复原时，餐桌的锚固程度又不至于对维修人员的搬运工作造成妨碍。

　　如果根据气候、位置和可获取的木材供给等具有重大影响力的相关因素来进行研究，这些实例的细微差别很容易吸引人们的兴趣。在本页的三个实例中都使用了宽幅平台作为桌面，通常而言，这只是太平洋大陆斜坡地区的本土做法。事实上，俄克拉何马州实例中的桌面并非单块木板，而是由数块木板组合而成，这些木板都具有合适的厚度，并留有充分的间距，这样就可以避免产生不雅观的、容易发生阻塞的接缝。

　　上面两例的下部结构选用了方木材料，它们与圆木结构形成了对比。例如，在迪塞普新山州立公园中，用作桌面和椅面的精美平板有着令人惊异的大块体量，而且，它们表现出明显未经刨子和直尺处理过的痕迹，其效果是非常适宜的。

华盛顿州，迪塞普新山 (Deception Pass) 州立公园

俄克拉何马州，欧塞奇 (Osage) 山州立公园

俄勒冈州火山口湖自然公园野餐桌

　　这一餐桌具有非常坚固的比例关系，它充分肯定了太平洋大陆斜坡地区本土树木的动人尺度感，所以，该餐桌很适合该地区，同时，它在其它西部国家公园的实例也具有类似的合理性。该餐桌类型在实用性方面的优势为，它没有采用下支撑结构，而这种支撑结构经常会对桌下的伸腿空间产生限制，并给人的腿部活动带来不便。

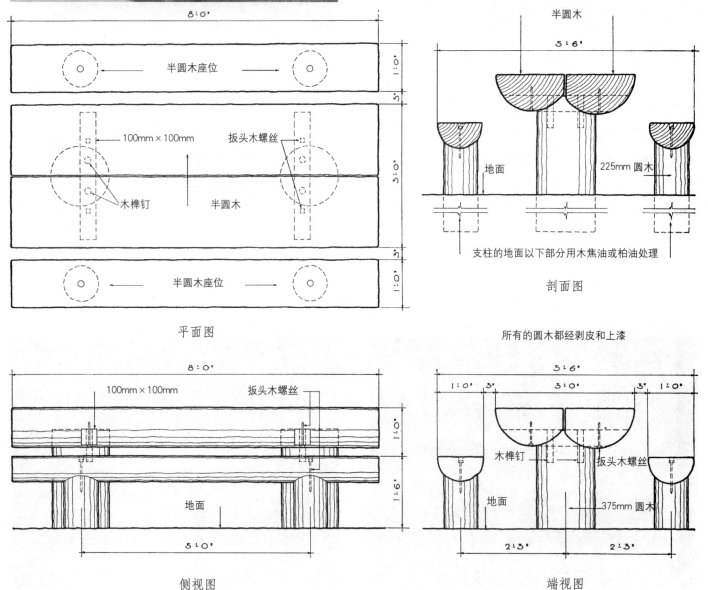

比例 $\frac{1}{2}'' = 1' - 0''$ (1 : 24)

洛基 (Rocky) 山国家公园

俄克拉何马州，塔尔萨 (Tulsa) 莫霍克都市公园

具有下埋支撑的野餐桌

对面一页对桌凳组合体进行了详细论述，而本页所示为这种桌椅组合物的一些变体，其共同之处在于，它们的竖向圆形支柱都被埋入地下，它们的坐凳与餐桌结构均完全独立。

左上图实例中的桌面用三块对开圆木替代了火山湖实例中的两块对开圆木。右上图所示桌面由一单块对开圆木构成，该圆木形态约略呈方形。沃恒克湖的餐桌台面则直接采用了一块锯切平板，不过，其座位仍选

用了对开圆木。迪塞普新山实例中的桌面和椅面则完全相同。它的桌面和椅面炫耀着当地极佳的木材资源，木板的形态厚重，具有砍平的表面和随意性的边缘。

这类餐桌的移位并非不可为，不过，如果将这一工作每年分配给维修队，也不是一件轻松的任务。在这个耗损过程相当迅速的地区，还存在着其它更适合的餐桌类型，而对于野餐桌的频繁重新定位，也可视为一种维修手段。

俄勒冈州，沃恒克 (Woahink) 湖州立公园

华盛顿州，迪塞普新山 (Deception Pass) 州立公园

得克萨斯州卡多(Caddo)湖州立公园野餐单元

　　该野餐单元及对页图版中的单元变体并不具有结构上的脆弱性，但是，当需要时也能够将它们重新定位，其原始性和实用性都非常强。只有当其周边未伐倒树木的尺度能与该桌凳的原木构件相协调时，这一具有强健个性的木结构才是确实适宜的。

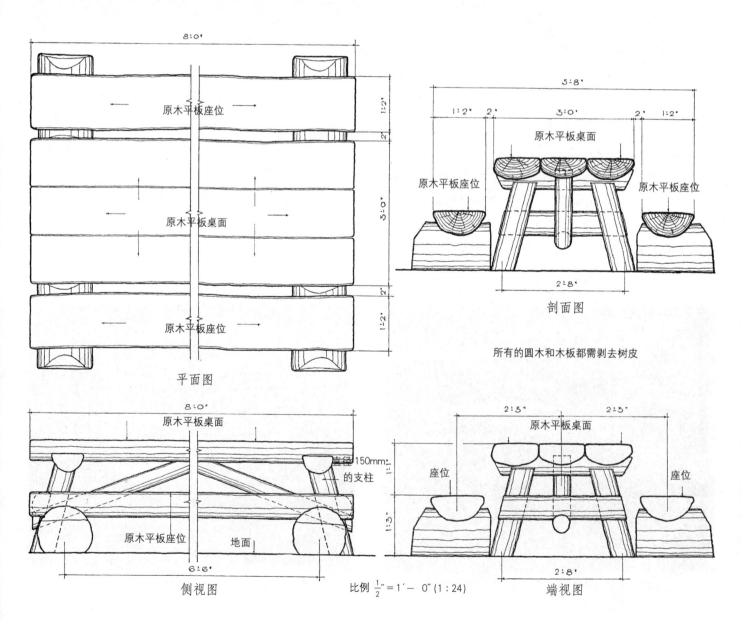

所有的圆木和木板都需剥去树皮

比例 $\frac{1}{2}'' = 1' - 0''$ (1:24)

得克萨斯州，卡 (Caddo) 多湖州立公园

明尼苏达州，锡尼克 (Scenic) 州立公园

各种样式的原木野餐桌

事实上，左上图中的餐桌是对页详述和图解餐桌的复制品。这两个单元根据同一蓝图建造，不过，如插图所示，它们之间存在着细微的线条差别。虽然这两个卡多湖餐桌单元的桌面都由桌腿支承，但是，由于该实例中的座椅由设置在地面上的短截圆木支承，使得该餐桌单元表现出一种原始的外观。

本页另外三例所开发的桌面支承样式都各不相同且饶有趣味。其最终的大体量外观应能打消公众长期以来企图随意搬动餐桌的兴致。同前面分组论述的餐桌单元一样，这里的桌凳台面和下部结构的建造都具有差异性，所以，尽管这些单元的搭配具有基本的相似性，但各个单元却仍具有相当的独特个性。从严格的实用观点考虑，这种餐桌类型的主要缺点可能在于：它们需要一块极其水平的建设场地。为获得充分承载，如果缺乏这种水平场地，则肯定需要对地面进行铲掘，以将支承原木部分埋设入地，这种方法比那种借助于一个垫片（如右上图所示）的做法更为适宜。

南达科他州，卡斯特 (Custer) 州立公园

明尼苏达州，锡布利 (Sibley) 州立公园

伊利诺伊州密西西比帕利塞兹 (Palisades) 州立公园野餐单元

　　这是一个由砌石和劈裂原木组合而成的野餐单元，它极具耐用性。当适宜对场地进行修复时，它并不具备易于移动的实用优势。其劈裂原木的随意性线条显得很是惬意。其块石砌体之间的密切联系，同时又具有一种随意性。虽然该单元具有位置被固定的不足之处，但这样也可免除维修成本。对页所示为其它用石头和木材设计而成的野餐单元。

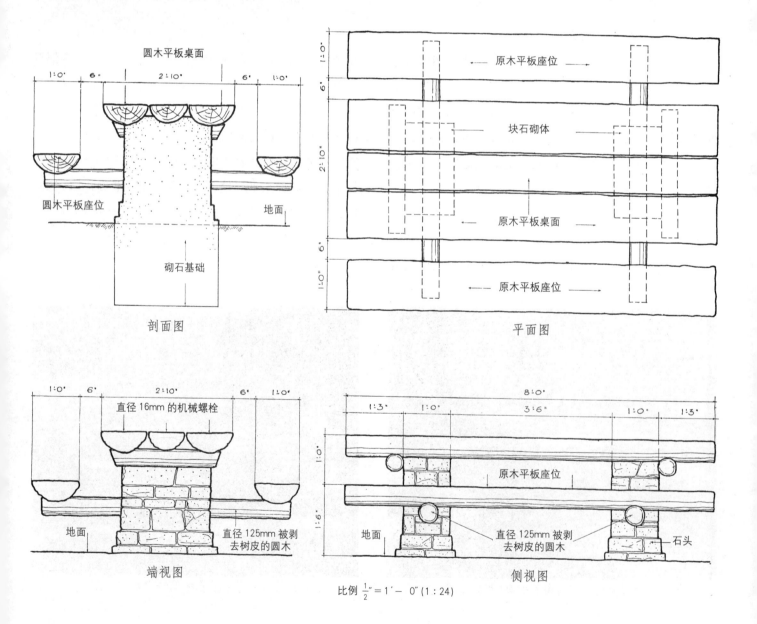

圆木平板桌面

圆木平板座位

砌石基础

地面

剖面图

原木平板座位

块石砌体

原木平板桌面

原木平板座位

平面图

直径 16mm 的机械螺栓

地面

直径 125mm 被剥去树皮的圆木

端视图

原木平板座位

地面

直径 125mm 被剥去树皮的圆木

石头

侧视图

比例 $\frac{1}{2}'' = 1' - 0''$ (1:24)

纽约州，韦切斯特县撒克森 (Saxon) 森林

加利福尼亚州，福斯特 (Foster) 县公园

砌石和木材组合的野餐桌

左上图为一个不规则的砌石桌面和对开圆木座位的组合体，它可用以容纳那些腿短者（如右侧通道）和身材瘦长者（如左侧通道）。这就使得该山坡场地既实用又独特。其粗石面边缘缓减了石制桌面的严肃特征。

在建造餐桌时的初始障碍是如何对场地附近的材料进行处理，在右上图的实例中，通过对大石头的认真挑选和用心搁置，在很大程度上解决了这一难题。针对所有的块石砌体所固有的"结块"特征，对木材部分的风干和磨圆处理是一种很好的方法，因为此方法有助于这两种材料的协调。

明尼苏达公园中的两个实例展示了基于相同理念而产生的、富有趣味性的餐桌类型。如果对这两个实例的桌椅台面构造和石制端部支撑的个性和形式加以比较，会发现它们都非常有趣。两个实例的木材和砌石部分似乎都缺少色调上的调谐；在其中一例中，明显未经处理的木材具有耀目的白色，而另一例中，其木板的着色显得过于漆黑，与砌石产生了令人不快的颜色对比。

明尼苏达州，古斯伯里 (Gooseberry) 瀑布州立公园

明尼苏达州，怀特沃特 (Whitewater) 州立公园

得克萨斯州巴斯特罗普（Bastrop）州立公园野餐桌

　　这个实验性的野餐桌与那些金属导管构架的门廊和草坪家具有着普遍相似性，因此，与其说它具有创新精神，不如说它显得新奇。它由这样一种驱动力发展而来，即创造一种实用的、舒适的、耐久的、不引人注意的野餐单元，同时，这种单元还应确保自身可免遭个别游客的故意破坏。流线型铸造黄铜的接头与铜管被永久性地焊接在一起，并表现出被自然氧化和风蚀的特征。其混凝土桌面经过了抹光和浮石饰面，它可被局部染色或整体上色，同样，由白松制成的座位面板也可加以染色，所有这些处理方式都是为了与周边自然环境取得一种确实的协调关系。这一餐桌单元的主要长处为，它适合于大规模的生产方式，并且，它具有实际使用过程中的不易破坏性。该餐桌单元的重量为 400 磅（约 181kg）。

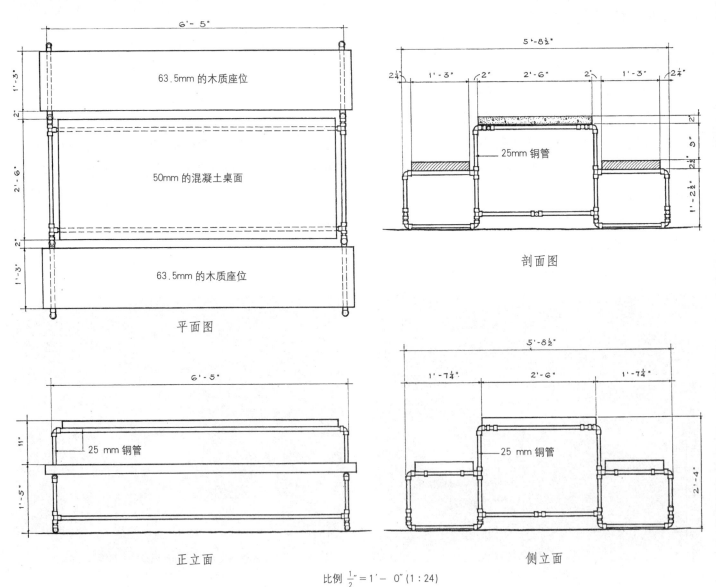

比例 $\frac{1}{2}'' = 1' - 0''$ (1 : 24)

得克萨斯州巴斯特罗普（Bastrop）州立公园野餐桌

这是另外一个实验性野餐桌，它的设计目的是：利用一些易于获得的库存材料来营建一个舒适的野餐单元，同时，在不必对材料进行无止境地切削和适配的情况下，将原木餐桌所需的接头集结在一起。所有的构件表面都很光滑，其端承可以很容易地跨两侧而立，且没有任何可能对座位前的容膝空间造成妨碍的撑杆，其水平拉杆很低也很容易跨越。餐桌的铁皮底板也可能是被浇铸而成，其延长部分可将餐桌锚固于其所在场地上，同时，又可防止所有的木构件因接近地面而腐烂。该餐桌单元比普通野餐桌低，但其宽度比通常的座位更大，此外，它还具有引人注目的舒适性和刚性结构。而且，这一餐桌的材料类型和数量都很具有经济性，其自重不超过135磅（约61kg）。

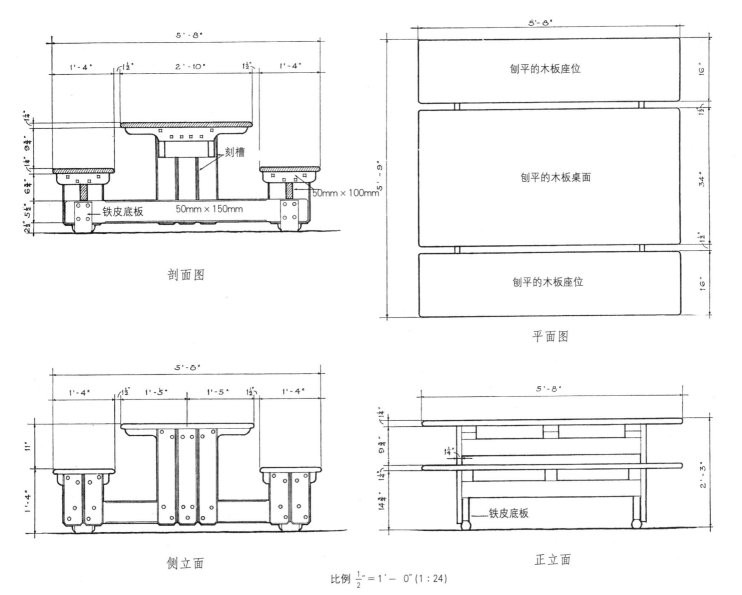

剖面图

平面图

刨平的木板座位

刨平的木板桌面

刨平的木板座位

刻槽

铁皮底板

50mm×100mm

50mm×150mm

侧立面

正立面

铁皮底板

比例 $\frac{1}{2}'' = 1' - 0''$ (1:24)

229

华盛顿州，莫兰 (Moran) 州立公园

宾夕法尼亚州，雷丁佩里 (Penn) 山都市保留地

多种形态的野餐桌

　　左上图所示为一种十字回转餐桌或旋转木马式餐桌，它容易被人接受，又具有一定的挑战性。它值得获取某种类型的原创奖，而且，它无疑为疲倦的郊游者带来了新鲜气息。右上图为宾夕法尼亚州的餐桌，它的设计不同寻常，其线条具有令人满意的随意风格。加利福尼亚的餐桌引进了一个通风橱柜，用以收藏野餐篮和其它野餐工具。其椅面和桌面均被刨平，而台面边缘则被磨圆，以防撕裂轻质衣物。

　　如果要采用亚拉巴马州实例中的餐桌和独立坐凳

的组合，只有将其运用于这样一些地区才是明智之举：在这些地区内，当公众随意地四处移动野餐设施时，不可能对场地自然价值造成破坏；或者这些地区具有非定型的环境条件，致使独立的、容易移动的座位成为特别有用的设备。这些设备应具有一定程度的坚固性和牢靠联结，以防止这些物件在被移动过程中遭到破坏，不过，对设备牢固性的具体要求，需根据特定个案的参考值而定。

加利福尼亚州，帕洛马 (Palomar) 山州立公园

亚拉巴马州，德索托 (De Soto) 州立公园

艾奥瓦州，斯普林布鲁克 (Springbrook) 州立公园

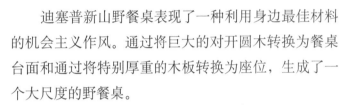

艾奥瓦州，斯普林布鲁克 (Springbrook) 州立公园

乡土风格的木构野餐桌

　　左上图的野餐桌为曾经被风雨侵蚀的最原始的范例。它那粗糙且未经加工的边缘如今已不复存在。现在，它成为一件意味着漫长岁月的、具有"浮木"特质的物体，虽不真实但却具有迷人的魅力。

　　右上图表现了一个外观瘦削的餐桌，它因其笨拙的形态而让人喜爱。这里的人工制品与大自然有着密切的联系，设计者并未试图将所有的不完美线条和表面都予以清除。

　　迪塞普新山野餐桌表现了一种利用身边最佳材料的机会主义作风。通过将巨大的对开圆木转换为餐桌台面和通过将特别厚重的木板转换为座位，生成了一个大尺度的野餐桌。

　　右下图的实例为典型的卡多湖野餐单元，其细部如前页所示。为方便家庭聚会和那些热爱群居的扶轮社会员的露天集聚，该餐桌的长度几乎被无限延伸。如果能在这样一个极富乡村风貌的木板上进餐，即便是最贫乏的野餐伙食也会成为一出盛宴。

华盛顿州，迪塞普新山 (Deception Pass) 州立公园

得克萨斯州，卡多湖 (Caddo) 州立公园

俄克拉何马州，塔尔萨 (Tulsa) 莫霍克都市公园

怀俄明州，郎德托普 (Round Top) 都市公园

野餐设施杂集

本页是一个混合集锦，虽然这些物件与其它元素都没有联系，但它们中没有任何一项会缺少趣味性。左上图是一个木材和石材的组合体，它极具独特性，但又非常适合于其所处场地，如果场地上出现洪水或龙卷风，或有废弃区域需要恢复，那么，在场地更新之前，该组合体都属于一个"冻结资产"。

右上图的背景非常空旷，由此可见，在这一都市公园区内，这个带顶的野餐桌便成了这里突出的自然或人工特征物。该餐桌是大自然的替代物，可向游人提供阴凉场所，在这样一个场景中，它确实具有合理的功能性。

左下图为一纪念碑式的餐桌，在得克萨斯州，它是作为一个烧烤餐桌而闻名。它的起点位于兰帕瑟斯州立公园，它的端点却不为我们所知。或许，它的巨大长度是对"次等餐桌"座位及其"鸡翅＋柠檬水"的寻常组合的抗议。在右下图是迈向自助野餐的第一步，对此，我们在前面已略有论述。假使该例能摆脱其坐凳所突显的规则感，那么，它就是对不规则野餐单元理论的真正实施。

得克萨斯州，兰帕瑟斯 (Lampasas) 州立公园

得克萨斯州，克利夫顿 (Clifton) 州立公园

野餐火炉

为郊游者提供充分、周到的野餐设施，无疑是天然公园中最受欢迎的游憩需求。其中，必备设施的规模必须与高峰游客量相适应，而高峰游客量会在每个接踵而至的暑假达到新高。就烹饪装置而言，这就意味着无数的使用者，并且，在我们的公园中，使用者的增加已达到一种令人担忧的速度。因此，无怪乎现行的批评意见大都力劝火炉的设计既不能太突出，同时又应具有完全的实用性。在这样的小型布景下，实用性将占据舞台中心，而对于审美需求而言，如果它确实还有发言机会的话，也只能在舞台侧翼进行。

但是，在审美需求被草率地逐出舞台并被驱入舞台后方的暴风雪和刺骨寒风之前，我们能使其不退出吗？如果当带烟囱的野餐火炉成为一种丑陋的危险设施时，我们要大声疾呼，审美需求并非只有很小的作用，所以，"不能看到树木就认为是森林"的比喻性说法可以逐字解释为"不能看到烟囱还认为是树林"。

确实，直至最近，我们公园的视景都正越来越多地被具有纪念碑比例的烟囱所阻碍，而这些烟囱的外观也甚至成为一种阴沉的死亡艺术。在许多废弃的野餐区，骤增的砖石堆砌物可谓摩肩接踵，如果最后再增加一些军事方面的铸铁雕像，该区域几乎就等同于某些非常典型的、且过于密集的历史性战场，而事实上，这样的说法也并非完全夸张。幸运的是，现在已有越来越多的迹象表明，出于人们对美学要求的大声疾呼，烟囱病害正在逐渐衰落。即使烟囱并未被完全废止，为挽救我们的野餐小树林，也必须展开一场主动的战役，以争取不利用这一烹饪手段的野餐菜单。

拓荒者和平原居民们通常使用最原始的工具来从事户外烹饪活动，在烹饪时（有时也包括食物的烘焙过程），他们不需要烟囱。因此，开放的无烟道炉火适用于在任何情况下的户外烹饪，而且，对于任何野餐火炉而言，烟囱在功能上都应是不必要的。

对于那些不引人注意的无烟囱野餐火炉而言，其必需的设计要素极少，并且，这些设计要素既不复杂，也不严格。最近已出现了大量的创新手法，它们没有遵循那些长期以来被认为神圣不可侵犯的设计原则，并已经获取了明显的成功。人们曾经认为，真正有效的火炉燃烧室必须有12英寸（约300mm）宽24英寸（约600mm）长。在科罗拉多州的公园中，已经开发并正在广泛使用着一种火炉，而这种火炉正好驳斥了这一观点，它的燃烧室宽度是其浅短的前后尺寸的2～3倍。同样，直到最近，火炉的炉算通常都位于炉边地面以上约12英寸（约300mm）处，但是如今，炉边地面至炉算的距离有了缩减的趋势。考虑到燃料消耗的经济性，这一距离已减至5～7英寸（约125～175mm），也有可能用木炭作为替代燃料。降低的炉算意味着使用时的弯腰幅度更大，但是，由于在一日郊游中，这种火炉只可能被使用1～2次，所以，弯腰幅度的增大也不成为重要的权衡因素。在这一情况下，使火炉形式服从于周边环境是非常重要的，因此，适当牺牲一些使用便利性也是合理的。但是，对于那些供长期性露营团体天天使用的露营火炉而言，还可享有另一种特权类型的营建方式，即是将炉边地面和炉算同时抬高，以提升使用过程中的便利性。所以，就露营火炉而论，将便利性要求凌驾于审美要求之上是合理的。这也就是露营火炉与野餐火炉之间的界限。

一旦摆脱烟囱的束缚，"简化处理"似乎就已成为火炉设计的一句口号。显然，有些观察者会逐渐感觉到，火炉的炉后墙仅仅是烟囱的退化残余物，而其本身是没有本质意义的。在许多公园中，火炉只包括有侧壁和一个前后开敞的燃烧室。如果火炉的侧壁没有用炉后墙将其整体连接，会具有很多优点。与较为封闭的构筑物相比较，它可以选用更多种类的燃料。当将火炉冷却或当炉箅受热膨胀时，它的变冷速度更快，且更不易于开裂。在明尼苏达州和南达科他州，在简化处理的推动下，已产生了这样一种装置，即用四个低矮的砌石支柱来支撑炉箅，火炉的四个侧边都各自为潜在正面，且不会产生不利气流。不管火炉的形式如何，可将一些水平的搁架空间作为其组成部分，这些搁架空间对于炊事用具的摆放和熟食保温特别有用。

炉箅的设计受到多种因素的影响。其空隙应足够小，以防止"任何最瘦弱的热狗从上面掉下来"。美国中央纽约州立公园委员会已开发出一种非常适于这一规定的铸铁炉箅，不过，同时还设计了一种造价为铸铁产品1/10的合适替代物，这种替代产品为一种菱形金属板网的管路钢筋，可用断线钳将其切割为适宜尺寸。在公园中，小于"两人用"尺寸的所有非锚固附件似乎天生就有突然消失的特点，在有意识地考虑到这种消失趋势后，我们可以认识到廉价物件的优点所在。从长期经济性出发，唯一的选择就是，通过某种可靠方式将炉箅拴扣在砌筑石块上。

铰接的炉箅或格栅有助于方便地将炉灰从燃烧室清除。在经受了风吹雨打和高温炽热之后，或者在无法将炉灰移出的情况下，炉箅的品质会发生恶化，且必须定时加以替换。当炉箅被嵌入砌体之中时，其缺点是显而易见的。如果火炉侧壁通过炉后墙或基础连接在一起，应提供相关的预防措施，以防止因格栅或炉箅的遇热膨胀而导致砌体开裂或破损。通过将管道套筒嵌入墙内以承接格栅，或者在其它类型的炉箅上开槽，以为热胀冷缩做准备。

火炉的位置不应距离树木过近，以免其散热而损伤树木枝条和根部。火炉的朝向与主导盛行风向的关系，是一个重要的考虑因素。

在打造所有的野餐火炉时，都应对本地基岩或少量巨石加以熟练操作，使其能符合实际需要，但它们

的布局或外露形态乍看却很自然，这样才能最好地反映公园个性特征，才能面无愧色地在大自然的舞台上谢幕。不过，对于那些在自然风景地中，会多少显得不自在的其它处理方式而言，情况就不一样了。在这些方式中，最令人满意的做法可能是将低矮的石头用灰泥敷层，而且，如果处理后的石头与自然形态的或随意堆叠的岩石越相似，就越让人满意。

由于特定种类的岩石会在高温下开裂或爆炸，通常的做法是用耐火砖作为岩石火炉的内衬。这种做法可延长火炉装置的寿命，并为炉箅提供一个良好的水平支承。虽然耐火砖会减损火炉的随意性，但这种材料又确实很具有实用性。如果在搭建火炉时要省去耐火砖内衬，之前就应确定这种岩石是否会受热开裂或爆炸。

如果将水泼向高温状态的岩石或砌块，就会导致岩石断裂，为此，应向公众提供告示，以引导他们正确灭火。更好的灭火方式是用土而非用水，但是，如果推荐公众使用土，就可能导致有些人寻找（挖掘）邻近土壤的不良行为，并对野餐场地造成损害。

如果有人不知道某些地区的岩石或巨踪都并非本地所产，他可能会裁定，由其它任何材料建造的火炉都是不能接受的，也是应予以禁忌的。但是，当他面对这样一个铁的事实，即建造必需设施时所用的"自然"材料均为"舶来物"，并无异于一个彻头彻尾的"自然"赝品时，这个观点就不再受人支持。这时，他肯定宁愿选择砖块、混凝土或金属材料来制造火炉。

或许，这种确实带有功利性的解决方式几乎不能成为一种"景观装置"。但是，在这种装置的使用时限内，它们的操作并非低效，它们的工艺并非拙劣，它们的形态也并不难看。在当前对野餐装置的巨大需求下，这样的火炉很具有经济性，他们显得有些粗野，但却并不具有欺诈性。

我们曾经引述过，在一个机器时代都市的边缘地区，如果乡土工艺野餐桌和模仿岩石露头的火炉被大量地自觉重复制造，那么，针对这种现象的完全适宜

性问题，人们会产生更多的疑虑。库克县森林保护地管理局早就意识到，在他们所负责的处于永久性康复期的自然地区中，由岩石雕刻的火炉是一个离奇的时代错误。而且，他们知道，尽管采取了每一个可能的结构性预防措施来延长火炉的使用寿命，但是，当密集的郊游人群来到这里，他们会猛烈地使用这些设施，所以，在这样的使用季节，火炉设施不可能不受损伤。他们曾尝试了一次又一次实验，来确定二十世纪材料在使用时的最大程度的实际耐久性。现在，经过无数次的修订，混凝土火炉装置已经被人们所设计、建造和加以测试。对混合物的多种变更、对不同材料的采用，都经受了严格测试。与此同时，还有许多全钢结构经过了火烧锻造，并有了相应的变化和不断的改进。

在芝加哥地区，为争取成为轻型重量级火炉的建设材料，混凝土与钢材展开了一场激动人心的战争，而且，这场战争在官方观察者和仲裁人（罗伯茨·曼，地区检修主管）富有夸张色彩的散播下，就如同在前排观看演出一般真切。文中的图版所示为当前最受欢迎的混凝土火炉，以及被称为"被改进的1937年单缸型"钢结构火炉。这里有一条来自芝加哥前线的最近消息：混凝土冠军因开裂而停步，全钢结构竞争者赢取积点。

所有的混凝土火炉和钢结构火炉装置都适用于围绕中心点的大批量生产，且比较容易安装。当对火炉装置的需求量上千，或只是上百时，生产和安装因素都是非常重要的。在库克县，虽然在经过对混凝土火炉的完善处理之后，似乎已克服了其形态上的薄弱之处，但是，在一年的使用和滥用之后，所有的材料混合物都会表现出渐次损坏的迹象，而且，不幸的是，我们还必须永久性地去对付这种滥用现象。

库克县全钢结构型火炉的主要缺点是，它"要求技术熟练的劳工，且对这类劳工的数量要求很高。"但是，如果能生产出在实际应用中不可破坏的、防盗的、整齐的、紧凑的、有效的火炉装置（为防止锈蚀，该装置可以涂上一种特制的铝制耐热漆，而这种漆在风化作用下会成为一种不太显眼的银灰色），从长远来讲，高额的劳工支出也是完全合理的。

在对于野餐设施的扩张性需求中，有些人还会预见到这样的危险局面，即野餐火炉的拥挤程度甚至超过了大草原上由地鼠堆积的小土丘，而且，为满足需要，有时还会诉诸复合型的火炉。显然，野餐装置的密切联结可稍许减少烟尘烦扰及对树木生长所造成的危害，同时可保证施工时的特定经济性。然而，由于单一的反对意见完全以人性为基础，所以它是令人望而生畏的。烹饪装置的密集为过多厨师带来过于密切的联系，正如谚语所说，它有助于和平和友好。而且，支持大多数人参加野餐活动的推进灵感是一种逃离人群的愿望。当同时面对赞成和反对复合火炉的合理推断时，人们会避免直接给出神谕般的郑重声明。

在论述这一问题时，多少已经包含了典型的户外壁炉，并忽略了极其简单的户外烹饪设备，而这些设备对有些人来说可能是最有趣的内容。仅仅是用岩石镶边的炉边地面，就可以提供一个危险扩散系数最小的炉火。对于那种不需使用炊具的烹饪活动而言，这种类型的明火是令人满意的。还可为这个基础设施增加两个叉形杆、一个横撑和用以把持水壶的吊钩等，以增强该设施的使用便利性，并拓展其烹调范围。在某些西部地区，可将一个铁制标杆打入路边地面的中心处，再配以回转式升降设备和格栅，这样，就可以得到人们的认同和喜爱。

在野餐火炉中，有一个竟然有些自命不凡的变体，它是带烟囱的火炉与圆形营火场地的组合体。该火炉的形态如同一个半圆形的室外座椅，它适于用做一个谦逊的个人纪念物（这也是自然公园中所常见的构筑物类型）。

在有些地区，如果烧烤已成为一种宗教活动，那么，地坑的细部可能就是例行仪式本身相当主要的一部分，而且，地坑的形式变化应严格按照大祭司的个人口译，而冒险与其进行争论则不属于本文的讨论范围。

国家公园——野餐火炉

对于许多西部国家公园的野餐火炉而言，这里所展示的八字形燃烧室和炉算样式都是很典型的。当这些火炉只是由三块石头或圆石建造时（或者如本例所示，看似由三块石头建成），它们就非常和谐地融入了身边的自然场景之中。该结构的重要特征是其燃烧室的尺寸、耐火砖内衬和基础、石制的炉床边缘、燃烧室正前方的铺地（预防抑制地表火）、及其沿侧面和背面的岩石框架而堆叠的泥土等。炉算更适宜用真正的熟铁打造，也可以是用常规尺寸的杆条碾压而成的平炉冷轧钢。

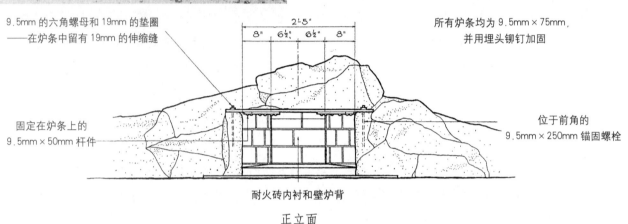

9.5mm 的六角螺母和 19mm 的垫圈
——在炉条中留有 19mm 的伸缩缝

所有炉条均为 9.5mm × 75mm，
并用埋头铆钉加固

2'-5"
8" 6½" 6½" 8"

固定在炉条上的
9.5mm × 50mm 杆件

位于前角的
9.5mm × 250mm 锚固螺栓

耐火砖内衬和壁炉背

正立面

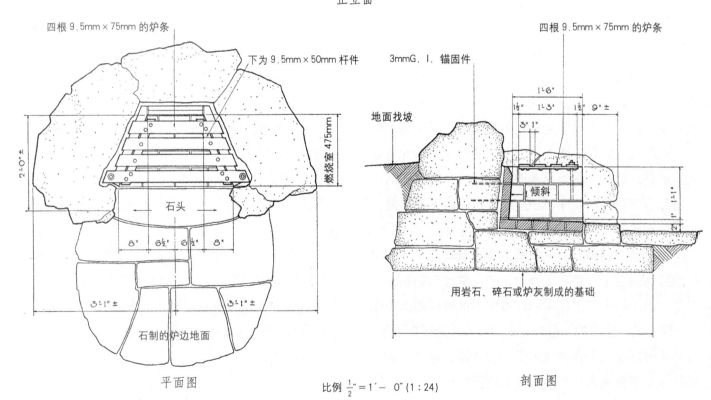

四根 9.5mm × 75mm 的炉条

下为 9.5mm × 50mm 杆件

四根 9.5mm × 75mm 的炉条

3mmG. I. 锚固件

燃烧室 475mm

2'-0"±

地面找坡

1'-6"
1½" 1'-3" 1½" 9"±

3" 1"

倾斜

1'-1"±

石头

8" 6½" 6½" 8"

3'-1"±   3'-1"±

石制的炉边地面

用岩石、碎石或炉灰制成的基础

平面图

比例 $\frac{1}{2}$" = 1'- 0" (1:24)

剖面图

236

马萨诸塞州，迈尔斯·斯坦迪什 (Myles Standish) 州立森林公园

阿肯色州，小石城波义耳 (Boyle) 都市公园

美国西部的火炉变体

　　这些火炉的唯一共同特性是它们都具有一种基本的非正式性。其中有几个例子看上去只是使用了三块大尺度的石头；其他实例则由更多的较小石块构成。这里还展示了大范围的炉箅构造。有些火炉内衬耐火砖，有些则没有。请注意得克萨斯实例中的铰接烤架，它有助于清除炉灰。同样值得注意的还有本页下面两图中的升起的炉床，该特征为使用者带来了更多的便利。

得克萨斯州，巴斯特罗普 (Bastrop) 公园

塞阔亚 (Sequoia) 国家公园

加利福尼亚州，福斯特 (Foster) 地方公园

科罗拉多州丹佛（Denver）山都市公园野餐火炉

　　本页介绍的火炉装置位于科罗拉多州，它的突出特征是其不同寻常的、宽而薄的炉箅，以及它所反映出的野餐火炉构造的大规模生产方式。该火炉装置由钢筋混凝土的炉床、耐火砖基础、炉条以及火炉侧板和背板组合而成，它在某一生产点制造和铸成，再分布到广泛区域，并利用地方石材来加以配置和自然化处理。就其功能性而言，三、五块大石比许多的小石块更具优势。这类火炉的理想位置是一个缓坡。这一装置的石块组合形式及其自身重量，都会对那些破坏分子和偷窃者起到约束作用。虽然其格栅距离炉床很近，但由于格栅很宽很薄，仍很容易将炉灰耙出。

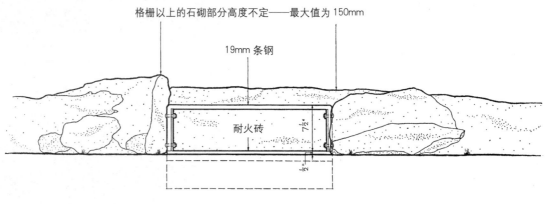

格栅以上的石砌部分高度不定——最大值为 150mm

19mm 条钢

耐火砖　7¼"

½"

正立面

炉条底部内弯

6mm 厚背板和侧板，用 6mm 螺栓加固在炉条上

混凝土炉床

24'3½"

13mm 条钢，端部带有可拖曳该装置的弯钩

平面图

该火炉设备尽可能安置于斜坡上

1'-0¾"

19mm 条钢格栅

耐火砖

7¼"

½"

3'-1"

混凝土炉床，用 150mm 金属网加固——前端倾斜 25mm

金属网

剖面图

比例 ¼" = 1'-0" (1:16)

宾夕法尼亚州，雷丁佩恩(Penn)山都市自然保留地

俄克拉何马州，庞卡(Ponca)城的庞卡湖都市公园

斜坡上的野餐火炉

在本页所示实例中，没有任何一例使用了对页火炉所特有的炉床形式（这种炉床的相关部件应予预制）。不过，所有的实例都坐落在斜坡上。由于这种设置使火炉在野餐区内显得不太突出，所以我们在此加以推荐。亚利桑那州实例中的土坯火炉装置表明，当无法获得适宜的地方石材时，可以选择适用于当地的本土材料。在其它实例中采用了不同种类的石材，其中的各种格栅构造都很有趣味性。

田纳西州，皮克威克(Pickwick)坝自然保留地

亚利桑那州，图森(Tucson)兰道夫(Randolph)都市公园

怀俄明州，根西(Guernsey)湖州立公园

新泽西州柏微 (Parvin) 州立公园野餐火炉

　　在被改造后和地面比较平坦的地区，很少将野餐火炉燃烧室周围的石头进行随意性的设置，并使其成为我们前面看到的半埋岩石的形式，在这种地区，我们更倾向于有意表现其砌筑工程的个性特征。从这类火炉的成功实例中，我们可以看到它们都在尽力选用大石块，并将石块数量控制在可与地方石材特征相协调的最低限度。虽然石头被灰泥加以覆盖，但是，这种建造方式的最终效果却并不一定意味着僵硬、令人不悦的呆板形式。在对面一页中展示了本页所述火炉的大范围的变体。

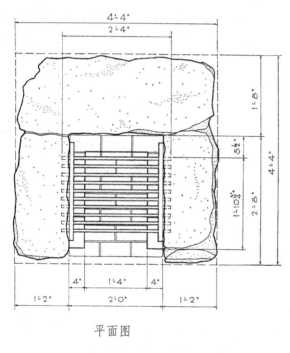

平面图

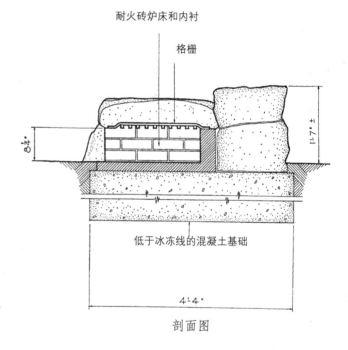

耐火砖炉床和内衬

格栅

低于冰冻线的混凝土基础

剖面图

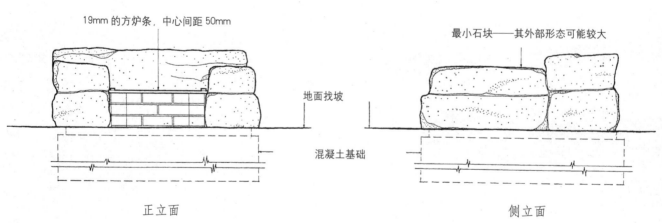

19mm 的方炉条，中心间距 50mm

地面找坡

混凝土基础

正立面

最小石块——其外部形态可能较大

侧立面

比例 $\frac{1}{2}'' = 1' - 0''$ (1 : 24)

塞阔亚 (Sequoia) 国家公园

内布拉斯加州，奥马哈 (Omaha) 利瓦伊·卡特都市公园

外部抹灰泥的野餐火炉

　　用灰泥敷层的石制野餐火炉通常为"U"形，但决不总是这样。其中一个火炉变体主要用于明尼苏达及相邻州，它属于两端同时开敞的火炉类型，由四个石墩支承格栅角部。已建成的砌石火炉具有不同程度的乡土风格。锡布利州立公园的火炉实体与全钢结构的燃烧室（在随后一页中有详细介绍）非常相像，其石砌的火炉侧壁更起到美化作用。

明尼苏达州，锡布利 (Sibley) 州立公园

明尼苏达州，立公园

北达科他州，法戈 (Fargo) 都市公园

伊利诺伊州库克县森林保护区野餐火炉

　　在芝加哥都市地区，那些被频繁使用的郊游公园需要大量增加野餐火炉，而这里的实例便是一个直接答复。在这个地区（例如，在丹佛周边的山地公园中），只有将密歇根大道的现实交通设施限制为拓荒者时期的有篷货车和印第安雪橇，那些被无休止复制的、并与场地相适宜的"雕塑成形的"岩石火炉才是合理的。如图所示的这种"立式圆筒型蒸馏釜"类型具有若干优点，包括：造价低廉，适宜批量生产，装配简单，其朝向与主导风向相适应等。或许，远期开发方式是使该装置绕锚固点旋转，使火炉在未牺牲朝向范围的前提下获得更固定的位置，再为火炉提供一个平滑的炉床。

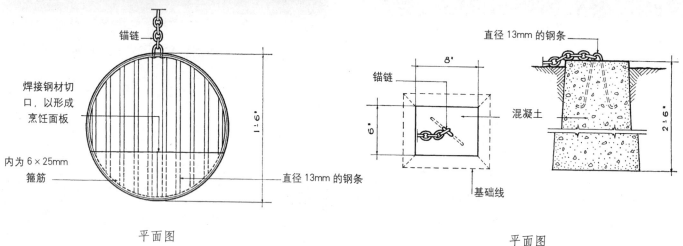

平面图　　　　　　　　　　　　　　　　平面图

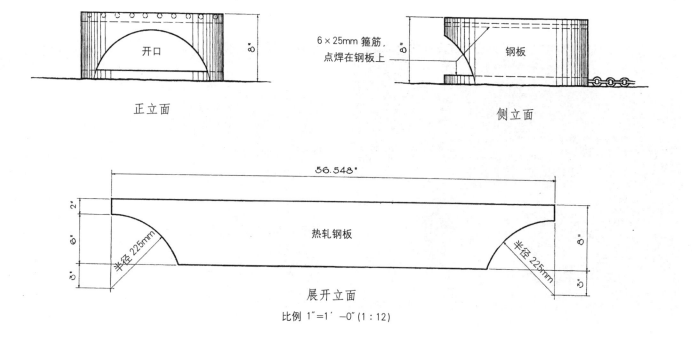

正立面　　　　　　　　　　　　　　　　侧立面

展开立面

比例 1″=1′ −0″ (1:12)

明尼苏达州锡布利(Sibley)州立公园野餐火炉

这是另一个全钢结构燃烧炉,经批量生产并广为分布。虽然它的形态差异性很大,但其优点与库克县森林保护区的那些圆形火炉装置非常相似。在树木繁茂地区,这类火炉装置的主要不足之处为,与那些通常的石砌野餐火炉相比较,该装置传播地表火的危险性更大。值得注意的是其铁条格栅和钢板格栅的组合,以及它的链条和钢筋锚固设施。

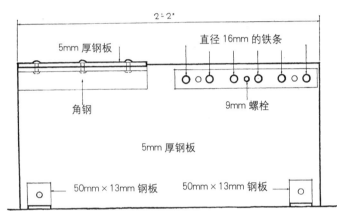

剖面图

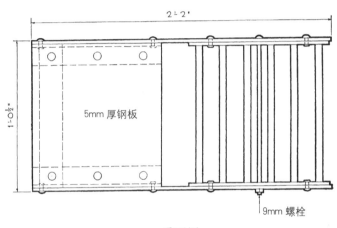

平面图

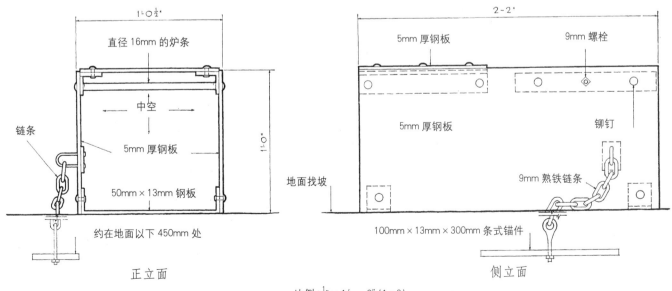

正立面   侧立面

比例 $1\frac{1}{2}'' = 1' - 0''$ (1:8)

伊利诺伊州库克县森林保护区野餐火炉

在该地区，这是一种最新型的混凝土火炉，由于它的发明是基于阿克伦(Akron)都市公园区的一种火炉，所以这种火炉又以"阿克伦改造类型"而闻名。其基本特征是，其一，它采用了一种与碾碎耐火砖相似的、商业性的非专利材料作为集料，并通过整体式注浆成型；其二，通过将螺栓穿过火炉基部的管套，可以将相互分离的两个混凝土部分连接起来，而火炉的炉箅也并未嵌入混凝土之中，而是通过混凝土砌块上的插槽来支承。尽管在使用前已进行了大量性实验和采取了一切可能的预防措施，在一年的使用期后，这类火炉也有逐渐分解的迹象，所以，这种火炉最多适宜使用两、三个季节。

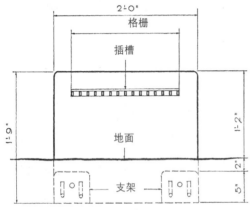

剖面图

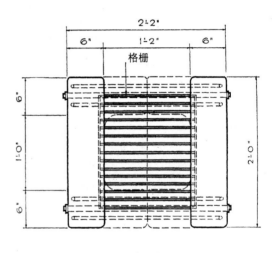

平面图

格栅由 15 根金属条构成，6mm × 19mm × 375mm 长，间距 25mm，它们被焊接在构架上。

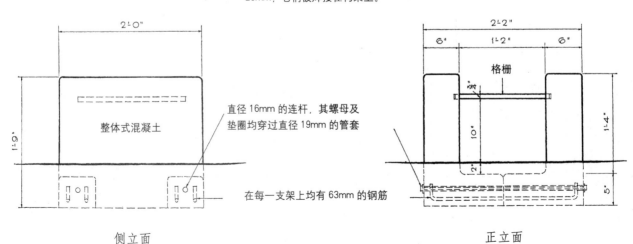

侧立面   正立面

整体式混凝土

直径 16mm 的连杆，其螺母及垫圈均穿过直径 19mm 的管套

在每一支架上均有 63mm 的钢筋

$$\frac{3}{4}'' = 1' - 0'' (1:16)$$

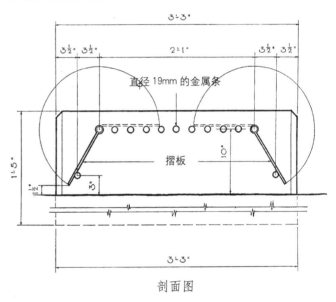

田纳西州皮基特 (Pickett) 森林野餐火炉

该混凝土火炉装置位于一个被集中使用的野餐场地，它适于非现场的大规模生产，而且，它可以非常直接地满足现代的使用需求。它具有宽敞的空间尺寸和简洁的设计风格。其铰接的钢板具有双重功能。它们可以用作控制气流的挡风板和（当其被叠放在格栅之上后）提供烹饪所需的平坦表面。对于易损性火炉装置而言，设计要点是使原料组合物在使用状态下不致退化。

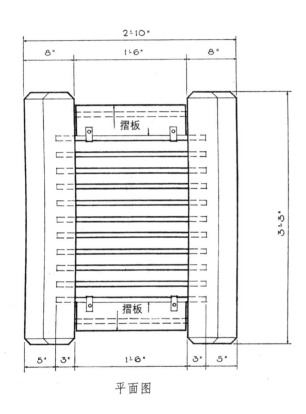

平面图

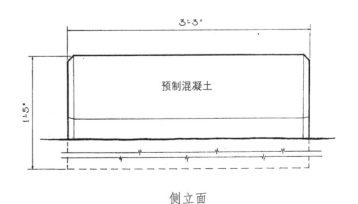

剖面图

注意：钢板既可作为挡风板，
又可作为格栅上方的烹饪表面

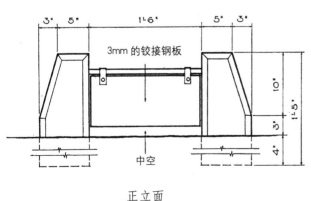

正立面   侧立面

$$\frac{3}{4}'' = 1' - 0'' \ (1:16)$$

艾奥瓦州，天鹅 (Swan) 湖州立公园

宾夕法尼亚州，雷丁佩恩 (Penn) 山都市自然保留地

环状炉床和祭祀火炉

　　在本页外侧的纵列图片中，艾奥瓦的实例展示了一个环状炉床，如果它确实并非一个原创作品，那么，它的再生则是源于当前的游憩用途。在滨河公园的实例中，有一个从废品清理场回收的车轮，为将其确实有效地加以锚固，该车轮的轴心和轮轴都被埋入地下，它证实了机械工人的独创精神和熟练技艺。在怀俄明的实例中可展开大容量的烹饪活动，它的缘口位置很高，为厨师提供了便利的操作空间。正上方和正下方的插图所示为一个设有侧面座位的祭祀火炉，该火炉的设计和施工都很得体，营建了一个真正适宜于天然公园的纪念性构筑物。

华盛顿州，里弗赛德 (Riverside) 州立公园

怀俄明州，夏延 (Cheyenne) 青年文学社团公园

印第安纳州，斯普林米尔 (Spring Miu) 州立公园

如果要使一个野餐区具有整洁而吸引人的环境，就必须提供足够的废物箱。这些设施不仅要非常实用，而且要数量充足，以方便人们使用。

废物箱可以有好几种。当然，可以在野餐区设置经济型的或由油桶改装的垃圾箱。但是，无论怎样油漆，它们看起来总是不够美观，并且容易被野餐者弄坏，因为野餐者似乎总是怀着万圣节前夕想捣蛋的心情。它们会招来害虫和动物，而且无法防止它们的破坏活动。只有定期并经常清理里面装的垃圾才算可行。

如果将这些设施放在地下，就能克服许多地面设施的缺点。它们隐藏在人们的视线以外，并能更有效地防止苍蝇。它们不再那么容易成为恶作剧者和动物破坏的目标。永久性废物坑的四壁铺砌着木板或石材，而为了防止潮气积累，在底部常常铺设底瓦。垃圾坑的顶盖最好设计成"门内有门"的形式，这样打开小门可以将垃圾投入垃圾箱，而打开大门可以将垃圾箱取出并清空。小门的尺寸应该经过严格限制，并设在合适的位置，以防止垃圾落在垃圾桶外面并弄脏垃圾坑。这里推荐脚控的杠杆装置来开关垃圾坑的门，因为这样十分方便、清洁。如果盖子是木制的，它将会收缩和变形，那么苍蝇或更小的动物就会进入坑里。相反，如果没人恶意破坏，沉重的金属盖板将完全杜绝苍蝇的入侵。

另一种地下垃圾箱是不带任何可移动容器的坑。

不可燃的废物可被直接投入坑中。坑底有时铺以碎石或砂砾作为过滤层，以滤去违规投入的垃圾所带有的水分。如果土壤可能导致垃圾坑垂直内壁的崩溃，可以设置一些粗木支柱或支架。在地面下约 6 英寸处设置垃圾坑的顶板。并在一个开口上设置某种紧密接合的接收装置。顶板的剩余部分要覆上土。当一个垃圾坑快要填满到地面高度时，就可以将顶盖装置完整地移到另一地点的坑洞之上，再用土将原来的坑填平。

这种垃圾坑的接收装置可以是刚才提到的活板门，或者是升高的盒状或桶状物。不管怎样，都必须防止苍蝇入坑。为了使垃圾尽量的少，必须培养公众在野餐炉烧掉废纸、纸盒及其它可燃物的习惯。这就需要竖立标示牌以说明规章制度并敦促公众的配合。

在一些野餐区的垃圾箱处设有小型的焚烧装置，通常是一个超大的野餐炉，并且希望野餐者能够尽心尽力地将他们留下的干、湿垃圾在里面焚烧掉。这通常是一个无法完成的愿望，反对者嘲笑这些规章制度，而无知者认为自己不会使用这种焚烧炉，最后致使这个附件及野餐区都处在一种不卫生的状态。这里推荐由公园雇佣清洁工来将西瓜皮和易拉罐焚烧掉，当然，工资的多少应该根据清洁工掌握的这种"炼金术"的能力大小进行调整。

阿肯色州，尼博(Nebo)山州立公园垃圾坑

这个固定的垃圾坑露在地面上的部件与下页科罗拉多公园垃圾坑的实用主义的钢盖板相比，虽然防苍蝇的能力差了一些，但是却更适合设在公园里。两者都有更大的移动门盖及嵌在当中的小型垃圾接收门盖。低矮的指示牌与垃圾坑的顶盖及周围的树木十分协调。

阿肯色州，克罗利(Crowley)岭州立公园垃圾坑

在挖洞不需要设支持结构的地方，可以采用这里详细描述的垃圾坑的形式。制造这种类型的垃圾箱最重要的是在顶板上覆土并踏平，并且将所有的交接处密合以防止苍蝇。当垃圾坑快被填到地面时，可以将顶盖移到新的坑上。再将旧坑用泥土填实捣平，最后植上草皮。

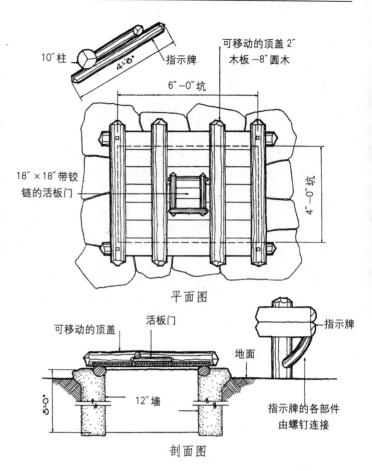

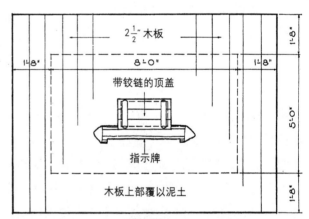

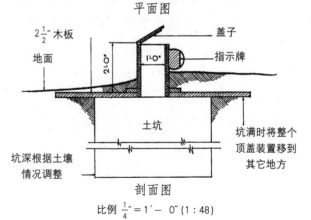

比例 $\frac{1}{4}$" = 1' — 0" (1 : 48)

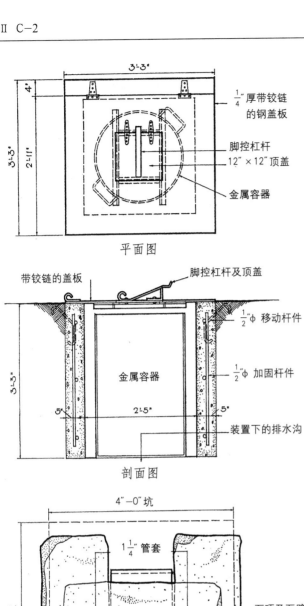

平面图

带铰链的盖板　　脚控杠杆及顶盖

¼″厚带铰链的钢盖板

脚控杠杆
12″×12″顶盖
金属容器

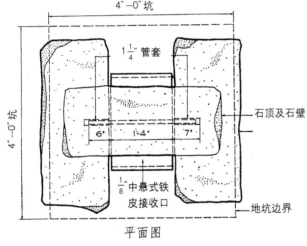

½″φ 移动杆件

½″φ 加固杆件

装置下的排水沟

剖面图

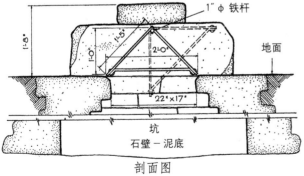

4″-0″ 坑

1¼″ 管套

石顶及石壁

⅛″中悬式铁皮接收口

地坑边界

平面图

1″φ 铁杆

地面

坑
石壁－泥底

剖面图
比例 ½″ ＝ 1′－0″ (1:24)

科罗拉多公园垃圾坑

　　这个装置由实用的"门中门"形式的伏于地面的钢盖板和在固定地点预浇的地下混凝土坑组成。用脚操作的内门用来接收野餐者丢入的垃圾，而更大的外门可以在坑里的垃圾箱——油桶或类似的容器改装而成——满时打开，以取出垃圾箱。

阿肯色州，德弗尔斯登(Dewils Den)州立公园垃圾坑

　　城市垃圾坑的这个接收装置采用了一些石材，这样就能充分融于自然了。因为需要在一个坑填满时将顶盖重新在新挖的坑上竖立起来，所以这种类型最适合应用于使用率不高的公园。除非将开口设得很小，否则这种垃圾坑会对很小的孩子造成危险。

俄克拉何马州，罗伯斯凯夫 (Robbers cave) 州立公园

俄克拉何马州，俄克拉何马城威尔·罗杰斯 (Will Rogers) 公园

垃圾坑

上方是两个垃圾坑收集装置，它们本身看起来很不起眼。两者都有的指示牌及其中一个垃圾坑一侧的石块都具有和环境协调的特征。这两个例子及文字左侧的例子都没有脚踏的垃圾接收门。

下方两个例子的顶盖都是用手操作的，这不太令人满意，但是它们的指示标志都很有趣。右下角的垃圾坑靠近烧烤炉的便利性值得留意。

亚利桑那州，金曼 (Kingman) 华尔派山公园

阿肯色州，小石城波义耳 (Boyle) 都市公园

科罗拉多州，科罗拉多斯普林斯众神 (Gods) 公园

野餐亭和厨房

毋庸质疑，每个公园最有用的游憩建筑通常是野餐亭。我们得承认，在合理的花费之内将这种建筑造得富有变化并受人欢迎并不是一项无关紧要的任务。这对于其它的公园设施也是这样，但对于野餐亭则更加明显，因为它们广泛存在于公园地区。每个公园都有至少一个或常常是好几个野餐亭，这让我们开始特别留意起它们在设计和功能上的单调与乏味。努力使每一个野餐亭富有特色，这类实践少之又少；要鼓励创造，对成功的作品应加以赞赏。

野餐亭的用途总是使其位于公园中重要的位置，所以也常常倍受瞩目。它似乎很难扮演好自己的角色，闹剧式的表演技法是不合适的，与野餐亭的一流角色相衬的是超越一时风尚或流行的高尚风格。

一个野餐亭最主要的功能是遮阳挡雨，其最基本的附属设施是固定或可移动的长凳、桌椅组合及火炉。在尺寸上，有小而简单的建筑，也有在大型公园里出现的大而复杂的、带有许多配套设施的组合式建筑。

当一个野餐亭发展到在冬天可以围合起来使用时，它就与这里所说的公共建筑和游憩建筑的概念混淆不清了。如果在平面布局中加入小卖部，则很难确定在哪种程度上这个野餐亭已经相当于小商店或餐厅了。当加入了洗涤槽、操作台等设施，而壁炉也换成了可以用来烹调的炉子时，习惯上称这种亭子为野餐厨房或厨房亭。

这种野餐亭的变体看起来起源于西北部，在那里一场倾盆大雨往往是对露天野餐会的异常威胁。它能提供家庭厨房的设施。通常，除了迎着盛行风的一面墙，另三面墙都开敞着。这个地区的村民一定过着甜美和轻松的日子，因为这里的野餐亭通常围着一个烟囱设有两个、三个或四个炉子。这里的亭子并没有因为人多而有明显的刮擦痕迹，好像是在反驳野餐小组之间靠得太近会引起麻烦的观念。也许从这个地区开始会发展出一种太平盛世，到时候狮子和羔羊能够在同一块半英亩大的土地上享受野趣。

野餐亭在功能和处理方法上的变更造成了其它的变化。西南地区最典型的形式叫作"拉马达（Ramada）"，它能够为野餐者提供沙漠中的遮阴。它的名字来源于西班牙，而形式则主要来源于普韦布洛（Pueblo）。它由岩石或泥砖墙、或柱子构成，颇具实用性的平屋顶架在圆形杆件上。屋顶上通常覆以一种茅草，它们垂在屋顶四周，如同镶边的帷幔。沙漠地区的"拉马达"通常设有一个完整的开放式火炉和烟囱。有时也将火炉设在露天以供人们准备食物。

有一些平面布局将经常被重复使用，几乎成了标准化平面。其中有一种在尽端墙的中央放置火炉的布局十分通透，因为只有安放烟囱的尽端墙及其邻接侧墙的五分之一至三分之一由实体构成。另一种公认的类型具有类似的烟囱，在端墙及侧墙上采用了闭合的处理方法。这两种类型都能充分满足基本的使用需求，而并不因为地点变化而产生很大的变化。几乎相同的平面布局可以通过外观变化而具有高度个性化的地方特色。

在结构构件方面，某些野餐亭和路边亭通常没有太大差别，尤其是两者的简单形式。两者的差别大部分在于地点和使用方式。

野餐亭和其它公园建筑有着必然的联系，这就使它在形式和外观上有了许多变化。管理人或小卖部店员的住所、小卖部、公共厕所及贮藏空间已经成功地和野餐亭结合在一起，并且产生了令人满意的变化。这样一来，一方面避免了平庸，另一方面避免了怪诞。如果不吝惜技术及投入，而向获得个性化的目标努力，则通过许多功能、材料、形式及其它元素之间的相互组合可以获得无数各不相同的建筑。

野餐亭很少使用木质铺地，除非使用纹端向外的块材。最好只是简单的卵石地或泥地，或在沙地上铺设砖块或石块。在混凝土基础上铺设大石板、砖、石板瓦或瓦片之类的表面材料将使地板更耐久。各地不同的土壤和霜冻条件决定了应该推荐使用何种基础或表面材料、或防冻墙的埋没深度。资金条件和材料在当地的可得性也会影响外表材料的选择。

无论在经过对环境的彻底考虑后决定使用哪些材料，我们当然都要鼓励在最终建成物的耐久性方面多加研究，例如对防冻墙、基础材料及建造方法的新想法。许多开敞式的亭子的铺地没有经受住当地的温度变化和霜冻的考验，结果如此令人沮丧，看来人们对自然条件存在着普遍的无知或幼稚的轻视，这样说并不算不公平。如果不是在序言中承诺过不对入门知识进行讨论，我在这里一定会忍不住指出：石头会热胀冷缩，因此特别要设置伸缩缝，基础墙必须设在当地的冰冻线以下，否则就不可靠，如果地下的水气在冰冻线以上凝结，则挡土墙无法维持很长时间。因为有了这个承诺，所以只好在这里忽略这些基本问题了。

俄克拉何马州塔尔萨 (Tulsa) 莫霍克都市公园野餐亭

读者可能会对追溯这个都市公园里的几个建筑的"家庭特征"很感兴趣，这些建筑都可以在本书中找到。其中，船库、休息站和八角亭在材料、尺度和某些细节上有着相似的特色，这使它们成为一个家庭，并且可以说是一个十分出众的家庭。夸大的尺寸及平面布局的紧凑性是这个例子最主要的特点。

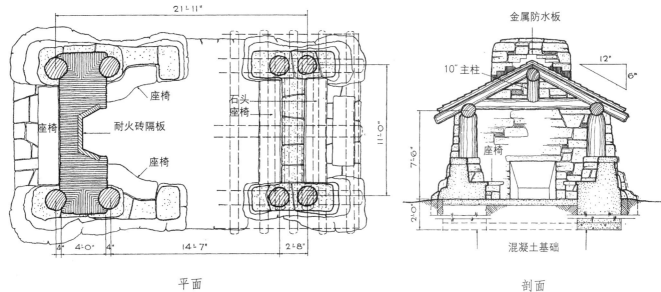

座椅
耐火砖隔板
座椅
座椅
21'-11"
石头座椅
11'-0"
4" 4'-0" 4" 14'-7" 2'-8"

平面

金属防水板
10" 主柱
12"
6"
座椅
7'-6"
2'-0"
混凝土基础

剖面

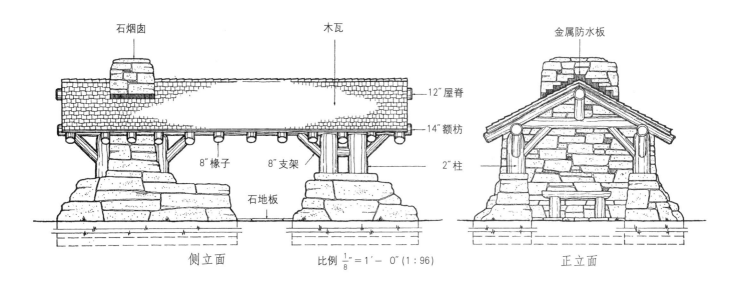

石烟囱
木瓦
12" 屋脊
14" 额枋
8" 椽子 8" 支架
2" 柱
石地板

侧立面
比例 1/8" = 1'-0" (1:96)

金属防水板

正立面

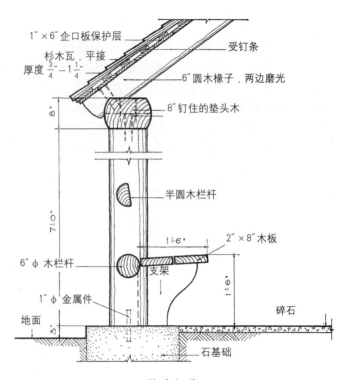

构造细节

新泽西州帕微 (Parvin) 州立公园野餐亭

这个例子作为简洁而富有吸引力的建筑的典范，每个细节都保持了适宜的尺度。有趣的地方是亭子四周作为上栏杆兼座椅靠背的半片圆木及紧靠椽尖的整齐的檐板。

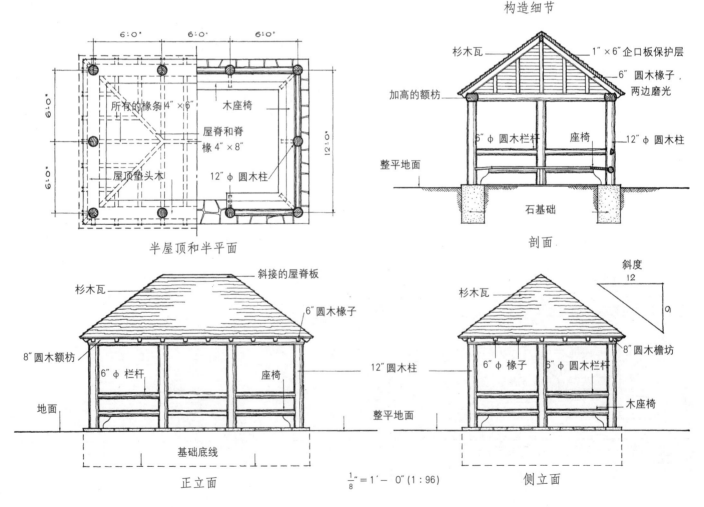

半屋顶和半平面

剖面

正立面

$\frac{1}{8}'' = 1'-0''$ (1:96)

侧立面

254

宾夕法尼亚州，雷丁佩恩 (Penn) 山都市保护区

伊利诺伊州，密西西比帕利塞兹 (Palisades) 州立公园

密西西比东部的小亭

上方的两个亭子用方木再现了前页例子的元素，用人字屋顶取代了四坡顶。文字右方的亭子和前页详细介绍的亭子位于同一个公园，而前者是后者的扩大版本。下方的两个亭子虽然尺寸很大，并使用了方木，仍然与前页的例子有密切的关系。

新泽西州，帕微 (Parvin) 州立公园

宾夕法尼亚州，约翰斯墩 (Johnstown) 斯代克豪斯 (Stackhouse) 都市公园

伊利诺伊巨城 (Giant city) 州立公园

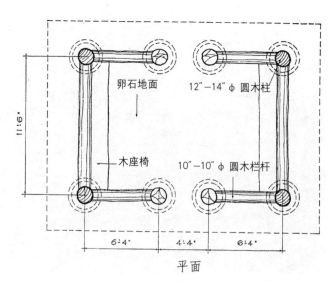

平面

北达科他州法戈都市公园小亭子

　　这个例子充分表现了所谓的原野风格的主要特征。圆木有力的尺度感、屋檐和木瓦排徒手感的线条、粗钝的椽尖——些特色造就了一个比例完美、魅力持久的小亭子，它的适用性远远超出了它所在州的范围。

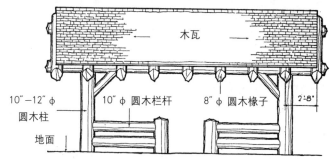

正立面

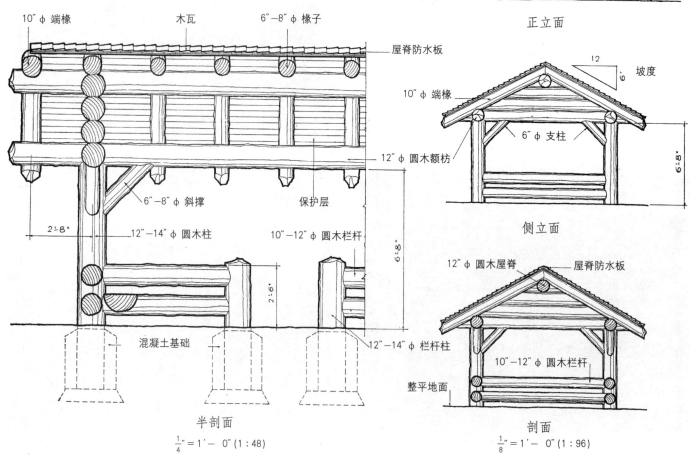

半剖面
$\frac{1}{4}$″ = 1′ − 0″ (1 : 48)

侧立面

剖面
$\frac{1}{8}$″ = 1′ − 0″ (1 : 96)

明尼苏达州，伊塔斯卡 (Itasca) 州立公园

阿肯色州，克罗利岭州立公园

密西西比以西地区的小型休息棚

　　本页中上方和右侧的例子具有一些共同的特征。徒手画般的线条、圆木的尺寸、短平上翘的橡尖和其它具有地方性的特点绝对是西部地区的森林公园特有的。伊塔斯卡公园休息棚的柜台可以移动，因此它既可以在平时作休息棚，又可以在举行大型活动时作小卖部用。下方是两个位于无树林区的公园的休息棚。细瘦、扭曲的木构件和内华达州那个例子的石制端柱反映了其所处的自然环境。

阿肯色州，克罗利岭州立公园

亚利桑那州，克劳索尔 (Colossal) 洞穴县公园

内华达州，火谷 (Valley of Fire) 州立公园

俄克拉何马州特纳 (Turner) 瀑布州立公园休息亭

    那些爱挑剔的评论家应该会放过这个例子吧。木瓦每隔4排或5排进行重叠以强调线条的徒手画感，椽尖的合宜比例、石工粗犷的随意感及纹理、石墙的倾斜——这些特色一起造就了这个建筑的成功。

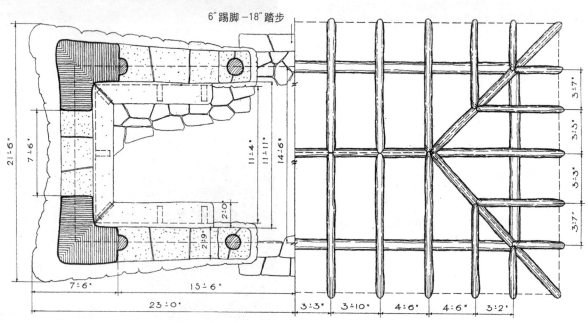

半平面   半屋架

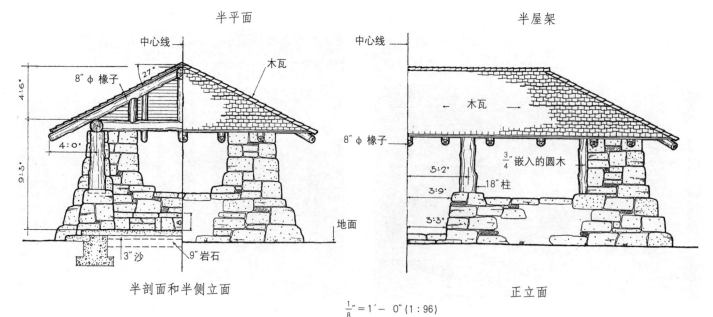

半剖面和半侧立面   正立面

$$\frac{1}{8}'' = 1' - 0'' \ (1:96)$$

明尼苏达州，怀特沃特 (Whitewater) 州立公园

宾夕法尼亚州，雷丁佩恩山都市保护区

由石材和木材构成的小型休息亭

　　这是一些保留了前面例子的元素的休息亭，但它们因为所处地区及人为影响的不同而各不相同。其中，有两个休息亭即使不加标题也很容易看出不可能位于西部。佩恩山公园的例子是早期带有石柱的木亭。沃斯堡的例子可以在许多地方适用，而菲尼克斯山公园的例子却不行。它那由薄石板砌成的柱子、旧西班牙传统的茅草屋顶，绝对是沙漠地区特有的。欧赛奇山公园的休息亭的尺度、体量及与环境的融合性都是值得赞赏的特色。

得克萨斯州，沃斯堡沃斯 (Worth) 湖都市公园

亚利桑那州，菲尼克斯 (Phoenix) 南山都市公园

俄克拉何马州，欧赛奇 (Osage) 山州立公园

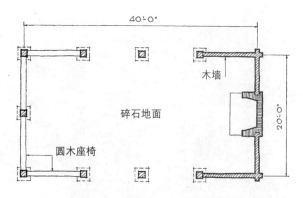

佐治亚州，福特 (Fort) 山州立公园

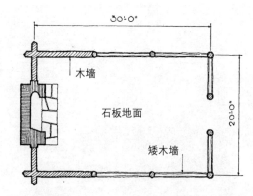

佛蒙特州，达令 (Darling) 州立森林公园

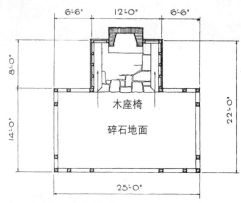

弗吉尼亚州，威斯特摩兰 (Westmoreland) 州立公园

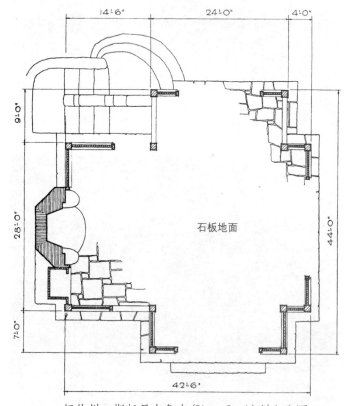

纽约州，斯托尼布鲁克 (Story Brook) 州立公园

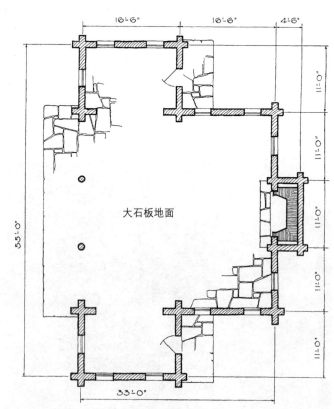

纽约州，菲尔莫尔·格伦 (Fillmore Glen) 州立公园

$\frac{1}{16}'' = 1' - 0''\,(1:192)$

佐治亚州，福特 (Fort) 山州立公园

佛蒙特州，达令 (Darling) 州立森林公园

单烟囱的野餐亭

在野餐亭从简单向更加复杂的发展过程中，第一步的发展是加入了壁炉，下一步是一端闭合另一端开敞的布局，最典型的是上方两个例子。再下一步是 T 型平面的布局，开敞的端头向两边扩展，并将壁炉设在凹入部分。这里显示的三个以这种方式布局的野餐亭有了更加精美的外观。这一页的例子采用了很多各不相同的材料及构造方法，从左下角的例子中可以发现新颖的构造细节。

弗吉尼亚州，威斯特摩兰 (Westmoreland) 州立公园

纽约州，斯托尼布鲁克 (Stony brook) 州立公园

纽约州，菲尔莫尔格伦 (Fillmore Glen) 州立公园

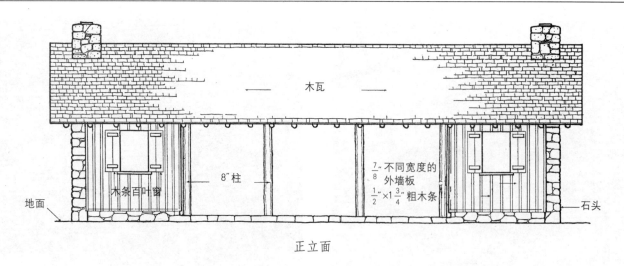

木瓦

$\frac{7}{8}$″不同宽度的外墙板 $\frac{1}{2}$″×$1\frac{3}{4}$″粗木条

木条百叶窗 8″柱 地面 石头

正立面

40±0″

开口 开口

8″柱

木座椅

弗吉尼亚州野餐亭

　　这是我们的公园中广泛分布的一种野餐亭的代表。它具有两个壁炉、闭合的两端及开敞的两侧，这种布局十分实用。这里特别表现的例子位于弗吉尼亚州的斯汤顿河州立公园。右页上方的另一个例子是位于同一个公园并与之十分相似的休息亭。其余的例子在它们的基础上有了一定的变化。

6′9″ 7′0″ 6′9″ 20±0″

木座椅

大石板铺地 碎石或卵石

8±0″ 8±0″ 8±0″ 8±0″ 8±0″

平面

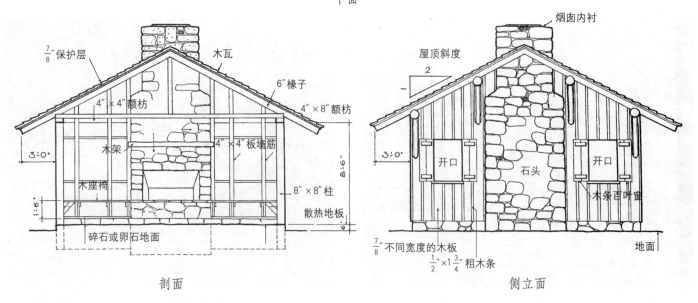

$\frac{7}{8}$″保护层 木瓦 6″椽子

4″×4″额枋 4″×8″额枋

木架 4″×4″板墙筋

3′0″ 8′6″

木座椅 8″×8″柱

1′6″ 散热地板

碎石或卵石地面 6″

剖面

烟囱内衬

屋顶斜度 2

3′0″ 开口 开口 石头

木条百叶窗

$\frac{7}{8}$″不同宽度的木板 $\frac{1}{2}$″×$1\frac{3}{4}$″粗木条 地面

侧立面

弗吉尼亚州，斯汤顿 (Staunton) 河州立公园

弗尼吉尼州，道特黑特 (Douthat) 州立公园

双烟囱野餐亭

上方的亭子和左页描述的亭子并非同一个，两者位于同一个公园但略有不同。这些例子表明这种基本的双烟囱野餐亭可以采用许多种材料，包括竖直的圆木、粗加工的外墙板及采用不同的石工技艺的石材。它们表明，从几乎相同的平面出发可以发展出大不相同的外观处理手法。

田纳西河谷政府维勒坝保护区

纽约州，克拉伦斯·法南斯道克 (Clarence Fahnestock) 纪念地州立公园

伊利诺伊州，巨城州立公园

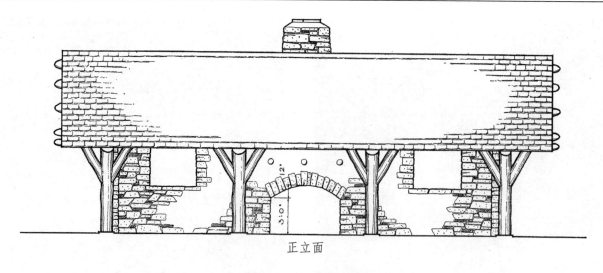

正立面

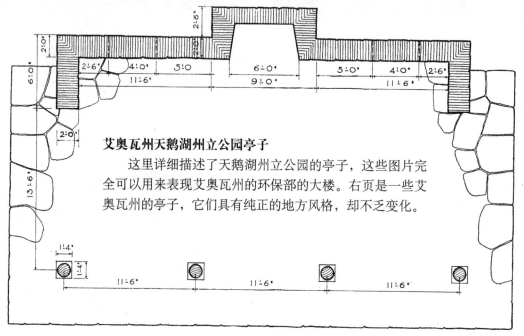

艾奥瓦州天鹅湖州立公园亭子

这里详细描述了天鹅湖州立公园的亭子，这些图片完全可以用来表现艾奥瓦州的环保部的大楼。右页是一些艾奥瓦州的亭子，它们具有纯正的地方风格，却不乏变化。

平面

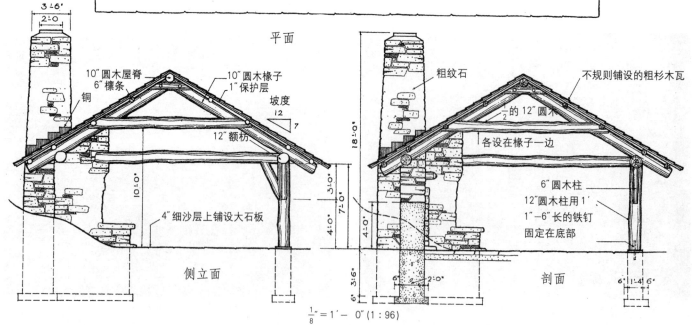

10″圆木屋脊
6″檩条
铜
10″圆木椽子
1″保护层
坡度
12
7
12″额枋
4″细沙层上铺设大石板

侧立面

粗纹石
$\frac{1}{2}$的12″圆木
各设在椽子一边
不规则铺设的粗杉木瓦
6″圆木柱
12″圆木柱用1′
1″-6″长的铁钉
固定在底部

剖面

$\frac{1}{8}″ = 1′-0″ \ (1:96)$

艾奥瓦州，巴克本 (Backbone) 州立公园

艾奥瓦州，福里斯特 (Forest) 城州立公园

艾奥瓦州的野餐亭

　　这些例子证明在严格限制下略有变化的设计也能产生相当大的独立个性。它们都因为和前页所述的例子有相同之处而打上了"艾奥瓦牌"的印记，但它们并没有完全重复相同的设计。适宜而充满活力的结构颇具地方特色。这种平面布局在许多地方都能适用。从非常开敞的形式到更加闭合的布局，以及其它一些变化都十分有趣。

艾奥瓦州，巴克本州立公园

艾奥瓦州，吉趣·曼尼托 (Gitchie Manitou) 州立公园

艾奥瓦州，斯普林布鲁克 (Springbrook) 州立公园

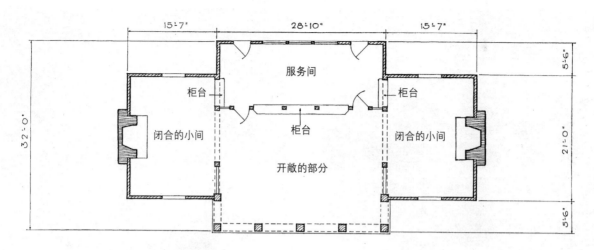

印第安纳州，斯普林米尔 (Spring Mill) 州立公园

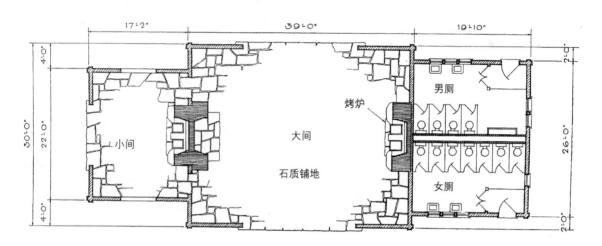

印第安纳州，特基朗 (Turkey Run) 州立公园

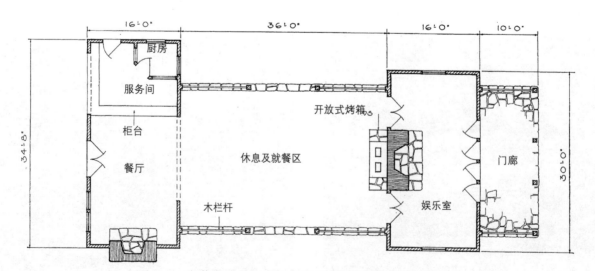

印第安纳州，克里夫蒂 (Clifty) 瀑布州立公园

$\frac{1}{16}'' = 1' - 0''$ (1:192)

印第安纳州，斯普林米尔 (Spring Mill) 州立公园

印第安纳州，特基朗 (Turkey Run) 州立公园

印第安纳的大型野餐房

本页和左页列举的大型露营房或组合建筑在其木结构的特点和其它许多细微的特征上，显示出明显的印第安纳特色。斯普林米尔州立公园的露营房建于以一个古老的谷物加工磨坊为中心的公园内。人们重建了一个怡人的环境，并使磨坊回复到可以运作的状态。这个新建的露营房保留了原有的富有纪念意义的磨坊的建筑风格，木柱采用了和磨坊的结构部分一样的精湛切削工艺。

特基朗州立公园的露营房建于一个拥有"最后一片未被开垦的硬木林"的公园内。方木构件的尺寸之大在当地极为罕见，这样就把这个建筑与环境和公园的主题联系了起来。

低矮、形态自由、美丽的克里夫蒂瀑布州立公园的野餐房的成功之处在于保留了激发这幢建筑设计灵感的南印第安纳原始木屋的风貌。不同材质肌理的组合、当地将木瓦的顶上一行交替搭接的做法形成的齿状的屋脊装饰、方木构件以及粗壮的烟囱都是重要的细节。这是反驳扩建一幢有特色的简单建筑就一定会牺牲原有风格的论点的证据。

印第安纳州，克里夫蒂 (Clifty) 瀑布州立公园

印第安纳州，克里夫蒂 (Clifty) 瀑布州立公园

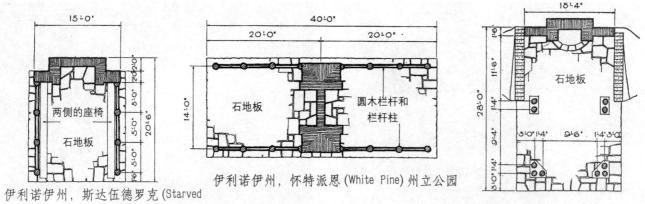

伊利诺伊州，斯达伍德罗克 (Starved Rock) 州立公园

伊利诺伊州，怀特派恩 (White Pine) 州立公园

伊利诺伊州，怀特派恩州立公园

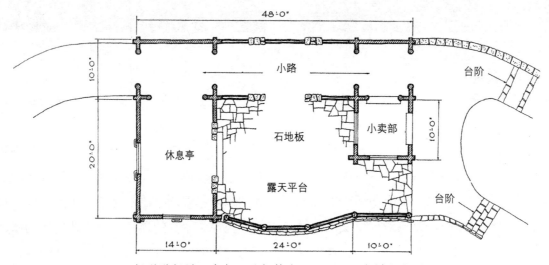

伊利诺伊州，皮尔·马凯特 (Pere Marquette) 州立公园

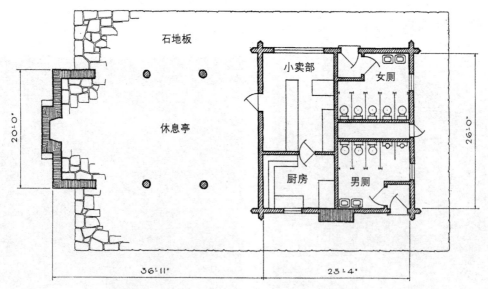

伊利诺伊州，布法罗罗克 (Buffalo Rock) 州立公园

比例 $\frac{1}{16}'' = 1' - 0''$ (1:192)

伊利诺伊州，斯达伍德罗克 (Starved Rock) 州立公园

伊利诺伊州的野餐房

　　本页列举的伊利诺伊的野餐房由小到大，从只能容纳一个野餐团体的小型野餐亭到带有点心店和厕所的大型野餐房。在斯达伍德罗克州立公园的小亭子和怀特佩恩州立公园暹罗亭子变体中，都不经意地透出对欧洲农场建筑的淡淡回忆。穿过皮尔·马凯特州立公园野餐亭的游线别具一格。

伊利诺伊州，怀特佩恩州立公园

伊利诺伊州，怀特佩恩州立公园

伊利诺伊州，皮尔·马凯特 (Pere Marquette) 州立公园

伊利诺伊州，布法罗罗克 (Buffalo Rock) 州立公园

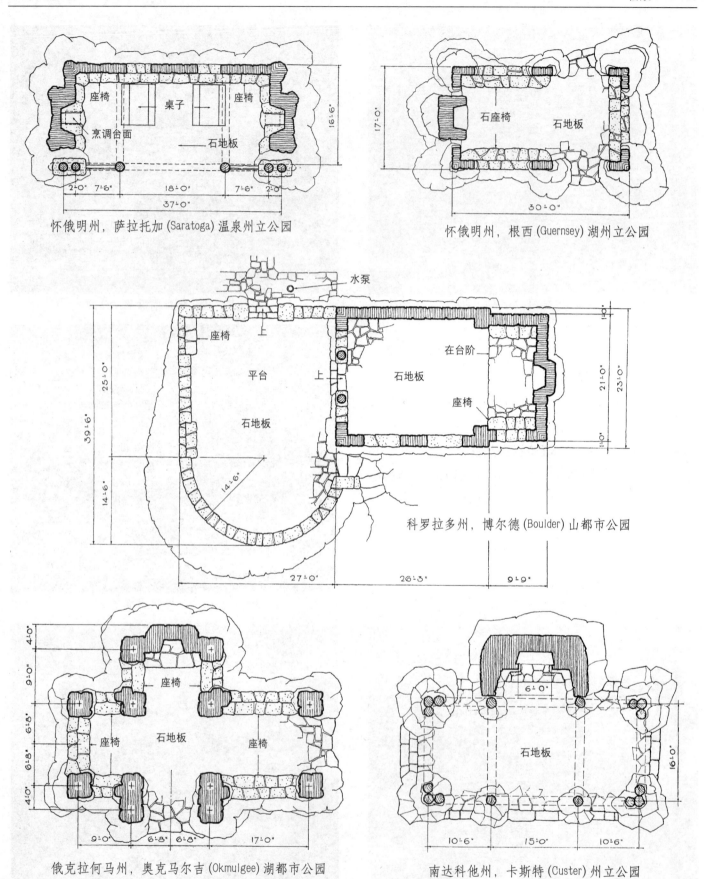

怀俄明州，萨拉托加 (Saratoga) 温泉州立公园

怀俄明州，根西 (Guernsey) 湖州立公园

科罗拉多州，博尔德 (Boulder) 山都市公园

俄克拉何马州，奥克马尔吉 (Okmulgee) 湖都市公园

南达科他州，卡斯特 (Custer) 州立公园

比例 $\frac{1}{16}'' = 1' - 0''$ (1:192)

怀俄明州，萨拉托加 (Saratoga) 温泉州立公园

怀俄明州，根西 (Guernsey) 湖州立公园

西部的野餐房

在平原和山峦交错的崎岖地带，如何使野餐亭的结构构件的尺度和环境协调是这个野餐亭面临的挑战，而它们在这方面有很好的表现。左页是它们的平面。根西湖州立公园的例子从基部形状不规则的天然石块向顶部石工规整的烟囱的过渡显示了真正的技术。这些亭子都有精湛的细节值得研究，若要使建筑与崎岖的地形相协调，设计师可以从这些细节中找到灵感。

科罗拉多州，博尔德 (Boulder) 山都市公园

俄克拉何马州，奥克马尔吉 (Okmulgee) 湖都市公园

南达科他州，卡斯特 (Custer) 州立公园

阿肯色州，小石城波义耳都市公园野餐房

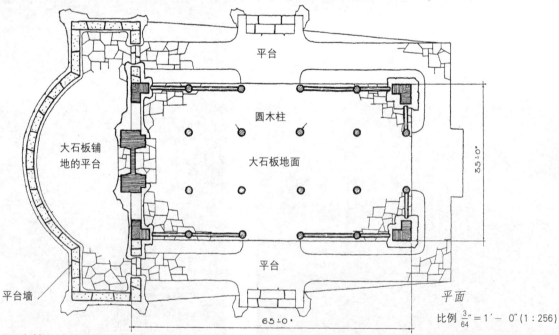

平台

圆木柱

大石板铺
地的平台

大石板地面

平台

平台墙

65'-0"

35'-0"

平面

比例 $\frac{3}{64}$" = 1' – 0"(1 : 256)

以现行的公园建筑评判标准来衡量，这个休息棚因为充满活力的设计和相应的施工技术而名列前茅。宽阔、连续的屋顶平面、每四排重叠一次的厚木瓦形成的粗糙纹理及石质和木质结构灵活自由的工艺都值得赞赏。

新泽西州，伍尔西斯 (Voorhees) 州立公园野餐亭

这个亭子的支柱和斜支架看起来与整体十分协调，并且使人想起早期美国马房那种粗壮有力而精湛的木工技术，这正是我们的自然公园建筑的先辈和灵感的源泉。那三根栏杆形成的水平线条抵销了坡度较大的屋顶可能引起的高耸感。对山墙简洁的处理手法及宽阔的台阶对达到令人满意的效果有重大的贡献。

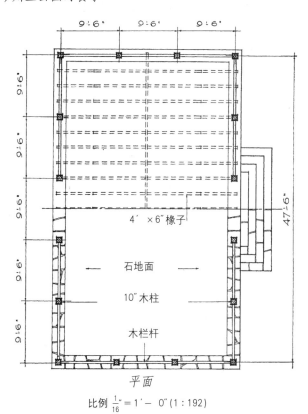

平 面

比例 $\frac{1}{16}'' = 1' - 0''$ (1 : 192)

肯塔基洲坎伯兰 (Cumberland) 瀑布州立公园野餐亭

　　一个屋顶下可容纳四个野餐小组，并且用会聚于四向火炉的隔墙避免了小组与小组之间的相互干扰。保护整个建筑的任务被一个特别积极的小组垄断了。

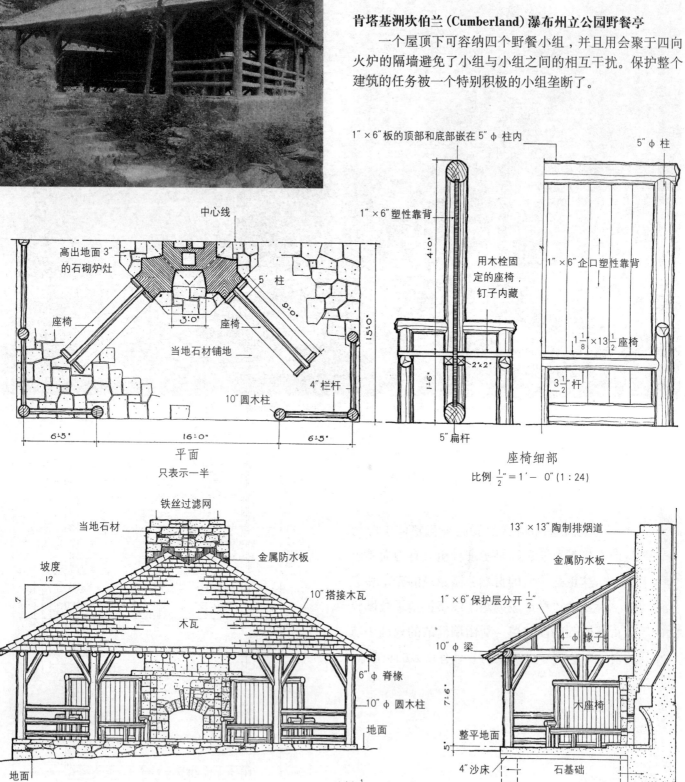

1″×6″ 板的顶部和底部嵌在 5″φ 柱内

5″φ 柱

1″×6″ 塑性靠背

用木栓固定的座椅，钉子内藏

1″×6″ 企口塑性靠背

4′·0″

2″×2″

1 1/8″×13 1/2″ 座椅

3 1/2″ 杆

1′·6″

5″ 扁杆

座椅细部
比例 1/2″ = 1′— 0″ (1:24)

中心线

高出地面 3″ 的石砌炉灶

座椅

3′·0″

5′ 柱

9′·0″

15′·0″

座椅

当地石材铺地

4″ 栏杆

10″ 圆木柱

6′·5″　　16′·0″　　6′·5″

平面
只表示一半

坡度 7/12

铁丝过滤网

当地石材

金属防水板

10″ 搭接木瓦

木瓦

6″φ 脊椽

10″φ 圆木柱

地面

地面

立面　　比例 1/8″ = 1′— 0″ (1:96)

13″×13″ 陶制排烟道

金属防水板

1″×6″ 保护层分开 1/2″

4″φ 椽子

10″φ 梁

7′·6″

木座椅

整平地面

5′

4″ 沙床

石基础

剖面

印第安纳州，麦克考米克斯河 (Mc Cormicks) 州立公园

印第安纳州，克里夫蒂瀑布州立公园

印第安纳的厨房棚

　　上方是两个在西北地区普遍与野餐区结合的厨房棚或公共厨房的印第安纳版本。在形式上它们与左页的肯塔基亭子相关。很明显，印第安纳人不像肯塔基人那么喜欢将野餐小组分隔开来。他们一定会认为瓷漆洗涤槽——西北地区标准的野餐设施是一种新品种，无法与传统的野餐习俗相融合。

　　下方是另两个印第安纳的厨房棚——部分由石材构成，并且采用双入口或背对背的平面布置。印第安纳的野餐者完全不需要分隔设施的说法是错误的。这里的分隔设施不仅仅是隔断，而是足够厚的石墙。建筑有一种怡人的随意感，山墙的挑檐、石块和木瓦的纹理、鸠及尾榫的屋脊都是极具印第安纳特点的有趣的细节。

印第安纳州，特基朗 (Turkey Run) 州立公园

印第安纳州，特基朗州立公园

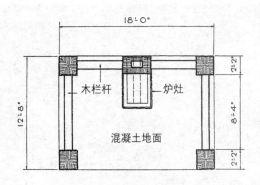

华盛顿州，迪塞普新山 (Deception Pass) 州立公园

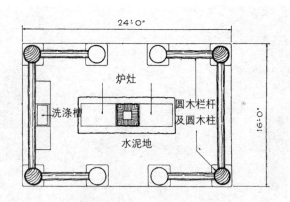

华盛顿州，莫兰 (Moran) 州立公园

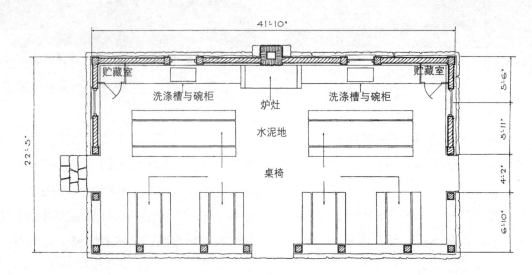

俄勒冈州，本森 (Benson) 都市公园

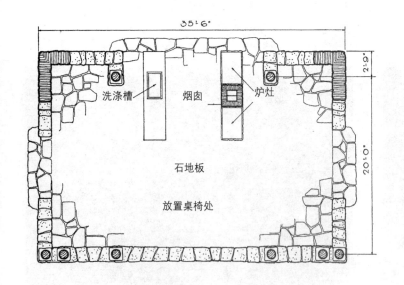

华盛顿州，里弗赛德 (Riverside) 州立公园

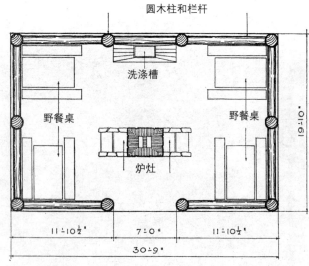

华盛顿州，雷恩博 (Rainbow) 瀑布州立公园

比例 $\frac{3}{32}'' = 1' - 0''$ (1 : 128)

华盛顿州，迪塞普新山 (Deception Pass) 州立公园

华盛顿州，莫兰 (Moran) 州立公园

西北地区的公共厨房

　　本页所示的各种厨房棚的平面可参见左页。这些例子都位于西北地区的野餐区，在那里野餐的失败率与大雨直接相关。便利的设施通常包括一个或多个野餐炉灶、洗涤槽及桌椅，桌椅只在下暴雨时才具有吸引力，因为相隔太近。认识到这里丰富的木材资源并不有助于当地发展出成熟的石工技术，这里显示的不正规的石工技术会引起人们严厉的批评。

俄勒冈州，本森 (Benson) 都市公园

华盛顿州，里弗赛德 (Riverside) 州立公园

华盛顿州，雷恩博 (Rainbow) 瀑布州立公园

华盛顿州迪塞普新山（Deception Pass）州立公园厨房棚

这个建筑在西北太平洋地区的公园中很典型，那里的大雨使室内的野餐桌和野餐炉成了必备的设施。手劈的木瓦形成粗糙的纹理，给这个建筑带来明显的手工制造感。建筑具有一种怡人的坚实感。

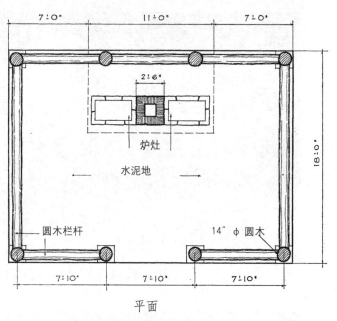

平面

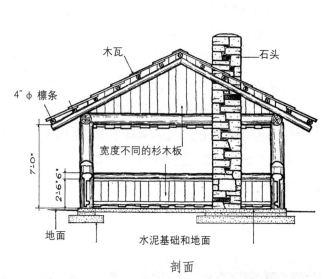

剖面

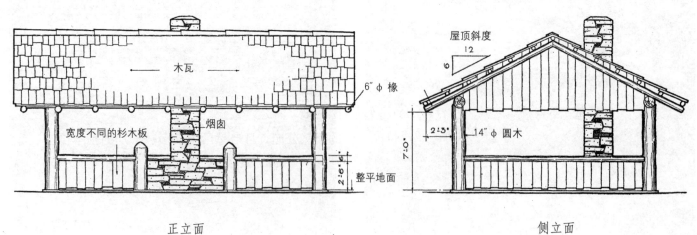

正立面

侧立面

比例 $\frac{1}{8}'' = 1'-0''$ (1：96)

特许建筑和餐厅

虽然天然公园里的许多游憩设施，都不同频率地作为用于出租的特许物件，但是，本文所指的特许建筑只出售物品而非出租物品，它向游憩者提供食品、软饮料、糖果、烟草、玩具、新产品和预制的清淡午餐。提及这个词语，首先映入脑海的毕竟还是其用途，虽然用手书写这个词语会比较困难，但它控制了词语的冗长性，并会成为令读者十分满意的原因。如果减少了对该词语的释义限制，本部分内容就成为对那些促进动态游憩活动（在本文其它章节已有剖析）的建筑媒介的重复分析。

因此，这里讨论的特许建筑实际是指，为方便公园游客而迁移至公园地域的街角商店、熟食店或餐馆等。它可能是外观平常的、由两个或多个这类城市设施所构成的横向综合体，它的设置是为了适应游憩人群的需要，并与新的环境相协调。如果特许建筑的尺度较小，则非常便于同其它设施结合设置于同一屋顶下，这样，它就可以借助其它设施的容量，并安放于人群集中的地点。同城市环境中一样，公园内的人群也是其商业成功的重要因素。其它公园设施可能需要依靠补贴来维持运行，而特许建筑则被要求自负盈亏。

由于特许建筑必须位于公园的"十字路口"，且必须在公众面前突出自身，所以，不能使它在公园建筑物中显得太过羞涩和谦逊。它必须采取某种特别巧妙的方法，来明确宣称自己的商业买卖功能。它就是公园建筑物中的哲基尔（Jekyll）和海德（Hyde）。它既要表现出一种安静的美，同时又要有商业偿付能力，即使这些行动会朝相反方向发展。那种既是一个成功的公园构筑物、又是一个成功的商贸行动的特许建筑，并不多见，而对于这一现象，也很少有人会感到奇怪。在某些地点，特许建筑的最大不足或许就在

于，它们滞后于我们通常所强调的公园构筑物的标准。最近，有实例表明，那种轻薄的和超商业化的过时外观正在被新的形式所取缔。

对于或大或小的特许建筑而言，都有一个相关的实用性需求，这个需求过多地被人低估。这就是对于工作间和供应品储藏间的需要。公园特许建筑所分发的商品不仅涉及大量的垃圾和废品，还包括对软饮料容器和牛奶瓶等有待回收的空置物品的处理和临时储存。关于空间需要的总量要求极少能予以正确预测，最后，不得不建造一个附加设施或围栏，来屏蔽难看的废品及碎屑。由于公园当局对于这种被重新考虑事物的资金投入非常吝惜，也由于原有的储藏空间在第二次建设之后会出现过度供应的极端现象，其附加物的建造质量通常比较低劣，建筑外观也显得破旧不堪。这些附加设施虽然具有实用性，但经过此过程，却使得该建筑物的质量被贬低。

在开发行动中，特许建筑可能变为一个餐厅，而餐厅又可能成为一个小旅馆，如若要对这些阶段加以明确划分，其难度是很大的，而且，这种尝试也是没有任何意义。然而，如果根据我们熟知的城市建筑物，为其对应的公园部分加以编目，这种做法似乎具有合理性。其编排为：分发食品和快餐的特许建筑和商店；供应正餐的餐厅和饭店；既可供应正餐又能提供夜宿设施的小旅馆和大宾馆。其中，小旅馆是一个天然公园内被"筹建"最少的设施。如果要建造真正意义上的天然公园，且自然区内大多数公众的基本价值观都是排斥人工设施，这些要求就决定了对公园内物件的第一留置权，所以，在这种情况下，上述小旅馆也可能是一个过于"文明"而不宜留置的影响物。

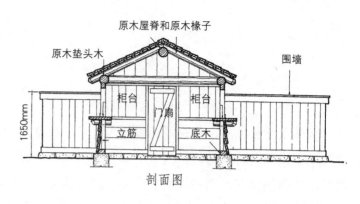

剖面图

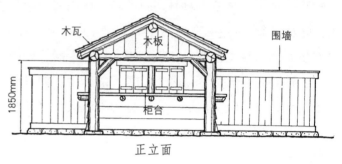

正立面

阿肯色州小石城波义耳(Boyle)都市公园小型特许建筑

　　该特许建筑的结构具有鲜明的个性,这种个性是通过其所用材料的类别而非规模来获得。其建成效果使人们相信:衡量一个令人高度满意的建筑物的方法并不在于其造价。这个小建筑具备一种简朴的魅力,并因此而非常令人赏心悦目。对于这种极具吸引力的小建筑而言,可能在其它方面会不够严谨,并出现许多实用性方面的缺陷。然而,本实例的每一个细部都未表现出懈怠之意。

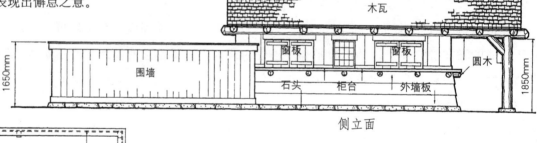

侧立面

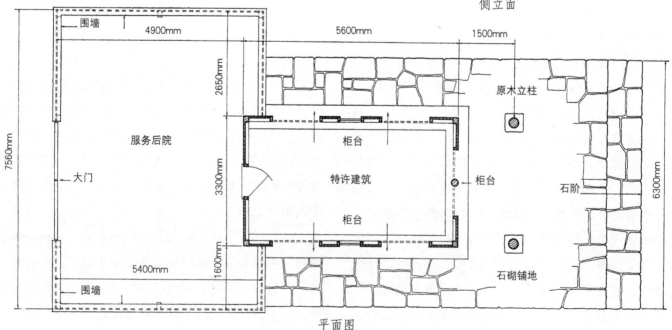

平面图

比例 $\frac{1}{8}'' = 1'-0''$ (1:96)

正立面

木板瓦

侧立面

得克萨斯州兰帕瑟斯(Lampasas)州立公园小型特许建筑

该特许建筑表现出一定的地域特征，但这种特征还不足以否认，它的创作灵感来自更为广泛的地区。如果把它交付给公路改良的拥护者，他们会更加大方地将热狗置于其中。值得注意的是其砌石工程所表现出的质感。

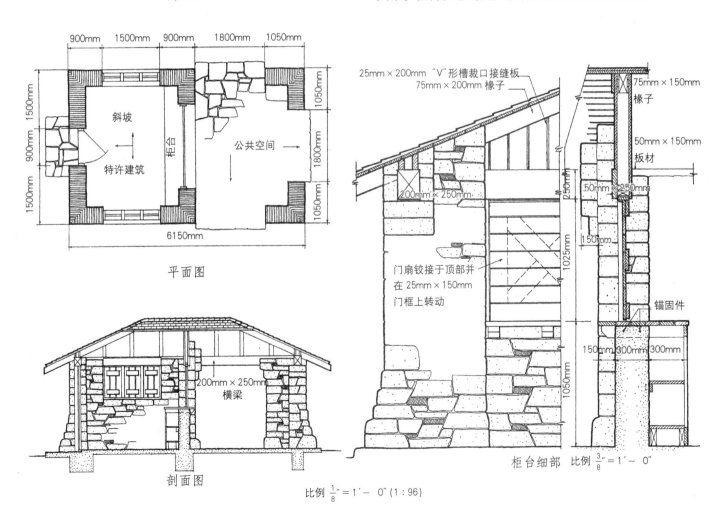

平面图

斜坡

柜台

公共空间

特许建筑

剖面图

200mm × 250mm
横梁

25mm × 200mm "V" 形槽裁口接缝板
75mm × 200mm 橼子

75mm × 150mm
橼子

50mm × 150mm
板材

50mm × 250mm

门扇铰接于顶部并在 25mm × 150mm 门框上转动

锚固件

150mm 300mm 300mm

柜台细部 比例 $\frac{3}{8}'' = 1' - 0''$

比例 $\frac{1}{8}'' = 1' - 0''$ (1 : 96)

伊利诺伊州, 新塞勒姆(New Salem)州立公园的餐厅

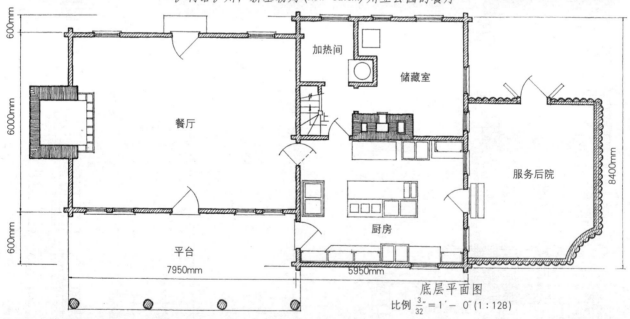

底层平面图
比例 $\frac{3}{32}$" = 1' - 0" (1 : 128)

这是一个特许建筑, 其目的在于重建一个1800年代早期伊利诺伊州野林地山村的典型客栈。它位于一条排列着圆木住宅的街道上, 几乎正对着亚伯·林肯"储藏物品"的小框架构筑物。该建筑物满足了公园的合理、正当的需求, 代表着一种真实而成功的尝试。有关这一重建乡村内的其它建筑物的景观, 可在本书的其它地方找到。

乔治·华盛顿（*George Washington*）出生地国家纪念地"鸭馆"餐厅。

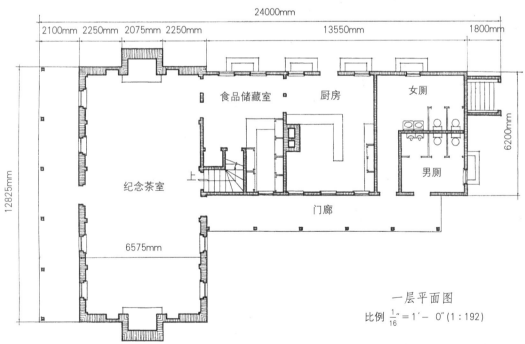

一层平面图
比例 $\frac{1}{16}'' = 1' - 0''$ (1 : 192)

该茶室的设计与韦克菲尔德的改造建筑非常协调，在那些定位于公园之中的、程式化的且加工较多的建筑中，它是一个很好的实例。很明显，它得益于约克县和威廉斯堡的建筑，并进行了巧妙的改进。其建筑师为小爱德华·W·唐（Edward W. Donn）。

纽约州，玛格丽特·刘易斯·诺里 (Margaret Lewis Norrie) 州立公园的餐厅。

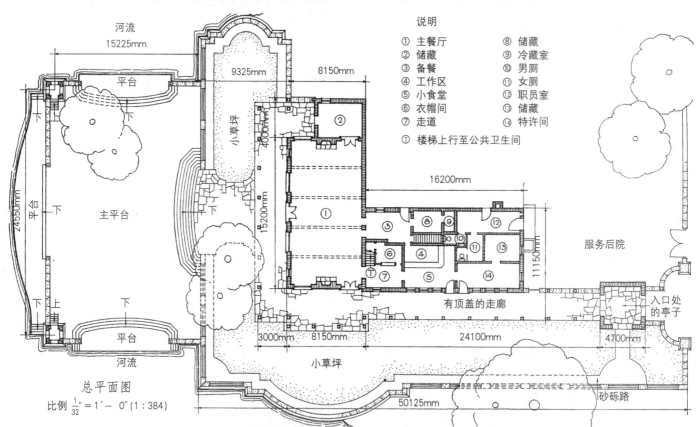

说明

① 主餐厅　　⑧ 储藏
② 储藏　　　⑨ 冷藏室
③ 备餐　　　⑩ 男厕
④ 工作区　　⑪ 女厕
⑤ 小食堂　　⑫ 职员室
⑥ 衣帽间　　⑬ 储藏
⑦ 走道　　　⑭ 特许间

Ⓣ 楼梯上行至公共卫生间

总平面图

比例 $\frac{1}{32}'' = 1' - 0''$ (1:384)

这个漂亮的复合建筑位于气派的哈得逊 (Hudson) 河的东岸，它所在的公园四周是人口稠密且开发广泛的乡村，该乡村处在大都市地区的边缘。这样的一种场所，阐释和证明了这种具有较多修饰特征的构筑物的存在合理性，而其装饰性也比那些通常位于天然公园中的构筑物更强。事实上，宽大的滨水平台也为小型船舶提供了停靠码头。

佐治亚州, 圣多明各 (Santo Domingo) 州立公园的餐厅

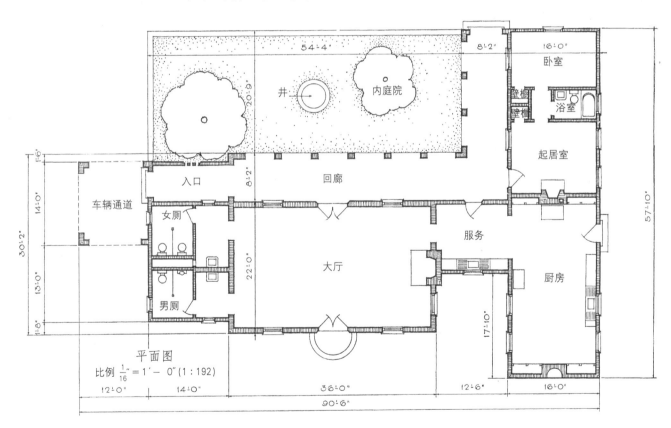

这是另一幢复合建筑, 它在建筑学方面的涵义范围已超出了天然公园的常例。它的形态让人想起公园境内一个有趣而古老的遗迹, 当然, 它也为流行于大西洋南海岸沿线的建筑风格提供了设计线索。

俄克拉何马州，默里 (Murray) 湖州立公园的餐厅

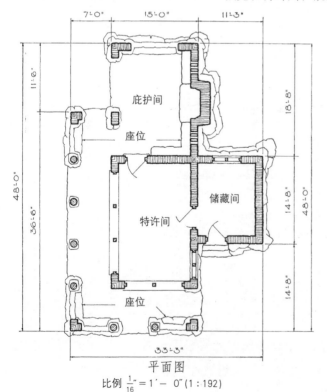

平面图

比例 $\frac{1}{16}'' = 1' - 0''$ (1 : 192)

这是一个特许建筑和庇护设施的综合体，它的不同寻常之处在于其不规则的平面。该建筑综合体提供了非常实用的大量储存空间。由于移入构筑物的岩石尺寸很大，从这点看，该建筑物可以被认为是一个难以逾越的竞争对手，而且，就其手工品质而论，它也并非"落选者"。该建筑物不仅供野餐人群使用，同时也服务于附近小屋组群的居住者。设有庇护间的一端可俯瞰一个大面积的人工湖——默里湖。

286

俄克拉何马州，莫霍克都市公园的餐厅

如果用野餐庇护设施和公共厕所将特许区和特许经销商住处组合在一起，对于这种做法并非没有异议。人们还在争论：假使游客不是特许营业区的顾客，是否应禁止他们免费使用公共设施？不过，当庇护间和公共厕所处于特许经销商警惕的视线范围之内时，会比那些较为独立的设施更少遭受将自己姓名的首个字母雕刻于其上的人的滥用，这是因为，特许经销商的个人最大利益促使他将庇护空间和公厕设施视为自己的分内之物，这些设施的卫生条件和使用状况也会对他们的自身利益产生相当大的影响。该平面布局在没有损失监管者利益的同时，采用了总体上合理的隔离措施，将特许区、庇护所和公共厕所很好地分隔开来。

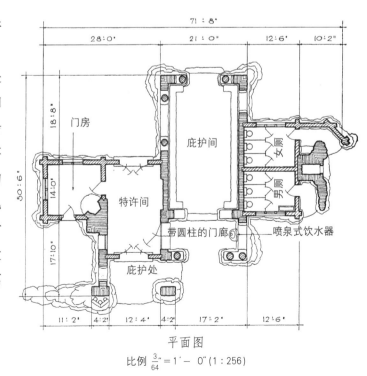

平面图
比例 $\frac{3}{64}'' = 1' - 0''$ (1 : 256)

得克萨斯州，古斯岛州立公园的餐厅

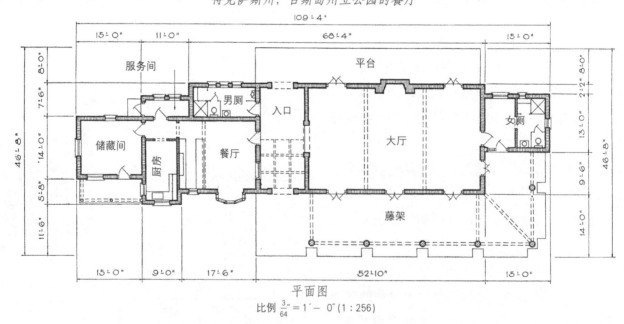

平面图

比例 $\frac{3}{64}$″ = 1′ — 0″ (1 : 256)

如果茶点特许区所占空间相对较小，可能更适宜将餐厅建筑归为游憩建筑或社区建筑的类别。在任何情形下，本页所示的构筑物都是极其令人满意的，它的土坯墙体及建筑线条都带着强烈的地域风味。

得克萨斯州, 科巴斯·克里斯迪(Corpus Christi)湖州立公园的餐厅

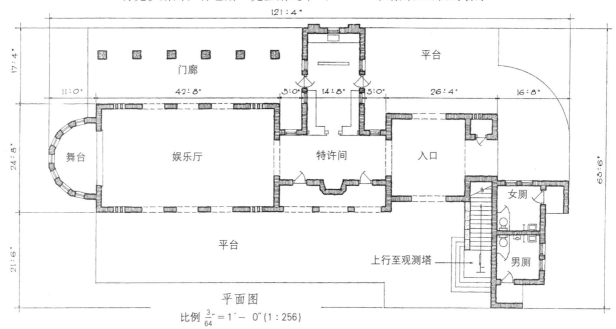

平面图

比例 $\frac{3}{64}'' = 1' - 0''$ (1 : 256)

如果将得克萨斯州公园内的构筑物比作桂冠, 这个大餐厅则是桂冠顶部的宝石。在国内, 任何其它地区都不能如此细致、多样和精巧地开发这种多功能设施。这种设施的常见模式是庇护空间、茶点特许间和公厕设施, 而在本实例中, 则增加了小型舞台和屋顶平台了望处 (可通过一个室外楼梯抵达)。有意思的是, 由于当时没有找到适宜的本地石头, 故其所选材料为人造的成品砌块。

得克萨斯州，蒲葵 (Palmetto) 州立公园的餐厅

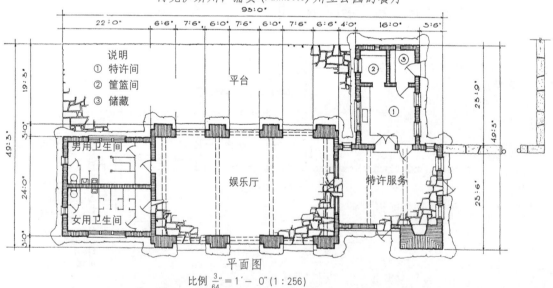

说明
① 特许间
② 筐篮间
③ 储藏

平台

男用卫生间

女用卫生间

娱乐厅

特许服务

平面图

比例 $\frac{3}{64}'' = 1' - 0''$ (1 : 256)

看见这一实例时，尽管你的眼睛首先会被其覆以蒲葵的屋顶所吸引，但接下来，你会对该建筑物留心观察，并对其外露岩层的基础、斧劈的木材和富有活力的总体处理技艺钦佩不已。它的设计并非简单搬用先前公园建筑来老调重弹，而可能是用以纪念刚果和埃默拉尔德 (Emerald) 岛之间、曾经穿越得克萨斯州的某些迂回路线。

得克萨斯州, 巴斯特罗普 (Bastrop) 州立公园的餐厅

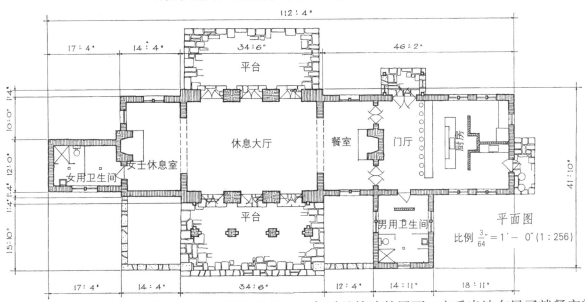

平台

休息大厅　　餐室　门厅

女用卫生间　女士休息室

平台

男用卫生间

平面图
比例 $\frac{3}{64}'' = 1' - 0''$ (1:256)

该建筑物将午餐室、饭厅、休息空间和盥洗设施组合在一起，它的建筑表现方式属于老练、复杂的类型。它沉静地表现着出色的比例关系、长而低平的线条以及简洁的屋面。它妥当地布局了就餐空间和女士休息室（作为主要休息厅的附室），在场合需要时又可构成一个大房间。

约塞米提(Yosemite)国家公园钦阔平(Chinquapin)特许建筑

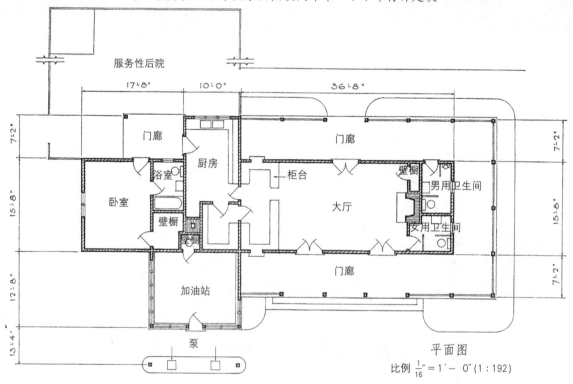

平面图

比例 $\frac{1}{16}'' = 1' - 0''$ (1:192)

在规模极大的公园中，和在广延的公园路沿线，都有必要设置配售汽油的特许设施。本页中的房屋可同时向人和汽车发放燃料，并为服务员提供住所。它让人回想起早期加州建筑美好而简朴的特征。

路边座位、庇护所和瞭望设施

对于徒步旅行者而言，在经过一段特别艰苦的攀登运动之后，路边的座位可为他们提供一个休息场所，或者这些座位也可为他们提供一个注视良好视景或某一兴趣目标的场所。因此，与那些分布在集中使用区域（如野餐区或海滩区）的座位相比较，路边的座位具有相当突出的非正式特征。在人们眼里，路边的座位通常是一个单独的人工制造品，它向公园规划者提出了一个非常特别的要求，应使路边座位的设计和制作与周围环境交相呼应。对路边座位的合理要求是使其外观被融入周围环境，这也是设计者所面临的一大难题。如果将路边座位有效地本土化处理，其处理方法必须显得随意而自然，而座位的外观也不能显出被精心设计过的痕迹。在设计时，绝不能为了在步道旁布置一些怪异但可能并不舒适的座位，而蓄意将自然景物颠倒错置或者对大自然进行拙劣模仿。如若认为"自然主义"就意指对自然的模仿，并按照自然的方式来设计一些并不自然的物件（如路边的座位），这不仅会使得设计工作变得非常困难，而且也会非常牵强。完全令人满意的自然式座位可能是非常罕见的。由于没有固定公式来判断座位设计的成功与否，所以，总而言之，座位设计的成败量度必然与个人观点相关。

当沿着小路布置休息场所时，可在合理范围内对自然物体或自然形态加以利用。岩石的突出部分、大石头或倒下的圆木等材料，只需稍加改动，就可以在不介入外来元素的情况下生成路边座位；可选用两个相似的树桩、或埋入地下的岩石或圆石来为裂劈的原木提供支撑，从而形成一个休息座位；可在一个巨大的伏地原木上切口开槽，以生成一座位及靠背。通过与自然的巧妙结合而生成的作品，总是会得到人们更为真实的喝彩，这也是那些自命不凡的物体所不及，因为那些做作的物体只是为了声称其独一无二的原创特征。

在设计座位时，有可能将指向标志与路边座位结合在一起，从而产生独特的视觉效果。迪塞普新山的实例便是一个证明。在一条小路的分岔口或两条小路的交叉处，都需要同时设置座位和标志物。如果两类设施的联系并非不相称，我们总是建议将这两个独立设施加以紧密耦合，特别是当这些设施为座位和标志物这样的小物件时，更适于参照此做法。

或许主要归因于气候条件，在一些地点存在着这样一种趋势，即为简单的路边座位增加一个屋顶，将其扩建为一种近似于小型庇护所的设施。对于这种精心制作的路边座位而言，我们有充分的理由建议，座位的设计和施工质量都应与实物的骄人特质相符。假使因为建议更高品质的设计和施工，而致使那些自命不凡的路边座位的数量减少，这样的建议仍然是很合理的。

路边庇护所的尺寸通常小于集中使用区的野餐庇护所。其用途是为那些在小路上徒步旅行或漫步的行人提供休息和庇护场所。同路边座位一样，路边庇护所的场址也可能取决于这样一个需求，即在风景极其优美的地点提供安静的隔离场所，或沿着一条艰难的路程设置休息处。路边庇护所可与具有良好视线的场所结合设置，在这种环境中，路边庇护所与小型俯瞰设施非常相似，常常无法找出这两者之间的差异。

人们普遍熟悉的传统的路边庇护所形同阿迪朗达克的庇护所，这种庇护所形式可能首先由当地的早期猎人和猎兽者发明。最初，它的三面墙壁由原木构成，一面露天开敞。通过在露天一侧的前方搭建一个营火，来为庇护所加热。为了最大程度地享用营火和最大限度地防止外界气候影响，真正的阿迪朗达克庇护所的高度会非常之低，在其开敞的前方仅仅能满足净空要求。屋顶略微伸出开敞一侧，并坡向构筑物背部。在最初使用这种庇护所时，由于人们睡在铺设于地面上的常绿枝条上，所以，原有的不足净空并不会带来不便。当把这种类型的构筑物改用于现代用途的公园中时，如果园中仅有这样一项夜宿庇护所，通常会将其屋顶升高，以扩大构筑物的整体净高。当庇护所的比例发生改变后，经常会损失原创的阿迪朗达克庇护所的舒适、紧凑的个性特征。如果该构筑物位于山坡洞穴之中，可将低矮的建筑物部分保留，不过，在这种场地上，有必要将建筑物的原木结构改为砌石结构。与典型的庇护所结构相比较，这种构筑物的屋顶轮廓线及其建筑结构都表现出非常显著的不同。

由于其它地区也声称阿迪朗达克庇护所为本土建筑，并对其进行改建，使它能够适用于其它的材料和气候类型、适用于个体需要及口味，这就使得该庇护所经受了很大变化。有些改造实验非常有趣而且成功，有些则不然。建筑的改造和建筑创作一样需要熟练的技巧。在本文后面有被迁移的各种木制和石制阿迪朗达克庇护所的插图。

最终决定公众观察处的构筑物形式的主要因素是超视觉意识，也就是人们希望看到的视景比未提供帮助时更大、更清晰、更远。尽管观察处经常是为公众使用而修建的，它们偶尔也会执行双重功能，即用作火警观测塔。当火警探测是其唯一功能或主要功能时，这类塔式结构在本书的"火警观察塔"分类中有论述。现在，我们主要关注于公众观察处的了望设施，这里，火警探测不是该设施的关联部分，或者仅仅在偶然情况下，该设施才被用于火警探测。

在公众观察处中，有的是具有严格功能性的火警观察处，有的则是完全为观景而设计、并极力表现其优美的建筑立面，这两者之间的距离非常大，超出了任何公园所能提供的远景范围。当人们非常有意识地尝试将美学渴望添加在火警观察塔充分的结构框架之中时，就犯下了公园开发行动中的"最高"错误。或许可采用这样一种做法，即对每一极端分别加以率直

表现，而不是朝着对方行进，这种做法要优于那种将两个不调和物交织在一起而生成的任何杂化物。

如果对现有的木构支架型观察塔的审美价值加以研究，其结局是令人沮丧的。通常，令人痛苦的是，作为其设计灵感来源的井架是未经任何掩饰的。如果设计者确实曾经勇敢地去设法解决那些不能解决的问题，那么，我们不能因为未加掩饰的井架而贬低设计者的作用。每一个新的尝试都极好地展示了"世上无不可为之事"！如若我们冒昧地出言抑制这种井架的扩张，这样的做法似乎是比较残忍，但是，假使这些令人痛心的构架继续在我们的公园内积聚，并用它们来纪念过去那些至为愚蠢的设计意图，这种做法也是行不通的。

我们不赞成使用木质高塔结构的原因并不只是出自审美考虑。如果要用螺栓连接或道钉连接来制造一个木支撑的构筑物，将会非常困难（如果并非不可能的话），因为这些接头需在缺乏持续维护管理的情况下，经受住任意长时间的重物撞击。在施工之后，木构件会立即收缩，其接头也会松动。当水渗进木构件之间，并最终渗入螺栓和道钉孔洞后，在接头处就会迅速发生腐蚀现象。在最易受攻击的地点，其建筑结构也最为脆弱。随着接头处最轻微的松动，巨大的风压会引起构筑物的移动，并因此而增加了整个建筑物的应力。由于公众使用的高塔的安全性完全依靠于检查和维护，而这种检查和维护在将来必然是无法保证的，这样，观察塔的使用安全性就无法得到保证。

尽管木构观察塔完全不具有吸引力，并存在着潜在危险性，但是，让人奇怪的是，已建成的石砌观察塔的数量极其之少。与开敞式的木塔不同，这些石砌观察塔在美学和结构方面都并非注定要失败，相反，设计者有可能借助这种结构来创作出生动而令人满意的设计作品，而且，这种结构具有更强的持久性，所需维护工作也较少。特别是当人们并不能普遍感觉到某座高度适中的石塔宛如从岩石顶峰上生出时，这种结构形式就必然不能被普遍接受。

当使用高架供水水箱时，这种水箱经常成为表现

观察塔特征的理由和手段。如果将水塔的结构支撑物用一个封闭的石墙加以掩饰，而了望平台则建于该石墙顶上，那么，这种功利性的水塔会成为景观中的一个令人不安的元素。

很多人认为，当前公园中的塔式观察构筑物的"出生率"过高，应制定一些控制措施。如果要为观察塔选择一个明智的基址，则应适当地对标高、视景、森林植被和视觉障碍物等加以考虑。有时，在满足功能需求的前提下，可建造一个不太显眼的观察设施，而不必渴求其成为一座巴别（Babel）塔。在对自然特征改动极小的公园中，可能会对专供赏景的结构物加以限制，使其规模小于那些高大的背景塔楼，这样，就可以更好地反映出合理、明晰的原野价值。

在现有的规模适宜的了望构筑物中，已有多种令人满意的建筑形式，其各种实例可参见本文后面的照片和图纸。我们可以看到，即使是最令人喜爱的实例也并没有那种自命不凡的姿态。我们必须承认，其中的有些构筑物在逻辑上可能应归为庇护所的类别。或许，读者并不会责难这种分类法的变形，并且，在特定的环境条件下，他们会无视这种诡计，并认为这种做法是可以谅解的。总体而言，由于设置高塔会使得建设时期的经济负担过重，所以，这类观察构筑物的"平均成功率"非常需要提高其收益比率，而那些近似于简单庇护所的、尺度适中的了望处就可以达到这样的收益率。

如今流传着这样一个迫切要求，即将拓荒者搭建的具有独特个性的碉舍改造为公园中的功能性构筑物。碉舍是一种早期的建筑物，它通常为方形，其伸出的二层部分用于防御，它（存在）的边界范围从大西洋海岸穿过陆地直至太平洋的大陆斜坡。据说，这些构筑物是普季特湾帝国前哨阵地的遗迹。因此，它是美国大部分地区的传统性建筑物，我们也可以理解，为什么在自然保护地中，要有意识地让人回想起该构筑物趣味性的轮廓和建筑结构。当这种改建工作被巧妙完成，并营造出使用了原始材料和方法的逼真感觉时，重建工程似乎将我们带回了曾经的原始大陆，并

以某种方式象征和许诺了自然资源的重生，这也是我们希望公园规划所能达到的及时效果。

尽管碉舍的建筑形式也启发了办公和其它建筑的设计，但它特别有利于改造为观察或了望用途，因此，近几年来，在大量的公园地区都重新创作了碉舍形式的构筑物。有时，其底层结构可用石头砌筑，不过，在更为典型的原始构筑物中，会从头到尾地使用圆形或方形的原木。某些改造构筑物（即便是那些极具随意性的构筑物）具有相当的吸引力。遗憾的是，为满足其防御功能，早期碉舍的开口必然极小，而对于一个了望构筑物而言，通常会将更大、更多的开口作为必需要素。因此，设计者所面临的一个难题就是取得传统形式和现代功能的平衡，而又不使我们很迅速和很强烈地意识到这种折衷做法。

在某种意义上，如果在周围地区的任意地点（或在一个开放的远景地点）都能清楚看到小路或公路，这种显露的道路本质上也属于一种被俯瞰的景色。为突显这一景色，可将小路或车道拓宽、或清除观察窗口处的植物叶片、或修建一个护栏等。如果要达到更为精细的阶段，则可能还会要求大量的挡墙、停车场、座位、带顶的庇护物（有时还设有壁炉）等。当视景很远且很壮观时，如果管理者允许，则可以安装固定的望远镜设备。大峡谷南部边缘的观测站和可以俯瞰火山湖的辛诺特（Sinnott）纪念地就有这样的设备。

有时，有些人可能会要求，最好将高山顶峰的树木进行迁移，因为这些树木正好成为视觉障碍物，它们必然会导致观察构筑物的高度增加。但是，与矗立在树木丛中的建筑相比，光凸的高地肯定会损害而非增强视景优美度。无疑，在某些地点，我们可以用采用这种迁移树木的方法，以建造可接受的、塔式结构的替代物。但是，这种做法绝不能被加以普遍应用。作为一种可能方法，在采用前应进行全面、充分的考虑，根据山顶轮廓线特征、森林的优势植被和视景的趣味价值等来加以权衡。

伊利诺伊州，巨城州立公园

宾夕法尼亚州，雷丁佩恩 (Penn) 山大都市自然保护地

明尼苏达州，卡姆登 (Camden) 州立公园

固定位置的路边座位

　　这里所示的座位包括半块圆木、或石头上的厚木板、或用柱式支撑穿过具有数种靠背类型的长凳等，涉及了所有形式简单的路边座位。在天然公园中，如果长凳的精细程度和复杂性超出了本页所示实例的限度，其合理性就会减弱。如果在不违背其合理简洁性的同时，令如图所示座位的细部产生大量差别，就可以促成座位类型的无限变化。大多数的座位都是侧重

阿肯色州，克罗利岭州立公园

得克萨斯州，沃思 (Worth) 湖大都市公园

怀俄明州，萨拉托加 (Saratoga) 温泉州立公园

艾奥瓦州，莱西基奥索夸 (Lacey—Keosauqua) 州立公园

于表现公园特征，而非满足该设施应具备的最大程度的舒适性。它们普遍具有尺度上的稳定性。那个洋洋自得的莱西基奥索夸长凳表明，与那些更有销路的直线型木材相比，废旧木头的扭曲线条更能反映自然环境的精神。可以看到，路边座位的适当选址，对于最终效果的产生起到了不小的作用。

伊利诺斯州，马赛 (Marseilles)I & M 运河州立公园

明尼苏达州，锡布利 (Sibley) 州立公园

宾夕法尼亚州，雷丁佩恩山大都市自然保护地

艾奥瓦州, 斯普林布鲁克 (Springbrook) 州立公园

艾奥瓦州, 多利弗 (Dolliver) 纪念地州立公园

可移动的路边座位

本页所示的座位既适于沿小路设置, 也适于安放在开敞的野餐庇护所或路边庇护所中。在艾奥瓦州的公园开发行动中, 坐凳表现出了相当突出的个性特征。值得注意的是其质朴的手工技艺, 即使它不能博得众人赞许, 也必然会引起人们的兴趣。从简单的、位于八字形凳腿之上的对开木, 到复杂的、带靠背的装配式长凳, 都属于对座具设施的一种表现用语。我们可以对这里所展示的数种等级的手工产品的品质加以比较, 可以发现, 艾奥瓦公园中的餐桌也具有同样的原始特征。而它的餐桌和坐凳, 与本书其它章节所示的艾奥瓦州庇护所也都具有良好的关系。

艾奥瓦州, 斯普林布鲁克州立公园

艾奥瓦州, 多利弗 (Dolliver) 纪念地州立公园

艾奥瓦州, 斯普林布鲁克 (Springbrook) 州立公园

华盛顿州，迪塞普新山 (Deception Pass) 州立公园

艾奥瓦州，多利弗 (Dolliver) 纪念地州立公园

与路边座位相结合的标志和屋顶

上图和下图所示为造型独特的长凳和标志的组合体。外列为所庇护的路边座位或了望座位。只有当伞形构筑物的中心支撑体强壮有力、或其基础被很好地加以支撑时，才可考虑选用这种类型的庇护所。只有当其坚持合理的施工规定，或者因考虑结构构件的经济性才做出逾矩行为时，这样的做法都是可以容忍的。我们将麦金利森林座位的完美的砌筑工艺，和沃思湖实例中的强硬斜度和自由的处理手法相比较，可以看出：其中一例是显得头重脚轻；而另一例则具有非正式的根深蒂固的稳定性。

伊利诺伊州，陈那红 (Chennahon) 麦金利 (Mckinley) 州立公园

华盛顿州，迪塞普新山 (Deception Pass) 州立公园

得克萨斯州，沃思堡沃思湖大都市公园

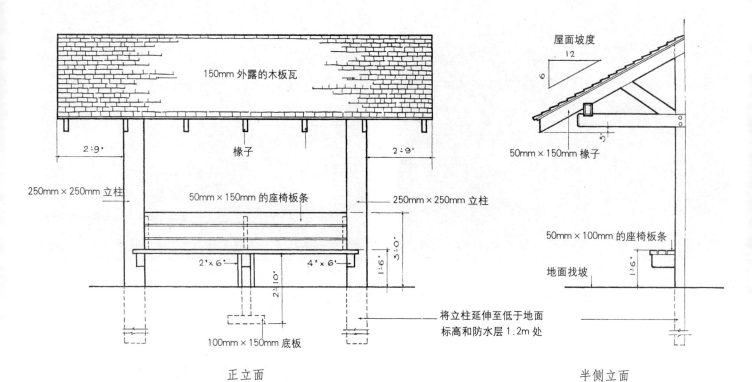

150mm 外露的木板瓦

橡子

2'·9" 2'·9"

250mm × 250mm 立柱

50mm × 150mm 的座椅板条

250mm × 250mm 立柱

屋面坡度

12

6

50mm × 150mm 橡子

50mm × 100mm 的座椅板条

地面找坡

2"×6" 4"×6"

100mm × 150mm 底板

将立柱延伸至低于地面
标高和防水层 1.2m 处

正立面

半侧立面

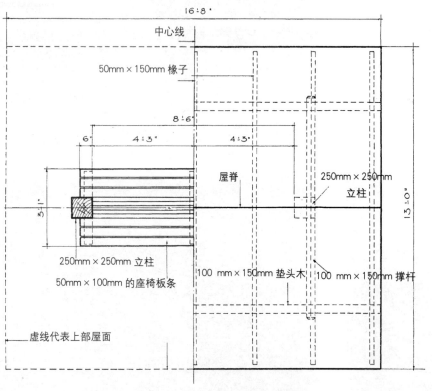

16'·8"

中心线

50mm × 150mm 橡子

8'·6"

6" 4'·3" 4'·3"

屋脊

250mm × 250mm 立柱

13'·0"

250mm × 250mm 立柱

50mm × 100mm 的座椅板条

100 mm × 150mm 垫头木 100 mm × 150mm 撑杆

虚线代表上部屋面

半侧的楼面布置图及半侧的屋顶平面图

比例 $\frac{1}{4}$" = 1' — 0" (1:48)

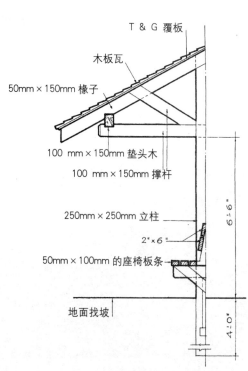

T & G 覆板

木板瓦

50mm × 150mm 橡子

100 mm × 150mm 垫头木

100 mm × 150mm 撑杆

250mm × 250mm 立柱

2"×6"

50mm × 100mm 的座椅板条

地面找坡

6'·6"

4'·0"

半剖面

比例 $\frac{1}{4}$" = 1' — 0" (1:48)

伊利诺伊州，陈那红 (Chennahon) 麦金利森林

伊利诺伊州，巨人城州立公园

伊利诺伊州，庇护所样式的路边座位

上图为伊利诺伊州的基本座位形式，它利用商业性锯材制成，其细部如对页所示。本页的其它图例均为其"近亲"，它们在伊利诺伊州已存在多年，需要好好加以润饰。沿顺时针方向观看，我们在右上图中会发现典型的手劈屋面，然后是利用圆形木材制成的魁伟的构筑物示图，接下来一例中的长凳扶手是其突出特征，最后一个实例给人深刻印象，双柱支撑，并留出一个中心走道。总体而言，这是一个优良的、具有长期传统的伊利诺伊老式家族，其建筑成就是非常显著的。

伊利诺伊州，马赛 I & M 运河州立公园

伊利诺伊州，斯塔伍德罗克 (Starved Rock) 州立公园

伊利诺伊州，皮尔·马凯特 (Pere Marquette) 州立公园

纽约州莱切沃思州立公园阿迪朗达克（Adirondack）庇护所

　　阿迪朗达克庇护所是纽约州的传统构筑物，它是当地最早的林中居民和猎手所使用的原始庇护所的残存。构筑物的端墙和后墙由原木紧密建造，其前端开敞，以接纳营火的温暖和光亮。坡向后墙的屋面较缓，而坡向前侧的屋面较陡，形成了一个保护性的挑檐。下页所示为当构筑物移至西部时，该类型的地域性变体；接下来的第二页则描绘了由其转换而成的石砌建筑形式。

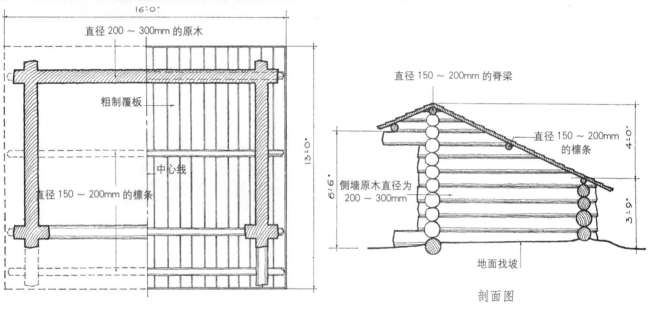

半侧楼面布置图和半侧屋面投影图

剖面图

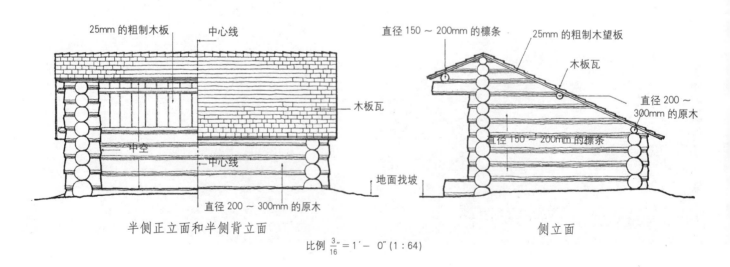

半侧正立面和半侧背立面

侧立面

比例 $\frac{3''}{16} = 1' - 0''$ (1∶64)

南达科他州，俾斯麦 (Bismarck) 大都市公园

明尼苏达州，锡尼克州立公园

阿迪朗达克庇护所的变体

　　向西部迁移的阿迪朗达克庇护所经历了一些改变。从上图可以看到斧劈的原木端头所带来的随意性，它同时也增加了外形轮廓的轻快感。旁边一例省略了小木屋的前部墙角，尽管那些非常长的大钉必定可以保证其结构的安全性，但该构筑物看上去仍不稳定。下一实例则沉湎于不同的场地细部特征。下图中的两个实例衍生自传统的、印第安拓荒者的方木建筑，让人疑惑的是，它们究竟是老式小屋建筑残存部分的重建和转换作品，还是经过巧妙"仿古"的新建筑。

阿肯色州，克罗利岭 (Crouley) 州立公园

印第安纳州，布朗县州立公园

印第安纳州，克里夫蒂瀑布 (Clifty Falls) 州立公园

纽约州克拉伦斯·法恩斯托克纪念地州立公园庇护所

这个简洁而悦人的建筑物有望成为盛夏季节的一个凉爽庇护处，而且，因其设有一个壁炉且单面开敞，它也可用作供其它季节使用的、具有良好保护措施的庇护所。其屋面和支承构件具有适宜的自重，其石砌部分具有不规则、但结构合理的个性特征。

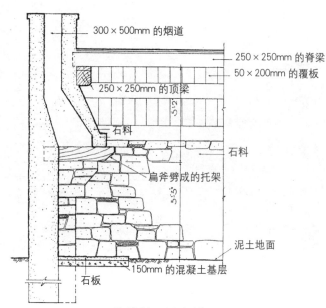

300×500mm 的烟道
250×250mm 的脊梁
50×200mm 的覆板
250×250mm 的顶梁
石料
石料
扁斧劈成的托架
泥土地面
150mm 的混凝土基层
石板

壁炉剖面图比例
比例 $\frac{3}{16}'' = 1' - 0''$ (1:64)

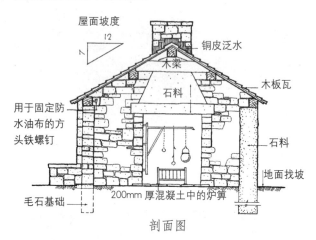

屋面坡度
铜皮泛水
木桨
木板瓦
石料
用于固定防水油布的方头铁螺钉
石料
地面找坡
毛石基础
200mm 厚混凝土中的炉箅

剖面图

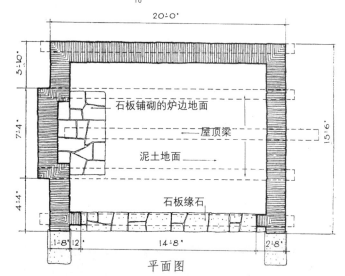

石板铺砌的炉边地面
屋顶梁
泥土地面
石板缘石

平面图

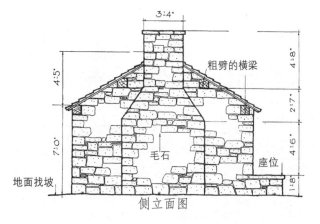

粗劈的横梁
毛石
座位
地面找坡

侧立面图

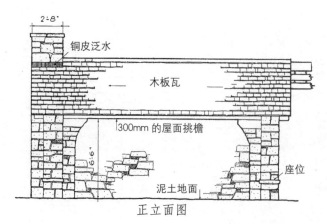

铜皮泛水
木板瓦
300mm 的屋面挑檐
座位
泥土地面

正立面图

比例 $\frac{1}{8}'' = 1' - 0''$ (1:96)

新泽西州，海伊角(High Point)州立公园

印第安纳州，布朗县州立公园

石砌的阿迪朗达克庇护所

正上方这张图中的路边构筑物，用石头来演绎了原始的阿迪朗达克庇护所的线条和精神，这样的演绎非常确切，绝不会让人对其灵感来源产生怀疑。而右上方图示的庇护所在这方面也并不逊色。在插图说明旁的这一实例（右中图）中，其典型的屋面耙纹显露出随意性，但图中的建筑外形和砌石工程又具有确实的规则感。下面两例庇护所仅仅保留了阿迪朗达克庇护所原型的些许痕迹，然而，由于它们自身的个性特征极其富足，所以，我们并不会因其对传统的忽视而感到遗憾。

伊利诺伊州，库克县森林保护区

俄克拉何马州，佩里(Perry)湖都市公园

俄克拉何马州，庞卡(Ponca)城庞卡湖都市公园

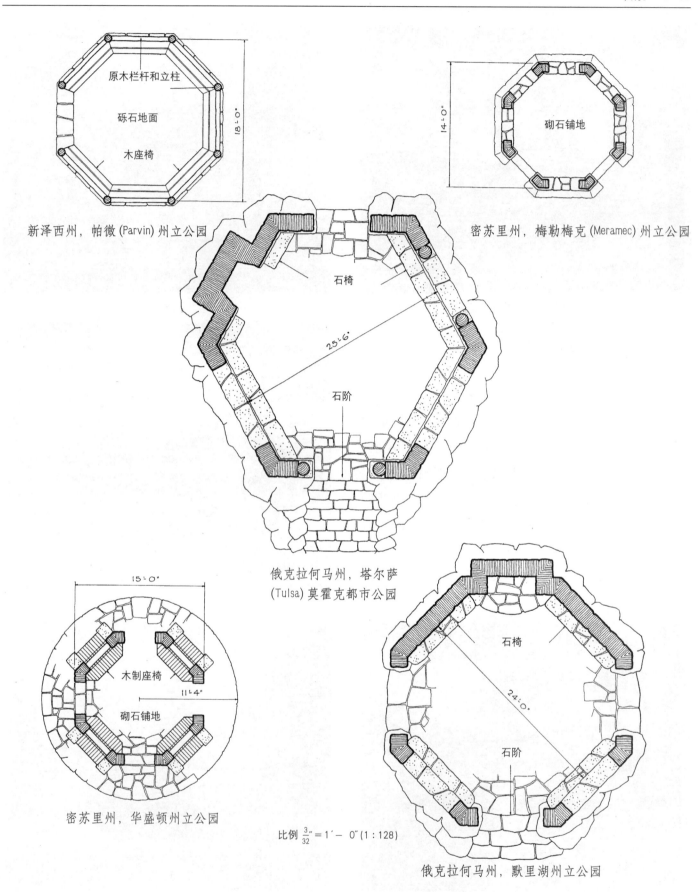

新泽西州，帕微 (Parvin) 州立公园

密苏里州，梅勒梅克 (Meramec) 州立公园

俄克拉何马州，塔尔萨
(Tulsa) 莫霍克都市公园

密苏里州，华盛顿州立公园

比例 $\frac{3}{32}'' = 1' - 0''$ (1 : 128)

俄克拉何马州，默里湖州立公园

新泽西州，帕微 (Parvin) 州立公园

密苏里州，迈热迈克 (Meramec) 州立公园

多边形平面的了望庇护所

在公园构筑物中，很少会出现六边形和八边形的平面，尽管这种形式特别适用于具有数个观景方向的了望设施。在这里，可以很明显地看到建筑处理方法逐渐完善的多个阶段。本页所示的新泽西州原木构筑物具有非常卓越的比例关系。俄克拉何马州的两个实例表现了构筑物与场地的精湛融合，而我们也有机会对这两个具有相同表面材料的平面形式的优点加以比较。其平面如对页所示。

俄克拉何马州，塔尔萨 (Tulsa) 莫霍克都市公园

密苏里州，华盛顿州立公园

俄克拉何马州，默里湖州立公园

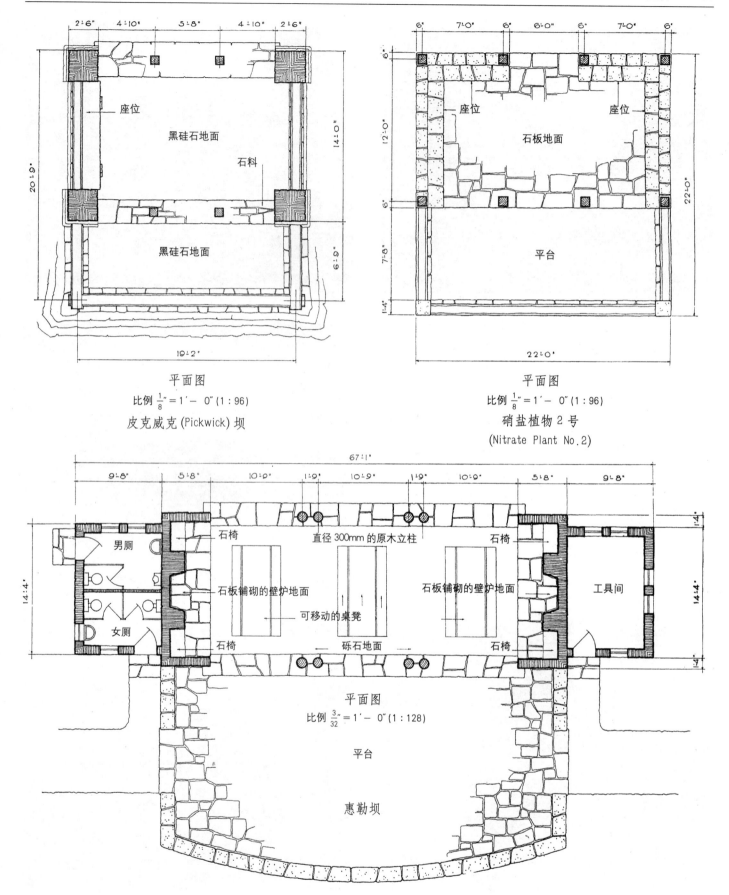

平面图
比例 $\frac{1}{8}'' = 1' - 0''$ (1 : 96)

皮克威克 (Pickwick) 坝

平面图
比例 $\frac{1}{8}'' = 1' - 0''$ (1 : 96)

硝盐植物 2 号
(Nitrate Plant No.2)

座位
黑硅石地面
石料
黑硅石地面

座位
石板地面
座位
平台

男厕
女厕
石椅
直径 300mm 的原木立柱
石椅
工具间
石板铺砌的壁炉地面
可移动的桌凳
石板铺砌的壁炉地面
砾石地面
石椅
石椅

平面图
比例 $\frac{3}{32}'' = 1' - 0''$ (1 : 128)

平台

惠勒坝

该构筑物的石墩具有明显的倾斜度和适当粗糙的质感，它的方木和栏杆显得强壮而坚固，其屋面则具有宜人的"粗糙"感，如图所示的细部特征都增强了这个具有恰当比例的建筑物的优点。在这一场地中，将庇护所与了望平台相结合的做法是非常适宜的，它为游客提供了观赏田纳西河的宽阔视野。考虑到有些人认为不宜在公园建筑中使用四坡屋顶，如果本例引起了那些四坡屋顶的反对者的注意，则该实例是适当的；如果本例使得他们处于疑惑状态，则本例是不恰当的。

田纳西流域管理局皮克威克 (Pickwick) 坝的庇护所观察处

该构筑物的原木矮墙和砌筑部分之间的联系显得比较生硬，除此弱点之外，它算得上一个令人满意的、露天观察处和庇护所的组合体。方柱的比例非常适合于构筑物的跨度和屋顶形式。如果插图中的屋面看上去过于平坦，这应归咎于照相机的角度。无疑，如果位于构筑物的较高一侧和外延标高处，这样的视觉条件会更有优势。

田纳西流域管理局硝盐植物 2 号的庇护所观察处

这是一个极大的"庇护所－平台了望处"综合体，它是田纳西流域游憩备用地的典型构筑物，如果在其两侧增加耳房，这样的平面布局形式就会产生与典型构筑物所不同的效果。这些耳房中包含厕所设施和工具间。考虑到材料的选择和其使用方式的有限性，该构筑物会牺牲一些不确定的特质，而这些特质是上面所述的几个小型构筑物所具备的，它具有非常的吸引力。令人烦扰的结构部分是其薄弱的砌筑石墙。

田纳西流域管理局惠勒 (Wheeler) 坝的庇护所观察处

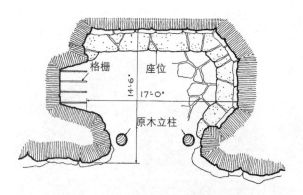

俄克拉何马州，佩里 (Perry) 湖都市公园

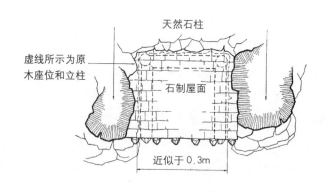

威斯康星州，里布 (Rib) 山州立公园

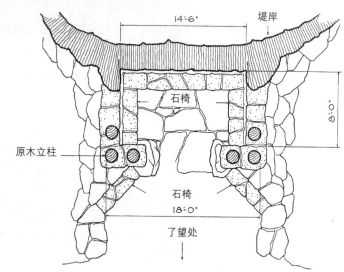

怀俄明州，萨拉托加 (Saratoga) 温泉州立公园

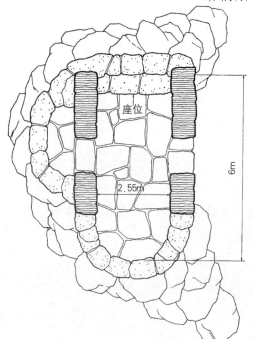

科罗拉多州，拉夫兰 (Loveland) 山都市公园

比例 $\frac{3}{32}'' = 1' - 0''$ (1：128)

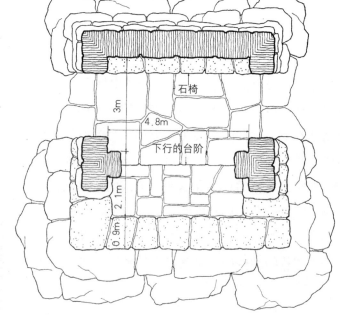

阿肯色州，小吉恩 (Petit Jean) 州立公园

俄克拉何马州，佩里 (Perry) 湖都市公园

威斯康星州，里布 (Rib) 山州立公园

路边的了望庇护所

　　本页所示为沿步行小路设置的小型庇护所的图片，而对页所示为它们的平面图。正如其粗野尺度所揭示，这里的所有实例都位于密西西比河以西。有些实例巧妙运用了场地的自然条件，特别是里布山州立公园和佩里湖都市公园。佩里湖都市公园的实例为一个巧妙的"双层甲板船"，它的顶部有一个可开合的孔，其防护墙由巨石自然堆砌而成，并与一个开敞的野餐壁炉相结合。小吉恩实例中的了望处具有粗犷而完美的尺度感，它是一个令人赏心悦目的作品。

怀俄明州，萨拉托加 (Saratoga) 温泉州立公园

科罗拉多州，拉夫兰 (Loveland) 山都市公园

阿肯色州，小吉恩 (Petit Jean) 州立公园

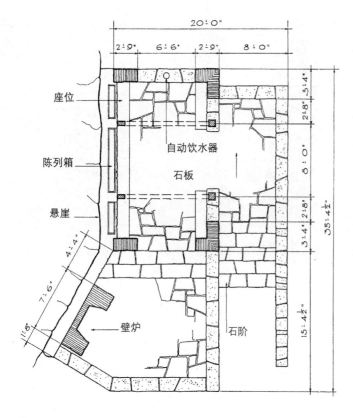

座位
陈列箱
悬崖
壁炉
自动饮水器
石板
石阶

A 型平面

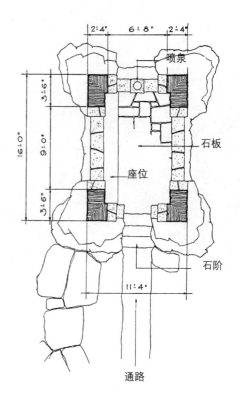

喷泉
石板
座位
石阶
通路

B 型平面

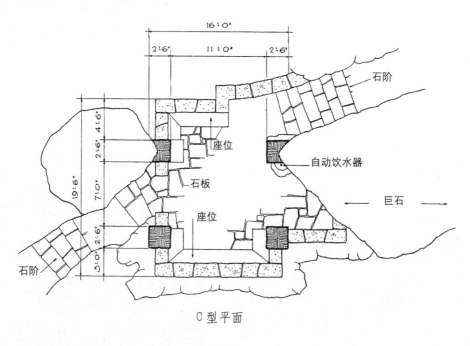

石阶
座位
石板
座位
石阶
自动饮水器
巨石

C 型平面

印度花园

比例 $\frac{3}{32}'' = 1' - 0''$ (1 : 128)

在荒芜地区，沿人行步道和马行道路设置的庇护所无疑是很有用处的，由于这种地区的道路状况崎岖不平，所以，荫蔽的休息场所很受人欢迎。右图中这一独特的庇护所（其平面在对页左上部）靠近光明天使的小路的最底部，它的主要特征是其位于室外的、带烟囱的壁炉，以及在有顶庇护所中的陈列箱。其中的展品使该构筑物看上去有些像一个路边的天然神祠。或许是因为天然岩石的特征决定了该砌筑体的松散结构。

大峡谷国家公园光明天使小路 (Bright Angel) 的路边庇护所

该茅草屋顶的构筑物同样位于光明天使小路一侧，它蜿蜒下行至峡谷内部。其平面图如对页右上图所示。其角柱的倾斜度相当大，从而产生了一个极具稳定性的外形轮廓。对于沿艰难的小路设置的所有庇护所（特别是炎热气候地区的庇护所）而言，饮用水的供应设施是非常重要的。值得注意的是，在本页所列举的所有三个庇护所中都提供了这项设施。

大峡谷国家公园光明天使小路的路边庇护所

这一庇护所坐落在该公园印度花园地区的巨石丛中。有意思的是，它的踏步和通路被加以调整，从而很适合于周边的自然障碍物。同前面两例相同，为提供饮用水设施和荫蔽的庇护所座位，该构筑物就如同公交线路上的一个小站。这三例庇护所的缓坡屋顶都具有很好的个性特征，它们既适合于荒芜的场地环境，又与形成峡谷岩壁的岩层层理相协调。

大峡谷国家公园印度花园的路边庇护所

阿肯色州，德弗尔斯登(Devils Den)州立公园了望庇护所

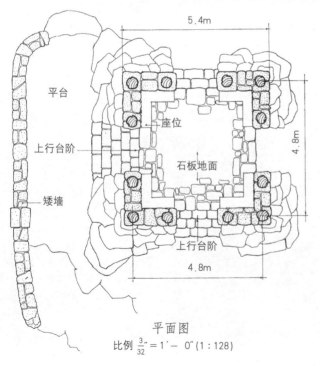

平面图

比例 $\frac{3}{32}'' = 1' - 0''$ (1 : 128)

如果设立一个"公园设施普利策奖"，那么，该设施的地面就可以作为一个被提名的候选物。这个小建筑将引起那些破坏性批判者的失望和惊慌，因为他们实在很难搜索出该建筑的缺点。考虑到篇幅有限，我们不可能将它的所有高品质优点一一列举，但可以肯定的是，其首要优点就是：在这里，建设场地、石工的有力尺度和个性和原木材料得以巧妙地融合。如图所示，那株独特而有趣的树木对该构筑物起到了润饰作用，不过，我们必须承认，树木与构筑物的配置关系无疑是非常合理的。

密歇根州，马斯基戈 (Muskegon) 州立公园了望庇护所

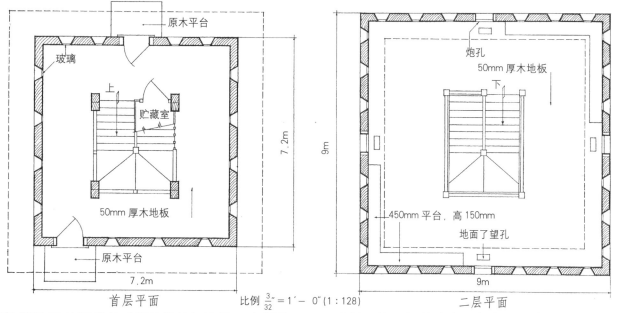

首层平面   比例 $\frac{3}{32}'' = 1'-0''$ (1:128)   二层平面

该构筑物是对拓荒者时期的敬礼！这是一个新建的老式碉舍，该构筑物的确实性虽不可靠，但却让人乐于接受，它的构造材料得益于一艘破损船只上的废旧木材。该了望处让人回想起已不存在的前人和被征服的荒野，它是为那些不知名的拓荒者设立的神祠。

得克萨斯州，长角 (longhorn) 洞州立公园了望庇护所

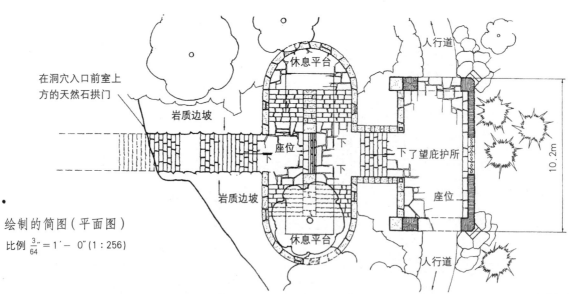

绘制的简图（平面图）

比例 $\frac{3}{64}'' = 1' - 0''$ (1 : 256)

这个公园的特色当然在于其趣味性洞穴。该洞穴从了望庇护所开始延伸，沿着台阶而下，直至岩石凹陷处。在台阶基部是一个天然的拱门，形成了洞穴入口。如对页所示，沿洞穴入口形成了一条轴线，而庇护所和了望－办公建筑综合体则隔着该轴线上一道水槽彼此相望。

得克萨斯州，长角洞州立公园了望和办公建筑

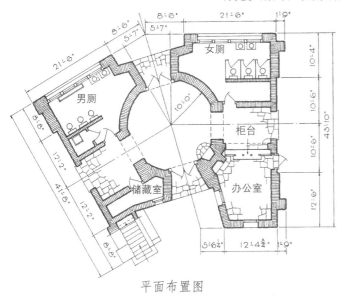

平面布置图

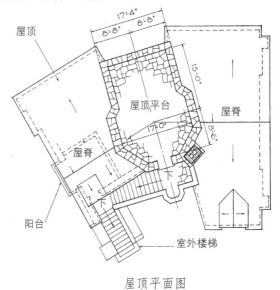

屋顶平面图

这是对一个公园场景的超常创作，它无疑是用"神毯"运载到这里来的。它对于多种材料运用非常巧妙和富于想象力，而这些材料的使用方法的确是非常动人的。该建筑给人以舒适愉悦的感觉，而外露岩层对于这种效果的产生起到了不小的作用。如对页所示，该建筑物和了望庇护所的建筑处理方法都是很协调的。

密歇根州尼博（Nebo）山州立公园瞭望塔

该实例比大多数的桁架式木塔都更加独特，但并不会因此而减弱时间带来的腐化过程。对于所有这种通用型的构筑物而言，挑出的平台可掩饰（但未完全清除）其与石油井架的牵连。

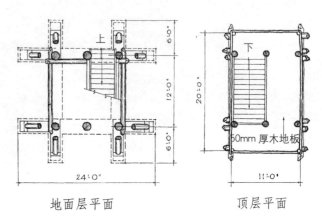

地面层平面   顶层平面

比例 $\frac{1}{16}'' = 1' - 0''$ (1 : 192)

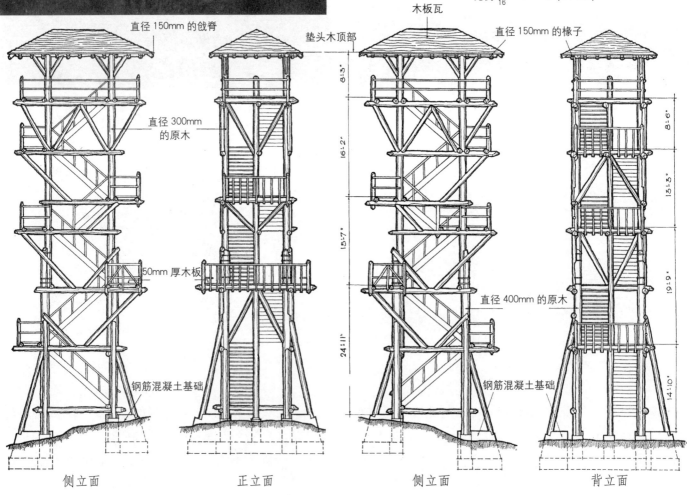

侧立面   正立面   侧立面   背立面

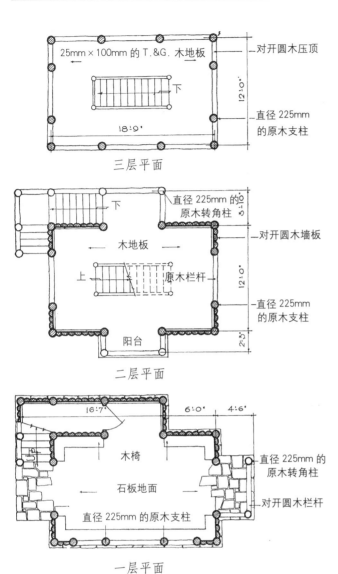

三层平面

25mm×100mm 的 T.&G. 木地板
对开圆木压顶
下
12'-0"
直径 225mm 的原木支柱
18'-9"

二层平面

直径 225mm 的原木转角柱
3'-0"
对开圆木墙板
木地板
下
上
原木栏杆
12'-0"
直径 225mm 的原木支柱
阳台
2'-5"

一层平面

16'-7"
6'-0"
4'-6"
木椅
石板地面
直径 225mm 的原木转角柱
对开圆木栏杆
直径 225mm 的原木支柱

肯塔基州坎伯兰瀑布州立公园瞭望塔

如果需要建造一个高度适中的木构瞭望塔，本页中的实例在一定程度上成功解决了其发展方向。通过限制构筑物净高和用竖向原木封闭大部分结构，本例避免了典型的桁架木塔的结构弱点。未来的原木瞭望处的设计最好在这个开拓型构筑物的基础上发展，而不是选用那种危险的格构类型。

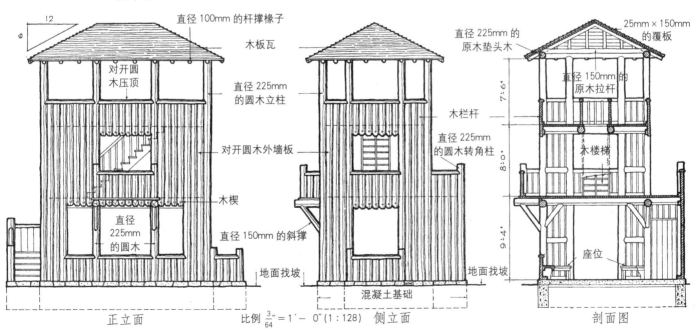

直径 100mm 的杆撑椽子
木板瓦
对开圆木压顶
直径 225mm 的圆木立柱
对开圆木外墙板
木楔
直径 225mm 的圆木
直径 150mm 的斜撑
地面找坡

正立面

木栏杆
直径 225mm 的圆木转角柱
地面找坡
混凝土基础

比例 3/64" = 1'-0" (1:128)　侧立面

25mm×150mm 的覆板
直径 225mm 的原木垫头木
直径 150mm 的原木拉杆
7'-6"
木楼梯
8'-0"
9'-4"
座位

剖面图

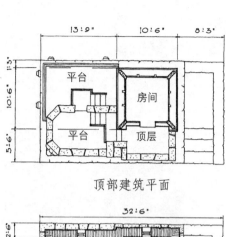

顶部建筑平面

房间　休息平台

标准层平面

底层平面

华盛顿州莫兰(Moran)州立公园瞭望塔
　　这一观测塔具有双重功能,它有一个公共观测平台,平台上方为被明确隔离的火警观测站。因此,其使用功能并未产生冲突。

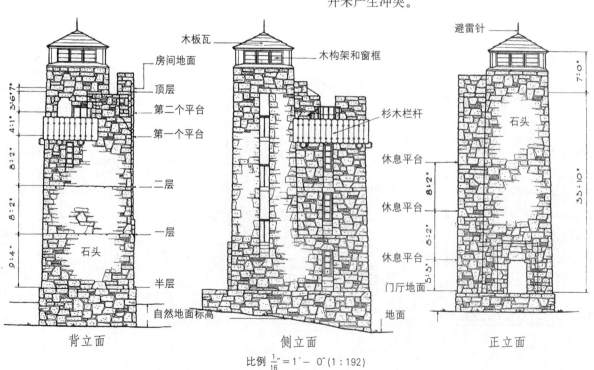

背立面　　　　　　　　侧立面　　　　　　　　正立面

比例 $\frac{1}{16}''$ = 1′ − 0″ (1：192)

马萨诸塞州布卢希尔自然保护区瞭望塔

　　这座塔构建筑物舍弃了双重用途的可能性，它只具有单一的观察功能，从而粉碎了"超级节约的美国北方佬"的谣言。遗憾的是，该构筑物忽视了美国北方砌筑技术的优良传统，这使得该构筑物的高度成就略显失色。

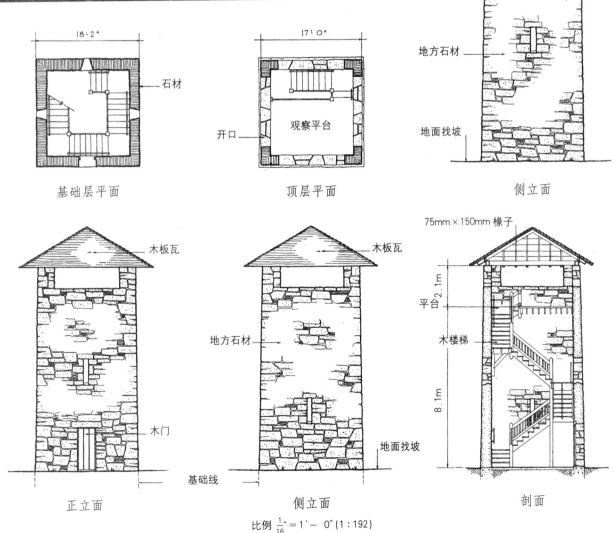

基础层平面　　　　　　　顶层平面　　　　　　　侧立面

正立面　　　　　　　侧立面　　　　　　　剖面

比例 $\frac{1}{16}'' = 1' - 0''$ (1 : 192)

亚拉巴马州，奇霍 (Cheaha) 山州立公园的瞭望塔

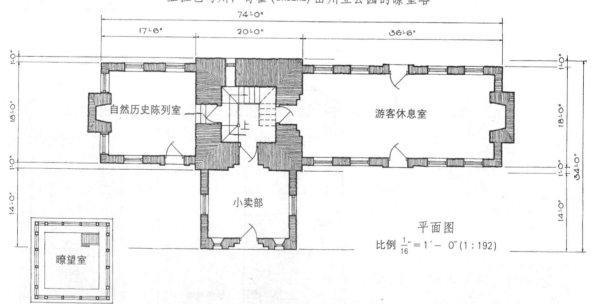

自然历史陈列室

上

小卖部

游客休息室

瞭望室

平面图
比例 $\frac{1}{16}'' = 1' - 0''$ (1 : 192)

该瞭望塔建于亚拉巴马州的最高处，可向游客提供壮观的全景图，它的自身尺度也是很合理的。该构筑物既用于观看风景，又可用于火警探测。在构筑物底部集聚了一些设施，便于公众在了望区更好地活动和赏景。

亚拉巴马州，韦奥果弗卡 (Weogufka) 州立公园的观察塔

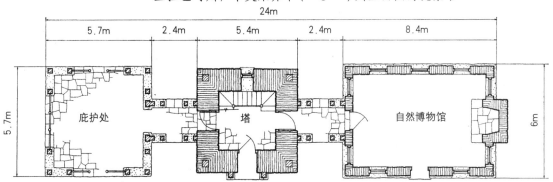

平面图

比例 $\frac{1}{16}'' = 1' - 0''$ (1:192)

不知何故，结合了其它用途的观察塔似乎已经成为一种合法形式。在本例中，结合塔构建筑物设置的庇护所和博物馆已得到人们赞同。其观察室也适用于火警观测。该构筑物整体给人一种亲近的感觉，其有限的半木结构处理方式也是很新颖的。

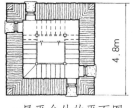

一层平台处的平面图

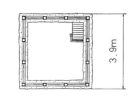

了望处平面图

新泽西州，南山自然保护区

华盛顿州，索尔特瓦特 (Saltwater) 州立公园

观点

正上方和正下方的两个实例均为形式最简单的瞭望设施，它们仅仅是一处天然的、没有显著标高变化的观景点，向观察者提供了良好的视野及防护栏杆。在其中一例中还为游客提供了座位。左面两例是两座尽力争取最好视景的高架构造塔。比较特别的是左上部的高塔，它的组成构件具有良好的比例关系，而且，由于其角柱的大幅倾斜，使该构筑物的外观显得非常稳定。令人痛心的是，尽管该构筑物在设计方面存在很多优点，但是，同所有的木构桁架塔一样，它也会因最终的腐化危险而给使用者带来极大的不安全感。

肯塔基州，戴维·杰克逊 (Levi Jackson) 原野路州立公园

田纳西河流域管理管理局惠勒坝保留地

水坝和水池

严格禁止人工控制地表水流是国家公园和名胜区不可违抗的原则，但小型公园的情况就不同了。尽管人们认为，有时这样的人工控制破坏了宝贵的自然条件，而它创造的价值却不足以弥补这些损失，但是，毫无疑问，在某些情况下这种对自然条件的人为改造是完全有理由的，例如，在严重缺乏区域性的水游憩设施的地区。那些认为应该将重点放在保护真正的自然风景和历史、科学价值上的人极力主张，在公园中建造大面积水体之前应该认真权衡一下所有可能造成的损失和利益。作为偶尔成功的例子，我带着一定的保留意见将水坝归入了编辑范围中。

因为大型的砖石或混凝土水坝，涉及复杂的工程问题，这里就不讨论了。任何缺少最完整的技术信息的讨论也许会具有误导作用，而对读者的帮助却并不大。另外，至今还没有办法使这种水坝的顽固的功能主义变得与自然环境协调。确实，水坝的表面常被覆以石块以软化坚硬的表面和僵硬的线条。但是，这样做往往并不能使水坝显得很完美地融于自然，因此这个方法并不十分可行。和其它一些公园设施一样，使用大型水坝之前必须先研究一下它能为游憩活动带来的好处，并无视它对大自然无法改变的敌对。建造人工湖的合理性取决于它能带来的游憩价值，而不是它能给公园带来的所谓的"特色"，在任何特大规模的公园开发项目中，人工湖都不会带来这种特色。

只有那些以自然式的瀑布或具有相当程度自然地形特色的蓄水湖的形式暗暗地融入公园环境的水坝或蓄水池才纳入我们讨论的范围。在这里，对这些水坝的讨论主要在外形方面，而不是工程方面。如果读者的兴趣超出了这里讨论的小型蓄水池的自然化问题，可以查阅特别为国家资源委员会附属水资源委员会所著的《低水坝设计手册》。

仿造瀑布的小型水坝通常有一座结构核心墙，而这座墙的表面常被饰以自然材料。核心墙表面装饰的岩石往往过于规整，这样就泄露了蓄水池是人为营造的事实。通过使饰面在平面与立面上都显得不规则可以避免这种现象。要在立面上产生自然式的效果，可以在砌筑石块时模仿当地基岩的构造。水坝的表面处理也应该符合当地的地质条件，在岩层裸露的峡谷地区，更应该使水坝表面的岩石和当地的基岩形态一致。遍布圆石的地方模仿横纹的基岩也很不合适，只有外形像成组的圆石的水坝才能产生自然感。岩石大小的变化也能大大增加水坝的自然感。在建造水坝时也应该确保所有具有结构用途的岩石被水流蚀过。若在水位较低时暴露出水坝的结构部件则会大大削弱精心设计的自然感。

在公园和游憩区能够进行游泳活动的水体能被广泛地分为两组。溪流、河流和湖泊可以作为一组，小池塘通常是自然式的特别改造用于游泳，它与水坝和正规的游泳池组成另一种。第一种虽然可能涉及水坝的建设，但是它们的大小通常使它们不可能获得公园性，因而这里不作讨论。

只有第二种类型才能引起我们的兴趣，这主要是因为它包括了由模拟瀑布的水坝创造的自然式水池。也可以说游泳池本身及其与更衣室的关系是我们注意的焦点。以下的插图将深入探索这些问题，我不准备详细讨论游泳池的建造方法，因为涉及的工程和卫生问题，需要精确、详细的论述。因此，读者若想获得有关建造游泳池的原则和细节方面的信息，可以查阅其它的资料，例如国家公园局的《工程手册》之1100部分——各类建筑与设施。

在十分需要建设动态游憩设施的小公园内，若并不过分拥挤，人们常希望游泳池的样子和记忆中的游泳池塘一样。然而，为了满足卫生要求，游泳池应该是彻底现代化的，并能够控制疾病传播的大型水体，这样才能减少很多人在一起游泳而产生的传染疾病的危险。当然，服务于小型社区的游憩用地可能有清洁的溪水流过。阻碍大型人工湖建设的原因总不会超过以下几个：

用地不够，缺乏建造大型蓄水池和合适的基地或足够的资金，地形条件差，或者只是因为固执地偏爱少经人工改造的自然。如果水流不会季节性地停滞，并且能够采取控制人数和定期检查污染情况的措施，则建筑小型的游泳池塘在理论上完全可行。一个小型的蓄水游泳池就可能成为一种公用设施，如果再将水池建造成自然式的水体，则我们孩提时代光着身子游泳的水池塘又能回到眼前了。

加利福尼亚州，普雷里 (Prairie) 河州立公园池塘

出于对人类能力的怀疑，人们总是故意回避这个田园诗般的小池塘的创作方面的问题。它代表了每个男人孩时游泳过的小池塘——一种属于过去的荣耀。

宾夕法尼亚州，匹兹堡 (Pittsburgh) 南方 (South) 公园涉水池

这个城市公园为年青人设计的怡人的涉水池是一件罕见的艺术品——有任何模仿自然的细节，却能拥有自然的精髓。

得克萨斯州，帕尔梅托 (Palmetto) 州立公园

俄克拉何马州，塔尔萨 (Tulsa) 莫霍克 (Mohawk) 都市公园

小型自然瀑布

　　这里所示的岩石的排列模仿了小型自然瀑布。在某种意义上，对于人造小水池和水流来说，先有小型水坝这个结构部件，才有这些可以称为岩石雕刻作品和审美部件。这些例子效法了自然，而巧妙地隐藏了人工的痕迹。经过自然化而看起来像瀑布的小型蓄水池，以及小径台阶也许是在供人类使用的自然地区的开发过程中唯一能够成功地隐藏人工痕迹的设施了。

马萨诸塞州，皮茨菲尔德 (Pittsfield) 森林公园

普拉特 (Platt) 国家公园

普拉特 (Platt) 国家公园

俄克拉何马州，特纳 (Turner) 瀑布州立公园

马萨诸塞州，奥克托巴 (October) 山州立公园

*内布拉斯加州，奥马哈 (Omaha) 莱维·卡特 (Levi Carter)
都市公园*

自然式瀑布

上方的大插图显示了将自然感赋予大型水坝的杰出成就。多变的水流、不规则的平面、岩石的分布——这些都是这个人造瀑布的成功因素。左下方的例子证明，土坝墙的泄水道不一定必须是扩大的、不协调的混凝土或石块铺砌的水道。右下方瀑布的岩石堆砌成功地赋予了湍急的水流如画的美感。

阿肯色州，小石城波义耳(Boyle)都市公园自然化水坝

阿肯色州，小石城波义耳(Boyle)都市公园

阿肯色州，小石城波义耳(Boyle)都市公园

　　这三张照片的有趣之处在于它们记录了同一个人造瀑布随着季节变化而改变的蓄水量及外形。上方的大插图显示了常规的水量，其中水流以一种令人愉快的方式生机勃勃的流过成组的岩石。左下方的图片显示出明显的低水位，这时构成水坝的岩石可以作为人们穿越溪流的汀步石使用。右下方的照片显示了发洪水时，形成水坝的岩石几乎完全被洪水淹没的情景。

本页的例子代表了由水坝形成的中型游泳池，它并没有模仿自然瀑布，但也没有完全失去我们所说的"公园特性"。在这个例子中，水池具有自然式的轮廓，而水坝表面裸露的岩石更具有质朴的表面肌理。置于溢洪道下方的岩石使大坝基础透露出自然的气息，同时也提高了整个大坝的自然品位。

温泉 (Hot Spring) 国家公园水坝和水池

这里显示的不仅只是一个具有吸引力的游泳池，它更是支持人工水体绝不会为自然美景增光添彩的论点的照片证据。游泳池游憩价值是不可否认的，但因为这个游泳池嵌入美丽的自然瀑布底部而减损了这个地方的自然之美，我对它的位置的合理性持质疑的态度。

纽约州，恩菲尔德·格兰 (Enfield Glen) 州立公园水坝和水池

这个水池在不需要特别强调风景价值的情况下增加了一处游憩价值。它具有混凝土的池底和驳岸，而它的水坝是石制的，并采用了芝加哥城市地区典型的砌石方法。通过将岸线和边缘的阶梯处理成悦人的大曲线形，大大减少了这个设施的人工痕迹。

伊利诺伊州，库克 (Cook) 县森林保护区水坝和水池

大峡谷 (Grand Canyon) 国家公园游泳池

这个具有自然式岩石驳岸的人造游泳池位于大峡
谷深处的凡特姆 (Phantom) 农场。当人们艰难地顺着
马道从大峡谷一路下坡来到这里时，这个游泳池正迎
接着他们，欢迎他们游泳。这个水池看起来很随意，
自然式的岩石驳岸并非是很容易就能营造的，任何碰
到过这类问题的人都能很快地证明这一点。

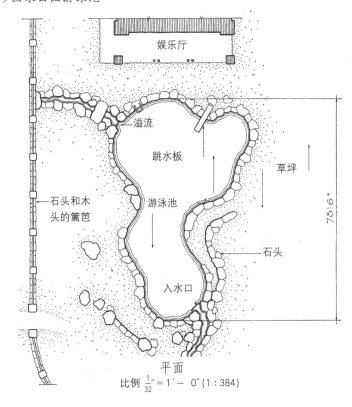

平面
比例 $\frac{1}{32}'' = 1' - 0''$ (1:384)

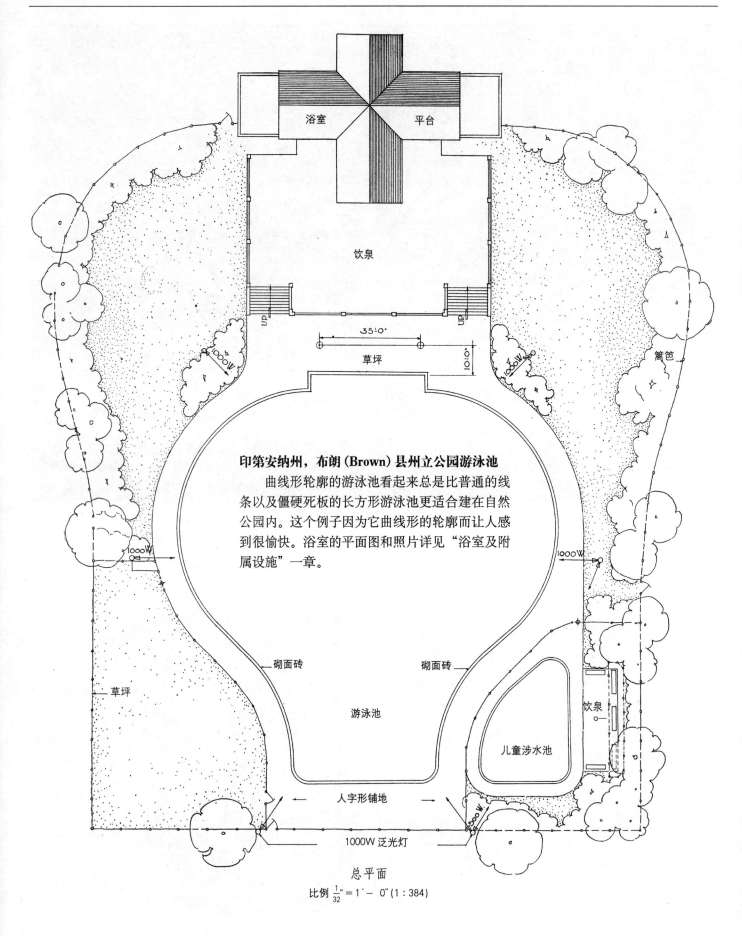

浴室   平台

饮泉

35'-0"

10'-0"

草坪

印第安纳州，布朗（Brown）县州立公园游泳池
　　曲线形轮廓的游泳池看起来总是比普通的线
条以及僵硬死板的长方形游泳池更适合建在自然
公园内。这个例子因为它曲线形的轮廓而让人感
到很愉快。浴室的平面图和照片详见"浴室及附
属设施"一章。

砌面砖　　　　　　　砌面砖

饮泉

草坪

游泳池

儿童涉水池

人字形铺地

1000W 泛光灯

总平面

比例 $\frac{1}{32}$" = 1'- 0" (1 : 384)

篱笆

过去，只需为公园游泳设施提供临时性的公共浴室，而如今，这一时代正在消逝。以往那种缺乏管理的建筑物正在被设施全面的公共浴室所取代，它已成为人们心中的记忆。当我们留恋地细细回想年轻时的夏日假期时，我们可能很难清楚记得那昏暗、凌乱、维护不善且很不卫生的建筑。这是一种早期的游憩建筑，在经过一段时间的调整演变，它逐渐能够提供更加有序、完善的服务。如果将马车时代的公共浴室作为怀旧物而保留在现代公园中，这显然是不合情理的，就如同让现代人使用旧式交通工具或旧款浴袍一样。

许多公园的卫生状况超过了只有在无人惠顾地区才能容忍的限度，而社会进步便促使这类公园增设了更加有效而复杂的卫生设施体系，同样，社会的进步也使得旧式的公共浴室趋于落后。来自不同社会阶层的游人对公园设施的使用率增多是促成这一转变的原因之一，其作用力是有益而巨大的。

在对公共浴室加以监管之后，也提高了该构筑物及其附属设施的各种细部的标准。公共浴室须通过效率测试和卫生测试，并应与时代同步。作为公共场所中的公共浴室，无论是被直接经营还是租让经营，其布局和施工营造都应在投资最省的前提下，可供尽量多的游人使用。这就意味着，公共浴室的使用费应尽可能低。所以，公共浴室的空间不必过于宽敞、奢华，不需要多余的操作系统。此外，也不需设置私人更衣室，因为某个人的一次租用即会持续很长时间，如果要满足这种需求，将导致浴室建筑面积的大幅增加。

大型、宽敞的浴室建筑会导致高额的使用费，所以，要收回投资，就应满足大众对适中费用的期望。通过一种用以检查顾客是否真正占用更衣间的系统，可以增加浴室的使用率和减少建筑面积，从而在理论上降低使用费。因此，对于负责确定公共浴室运作方法的每个公园管理机构而言，它有义务采用这样一种系统，同时不忘自己应尽的职责。

为有效节约空间，过去那种发放私人更衣室钥匙的做法已被取缔，代之以公共更衣室、或只在真正占用时才可使用的私人更衣室。当游泳者身处海滩或湖滨时，有多种方法来安全保管其个人物品。如果使用存衣柜系统，可向每位游泳者分发一把钥匙，将其衣物锁在柜中。如果使用篮筐系统，游泳者可将衣物放在分给自己的篮筐或托盘中，再由管理员看管。韦斯特切斯特县公园委员会已不再使用存衣柜系统而提倡使用篮筐系统，因为衣物筐比存衣柜更易彻底消毒。在网状筐和铝制托盘两者中，该委员会更提倡使用后者，因为衣服的纽扣和布料很容易被网眼勾住并扯坏。

存衣柜和衣物筐的数量应与更衣空间的大小成一定比例，其中，限制游泳时间的人工游泳池和不考虑时间限制的大水面应区别考虑。在游泳者数量相同的情况下，游泳池所需存衣柜或衣物筐的数量较少，因为在较大水域中游泳者的滞留时间更长。

可使用一种方法或几种方法的组合来布置更衣空间。男士（和男孩）对更衣室的要求通常只是一个长凳和足够宽敞的搁物架。有时也可提供一些带座椅和衣钩的更衣单间，或正面开敞，或带门帘，或设门扇。但是，没有理由仅提供一种更衣方式。较为合理的做法是：为老年人提供一定数量的更衣间；而对于那些在有健身设备的公立学校中长大的年轻一代，只需为其提供大众更衣空间即可。

对于女性而言，大众化的更衣空间较难接受。她们更喜欢使用带帘子或门扇的更衣单间。如果在大众化更衣空间中设置更衣单间，应尽量更好地利用所得空间。现在已有越来越多的年轻女性参加体育运动，她们可能不再像老一代那样普遍要求更衣单间。

在所有的公共浴室中，淋浴装置不仅很受欢迎，它也是绝对必要且使用量很大的一项设施。不管是游泳者在人工游泳池中的运动结束后，还是在入池前使用肥皂的情况下，都必须使用淋浴装置。男浴室的冲淋装置可设在一个大空间中，而女浴室则最好设淋浴单间。在设计女浴室时，如果已经设计了更衣单间，就没有理由让女士们在出入浴室时穿过公共走道。既然要保留隐私权，就理应保留到底。如果资金允许，可以设置几个可分别与两、三个更衣单间直接相连的淋浴器。对于在游泳前必须冲淋的人工游泳池，更需要这种设计。

如果是在人工水池中游泳，可在从更衣室至水池之间的通道上设置防止脚步疾病传染的消毒洗脚池，这样，可确保所有人对洗脚池的使用。

公共浴室内的厕所应设在通向海滩或泳池的路上，其位置应方便而又便于寻找。

人类关于卫生学知识的认识，已改变了公共浴室的建筑结构和运作方式。在人工游泳池，游泳者总是被要求使用管理部门统一提供的消毒浴衣、浴帽和毛巾。在一些都市公园，游泳者在进入泳池前必须进行体检。对于使用率很高的公共设施，这是一项明智的防范措施。

近来，人们更加认识到公共浴室的采光和通风价值。这里要提到一个公共浴室的更衣间，其建筑布局最大程度地体现了这种观念：在建筑内部，除更衣单间和厕所之外，其走道和公众更衣空间都不带屋顶。这种摒弃传统的做法是否合理呢？当天气太冷而没法在无顶更衣室更衣时，这种冷气候条件也同样不适于室外游泳。

所有的公共浴室几乎都必须付费。这笔收入可用于浴室的运营和维护工作。可设置专门的管理用房，用以收取浴室使用费，或分发浴衣、毛巾、衣物筐、钥匙，或看管游泳者衣物等，而这类管理用房与前厅及男、女更衣室的联系应紧凑而灵活，以便用最少的

管理员来完成全部的监管工作。这一点对于降低浴室的运营费用至为重要。

以上内容概述了公园内部现代公共浴室设计的基本要点。此外，还有另外一些虽不是必需但也很受欢迎的辅助设施，如卫生间、饮水器、浴衣绞干机、吹风机、公用电话等。如果运行政策需要或资金条件许可，可设置办公室、休息室、急救室、救生员休息兼更衣室等。如要出租浴衣和毛巾，就必须设置洗熨干衣间，除非场地外设有专门的洗烫场所。

有时，出于政策、私利、经济及其它方面的考虑，可能会将一些无关设施与公共浴室整合为一个大帐篷、一个社区、或综合建筑。必要的附属设施包括警察或员工的休息室和衣帽间，员工住所，冬季贮藏间，供应食物、饮料、糖果、香烟、玩具和出租滨水运动器材的特许店等，它们可能会使公共浴室成为一个大型的综合建筑。

在海滨游泳场，供游泳者使用的码头和浮坞都是必要的附属设施。这两种设施上一般会附设几块跳水板，有时还加上高架跳水台和供游泳者休息的长凳。

浮坞是一个设置在固定基础上的平台，当水位较深时，则更多采用浮桥架设的停泊形式。后者尤其适用于水面不稳定及需要经常改变浮坞泊位的情况。有时，浮坞周围设有围护装置，以防儿童、非游泳者及初学者进入。这样，也就能大大提高对浮坞的控制性使用，并提高了浮坞的安全性。

如果海滩的使用区域有限，且能被围护起来使用，可对不游泳但希望进入海岸的人象征性收取一定费用。这样，可避免海滩过于拥挤。附设可变岗亭的十字转门入口是通常使用的商业型管理方法。在十字转门处，最易于强制人们遵守公园规章，即不许携带食物进入海滩，和不许身着泳装的游人直接离开海滩等。许多公园都用这种方法禁止人们在公共浴室以外的地方（包括汽车中）更换衣服。

让我们的目光从公共浴室的辅助部件再回退至根本，最有必要强调的还是浴室材料和设备应便于清洁

和维护。同公园厕所一样，公共浴室的维护标准与所用材料的耐久性和易净化性有关。公园的维护基金在多数情况下都是不足的，但通过巧妙的选材可在一定程度上抵销这种不足。公众可能会对园中其它同样缺乏维护的设施无动于衷，但公共浴室及公共厕所设施的不卫生状况则是公众投诉的直接目标。

以下图片是一些成功的公共浴室实例，它们力求表现出公园内、公共浴室各组成部分或附属设施的典型组合和相互关系。

阿肯色州，克罗利岭 (Crowley's Ridge) 州立公园的跳水台

怀俄明州根西（Guernsey）湖州立公园浮动游泳码头

　　该游泳浮台具有荒野建筑的特色。设计这种设施时，一般很少考虑除实用性之外的其它内容。它的努力成就是非常值得赞赏的。该码头显然经过了仔细、精心的设计，其朴实无华的构件具有坚实的尺度感。与那些形式平淡无奇、只为满足功能需求的游泳浮台相比，该浮台形式令人耳目一新。

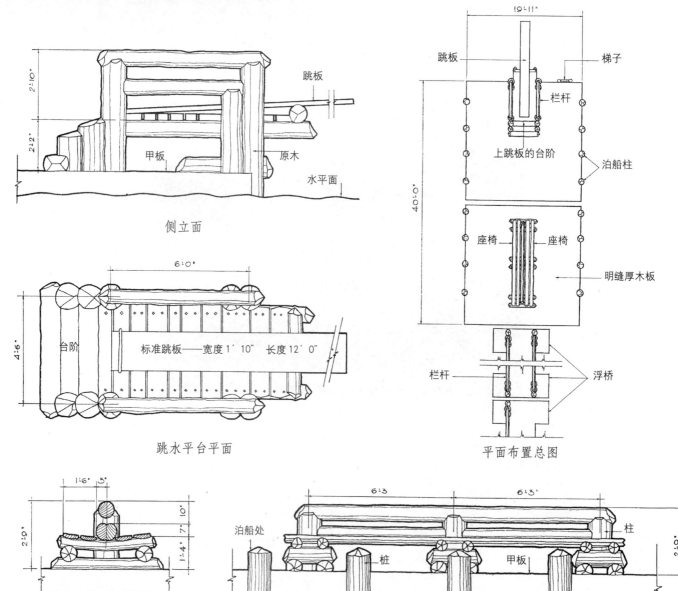

侧立面

跳水平台平面

平面布置总图

横断面　　比例 $\frac{1}{16}$″ = 1′ - 0″ (1 : 192)

座位侧立面

南达科他州卡斯特（Custer）州立公园斯托开德（Stockade）湖

这是一个游泳平台与泊船码头的结合体，它与对面页的游泳浮台都具有很多值得褒扬的相似特征。引人注意的是两个实例中长凳的坚实体量、高架跳台的支承结构和扶手。在树木繁茂的环境中，尽可能地使用了圆形断面的木料，使原本功利性的设施能与环境相融合。

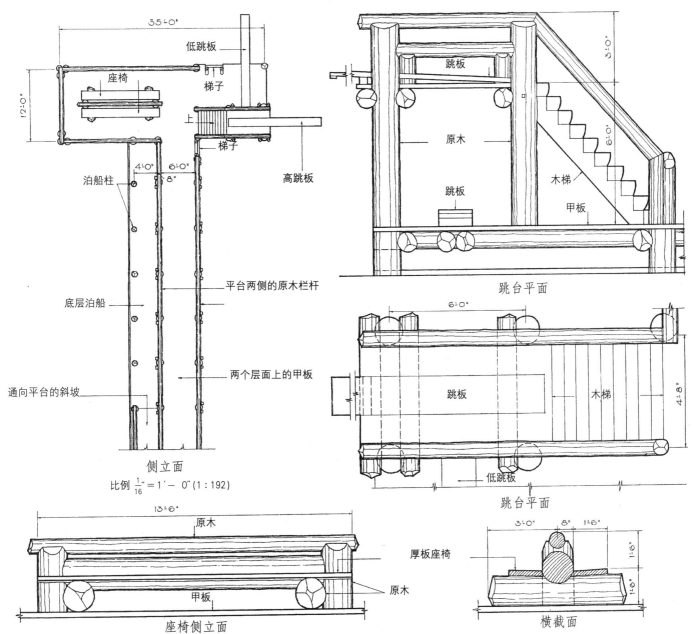

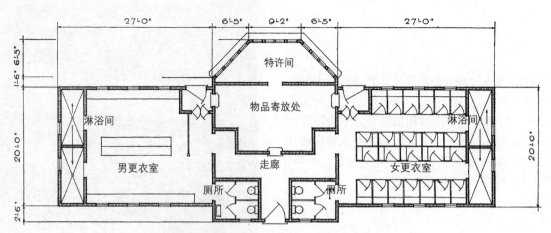

弗吉尼亚州，威斯特摩兰 (Westmoreland) 州立
公园

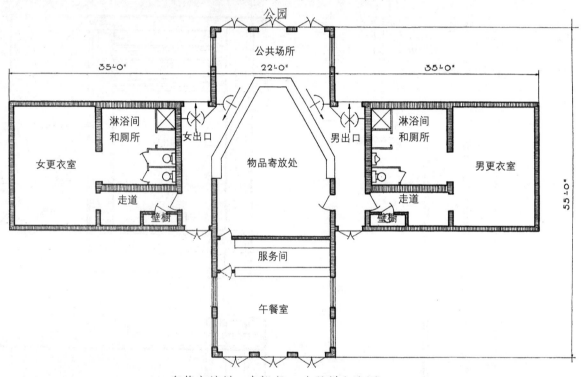

印第安纳州，布郎 (Brown) 县州立公园

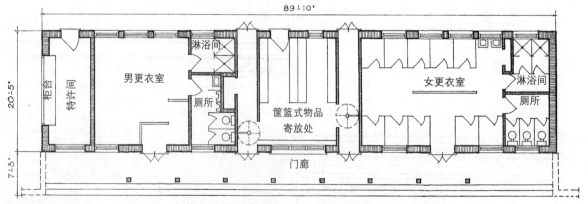

印第安纳州，麦科米克 (McCormicks) 河州立公园
比例 $\frac{1}{16}'' = 1' - 0''$ (1：192)

　　该公共浴室的尺度和材料运用都很合适，并具有许多出众特点。其平面布局有利于一人独自管理浴室及其附属设施，且很好地阻挡了视线穿越。在女更衣室设有私人更衣间，而男更衣室则为开放更衣空间——这种做法是十分合理的。如将其改建为游泳池更衣室，只需增设十字转门控制器和足部消毒池即可。

弗吉尼亚州，威斯特摩兰 (Westmoreland) 州立公园公共浴室

　　与上图相同，该公共浴室的出类拔萃之处在于对廉价材料的精心计划和得当使用。此外，该浴室的总体布局和管理方法都很出色。其更衣室很明智地使用了无屋顶形式。由于该浴室与游泳池毗连，其位于浴室与泳池之间的足部消毒池是非常适宜的。这一建筑还有一个引人注目的大平台，可由此俯瞰整个水池。有关浴室与泳池关系的平面图，可在本书论述游泳池的部分找到。

印第安纳州，布郎县州立公园公共浴室

　　这座公共浴室胜于游泳池，其布局相当实用。侍者只需居中站立，就可同时服务于男、女顾客。游客需先行付费，再通过单向的十字转门，进入设有围栏的游泳池，然后再进入更衣室。女更衣室由一个个单间组成，而男更衣室则是一个大空间。该浴室的不足之处是更衣室和水池间未设置足部消毒池。该建筑本身是很宜人的，但它更适于出现在都市环境而非自然公园地区。

印第安纳州，麦科米克 (McCormicks) 河州立公园公共浴室

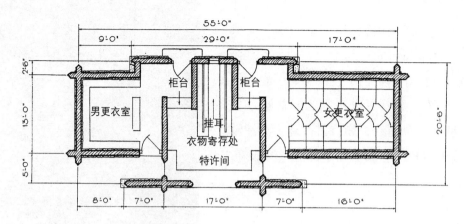

明尼苏达州，锡尼克 (Scenic) 州立公园

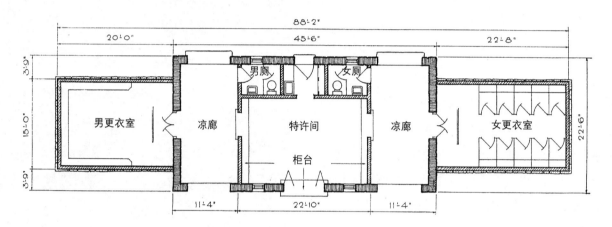

明尼苏达州，锡布利 (Sibley) 州立公园

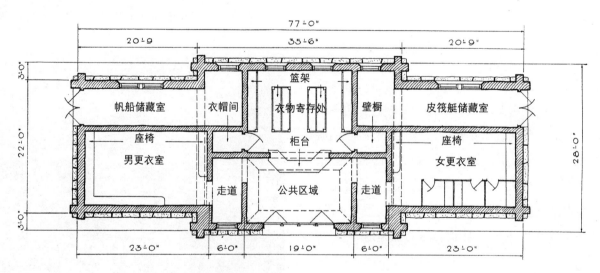

密歇根州，贝瓦比克 (Bewabic) 州立公园

比例 $\frac{1}{16}'' = 1' - 0''$ (1 : 192)

这一小型公共浴室设计也受到"更衣室无须有顶"这一观念的影响。这一观念有两方面的利益——降低造价和增强采光通风。其砖石部分的处理不够完美，但高质量的木作和精到的平面处理足以弥补这个缺憾。衣物寄存处的布局紧凑，其尺度很适合有限的更衣空间。

明尼苏达州，锡尼克 (Scenic) 州立公园公共浴室

该公共浴室的平面布局，与明尼苏达州卡姆登州立公园的一个浴室非常相似。本图视角朝向建筑入口。茶点特许间则朝向游泳海滩。砖石砌筑与竖向板条的组合使这一建筑非常吸引人。其门廊开敞，可方便人们自由出入更衣室，但也会为服务员的管理工作造成一定困难。所以，这种平面布局最适于那种只提供浴衣、毛巾出租和衣物管理，允许人们自由出入的浴室。其中的更衣室没有屋顶。

明尼苏达州，锡布利 (Sibley) 州立公园公共浴室

这个精美的木构浴室包括了船只储藏室，但这样的耳房处理方式却掩盖了无顶更衣室原有的诸多优点，并留下了一些缺陷。由于天井开口较小，丧失了与无顶更衣室相比较有顶更衣室的经济性。小而高的开口大大限制了空气流通和采光，同时又存在无顶更衣室的最令人心烦的缺点——枯枝落叶的飘入。除非开口部分的面积足够大，最好还是为更衣室全部加上屋顶，并依靠墙上的窗户采光通风。

密歇根州，贝瓦比克 (Bewabic) 州立公园的公共浴室

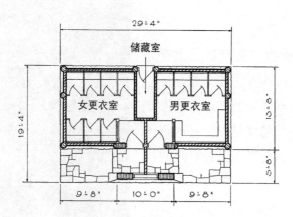

爱达荷州，海本 (Heyburn) 州立公园

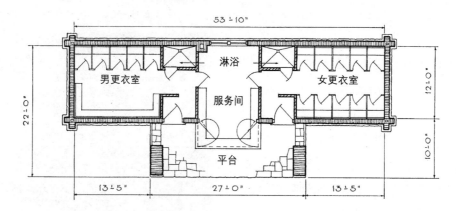

华盛顿州，迪塞普新山 (Deception Pass) 州立公园

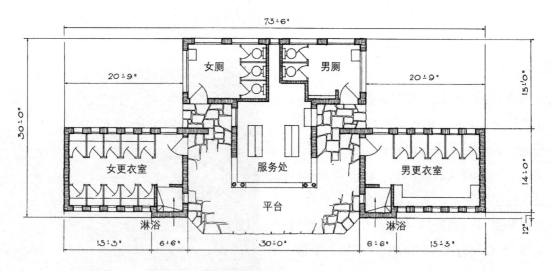

华盛顿州，迪塞普新山 (Deception Pass) 州立公园

比例 $\frac{1}{16}'' = 1' - 0''$ (1 : 192)

该公共浴室非常之小，以至于如果增加出租泳装和毛巾的服务，该服务员的工资就会百分之百依靠政府补贴。所以，在这种情况下，省略其管理性能是完全可行的。简化的平面布局紧凑而合理。更衣室无顶。尽管照片显示场地并未完全清理，但建筑外观仍是令人喜爱的。

爱达荷州，海本 (Heyburn) 州立公园公共浴室

这个位于华盛顿州立公园内的小型公共浴室曾被仔细研究过。其更衣室是露天的，只在分隔小间上加顶。请注意其简洁、实用的平面布局，它使得小卖部与浴室互不干扰。遗憾的是，在经营场所乱挂广告牌的倾向仍在此处普遍存在。在广告牌后，你会发现一幢非常漂亮的建筑。

华盛顿州，迪塞普新山 (Deception Pass) 州立公园公共浴室

这一实例与前一例子的主要区别在于，它增加了浴室内外人员均可使用的公共厕所。这样，就使得原本可能的三、四幢小型建筑被组合为一幢建筑。值得注意的是，这里的更衣室均有顶，且男更衣室中也设有一些私人单间，服务站可向所有建筑单元提供优良服务。

华盛顿州，迪塞普新山 (Deception Pass) 州立公园公共浴室

俄克拉何马州，博伊灵斯普林斯 (Boiling Springs) 州立公园公共浴室

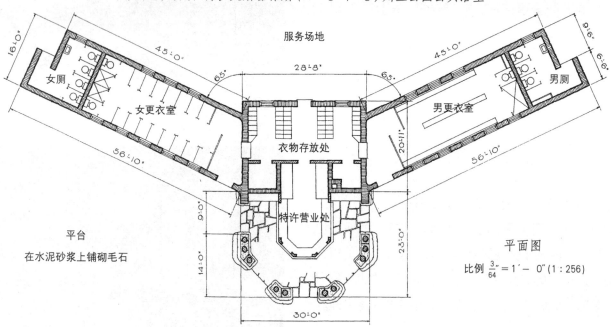

平面图

比例 $\frac{3}{64}'' = 1'- 0''$ (1 : 256)

平台
在水泥砂浆上铺砌毛石

在这个独特的"展开双翼"的平面布局中，除公园浴室这一必要构成元素之外，还增设了饮料点心小卖部和公共厕所等。更衣室不带顶。该布局的巧妙之处在于，当顾客不多时，便于由一个服务员同时管理衣物寄存处和小卖部。小卖部前方留设有宽敞、荫蔽的顾客站立空间。该建筑具有公园建筑的稳固特点。

俄克拉何马州，罗伯斯凯夫 (Robbers Cave) 州立公园公共浴室

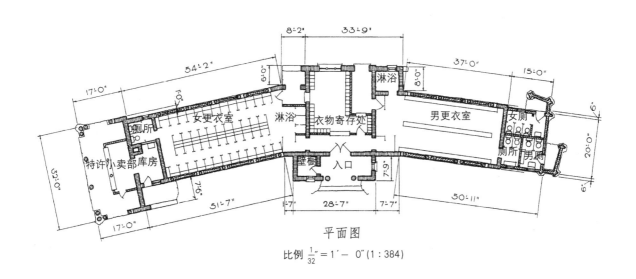

平面图

比例 $\frac{1}{32}$" = 1' — 0" (1 : 384)

这个多功能建筑的主要特色在于游泳者的更衣设施，其石块与圆木的组合产生了令人满意的强健效果。该例证明，在避免使用对称方正的建筑构图时，用不规则形也能取得很好的视觉效果。在这个小空间里，进出流线及对出入口的监管控制都组织得非常好。次要设施包括食品小卖部和方便公众使用的厕所。

阿肯色州，克罗利岭 (Crowley's Ridge) 州立公园公共浴室和庇护所

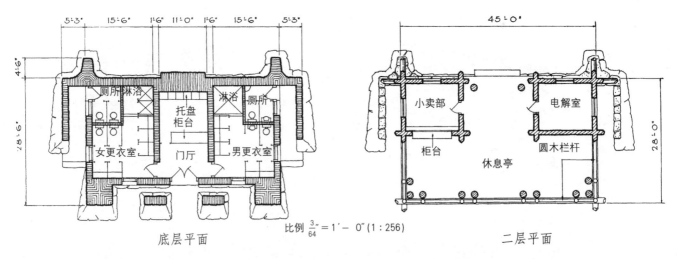

底层平面　　　　　比例 $\frac{3}{64}'' = 1' - 0''$ (1:256)　　　　　二层平面

　　该建筑在使用石块和圆木时可谓毫不吝啬。这两种材料的整体及相互比例都十分恰当。如图所示，底层平面中设置有厕所、更衣室，而其上层平面中则是凉亭、小卖部及电解室。在这类山坡建筑中，底层房间的通风和采光条件可能较差。

阿肯色州，小吉恩(Petit Jean)州立公园公共浴室和庇护所

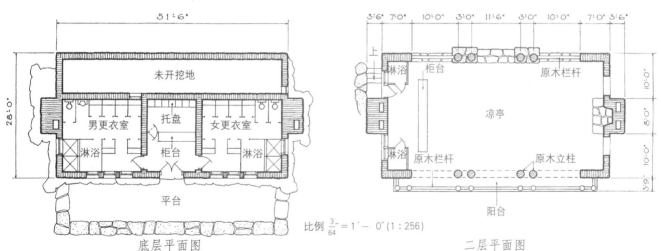

底层平面图

比例 $\frac{3''}{64} = 1' - 0''$ (1 : 256)

二层平面图

　　这幢位于自然公园之中的迷人建筑，使我们觉得一切评论似乎都是多余。在这里，也许设计师应与摄影师一同分享成功。即使建筑本身存在美学上的缺陷，但照片的精美质量也足以将其掩盖。这幢建筑的显著特点在于，它与自然完全融合，并具有原始的粗犷风格。基地的坡度较陡，因此可通过室外梯级分别抵达一层的浴室设施和二层的凉亭。

得克萨斯州，博纳姆(Bonham)州立公园公共浴室

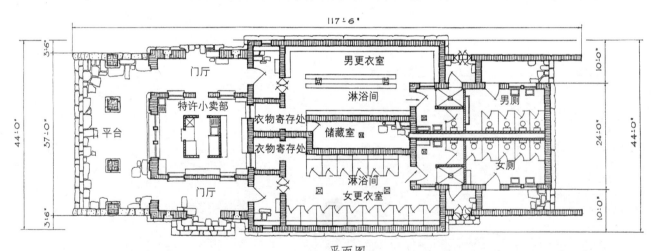

平面图

比例 $\frac{3}{64}'' = 1' - 0''$ (1:256)

这幢建筑是小型公园浴室的杰出代表，它体现了无顶更衣空间的合理性、经济性和卫生性。其厕所向公众开放，这种平面布局方法可避免与更衣空间流线的交叉，同时又满足了集中排设管道的建筑要求。特许经销者进行次级活动（如出售软饮料等）的工作空间被巧妙地加以集中和隐蔽。该构筑物的平面布局和建筑处理的所有细部，都值得深入研究。

西点军用地，德拉菲尔德 (Delafield) 池塘公共浴室

平面图

比例 $\frac{3}{64}'' = 1' - 0''$ (1 : 256)

该公共浴室的外观精美而体量较大，它用殖民时期的流线风格取代了多余线条。该建筑中设置有救生员室，这是前面所有实例都不具备的。大面积的窗户使休息室的光线十分充足。通过各种细部处理方法，这一浴室营造出了一种海滨俱乐部的氛围，而且，这些细节如果用于其它特定场所的公园浴室，也绝非不当。

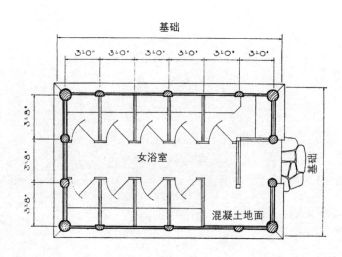

平面图

华盛顿州索尔特沃特 (Saltwater) 州立公园公共浴室

这又是一例巧妙运用材料而使简单建筑显露非凡特色的佳作。其坚实的体量感更多地来自深思熟虑的设计，而非材料的本身性格。那凸露的散水及其它细部都非常出色。

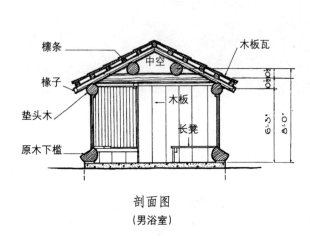

剖面图
（男浴室）

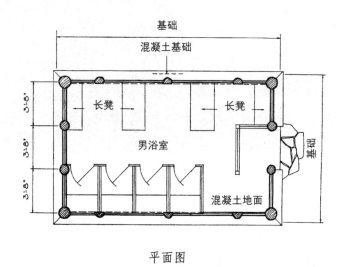

平面图

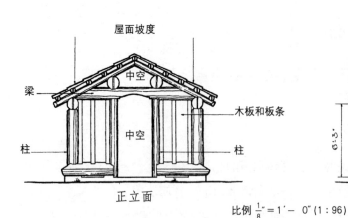

正立面

比例 $\frac{1}{8}'' = 1' - 0''$ (1 : 96)

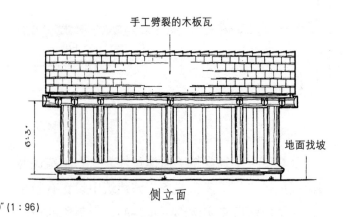

侧立面

船库一般会与其它的公园设施结合在一起,极少有单独的船库。船库和浴室往往结合在一起以滨水建筑的形式出现,因而看起来不应该将它们分成独立的两类。

船库可以提供保存船只、油漆和维修船只、保存发动机、船桨、其它船具及行船者的财物的空间。是否设休息室、办公室、淋浴间及盥洗室要根据船库的规模及其与类似设施的距离而定。有时船库和一个凉棚连接,以便大众使用。

基础对于船库的重要性比之于其它的公园建筑都大。船库的使用寿命取决于它的基础,而高水位、急流及北方地区结冰造成的威胁都应该在建设时予以考虑和防范。为了节约而将船库建在高潮位线以下是不明智的。

对于建在水位变化很大的地方的船库,因为潮汐或洪水的关系,通常将船库建在离开岸线较远处,这样既能在水位低时使用船库,又能在水位高时通过栈桥通达船库。

船库一般设有码头和船坞。这样就可以伸入深水中供大船停系,或在水位低时使船便于入水。另外,可将码头设计成与船库平行的位于水岸一边的平台形式以便于使用。特别是在需要将不用的独木舟拖离水面并覆上遮盖物以停放的地方更可采取这种方式。在水位变化范围内,这种平台或斜面通常一端铰接在船库上,另一端自由地浮在水面上,以使其坡度随水位变化而变化。水位变化太大的地方就无法使用这种着陆方式了。在浸湿的光滑而陡峭的斜面上,用力拉较沉重的船上岸时,很容易产生滑动。在这种情况下,通过设置滚轮可以对船和缆绳的滑动产生阻力。另一种可适应水位变化需要的设施是有台阶的平台。

在宽广的浅滩和岸线变化不定的地方,最好的泊船方法可能是浮码头的形式。这种设施可以结合也可以不结合停泊小型船只的船道。浮码头通过圆木、浮桶或其它浮具浮在水上,并通过栈桥和岸上连接。这种码头在需要时可以到处移动,因而具有可变动的优点。用这种方式着陆最重要的是确保抛锚的稳固性。

独木舟最好在不使用时将它们拖离水面并存放在室内。船库内一般要设三层高的架子来存放独木舟。船库面水的库门应足够大以向平台或斜面开敞,以在移动独木舟时将损坏程度减至最小。划艇(除了比赛用的赛艇)在使用季节一般都停放在水上,只在不使用的季节才入库。最理想的方法当然是为每个划艇设一格船架。

船库、码头、栈桥及斜面的铺地材料都应该使用不会因为交替浸水和曝晒而很快腐烂的木材。足够的自然通风及铺地木板留有足够大的空隙有利于木头变干,并能防止木头很快腐烂。

华盛顿州莫兰湖州立公园漂浮的泊船码头

这是在水位和岸线变化不定的地方解决小船停泊的好办法。泊船道用粗大的圆木作为浮具。从岸上通向泊船道的栈桥分段固定在桥墩上，而与泊船道连接的那一段可以随水位变化而改变倾斜度。这个例子颇具实用性，但是如果能像本书所示的怀俄明州根西湖州立公园的游泳浮台那样兼具美观性就更好了。

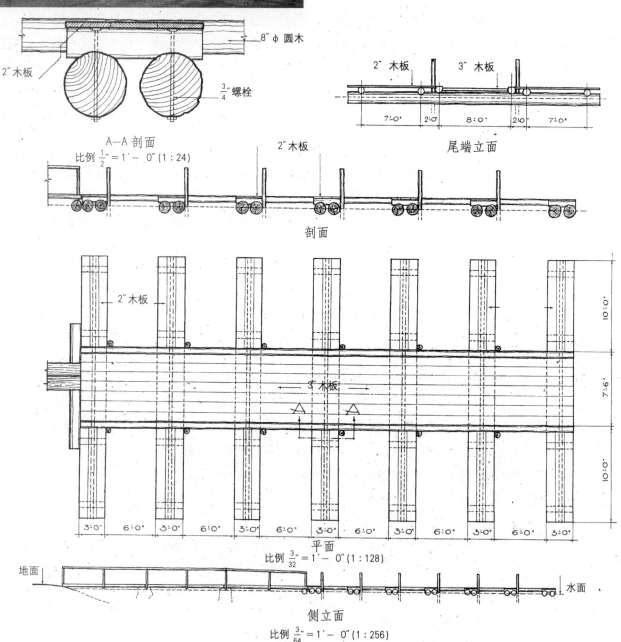

亚拉巴马州格尔夫 (Gulf) 州立公园码头

在纵深的南部地区，一个带凉廊的泊船和钓鱼码头可以在明媚的阳光下为人们提供遮阴处。这个例子简洁而美观。上部建筑木料的精湛加工技艺及其对线条和外观的柔化作用是它主要的特色。

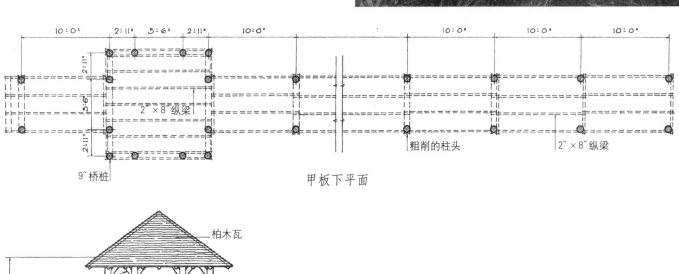

甲板下平面

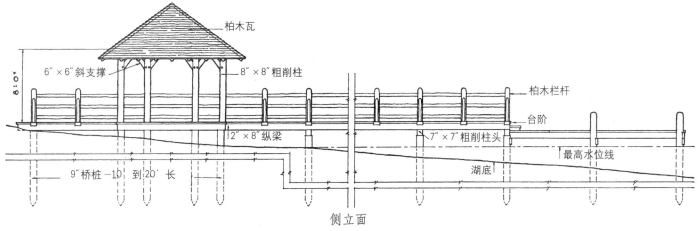

侧立面

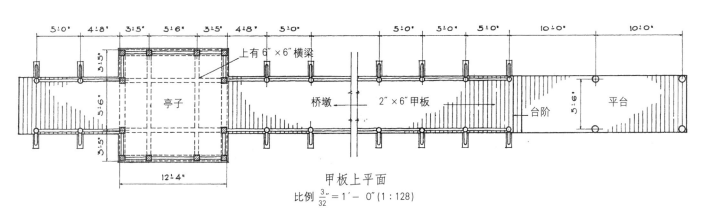

甲板上平面

比例 $\frac{3}{32}'' = 1' - 0''$ (1 : 128)

亚拉巴马州, 格尔夫 (Gulf) 州立公园船库

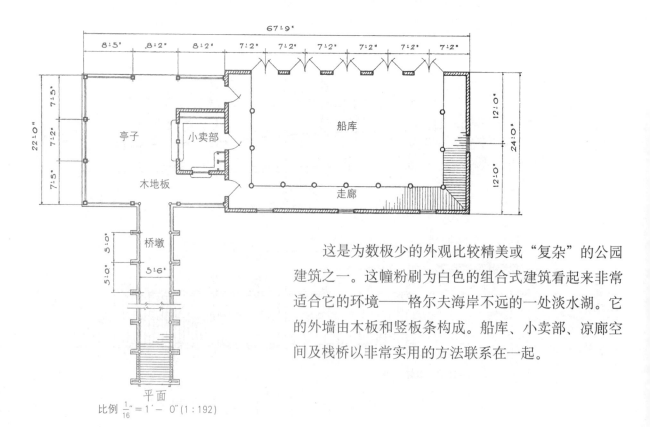

平面

比例 $\frac{1}{16}$″ = 1′ — 0″ (1 : 192)

这是为数极少的外观比较精美或"复杂"的公园建筑之一。这幢粉刷为白色的组合式建筑看起来非常适合它的环境——格尔夫海岸不远的一处淡水湖。它的外墙由木板和竖板条构成。船库、小卖部、凉廊空间及栈桥以非常实用的方法联系在一起。

得克萨斯州，博纳姆(Bonham)州立公园船库

这个小型公园称不上在风景方面有什么贡献，但它在建筑物风格上的统一却是一项杰出的成就。低低的塔楼与容纳贮水箱和水泵的库房相呼应，砖石的部分使它与石造浴室和小卖部（在船库里可以看到）产生了联系，凉廊的长方形立柱会使人想起附近海滩上的开敞式凉亭的柱子。这种统一的建筑风格的保持是对设计师们的才能和远见卓识的一种纪念。

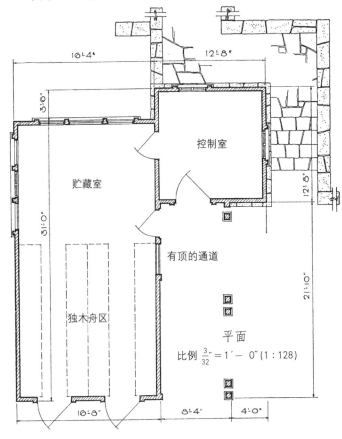

得克萨斯州，卡多 (Caddo) 湖州立公园船库

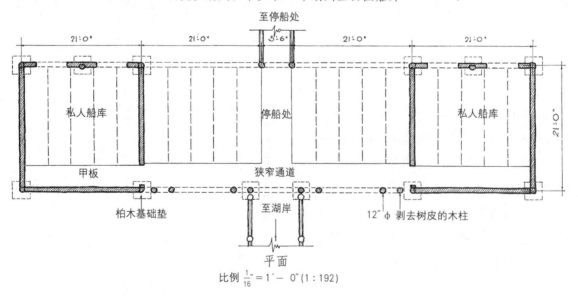

平面

比例 $\frac{1}{16}" = 1'-0"(1:192)$

这个由圆木搭成的船库通过和它连接的栈桥满足了湖水上涨时岸线变高的条件。它的另一面是为满足低水位时的条件而设的伸长的登陆码头。围合的库房和有顶的停船处都配合有停船用的设施。建筑与它所处的多树木的环境很协调。垂直的木杆或木板像帘幕一样遮住了建筑的桩结构，使基础看起来很牢固。

俄克拉何马州，塔尔萨莫霍克都市公园船库

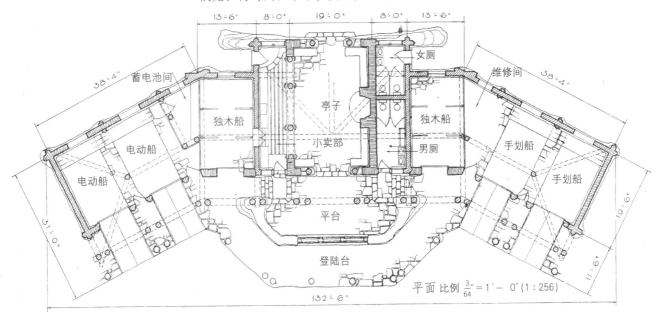

平面 比例 $\frac{3}{64}'' = 1' - 0''$ (1 : 256)

　　在这里，形式自由而凹凸不平的砖石结构部分和坚实有力的圆木结构部分以许多独创的构造细节共同造就了一幢非常雄壮且非常有趣的建筑。这个船库位于一大型城市公园的咸水湖上。值得注意的是，除了供三种不同的船只使用的库存空间外，船库中还有凉廊、食品部、盥洗设施、眺望台及平台。

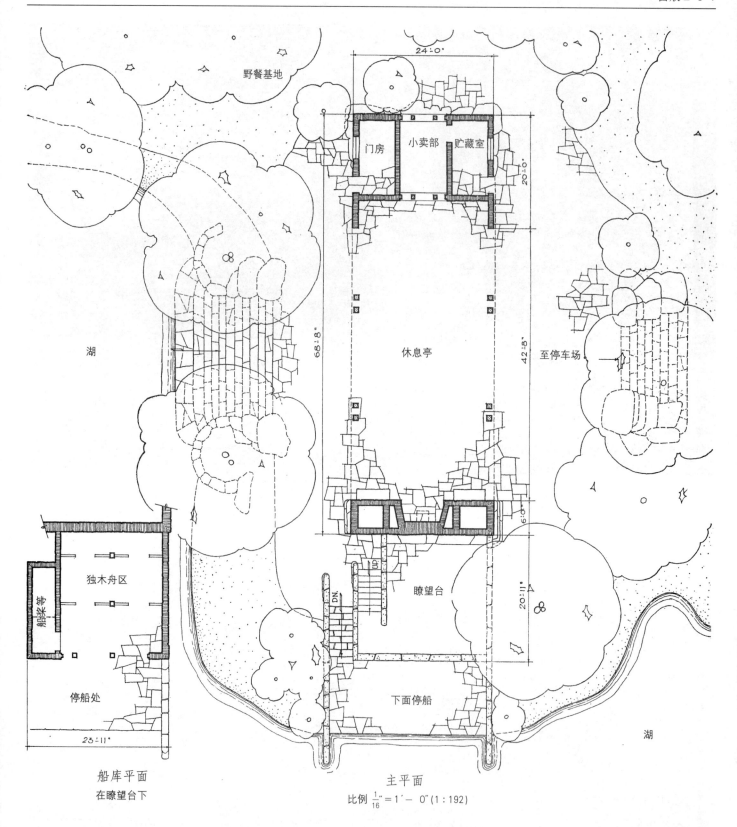

野餐基地

湖

门房　小卖部　贮藏室

24'-0"

20'-0"

68'-8"

休息亭

42'-8"

至停车场

6'-0"

瞭望台

20'-11"

湖

独木舟区

船桨等

停船处

23'-11"

船库平面

在瞭望台下

DN.　UP.

下面停船

主平面

比例 $\frac{1}{16}'' = 1' - 0''$ (1:192)

俄克拉何马州佩里（Perry）湖船库与就餐处

　　这幢建筑避免了同类建筑紧绷绷的小型模式，它雄壮有力的外形使它显得十分独特。那长而低平的线条、量感

十足的烟囱、结构简明的砖石部分及宽宽的石阶使建筑与环境十分融合。呈不同标高的地坪显示出设计者对基地地形条件的尊重。

俄克拉何马州，佩里 (Perry) 湖都市公园

俄克拉何马州，佩里湖都市公园

新泽西州，帕微 (Parvin) 州立公园

俄克拉何马州，塔尔萨 (Tulsa) 莫霍克都市公园

俄克拉何马州，奥克马尔吉 (Okmulgee) 湖州立公园

划船——各种配套设施

　　这里介绍几个自然公园船码头的特征，奥克马尔吉湖台阶平面码头说明水平面经常波动地方船靠岸的解决方法。下图是俄勒冈沃恒克湖州立公园拖船上岸的设施，这类湖岸比较陡峭，一半斜坡安装流动装置用于滑动船只。另一半安装缆角用来固定船只，艾塔斯卡州立公园码头的一端建一条圆木挟带，填充岩石用来对抗冰的挤压。

明尼苏达州，艾塔斯卡 (Itasca) 州立公园

俄勒冈州，沃恒克 (Woahink) 湖州立公园

水上运动和徒步旅行（其范围从蜗牛般的缓步漫行和徒步旅行到艰难的登山运动）无疑还包括更为广泛的活动类型，如在公园内部和遍及全国游憩预留地的积极游憩活动。然而，冰雪运动、骑马、箭术和其它次要活动，正在逐渐流行于许多场点和地区。

随着足迹俱乐部和山地俱乐部的出现，徒步旅行也被作为一种积极运动而得到普及，其活动路径包括，沿着从缅因州至佐治亚州的阿巴拉契亚山路、美国东北部地区、中西部地区、洛基山脉和沿着从加拿大至墨西哥的太平洋波峰轨迹。有助于徒步旅行的构筑物类型并不很多。对于阿迪朗达克类型的前敞式单坡庇护所和封闭的简易小屋而言，如果预计会在冬季使用，则应将其设置在刻有路标和识别清楚的小路上，并使其间隔距离，方便来回行走。除此之外，还要增设一个露营火炉或野餐壁炉、安全的供水系统和简易公厕等，以拼装成一个完全的整体。有关这些构筑物需求的适宜实例，在本出版物的其它部分可以找到。

在气候寒冷的美国北部地区和多山地区，冬季运动中的速度滑冰和花样滑冰、冰球、冰上溜石游戏和其它冰上比赛，特别是赛跑滑雪和跳高滑雪、穿雪鞋走路、沿岸航行、平底雪橇运动、大雪橇运动和普通雪橇运动，每年都在吸引越来越多的公众注意力。在采取特殊设施来满足公众需求之前，需要对每一拟定开发区的降雪和温度条件进行仔细研究，以决定这种短期使用设施的可能数量是否能够保证收支平衡。如果是从外部引雪、或者是制造人工的户外溜冰场，除非它们的可能用途能够证明其支出费用的合理性，否则，就只能在那些地面覆雪厚度至少为6英寸（约150mm）、冬季的冰冻温度时间持续30天以上（并不一定是连续时间）的地区提供这些运动设施。在某些幸运地区（如美国西海岸），在一年之中可能同时享用夏季和冬季运动，那么，在这些地区中，就还会有其它同样具有趣味性的、引人注意的运动项目。

随着汽车、"冬季旅游火车"、"冬季旅游公交车"的介入，它们可以将冬季运动爱好者载入适宜地带，从而使长途旅行者越来越多，这就产生了一个问题，即在那些具备足够规模和地形条件且接近人口密集中心的公园中，怎样的冬季运动开发项目才是人们所希望的？或许我们已不用说明，如果该公园决定提供冬季活动设施，那么，这些设施就应尽可能地与当地的年度游憩开发计划相协调，而且，在可能情况下，也尽量不要将夏季使用设施和冬季使用设施组合在一起。

对于某些运动而言，建造冬季运动的专用构筑物是必要的或者是经常适宜的，这样的运动包括：滑平底雪橇、滑坡、跳高滑雪和大雪橇运动等。

如果要开展滑坡运动，则需要提供一块平坦的活动场地，可架设一些木质平台，以及一些足够宽度的短距离斜道，来增强活动的安全性和适宜性。

在修建雪橇滑行装置时，可以堆砌一些雪堤，但是，如果没有一个特制的、比雪橇略宽的木质斜槽，这种滑行装置就并不十分安全，也不能令人非常满意。经常，这种槽式斜道的起端为一个脚手架样式的平台，它沿着斜坡下行，最好再穿过大多数的水平跑道。雪橇滑行装置既可逐一建造，也可成组建造。

在集中使用滑行装置的地方，有必要对雪橇的起落时间加以控制，以避免意外事故。在活动过程中，总会有些人喜欢寻求更为强烈的刺激，他们会表演一些惊险动作（如倒向滑行或站立滑行），这就给传统的参与者和无辜的旁观者（他们通常聚集在滑道底部）带来危险，而且，只有通过在现场配备调度员，才能阻止这些危险的发生。

在库克县森林保护区的冬季运动场，雪橇滑行装置非常受大众欢迎，以至于由原来的每组三个滑道扩展至现在的每组六个滑道，而扩建计划的主要考虑因素即是对雪橇滑行的适当限时和开放。在每一滑道的出发处都设有一扇闸门。在这些滑道上方会竖立一个控制塔。当值班人员站在塔上时，他可以清楚看到所有的滑道和等待出发的雪橇。只有当斜道畅通无阻，且等候雪橇上的所有乘客都恰当入座后，滑道出发处的门才会开启，然后，在控制杆操纵下，雪橇才会下落。随着雪橇的即刻出发，另一档控制杆将把闸门提升至关闭状态，以阻止下一轮雪橇移动，直至道路被清理通畅之后。

在设置滑行装置时，升降式闸门比高架闸门更加可取，这是因为，高架闸门会妨碍调度员观察滑道，并且，如果在雪橇完全通过高架闸门之前，该闸门就不幸下落至关闭位置，就会给乘雪橇者带来更大的危害。已经有人指出，这些闸门应有相当的重量和坚固性，斜道的起端应建造得难以接近，以防止那些骑自行车和穿溜冰鞋的年轻人冒不必要之险，去发明某种将冬季运动设施用于其它季节性用途的使用方法。

在库克县，人们借鉴了德国的土制滑道的制作方法。沿山坡而下挖一条浅洼地，使其位于中心处自然地面标高的 12 英寸（约 300mm）以下，且宽度为 30 英寸（约 750mm）。将被挖除的泥土堆积在洼地的任何一侧，然后，再将土槽和土堆筑成圆形并铺上草皮。该构造很简单，完全属于一项不需购买任何原材料的劳动。而且，这样砌筑的滑道几乎不会改变该区域的自然面貌，在这一方面，土制滑道与木质滑道形成鲜明对比，特别是当有些木滑道还必须辅以高度适宜、形同脚手架的下层结构时，这种对比更为明显。在使用淡季时，木质滑道不仅外形难看，而且与环境非常不协调。如果认为在酷热暴晒的七月份，可能借用这种脚手架式的构筑物来得到如同一月气温般的心理暗示，那么，这样的补偿作用事实上是微乎其微的。

第一个土槽滑道建于芝加哥大都市地区，它们均为直道。而后，人们的想象力迅速开展工作，开始出现了简单的弧线形。这种弧形滑道深受欢迎，以至于后来的滑道都有了弯曲各异的弧线。负责该地区管理和维护工作的工程师指出，人的兴奋感与弧线变量的平方成正比，不过，他们并不能提交一个数学计算方法来证实这一有趣的公式。

只有当处于最大负荷情况下，才有必要对这些土制滑道加以管理，而且，土制滑道上的事故非常之少。土制滑道的维护并不是一个大问题。如果室外只降小雪或者降雪会在阳光下融化，则可在气候寒冷的夜晚，用几个喷水润滑器来使滑道迅速符合滑行要求。

在顺坡而下的集中滑雪场地，供滑雪者使用的各式上坡运输工具已越来越普及。它们被称为滑雪吊索、上行滑雪车或者滑雪电车等。公共滑雪吊索由一根环状电缆（或环状绳索）、一个带滑槽的驱动轮、和一个防止缆绳松弛的平衡锤构成，缆绳的驱动可通过封装汽油或电动机来完成。在向相互间隔的滑雪者提供悬索（有时还带有可分离的把柄），通常可以一定角度固定一些滑轮，再通过一连串撑杆来加以支承。

跳高滑雪是高台跳水的一种特殊形式。即使是选用小型的、自然的跳高障碍物，最保险的方法还是要对这种障碍物进行特别制作，使起跳跑道、起跳处、上部过渡曲线、着陆斜坡和下部过渡曲线（该曲线弯向水平的降落跑道）之间能保持科学而精确的比例关系。对于用钢材或防腐木材建造的高塔和斜坡跑道而言，在通常情况下，很有必要使其起跳跑道满足一定的斜度要求，并为顶部起跳处的跳高者提供清晰的视野。

遗憾的是，我们所熟知的跳高滑雪构筑物都极其缺乏公园性格。而且，由于这类设施所必须确认的要素并不会因考虑到建筑的外在景观而做出让步，所以，如果要使跳高滑雪构筑物的宜人外观超出它们所能提供给人的视觉满意曲线，这种前景的机会甚少。因为跳高滑雪的设计被公认为一门科学而非艺术，而在已知的跳高滑雪障碍物中并没有表现出对艺术形式的追求，所以，本书主要偏重于对公园个性特征的考虑，并不会试图去对图版中的这类构筑物加以详细论述。无疑，随着人们对冬季运动的兴趣增长，最终会出现关于设施构筑物的专著，不过，这种专著会更加接近于对工程问题的探索，而非对建筑学领域的研究。

由于大雪橇运动需要一个广阔的丘陵地带和特殊的结构设施，所以，其雪橇滑道应根据所选地带的工程标准进行科学布局。其检测点的间隔应比较频繁，并接通一根电话线，以方便快速联系。

溜冰、冰上运动、滑雪和平底雪橇运动的集中使用区应配备带有供暖设施的庇护和饮食建筑物、卫生设施、饮用水供给、医院病床、可提供急救装备的应急措施、滑雪担架或平底雪橇等。如果可在同一地区观赏冬季运动的所有主要形式，那么，该场所可能需要一个大型的冬季运动旅馆。这一建筑物内有休息室、厨房、男女厕所、管理人住处或办公室、供滑雪者使用的热蜡除毛室、带有行李架和存物柜的冷藏室以及供溜冰者使用的与冰面相连接的木滑道。此外，还可增设长凳、壁炉，在可能情况下甚至还包括野餐设施。对于滑雪斜坡、溜冰场和平底雪橇滑道而言，通常适宜在夜间使用泛光照明。在多样的可用设施附近，应提供充足的机动车停车空间，并可通过沟槽式的道路抵达该停车场。

在那些仅限于溜冰和冰上运动的集中活动区，比较充分的设置是为其提供一个宽敞的保温庇护所和餐饮建筑物，并使其位置尽可能地接近冰面，再配以适当的卫生设施。在下坡滑雪区，可提供一个小型的滑雪者小旅馆，内设休息室、厨房、带卫生设施的急救室或相邻的公厕建筑，且其滑道起点应便于机动车抵达。对于这类活动区而言，至少应在其所有滑道的底部和在那些长度超过半英里（约800米）的滑道顶部设置一些封闭庇护所。每一庇护所都应配有卫生设施、紧急救护装置和在可能情况下的饮用水供给设施。

如果选用了阿迪朗达克类型的单坡庇护所，除门窗空间之外，其开敞正面的其它部分都可以用板遮住，这样，就可以防止冬季盛行风的短时停留。对于那些冬季露营活动和冬季登山活动的爱好者而言，可以将一系列小屋有策略地安置在偏远地区，为那些旅行滑雪者和穿雪鞋步行者提供便利的、交错分布于乡村路径的夜宿庇护所。许多步行道和马道都可提供适宜的旅行道路，除非因当地的坡度较陡，而必须为下坡滑雪者设置更为迂回的替代部分或迂回的旁路。

由于人群总是聚集在滑雪交汇处、冬季聚会点和狂欢节中，所以，必须为这些特殊场合提供充足的供给设施。对于冬季运动的新设施而言，如果要为其找到最适宜的场址，就必须以个人需求、冰雪条件、地形、场地方位和可达性等为基础。而且，如果要建造这些新设施，还需保证对所供设施的恰当维护和监管。

如今，骑马也是公园中所盛行另一项活动。为坐骑所准备的马房是所需的主要构筑设施。它也许仅限于一个适宜的马棚以及用于储藏饲料和设备的空间。服务员的住所和训练坐骑的封闭场所也经常作为马房的一部分。有时，马房甚至可以呈现出马术俱乐部的一些特征，配有休息室、马具室、存物柜和更衣室、公厕和淋浴设施等。在那些提供远距离或通宵骑马旅行的公园中，补充的构筑设施还包括马匹和驮畜的庇护所和畜栏，它们通常可能于某些目标点和沿小路设置。在集中使用地区，可能还会提倡使用连接栏杆和连接立柱、引水器和装配塔架等。

在骑马运动的辅助建筑构筑物中，如果为突出公园个性特征而必然导致其造价增加，似乎就没有必要去奋力争取对这种个性的张扬。这里，有如下两个理由可证明这一观点的正确性：首先，对于骑马爱好者而言，马厩的气氛是非常具有吸引力的，而对于大多数人而言它却并非一个装饰物，所以，并没有适当理由将其建成一个马厩或一个装饰物，这两种类型从理论和实践上都适于隐退在与其它服务建筑和设施大体相同的地点；其次，在公园广大的游客中，参与骑马运动的人只有一小部分，因此，与公共区域的小屋辅助建筑类似，骑马辅助构筑物的建造方法也应注重审慎而合理的经济性。

长期以来，在公园及其它地方，箭术运动已或多或少成为游客所喜爱的一项内容。近来，这项运动已被转换成使用弓和箭的狩猎活动，预示着该运动的更加普及。不管是被限制在设有各式箭靶的轨迹方向上的射击比赛，或者是在指定区域上对特定野生动植物的实际获准狩猎，在合法的狩猎季节，箭术运动所需的唯一构筑物可能就是一个轨迹庇护物。在印第安纳州布朗县州立公园中，有一个狩猎者庇护所，内设一个壁炉和若干座位以及用于悬挂弓和其它装置的木栓。该庇护所三面封闭，开放一侧面对一个室外烤架，该烤架的尺寸粗放地炫耀了弓箭手对于个人射击术的骄傲。有些人肯定会认为，烤架的巨大面积是根据弓箭手的午餐需要而定，而非根据他们的狩猎捕获量而定。否则，热心的印第安纳州野生动植物资源保护主义者就将对此发出警告。

本文以下插图所示为适用于天然公园和游憩区的各式运动构筑物，这样的图版篇幅并不很多。当前，介入公园游憩项目的这些新来者数量极大，尽管他们会强烈呼吁对这类构筑物的全面展示，但由于这些项目被纳入公园的时期很短，故现存的有价值构筑物极其之少。而且，在许多公园中，特别是在那些着重要求保护景观价值的公园中，已严格禁止建造具有明显功利性的构筑物。因此，令人遗憾的是，本文的示例非常有限，我们必须等待附加开发行动完成之后，才能找到一个真正全面而详尽的表现形式。

约塞米提(Yosemite)国家公园巴杰(Badger)关口滑雪小旅馆的木雕

  该板饰由罗伯特·博德曼·霍华德（Robert Boardman Howard）雕刻和描画，它描绘了传说中的现代滑雪技术之父——奥地利人马赛厄斯·泽达斯基（Mathias Zdarski），在19世纪下半叶，他发展了对滑雪杖和转向设施的使用。这次开发使得现代技术动向成为滑雪运动期限的制约条件。

马萨诸塞州，布卢希尔斯自然保护区的滑雪者庇护所

冬用庇护所的必须要素都被结合于这个建筑物之中，它们是：大型保温室、食品特卖部和公厕设施等。在为滑雪者拟建的庇护所中，如果使用从庇护所标高至冰面的滑道或斜坡，通常会比本例中的踏步更可取。简洁的外形和低廉的材料使该建筑整体显得舒适宜人。从照片中可以看出，建筑物背部的生土挖方急需重塑和移植处理。

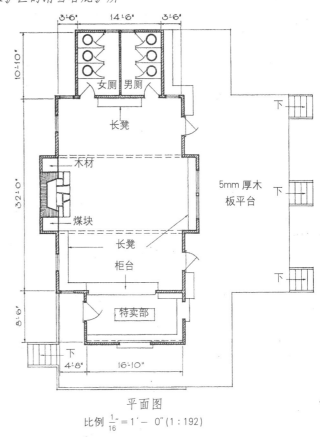

平面图

比例 $\frac{1}{16}'' = 1' - 0''$ (1 : 192)

纽约州，伊萨卡(Ithaca)康奈尔大学比比湖的雪橇房

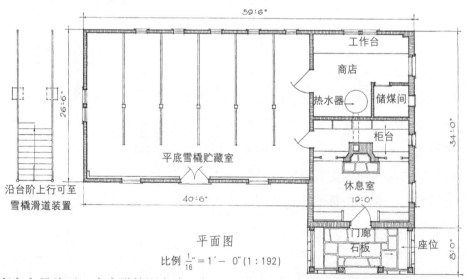

平面图

比例 $\frac{1}{16}''$ = 1′ — 0″ (1 : 192)

　　虽然该建筑物事实上是建于一个大学校园之中，但它的功能和特征都非常适合于北部地区的一些公园。总的来说，该建筑的大部分空间都被大雪橇贮藏室所占据，同时也结合了小型休息空间和维修车间。在建筑背面，可以看到一个导向滑道装置的室外楼梯。数种材料的组合使建筑产生出一种有趣味性的非正式感。其建筑师为 J · 莱金 · 鲍德里奇（J. Lakin Baldridge）。

伊利诺伊州，库克县森林保护区丹尼尔·赖恩(Ryan)森林的保温庇护所

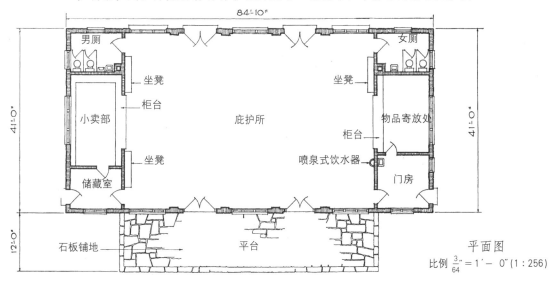

平面图
比例 $\frac{3}{64}$" = 1′ - 0″ (1 : 256)

该大型庇护所位于都市的游憩地区，它可供全年使用。在其背部的小山上，有一个低矮的跳高滑雪构筑物，一个低矮的平底雪橇滑道装置和大量的土制雪橇滑道。在建筑平台上，可俯瞰宽广的室外运动场，在冬季，该室外运动场可作为各种滑道装置的跑道，且其部分场地可进行大量的溜冰运动。在夏季，这一运动场可提供菱形的棒球场地。因此，该建筑在冬季可作为保温庇护所，在夏季可作为野餐庇护所。

约塞米提 (Yosemite) 国家公园巴杰山口的滑雪小旅馆

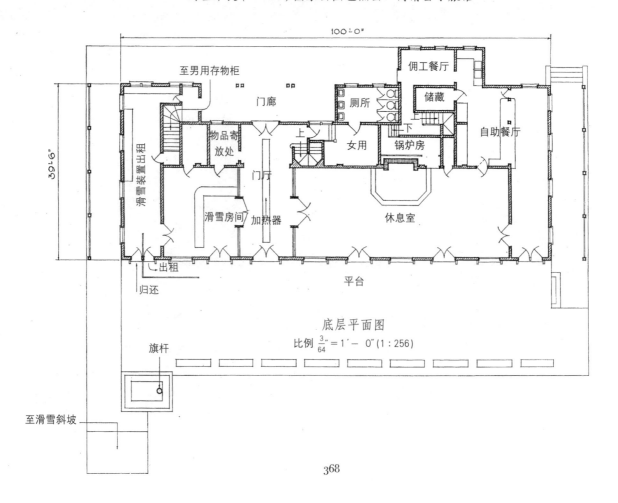

底层平面图

比例 $\frac{3}{64}'' = 1' - 0''$ (1 : 256)

约塞米提 (Yosemite) 国家公园巴杰山口的滑雪小旅馆

对页所示的平面图表明，该小旅馆专供滑雪者及
其观众使用，它不用于其它季节。注意，在房内有一
个长条形的地板加热器，当游客抵达并穿行于房间，
或者当滑雪者从滑雪斜坡返回该房间，他们会发现，
休息厅的环境相当舒适，而自助餐厅则使人身心爽快。
同样值得注意的是附设出租和寄存空间的滑雪房间，
以及可以观赏体育运动的宽敞平台。

上图所示为建筑立面及面向运动区的平台，且其
正好处于冬季使用时期。在右图中可以看到休息室的
场景，其壁炉的处理方法相当新颖，它利用滑雪者图
案作为金属挡板的装饰。

约塞米提 (Yosemite) 国家公园巴杰山口的滑雪小旅馆

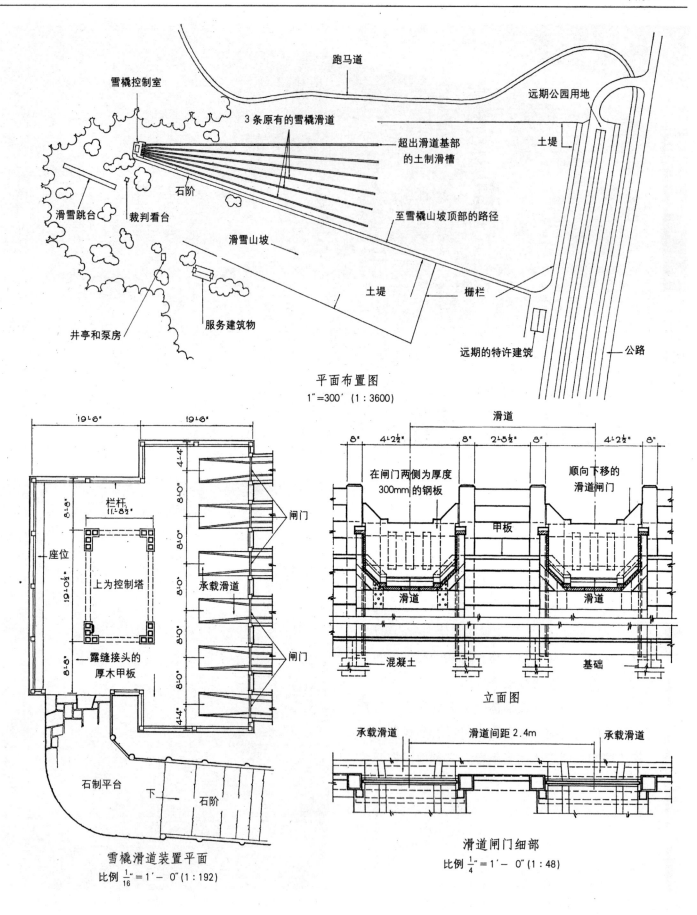

跑马道

雪橇控制室

3 条原有的雪橇滑道

远期公园用地

超出滑道基部的土制滑槽

土堤

石阶

滑雪跳台

裁判看台

至雪橇山坡顶部的路径

滑雪山坡

井亭和泵房

土堤

栅栏

服务建筑物

远期的特许建筑

公路

平面布置图
1″=300′(1:3600)

栏杆
(1′-8½″)

座位

上为控制塔

闸门

承载滑道

闸门

露缝接头的厚木甲板

石制平台

下

石阶

雪橇滑道装置平面
比例 1/16 = 1′-0″(1:192)

滑道

在闸门两侧为厚度300mm的钢板

顺向下移的滑道闸门

甲板

滑道

滑道

混凝土

基础

立面图

承载滑道

滑道间距 2.4m

承载滑道

滑道闸门细部
比例 1/4 = 1′-0″(1:48)

跳高滑雪和平底雪橇滑道

平底雪橇滑道

伊利诺伊州库克县森林保护地的冬季运动设施

　　本页和对面一页所示为芝加哥大都会地区的冬季运动开发项目。这些照片举例说明了直至最近都还存在的一些设施。而绘制图纸则表明正在进行中的扩建工程，通过扩建，可满足人们对于冬季体育运动的过度需求。

　　从图中可以看出，原有的三条木制雪橇滑道将被扩展至六条，另外，还要增加一个用以控制雪橇起落的高架塔。为决定升降式闸门的最终操作方法，必须通过对一个独立闸门的随挖随适实验，以确保结果的有效性和实用性，所以，图中所示的升降式闸门的细部设计大部分都是推测性的。

　　从图中可以看到，沿着宽敞的台阶，可通达雪橇滑道的起点处。其中一幅图表现出跳高滑雪构筑物与滑道的相互关系。

从上面看平底雪橇滑道

向上可达滑道起点的台阶

大峡谷国家公园的骡舍

骡舍

鞍座储藏间

饲料库

栅栏

栅栏

平面图
比例 $\frac{1}{16}'' = 1' - 0''$ (1:192)

基址图
$1'' = 120' - 0''$ (1:1440)

庇护所

畜栏

岩洞

搬运工人的小屋

悬崖基部

水槽

在经过长途、艰难的旅程而最终抵达这个深谷时，庇护所、供水系统、饲料库和为驮兽准备的畜栏，都成为必需的供应物。大石头是当地随手拈来的建筑材料，使用这种材料并不只为表现砌石建筑的个性特征，更多的是体现出其功能的合理性。

大峡谷国家公园的骡舍

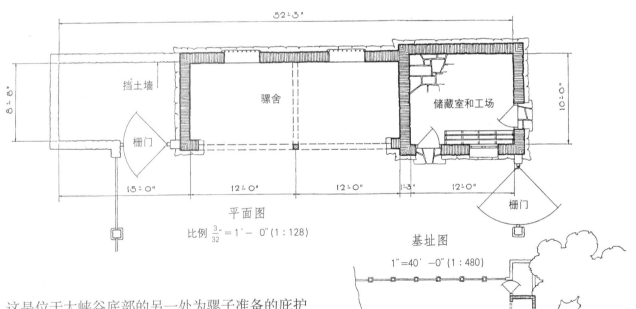

平面图
比例 $\frac{3}{32}'' = 1'—0''$ (1：128)

基址图
1''=40'—0'' (1：480)

这是位于大峡谷底部的另一处为骡子准备的庇护所和畜栏。这里的岩壁形式比对页实例中的石砌墙壁更丰富，而且，在这一地区，其茅草屋顶也比木板平屋顶具有更好的个性特征。

印第安纳州，布朗县州立公园的马厩

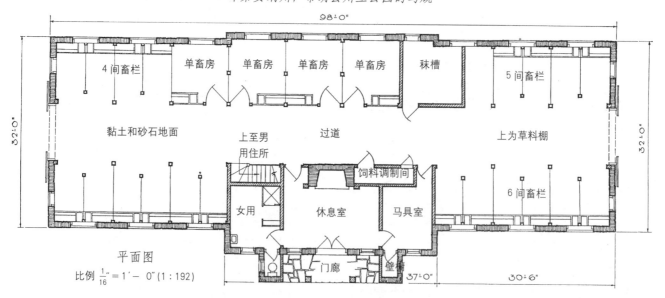

平面图
比例 $\frac{1}{16}'' = 1' - 0''$ (1:192)

这是一个马厩构筑物，它唯一需要质询的地方是，其宏伟的建筑侧面上产生了多处阴影。无疑，该建筑物的平面是卓越而完全的，而其外观也很有吸引力。

沿楼梯而上，可抵达男用的存物间、淋浴室和厕所设施以及休息室和马具室上方的马夫住所，女用休息室也配有淋浴和厕所设施。

标志牌，神龛和博物馆

标志牌和神龛在使用目的和意图方面与指示牌有所区别。指示牌起到的是引导、控制或提醒的作用，而标志牌及其同类神龛或导游图只是起到加深游客对公园内某一景点或景物的文化内涵的理解并使他们能更好地游览公园的作用。这里所指的文化内涵可以包括自然科学、历史、考古学及其它方面的内容。

就如前面所说的，标志牌及相关的设施也许比其它的公园设施更能捕捉和传达某一处的精神。它们不可或缺的重要作用就是展示并强调公园的重要特色。

标志牌和神龛通常能以毫不陈腐的方式清晰地反映出自然力作用下的独一无二的或奇异的结果。黄石国家公园的黑曜石（Obsidian）山崖的自然式神龛由断面呈六角形的玄武岩柱构成，真正反映了当地的地质特点。这里还将展示其它的例子，通过巧妙的技术在其中融入了当地的特色，它们显得既不陈腐又不怪异，而是成功地获得了独特性。

对于一个公园的科学或历史的传说，标志牌如同对这些传说的脚注和注解一样。通过巧妙地分布在公园各处它们能够随时为游客提供导游服务。它们可以和任何个人导游服务一样，零零碎碎、惹人厌烦、产生误导作用，并且令人很不愉快。必须努力避免这些情况，通过正确的设计和放置，一个显得既不隐蔽又不突兀的标志牌能够很好地引人注目。经过深思熟虑的谴词造句，一段简洁准确的文字说明能够保持游客的注意力并激起他们的兴趣，而不会使他们不耐烦。文字说明的选词及内容也应该小心地避免对游客居高临下的语气或因为过于学究气而使游客感到困惑而不悦。它既不能太长，使人感到无聊，也不能太简短而无法满足游客的好奇心。

现在越来越多的公园使用地图这一媒体来使游客熟悉公园环境。提供信息的或具有教育作用的地图可以以简单的漆上颜色的图表的形式出现，用来显示，例如，一条自然小径的路线，一条具有历史意义的陆路路线，一处古迹的周围环境，某军事工程遗址或某印第安防御工事的重建。用图画可以更好地表示历史风景科学名胜的地点和它们之间的关系，以及使用频繁的地区。

最近，越来越多的人开始完全认识了用小比例的浮雕模型表示整个公园的地形所具有的教育价值。由石膏制成的这种模型已经在我们公园里的自然和历史博物馆中展出了。另外，在室外展示混凝土制成的模型也正在计划安排中。附加了合适的文字说明后，这样的模型能够广泛地再现山地建设运动及其引进的水、风和冰对土壤的侵蚀，或者帮助人们了解一场战争或某个消失的文明，而这些效果都是其它媒体无法达到的。

神龛或向导图可以用来展现某个历史事件或自然现象，或者可以用来说明某种动物或植物的自然生长地。它们可以用来展示地层的横纵剖面，描绘军事行动的路线，或绘制地下的洞穴。它们也可以用来说明植物或动物的种类以及它们的生长地和习性。它们是用来"回答问题"的。这些展示出来的解释材料可伴以文字说明及详细解释的标本、照片、图表、地图及此类可提供信息的载体。

这些信息载体具有巨大的教育及文化价值。它们能够清晰而直观地介绍并诠释通过建造公园而特别纪念或保护的某种特色。它们能够提供足够的事实以激发人们多样的兴趣。它们能使人无须踏遍一个地方就能深入了解这个地方。

一个自然式的神龛通常框入一个或几个可耐风雨的薄壁箱，箱子表面镶有防碎玻璃。最好将展示箱设计成便于拆卸的方式，这样在冬季就可以把它们带到公园总部保存。

导游设施及神龛不需要有人照看，它们却能够同公园自然学家或历史学家一样提供优秀的导游服务，如果游客觉得枯燥，完全可以不必理会这些设施，并且不用担心自己的无礼会给它们造成任何心理伤害。既然它们无法对表现出索然无味的样子的游客表示不满或强迫他们注意听完结尾，设计者就应该赋予这些无生命的导游设施以有兴趣的表示方法及清楚、简明的描述。作为具有说明作用的媒体，它们在理论上和事实上是标志牌和博物馆之间的过渡。它们既是代表着荣耀的标志牌，又是博物馆的雏形。

几乎是毫无例外的，自然公园或游憩地内的博物馆应该将它们展示的内容限制在其所在地的范围内。想为超出这个范围找借口很不容易。有时，某一个独一无二的，并且常常是不寻常的自然现象——管它是关于美学的、科学的，还是某种丰富的资源——建造一座公园的主要目的。在这种情况下，有理由认为应该使说明的内容在这个独特的现象上，而不是分散在其它事物上。很少的国家公园能成为大量自然奇观的代表，更不必说州立公园了。这就表示，展示宇宙从创世纪到天启阶段的现象的美国公园博物馆的数量应该限制到极少数。

当自然博物馆解释其附近的自然现象时，它比刚才讨论的神龛具有更深刻的意义。当它展示的素材可以在公园范围内时，更准确地说，它应该被称作公园博物馆，或者路边博物馆。如果自然博物馆离题地去收集德国的头盔、马来的短剑以及附近的勇敢的拓荒者的剃须泥和刷牙杯，我们也无话可说。一旦退化到只是收集一些稀奇古怪的物品的仓库，那它简直就像一锅杂烩汤一样不值钱了。一个公园博物馆的价值决不是由占地面积或展示的标本数量这类标准衡量的。即使使用了高高悬挂的灯来使公园博物馆显得富有纪念性，一些与主题无关的展品也立刻会使这些灯失去效用。

展品的展览方法可以和在大型城市博物馆展览的方法一样，但是应该时刻强调室外环境。人们在展厅里应该能够不经意地望见附近的树林，这样也就能感受到自己正位于博物馆展示的事物之中。可以在设计时留出一个半围合的庭院。作为半自然的展览空间，在里面可以种上森林里的花草植物品种，挂上标签供人们识别，也可以展出一系列活的爬虫。

应该尽量避免展览品是自然的复制物，最好能够展示活的标本。例如，最好能够让人们看到那些正在生长的野花，而不是展览那些野花的蜡制品或标本。再如，不可能要求匆匆游览一个公园的游客去仔细研究当地的鸟类，若能将当地的鸟类放在一起供游客观赏就明智多了。

应该时刻牢记，最好的博物馆是那种能最大最好地发挥解释说明作用的媒介。有时可以在公园里找到另一种可供自然研究的设施，因为暂时没有更好的名称，我们一般把它叫作"工房博物馆"或"帐篷博物馆"。这通常是一种小型的、开敞式的建筑，在那里游玩或露营的团体——童子军，营火少女团及其它有组织的团队——可以在自然学辅导员的指导下将他们收集到的树叶、昆虫、岩石等样本放在里面作为自然学课程的作业展览出来。

公园博物馆不仅为展示公园的精神和特色提供了很好的机会，而且为此所起的作用绝对不小。只有当博物馆的建筑和它里面展示的展品同时能体现当地特色时，它才能成功地完成它特别的任务、发挥它潜在的能力。如果要使博物馆建筑和它的展品一样反映自然或历史某方面的特色则在建筑设计方面发挥个性的余地就很大了。

我们公园里的自然历史博物馆的建筑风格首先应反映室外环境的特色。在进行这类建筑的设计时，最好能以别出心裁的方式运用本地出产的材料。在我们的一个国家公园里，公园博物馆的石护角就是由当地的地质柱制成。

在怀俄明州的根西湖州立公园及南达科他州的卡斯特州立公园的尽端有两座小型的博物馆，它们的建筑形式很好地协调了当地粗犷野性的自然环境。前一个博物馆是为了纪念通向太平洋的俄勒冈小道而建的，它强调了那些决定了小道的位置及随之发展起来的建立在采矿和开垦事业上的文明的地质特点。卡斯特博物馆采用了小型自然科学博物馆的模式。自然公园里有太多的博物馆涉及了区域的或当地的自然科学方面的内容，它们中有专门的，也有非常混合的展览模式。

对于纪念某个历史时代的历史博物馆建筑来说，当时的建筑传统和技术自然是建筑设计的一个很好的主题。在内华达州的博尔德水坝州立公园内，有一座用当地的泥砖垒成的博物馆，它展出了在米德河将洛斯特城 (Lost city) 的遗址全部淹没之前抢救出来的考古发现。

将古建筑修复后用来展览重要的历史古迹或古代的手工艺品的做法已有了成功的先例。印第安纳州的斯普林米尔州立公园内的老磨坊，就被成功地改造成了展览拓荒时期的农业和手工业工具、家庭用品和家庭陈设品的博物馆。优美胜地国家公园大树林的马里波萨 (Mariposa) 小丛林的一座自然博物馆也是改造自一位拓荒者的木屋。

博物馆的组织、照明、构造、设备及贮藏方面的技术都是非常专业化的，因此在任何一个博物馆的工程启动之前，哪怕是小型的博物馆，都必须咨询相关的富有经验的专家。只有当人们意识到，自然公园本身就是一座只需要设置一些附属的介绍、解释和识别设施的博物馆时，才能更好地理解那些对事实和自然现象的解释。大自然本身就是一本只需加一些旁注的书。现在穆罕默德 (Mohamet) 哲学家似乎来到了山里，我们就不能倒退回去再犯以前的引大山入曼哈顿式的表现技术的错误了。如果透过玻璃观赏自然风景、自然现象，动植物更受人喜爱，那么时代广场因为其地点的便利必能又一次成为展示标本的场地。

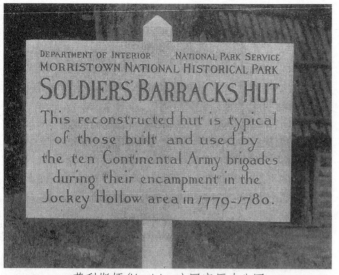

莫利斯顿 (Morristown) 国家历史公园

莫利斯顿 (Morristown) 国家历史公园

伊利诺伊州，新赛勒姆 (New Salem) 州立公园

标志牌

　　本页的照片表明了怎样通过设计风格化的框架和字体来使标志牌显得与某个历史时期相协调，或者通过使用合适的本地材料来使它们显得与某种有趣的自然现象相呼应。莫利斯顿国家历史公园及新塞勒姆的标志牌看起来非常具有历史纪念感，其它几个标志牌看起来也一定与自然有关。

明尼苏达州，艾塔斯卡 (Itasca) 州立公园

火山口 (Crater) 湖国家公园

华盛顿索尔特瓦特(Saltwater)州立公园标志牌

一张能真正提供信息并放置在合适地点的地图在公园里是十分有用的。如果能明确标出景点及到达景点的路线和距离，那么游客的许多问询就可以被自动解答，而这样可以为游客和公园职工节省不少时间。最耐久的地图可以用热画法在木板上制成。重要的是将每根线条烧制得足够深刻，以使地图经风雨日晒仍能保持可读性。本页所示的地图可以描绘的再深刻一些，或许尺寸再大一些更好。遮檐板在一定程度上可以保持地图免受风雨侵蚀。

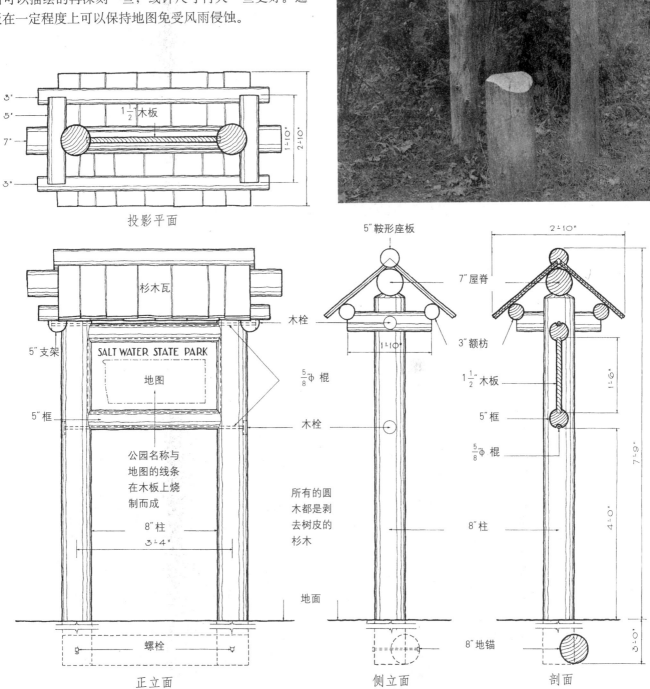

投影平面

正立面

侧立面

剖面

俄勒冈州，亚奎纳 (Yaquina) 湾州立公园

肯塔基州，莱维·杰克森 (Levi Jackson) 原野路州立公园

结合地图与自然陈列品的标志牌

　　这两页的例子表明了将标志牌发展成更复杂形式的趋势，例如地图架、精致的或自然的陈列品或神龛的形式。从左上角这个典型的标志牌向右看是一个标志牌和保护性的围护物，它们的作用是标志并保护一个具有历史意义的树桩，再往右是一个几乎自然神龛形式的木框且带有护檐的历史事件标志牌。上角地图

威斯康星州，耐尔森·德维 (Nelson Dewey) 州立公园

加利福尼亚州，洪堡－雷德伍兹 (Humboldt—Redwoods) 州立公园

阿肯色州，克罗利 (Crowley) 岭州立公园

镶在玻璃板下，地图的支架上设置了遮阳板。右下角是一个神龛形式的地图架，往左是一个结合自然物的标志牌，最后是两个人们熟悉的自然神龛的形式——质朴的带有遮檐的框架内安放着可以展示附近有关自然现象的标本、图片、印刷品的玻璃箱。

佛罗里达州，汉默克 (Hammock) 高地州立公园

南达科他州，卡斯特 (Custer) 州立公园

黄石 (Yellowstone) 国家公园

黄石(Yellarstone)国家公园自然式神龛

这个位于黑曜石(Obsidian)山崖附近的迷你型露天博物馆是通过使用所在环境的出产物如建筑材料而获得独特性的杰出代表。它集合成簇的支柱由按原本自然的联系方式排列的玄武岩块形成。这个新奇的创新通过合理的实施使人感到十分和蔼可亲。

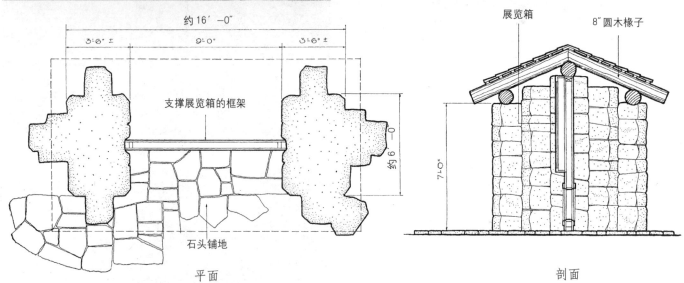

平面

剖面

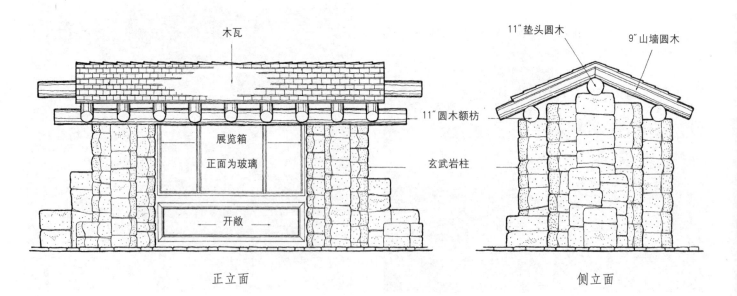

正立面

侧立面

黄石 (Yellowstone) 国家公园菲兴 (Fishing) 桥博物馆

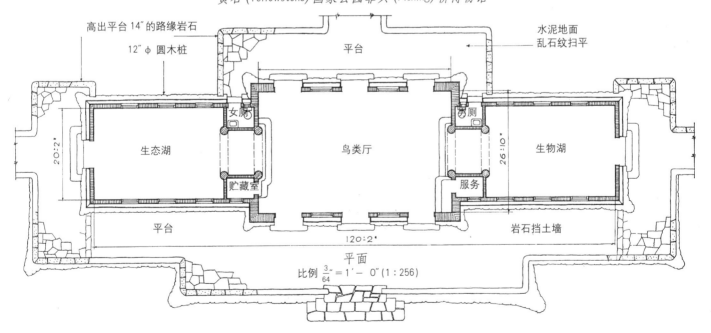

高出平台 14″的路缘岩石

12″ ф 圆木桩

平台

水泥地面
乱石纹扫平

女厕

男厕

生态湖

鸟类厅

生物湖

贮藏室

服务

平台

岩石挡土墙

20：2″

26：10″

120：2″

平面
比例 $\frac{3}{64}$″ = 1′ − 0″ (1：256)

　　这个平面布局及采光照明均佳的自然博物馆是一则成功运用使建筑物的外观与自然环境协调的原则的例子，这些原则包括了使用徒手画感的线条，避免尺度过小及运用表面具有槽痕和节疤的圆木。

黄石国家公园麦迪逊章克申 (Madison Junction) 博物馆

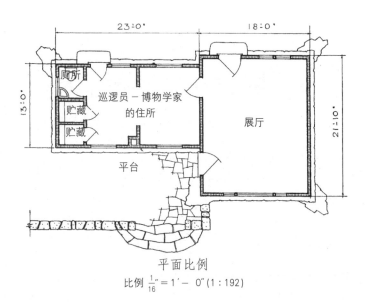

平面比例

比例 $\frac{1}{16}'' = 1' - 0''$ (1：192)

这个建筑的尺寸很小，对公园建筑的贡献却不小。屋顶的斜度、精选的圆木的纹理却与灵巧而尺度适宜的岩石扶壁十分协调，这一切都值得我们毫无保留地赞扬。宽大的观景窗将室外的景色折射进了室内，这是对自然最好的展览方法。

大峡谷 (Grand Canyon) 国家公园博物馆

这个坐落于壮观的大峡谷边缘的小型博物馆的低平的线条、平展的屋面和凹凸的石墙与它所处的环境很协调。在它前面种植的乡土植物是对博物馆展览功能的室外补充。在它的另一面，即朝着大峡谷的那一面，有一个带顶的平面，在那里，可以一览无余地俯瞰雄伟的大峡谷。平台的护墙上安放着可以聚焦于遥远的景点的双筒望远镜。

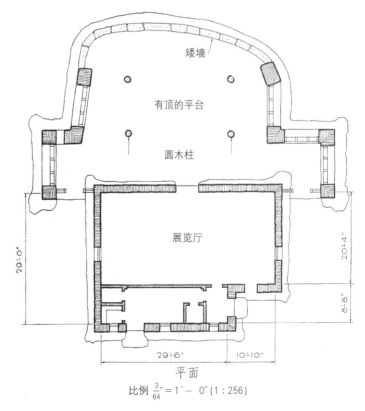

平面

比例 $\frac{3}{64}'' = 1' - 0''$ (1 : 256)

南达科他州，卡斯特(Custer)州立公园博物馆

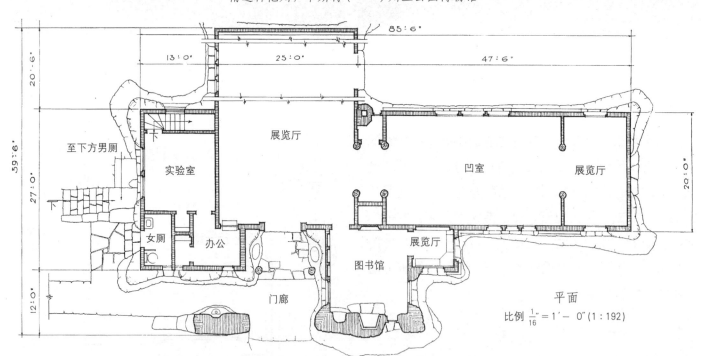

平面
比例 $\frac{1}{16}'' = 1'-0''$ (1:192)

　　虽然没有完成，但这个建筑却因为其粗糙、不拘一格的特点值得一提。它力求表现的主题是布莱克山(Black Hills)从默默无闻开始的发展过程。虽然，缺乏能使建筑和环境产生联系的植物，但这并没有减损这幢充满活力的建筑的价值。

怀俄明州，根西 (Guernsey) 湖州立公园博物馆

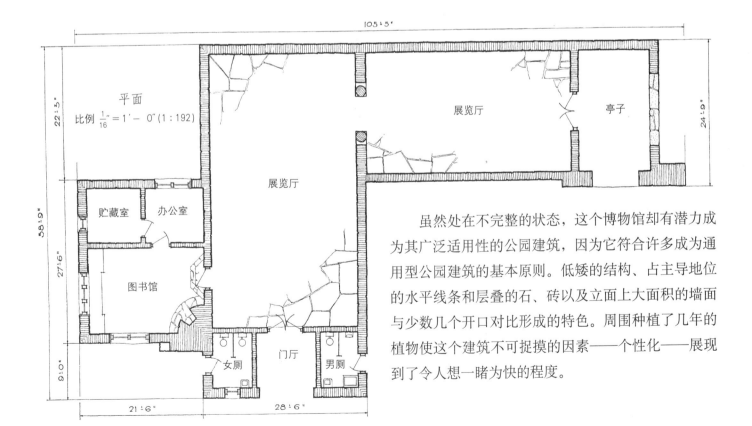

平面
比例 $\frac{1}{16}''$＝1′－0″ (1：192)

展览厅

亭子

展览厅

贮藏室　办公室

图书馆

女厕　门厅　男厕

105′5″

22′5″

24′9″

58′9″

27′6″

9′0″

21′6″　28′6″

虽然处在不完整的状态，这个博物馆却有潜力成为其广泛适用性的公园建筑，因为它符合许多成为通用型公园建筑的基本原则。低矮的结构、占主导地位的水平线条和层叠的石、砖以及立面上大面积的墙面与少数几个开口对比形成的特色。周围种植了几年的植物使这个建筑不可捉摸的因素——个性化——展现到了令人想一睹为快的程度。

内华达州，博尔德(Boulder)坝州立公园

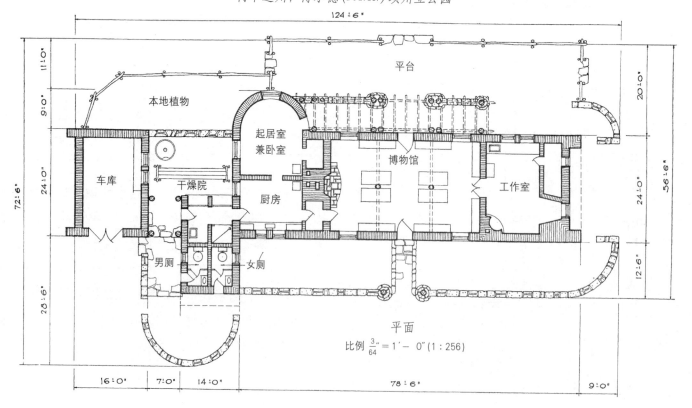

平面

比例 $\frac{3}{64}$" = 1' − 0" (1 : 256)

内华达州，博尔德(Boulder)州立公园洛斯特(Lost City)考古博物馆

　　反面一页展示了这幢由当地传统的泥砖砌筑的博物馆的全景照片及平面图。它所处地点的遥远无疑是为管理员设置宿舍的原因。值得注意的是为公众提供的卫生设备、工作间与博物馆主体的关系、周围的平台及低矮的墙以及展览本地植物和室外展品的空间。

内华达州，博尔德(Boulder)坝州立公园展览地

　　这些普韦布洛(Pueblo)第二文明的废墟是在博物馆附近的原来的印第安村落遗址上重建的。照片的前景是广场围墙的遗迹，这种由制泥砖的粘土和柽柳枝搭建而成的建筑可以提供冬暖夏凉的庇护所。由于这些庇护所和博物馆内的古代遗物的制造者之间的联系，使这些展览的古代遗物有了更完整的意义。

内华达州，博尔德(Boulder)坝州立公园博物馆内景

　　这张室内布置的照片说明了集中于综合的史前文化系列展示的现代表现技术。它也显示了使展览设施与外部的结构风格相协调而使室内外产生统一的做法。这可以从粗糙粉刷的石灰墙、石板铺地、有梁的天花板和门道上架子的柱形托架明显看出。

化石 (Petrified) 林国家名胜博物馆建筑

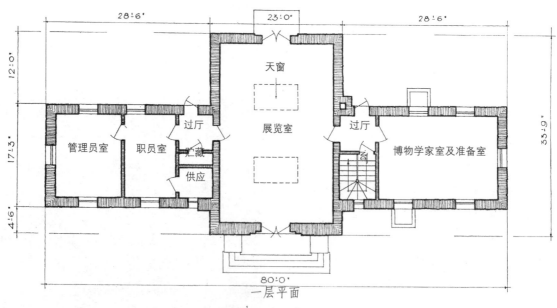

一层平面

比例 $\frac{1}{16}'' = 1' - 0''$ (1 : 192)

　　带着朴实的威严感，这幢建筑成功地将古代西南 (Old Southwent) 的建筑品位和当代的建筑风格融为一体。这可是不小的成就，再加上有序的、利于操作的平面布局，它的成功是无可挑剔的。

人们保护或重建具有历史价值、建筑学价值、考古价值或相关的文化价值的构筑物在某种意义上既是大尺度的展示场所又是"活"博物馆。这种可以真切地感受到生活的博物馆相对而言是最近才发展起来的。历史上，大都市博物馆的美国分支也许不是运用综合技术的第一个代表，但在公众心目中它确实占据着第一位。

这种"活"博物馆在以后的发展中会变得更加生动，人们的兴趣开始集中到用来展览各种展品的博物馆本身，它也是一件完整的展品。人们意识到内部和外部都是本质的一个组成部分，这样博物馆就有了四维。修复后的弗吉尼亚威廉斯堡生动地描绘了大革命之前维尼亚和泰德渥特地区的高地骑士生活。密歇根的迪尔伯恩用大众品位和无限的资金将人们吸引到格林菲尔德村庄，这种将无根据的科学和文化现象以不计时间顺序的方式组合的方法是一种全新的表现方式。

有些人在这些古迹和公园的荒野之间找不出任何联系。有些人会质疑自然公园中任何对人们的使用并非必不可少的建筑的存在价值。只要这些建筑具有特别的风景或科学价值，就有充分的理由对它们进行保护。但是，不具有风景或历史价值的荒野地本身却是展览那些"四维"展品的唯一合适的……环境，这些展品可能比威廉斯堡或格林菲尔德村庄更具有美国风格或对美国公众具有更广泛的吸引力。边境村庄这个早期美国社区正是自然公园背景的合适补充。

俄亥俄州、印第安纳州、伊利诺伊州，可能还有其它一些州已经感受到美国过去阶段的普遍特征和联系。因此，为了游憩和教育的目的，这些州在重要的历史遗迹上重建了传统的拓荒者村庄。俄亥俄州的斯

肯恩布朗纪念馆就重现了前革命时期毁灭于印第安人血腥大屠杀的摩拉维亚传教团村落。

印第安纳的斯普林米尔重现了围绕着一座石磨坊活动的拓荒者聚居地，这座磨坊由19世纪移民的弗吉尼亚贵族建造的。这个磨坊经过了完全的修复，已能够再次用原来的方法碾磨谷物了，这一工序深深吸引了许多游客。它上部的楼层用来展示早期农具、家用器具和手工艺品。药房也装备了同时期的设备和货品。

伊利诺伊州的新塞勒姆上演了一幕林肯的往事，通过杜撰和事实结合的方法讲述了林肯还是村里的砍柴工和仓库管理员时和安·露特莱奇的一段爱情故事。

无数人前来参观大雾山国家公园的磨坊，它展现了幸存下来的原始工业。这些重建的大革命时期的医院和茅屋是临时军营，它们能够勾起人们庄严的回忆。

也许每个州将形成各自独特的文化，从开始时期的权力形成、开发运动、工业化阶段都将进行具体化。如果能保护足够多的正快速走向灭绝的得克萨斯长角牛，那么就可以在一些精心保存下来的牧场里重现牛仔全盛时期的场景了。也许将一个有着大房子和工棚的南方棉花种植园重新运作将为前贝伦时期的南方封建社会的浪漫传统带来现实意义。中世纪科罗拉多的一个采矿区、塞勒姆或新贝利港的快速帆船时期的码头和行船装备、宾夕法尼亚的原始炼铁业引起的人群聚居、一个皮毛交易站——这些以及其它未举例的事实也许有一天会使汽车，而不是书本，成为教授历史及其它知识的媒介。不难想象一条跨越美洲大陆的行车路线，它能将过去帝国西进的各个阶段联系起来。

通过对周围环境和陈设的各个细节的密切观察，所有的这种发展都获得了现实性和生命力。在所举的

例子中，具有历史联系的遗迹对增强趣味性起了很大作用，而这个时期的细节更加强了这种效果。这种展览蕴藏的教育和社会价值是不可估量的。当然这并不表示，它们激起了人们对历史和早期手工艺品的兴趣，并引起了对看起来离现代生活越来越远的先驱者的美德和美国理想的重新评价。

大多数历史复原、改造或重建都不免会变成画蛇添足的矫饰。很难理解为什么那些从事此类工作的人们认为自己有权力按照个人的品味和喜好来改造历史遗迹，但这基本上已经成了一种惯例。举例来说，拓荒者小屋的烟囱在当时只是一件实用构件，往往除了必要的材料以外不再饰以外饰面，因而从今天的标准来看，样子可能显得有点不雅观、太细长了。现在流行的烟囱的外形就要粗短、丰富多了。结果呢？现今重建的拓荒者小屋往往按照现代人的品味来修建和装饰烟囱，而完全摒弃了当时贫瘠、笨拙的风格。

另外，当需要重塑某位历史人物的生活环境时，如果他不幸生活在一个建筑和装饰艺术不受重视的时代，那些具有令人赞扬的同情心但是不够诚实的设计师为了让这位名人的灵魂回归时不至于还要忍受原来那以黑色胡桃木为主的环境，而能够享受到更优美的装饰格调，故意将人物所处的历史年代窜改一、二十年，这种做法是出于善意和艺术家的冲动，但却违反了改建技术的基本准则。在计划修复或重建任何具有历史价值的东西时，总该有个敏感而固执的人具有怀疑精神地问一问"为什么？"，并且不会仅将热心与情感作为正确的解释。他应该头戴正直之桂冠、被加冕为项目主管，并有权力不断地问"为什么"直到确定方案或工程竣工交验公园委员会，这是对明智的改建计划作的第一个推荐。

这个精明的怀疑者应该是一位现实主义者，他明白改建工作不应该以道听途说和情感为依据而将三代历史删除。他也许会固执而坚决地拒绝加入这种改建工程，他会公正地对将整幢新建筑围绕一块挖掘出的炉底石建造的正确性提出怀疑。

精明主席知道对这种所谓的重建计划进行错误的引导将使我们永远失去一些真实的东西。他意识到真实（事物）模糊的影子往往比愚蠢、虚假的复制品更能引起人们的兴趣。他认识到，对于一个从虚空产生的组群，它对于合适和正确的概念是武断的，并且超越了个人根据想象重建消失了的或即将消失的东西的权力。

无论大小，公园中的修复和重建工程需要许多与公园规划有关的职业和行业之间通力合作和杰出的技术，才能获得成功。

一般被国家公园局采纳的，由国家公园咨询处推荐的对于国家公园历史遗迹、建筑和名胜的修复、重建政策如下：

进行这些活动的动机有好几种，通常相互冲突：审美的、古老的、科学的、教育的，每种都有各自的价值和不利的因素。

教育动机通常要求完整的重建，以将消失的、毁坏的或重建的建筑及废墟恢复到其全盛时期的状态。这经常被认为是要将后来加上去的构件去除，并和偶然破坏考古和历史证据以及从历史和美丽衍生出的审美价值有关。对保护各种建筑遗迹和古迹的专业知识的需求十分迫切，它们也许会使名胜地处于只能给公众很少的历史重要性方面信息的境地。从美学方面看，对于建筑在各个时期的统一、原型或用途的要求，对于现在的构造和风化的美感，这些要求并不总能互相兼容。

为了协调这些要求和动机，最终应该由机智和果断的负责人来决定。某些调查资料可能会给予他们一些帮助：

（1）不到最后不做决定。因为在一个考古行动的过程中，在做完所有努力前，关于博物馆构成的考古记录会不断改变。

（2）对这些证据完整的记录有的是图片，有的是笔记，有的是手稿，应该被保存下来。并且由历史名胜本身提供的证据在被完全记录下来之前绝不能被毁掉或覆盖。

（3）最好谨记：保护胜于维修，维修胜于改造，改造胜于重建。

（4）通常，保留几个时期的真正的古迹要比武断地完全重建整个工程更好。

（5）如果工程本身代表了真正的创造力，则这个原则对于现在及以后的工程具有持续的适用性。

（6）决不能因为我们个人的艺术偏好去修改那些代表其它时期的艺术品味的作品。真实不仅比虚构更让人陌生，而且更丰富、有趣和诚实。

（7）当那些失去的特色在无充分证据表明它们的原形是怎样的条件下被替代时，应该转而关注同时期同地点的其它留存下来的例子的特色。

（8）每一次合理的进一步的关注和花费都是正当的，对于新工程，使用旧建筑的材料、方法和特质都值得重视，但新工程不应该采用夸张的方法进行人为的复古。

（9）旧建筑的保护和重建工程应该一步步地进行，比新建筑工程进行得缓慢。

修复前的通道一侧

修复后的溪流一侧

大雾山国家公园吉姆·卡尔盆式磨坊

一个盆式或桶式的磨坊涡轮是大雾山公园磨坊的典型特征，并且是不依赖外界的山区人民的决心的表率。巧妙设计的涡轮十分符合当地人的需求。典型的磨坊建筑由方木、肋状杆和木瓦屋顶构成。上方的照片显示了改建之前入口的一面及改建之后朝着溪流的那一面。在两边照片中都可以见到倾斜得很厉害的水槽。

桶式磨坊的与众不同之处在于它有一个转轴。下面的一张照片显示了一台碾磨机，它有去谷壳用的送料斗和盛下面出料的盆子。这种将谷物传送到石磨间的巧妙装置利用了穿越石磨房子上的绳索。下面的石磨是固定的，上面的石磨可以旋转，并且可以通过提升上面那块带有沉重涡轮和连接转轴的石磨来调节碾磨的细度。

另一张照片显示了一个涡轮，它由两半白杨木切成，并由当地的机修师用较简陋的工具制成，所以很不容易。涡轮的叶片被切成45度的角度。用橡木做成垂直的转轴，固定在涡轮底部。在它的上端锻造螺栓，螺栓穿过下面的石头，同时也固定住了上面的一块石头。

建筑内景

原来的涡轮

修复前

修复后

大雾山国家公园吉姆·卡伯磨坊

在凯兹科夫附近有一个南部山区居民的原始磨坊，而后面这张同角度的照片向我们说明了应该怎样协调处理保护问题。

这种类型的磨坊在乡村里到处可见，但原始的类型只在部分地区才有，前一页提到的桶式磨坊的功率很小，而且建造在大部分人难以到达的地方。更普遍的设计形式建造在大溪流旁边，为整个社区服务。

下面这张照片中的碾磨机是很典型的，是由当地的"灰背石"制成的。另一张照片向我们展示了一架

传动装置，由固定在手工加工轴上的上射式水车驱动，这根轴由白杨木制成，八边形，轴断面直径差不多有28英寸。这根轴配以螺栓，不须螺帽，只要将其旋进硬质的木头，再涂点润滑油就行了。通过调升楔子可使轴承对齐。

推动轮由圆木板做成，并用轮辐固定。它浇铸的铁边是少数必须购买的物品之一。其它所有的齿轮通常用木头做即可，用山胡桃木做齿牙，但这里大的锥齿轮也可以用铁制成。

建筑内景

修复的齿轮

北达科他州，福特·林肯州立公园重建的山地居屋

北达科他州，福特·林肯州立公园山地居屋内景

中西部的重建工程

不同时期有趣的遗迹有少数在北达科他州的林肯要塞州立公园进行了重建，它们之间没有联系，但具有独特的地方特色。

五个住所包括一个"仪式屋"，一个古代印第安人村庄的遗址利用栅栏在原址上围了出来。上面的照片显示了这个重建的奇特的印第安人住所的内景和外景。没有人知道这原始的村子是在多少年以前被建造又被丢弃的。现代印第安人对此一无所知，

军队记载也没有明确记录居住的日期。在这个遗址挖掘出的许多工艺品正在州府的历史博物馆展出。

左下角的照片是同一个公园里的麦克金要塞的碉堡和禁闭室，它们在原址上重建而成，是为了纪念西部的胜利。原始的要塞建于1873年之前，当卡斯特将军废弃它后，又在不远处建立了林肯要塞。

在明尼苏达州的杰·库克州立公园重建了如右下角的照片所示的早期的毛皮交易站。

北达科他州，福特·林肯州立公园重建的圆木碉堡

明尼苏达州，詹夫·库克州立公园重建的贸易站

修复的牲畜棚

修复的农场花园

莫利斯墩（Morristown）国家历史公园修复与重建

如上图所示，莫利斯敦国家历史公园内有一所带有附属建筑和栅栏围成的花园，是19世纪经过修复的农屋。

这个朴素的农屋是典型的大革命时期的朴素住宅。这个地方已成为纪念历史的公共保护区。由立柱和横杆构成的栅栏及其内的花园十分朴素，它们以细节证实了这个论点－让人信服的真实来自于历史的约束。

下图所示的建筑是严格遵照原型重建的，目前是要给参观者一种大致的印象，即在独立战争中由大陆军驻扎的那种军营的风格。公园里的现场展示是合理的做法，能在教育文化方面起到激励作用，但是必须在重建可能性的因素并不含混不清时进行。

修复的兵营

修复的医院

海军设备展览

法国大炮阵地

燧发枪团的堡垒

殖民地国家历史公园历史展览

一个在美国大革命时期的英国护卫舰的枪炮甲板和船长室的复制品展示了打捞起来的1781年围攻纽约镇的英国船队的残骸。这些物品能使人很好地了解这些遗物及其使用方法。左下角的照片是在约克镇重建的法国大炮台，它们对摧毁英国工事和考恩沃利斯的最后投降起了重要作用。右下角是修复的燧发枪团的堡垒，它是考恩沃利斯防御部队极右翼分子的要塞。

传教所全景

修复的柱廊

挖掘遗址上的拉玛达 (Ramada)

加利福尼亚州拉·普利西玛州立公园修复后的传教所

　　在加利福尼亚修建的一座古老的西班牙教堂已经取得了令人满意的进步，其细节得到了非同寻常的重视。花园重建已在进行中了。保护修建工作最后可能还包括室内装饰和附属建筑。右下角的建筑由晒干的泥砖制成支柱，由桉树干制成柱和梁，由茅草制成屋顶。挖掘出的保存完好的酿造用的大桶是早期自给自足的加利福尼亚西班牙传教团制造肥皂用的。石墙可防止更高的地表对已清理过的遗迹的侵蚀，坚固的栅栏可以防止人们攀爬上去。

重建的村庄

重建的教堂和住宅

重建的住宅

俄亥俄州舍恩布朗（Schoenbrunn）州立纪念地重建的拓荒者村庄

舍恩布朗由摩拉维亚教徒及他们的印第安皈依者在1772年建立。之后快速发展成有60幢木屋、一个教堂、建于俄亥俄河西面的一所学校的村镇。它位于英国的底特律和美国的彼得堡之间，在大革命时期变得难以防守，而后，在1977年怀有敌意的印第安人强迫村民离开了这个村子。此后很快整个小镇便付之一炬了。直到1923年，才从伯利恒的摩拉维亚档案找到了村镇的原址并开始重建工程。

重建的村庄街道

修复后的磨坊

修复后的住宅

印第安纳州斯普林米尔州立公园拓荒者村庄

　　能够保留早期美国田园式的景象简直是现代奇迹，虽然中东部的未开发时代过去还不到一个世纪，但是有形的物质保存实在少得可怜。这些东西如此孤立，并不断改变，很难从它们身上得到一点有关过去的情况。在斯普林米尔镇有一个小群体，不知何故能在这样的条件下幸存下来。其它古代小屋集中建造在离乡村不远的地方，以填补那个时代造成的差距。后现代主义的时代错误被消除了，事实上在这儿，时代正在流逝中倒退。

重建的村庄街道

重建的多格特罗 (Dogtrot) 小木屋

重建的住宅

伊利诺伊州新塞勒姆州立公园重建的拓荒者村庄

这是新塞勒姆的街景，由以阿伯拉罕·林肯早期的生活为蓝本的社区重建而成。这个地方的历史价值促成了重建工作；小心翼翼地挖掘出的文物和收集到的旧文件是重建工作的依据。街道尽端的小屋正是林肯工作过的小店。小小的照片显示了具有伊利诺伊风格的新塞勒姆圆木小屋。

营火环与露天剧场

这个被称为营火、演讲、会议圈或环的有各种名字的地方，只不过是围绕着露营地中的营火，供人们聚会的场所，在那儿人们可以伴着温暖的友情和营火唱着歌听着故事欢度夜晚时光。因而它常常位于例如帐篷区或小木屋区之类的过夜居住设施的附近。它作为许多活动项目的中心，几乎已成了经过规划的营地中的一项必不可少的项目。

某些形式的演讲圈或者规模大得多的露天剧场，是公园博物馆的一项很受欢迎的附属设施，尤其对于活动项目包括了自然学家的讲解及其相关项目的自然博物馆来说。这个毫不矫饰的例子的实质是营火本身。吸引人的特色在于营火附近大致平坦的地形及想象中象征着未加修饰的自然之荣耀的环境。

营火环通常通过排列的石环来限定并标识。它通常被形成弧形或环形的座椅围绕，尤其是在天气条件不好或昆虫较多的情况下无法席地而坐时。这种座椅可以只是圆木或由圆木改造的更舒服的座椅，也可以在岩石较多的地方采用圆石或更复杂的石制座椅。但是，对这些并没有固定的原则，也没有必须尊重的传统习俗，只有对自然环境的尊重才是最重要的。

如果这样做不会被理解为轻率的话，这里将极力主张公园规划师们将营火圈设在未开垦的红杉林中。当然，在这个世界上没有比这个地方更能适合这种特别的公园设施了，它的荒野环境雄伟而令人难忘。

更现实的考虑在于沿着红杉林高速公路的许多加利福尼亚州的公园里的营火环。在其它地方，为巨大的红杉树林围绕的营火环会面临缺乏一种"别有洞天"的感觉的问题，这些树冲天的高度、苔藓植物的茂盛、蕨类植物的装饰都是伴随它们的特色。然而在未改变

的其它形式的荒野中，仍然有营火环的许多令人印象深刻的特点。

所有有一定树龄的树都会通过树叶将顶上的阳光或日光滤过。许多还没有被过度砍伐或因人类过度使用而破坏的森林都会保留灌木丛以作为供室外唱诗班使用的屏风。除了红杉树以外的大树将为用一棵圆木砍制成的长凳提供原材料。特别是这种座凳，通过它能反映出周围大树的形式和尺度，并为营火环带来自然的感受。

营火环绝不只有这里描述的几种典型形式。事实上，有时它根本不是一个圆环。一种普遍的变体很像一个具有独立的室外烟囱的室内壁炉，烟囱可以作为崇拜火神的人祈愿用的柱子。座椅可能很像位于壁炉两边的古典式的主教座椅，或者是由自然岩石改造成的坐凳，也可能是大致呈半圆形的经过自然化的石凳。这种营火环的形式能有效地作为个人的纪念物，或者作为某个团体对公园捐赠的象征物。个别营火环有点像纪念碑，但处在荒野地并不让人感到不自然，在合理的限制下，甚至可以在它的局部设纪念碑和题字。将野餐炉和营火环结合的例子可以在"野餐炉"一章找到。

公园的露天剧场是室外的聚集点和休憩点，它的形式小到扩大的营火环，大到具备许多室内剧场特色的大型露天剧场，更大型的种类常常可以在大型公园内找到，因为那儿的游客并不局限于某个小地方的范围，也可以在大都市的公园找到，那里人口众多、市民也兴趣广泛。

只要可能，就应将露天剧场建在自然的半碗形地形中。除非既有的外轮廓真正需要改造，将剧场改造以创造自然效果有可能浪费人力却得不到相应的效

果。如果为了建造露天剧场而将地形改造却没有获得完全的自然效果，那么公园就会很久，也许会永远被这条"伤疤"破坏。

建造圆形露天剧场或露天剧场的原则有很多。可能最重要的是视线的因素。声学因素在这里也和室内音乐厅一样重要。许多人一开始并不重视声学问题，但他们必须知道，山体、水面、森林和人造环境一样以自己的方式折射声音并产生回声，因此也需要在事先进行充分的考虑和研究。

重要的是舞台应该向着东面或北面；这样观众们就不必在下午面对阳光。将远景作为舞台背景的做法很不错，或者，像肯塔基的松树山公园那样，用美丽的山体悬崖作为背景就更好了。一丛密密的树林合适而令人印象深刻，最好让圆形剧场为树林所环抱。它们可以带给剧场私密性，为所有的观众提供遮阴，并作为隔离其它活动的噪声的隔离带使用。

露天舞台有时只是一个平台，远景、山崖或树丛是它的背景。如果缺少这些背景，或者有特殊需要，可以建造一个乡野风格的建筑或以种植植物作为背景。如果要在露天舞台放电影，作为背景的建筑的大小必须由电影银幕的大小决定。电影银幕在冬天应该可以取下并保存，以便保护，不放映电影时，应该垂下黑色幕布。如果要在露天剧场表演戏剧，则应提供必要的演员化妆空间。作为视觉中心的舞台及其它以自然为背景的人工建筑，必须是公园的特征的出色代表。任何一条产生冲突感的线条都不允许存在。而为了创造自然效果，精心布置植物、将岩石自然化都是绝对可行的方法。

公园里的露天剧场的座椅可以由圆木或石头制成。也许圆木坐凳坐起来更舒适，但是排成一段段的圆木座凳会形成一个个折角，这样就显得很僵硬并且无法与自然的自由曲线融合。虽然石头坐凳从另一方面来说坐起来不够舒适，它却能排成优雅的流线形，既美观又能与环境协调。

应避免将位于露天剧场的座位区的大树砍掉。通常更好的办法是将座位区有大树的位置留出来。如果将大树的低枝修剪掉，它们将能为观众提供遮阴而不遮挡看舞台的视线。

通常将营火设在舞台的前方、一侧或两侧。有时营火可以作为脚灯或其它的照明设备在晚上为舞台提供照明。无论营火是否有这种功能，它都能将露天舞台与简单的营火环连为一体，为流浪者提供家庭般的温馨之火。

拉森 (Lassen) 火山国家公园曼扎尼塔 (Manzanita) 营地营火环

这个营火环初显出成为一种露天剧场的野心。营火环四分之三的座椅由完整的圆木砍凿出座面和靠背。其余的座椅没有靠背，向外延伸是计划中加建的演讲台、电影银幕及前排座椅。在公园的规划中借鉴了折叠床的巧妙构思。

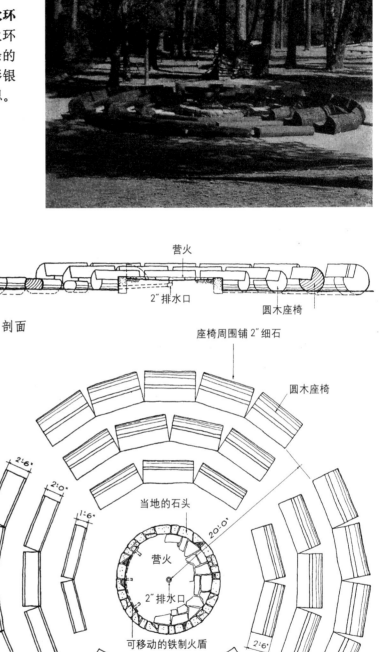

投影屏幕

演讲台

地面

营火

2″排水口

圆木座椅

剖面

第三排
第二排
第一排
圆角

1′2″ 1′4″ 1′6″

圆木座椅细部

计划中的座椅区

座椅周围铺2″细石

圆木座椅

投影屏幕

演讲台

放映机的位置

18″φ 圆木

计划中的座椅区

2′6″
2′0″
1′6″

1′4″ 1′2″ 1′2″

2′6″

2′0″

1′6″

当地的石头

营火

2″排水口

可移动的铁制火盾

20′0″

2′6″

3′0″

3′6″

卵石路

平面图

比例 $\frac{3}{32}″ = 1′ - 0″$ (1:128)

拉森火山国家公园萨米特湖营火环

    这是一个位于理想的森林环境的简单、布局合理的营火环，从这里能看见附近的湖及遥远的山。通过升高的火盆的边缘石可以将火的范围限制住。值得注意的是火盆中间的排水口及从内至外逐渐变宽的圆木坐凳，这样就能满足不同游客的需要。

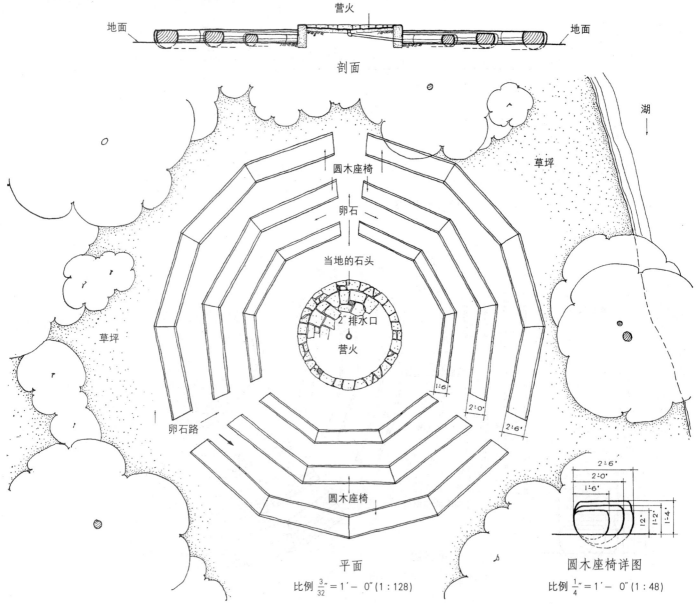

营火

地面　　　　　　　　　　　　　　　　　　　　　　　地面

剖面

湖

草坪

圆木座椅

卵石

当地的石头

2″排水口

营火

草坪

1′6″

2′0″

2′6″

卵石路

圆木座椅

平面

比例 $\frac{3}{32}″=1′-0″$（1∶128）

圆木座椅详图

比例 $\frac{1}{4}″=1′-0″$（1∶48）

2′6″
2′0″
1′6″
1′2″
1′2″
1′4″

加利福尼亚史蒂芬斯格罗夫州立公园营火环

这个营火环通过布局、尺度和简洁性避免了与树林环境的冲突。舞台的铺地是从红杉圆木上切下的圆木片。座椅有两种形式，一种是竖立的圆木段，另一种是水平放置的砍制出椅背的圆木段，它们为营火环带来了自然随意的气氛。

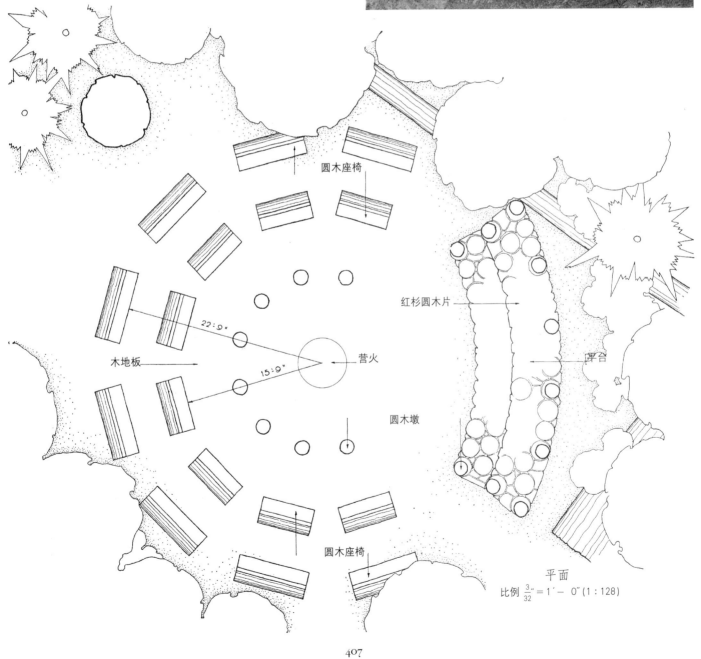

圆木座椅

22:9"

红杉圆木片

木地板

15:9"

营火

圆木墩

平台

圆木座椅

平面

比例 $\frac{3}{32}$" = 1′ — 0″ (1：128)

加利福尼亚普雷里河州立公园营火环

公园规划师充分认识到在这样一个美丽的环境建造营火环所面临的矛盾。规划师希望它能体现出一种优雅感，但是从一开始这个环境就存在着优势和缺陷。只有使用当地出产的材料，并使材料构件的大小与整体布局协调，深切尊重周围的大树及花边式的地被植物才能使规划师免于闹笑话。

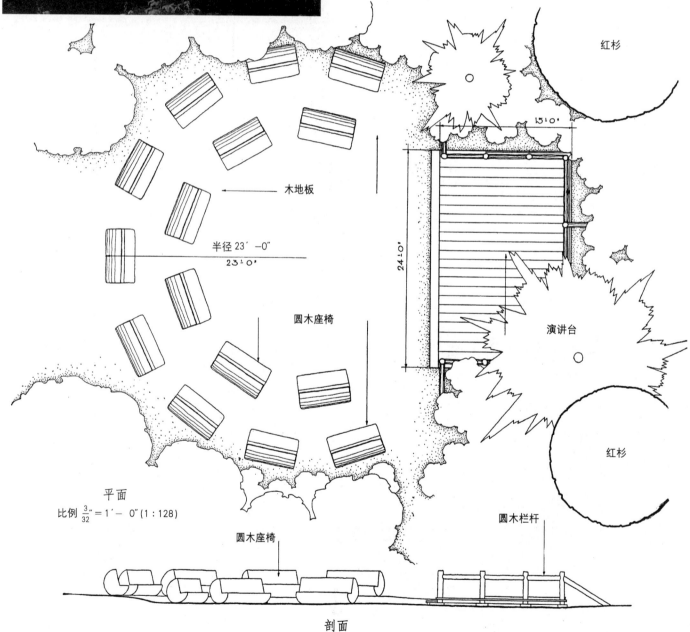

红杉

木地板

半径 23′—0″
23′-0″

圆木座椅

演讲台

红杉

平面
比例 $\frac{3}{32}$″ = 1′ — 0″ (1:128)

圆木栏杆

圆木座椅

剖面

纽约科佩格（Copiague）露天剧场

虽然这个露天剧场位于一所学校的操场，它却具有公园建筑的特色。排成半圆形的座椅区环绕着草坪舞台，使它更像一个圆形剧场。值得注意的是座椅的构造及象征休息厅布局的饮泉和相对的圆木椅。

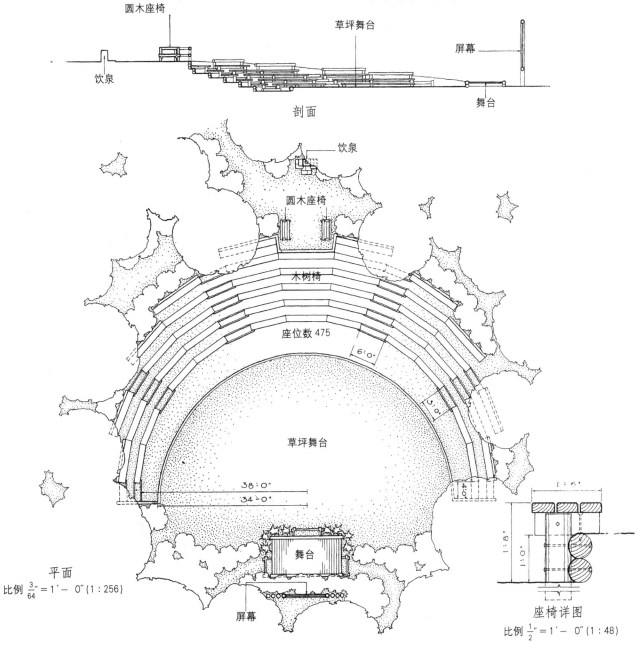

圆木座椅

草坪舞台

屏幕

饮泉

舞台

剖面

饮泉

圆木座椅

木树椅

座位数 475

6'·0"

5'·0"

草坪舞台

38'·0"

34'·0"

4'·0"

平面

比例 $\frac{3}{64}$" = 1' — 0" (1:256)

舞台

屏幕

1'·6"

1'·8"

1'·0"

座椅详图

比例 $\frac{1}{2}$" = 1' — 0" (1:48)

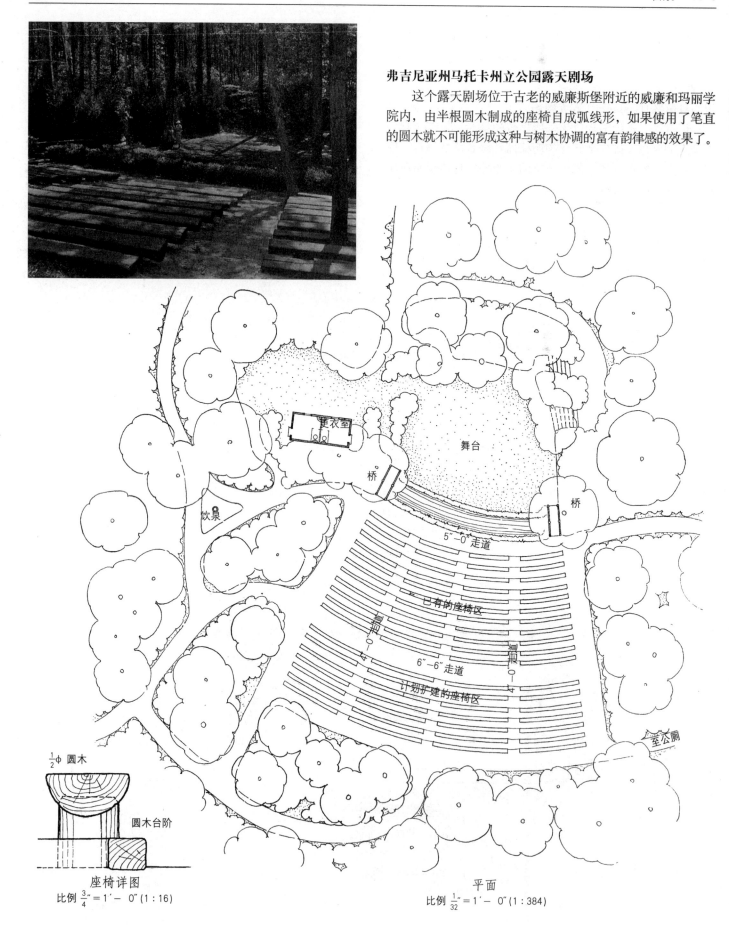

弗吉尼亚州马托卡州立公园露天剧场

　　这个露天剧场位于古老的威廉斯堡附近的威廉和玛丽学院内,由半根圆木制成的座椅自成弧线形,如果使用了笔直的圆木就不可能形成这种与树木协调的富有韵律感的效果了。

舞台

更衣室

桥

桥

饮泉

5″-0″ 走道

已有的座椅区

6″-6″ 走道

计划扩建的座椅区

走道

走道

至公厕

½φ 圆木

圆木台阶

座椅详图

比例 $\frac{3}{4}″ = 1′ - 0″$ (1:16)

平面

比例 $\frac{1}{32}″ = 1′ - 0″$ (1:384)

艾奥瓦州福里斯特城 (Forest city) 州立公园半圆形剧场

露天剧场布局越简单，就越能协调于自然公园。这里是一个并不假装要超出周围环境的建筑，因而看上去处于那个位置很合适。由石礅支起的圆木板椅并不具有后面某些例子的圆木椅的不正式感。不完整的状态及夏季树叶的缺乏使它现有及潜在的优点很不明显。

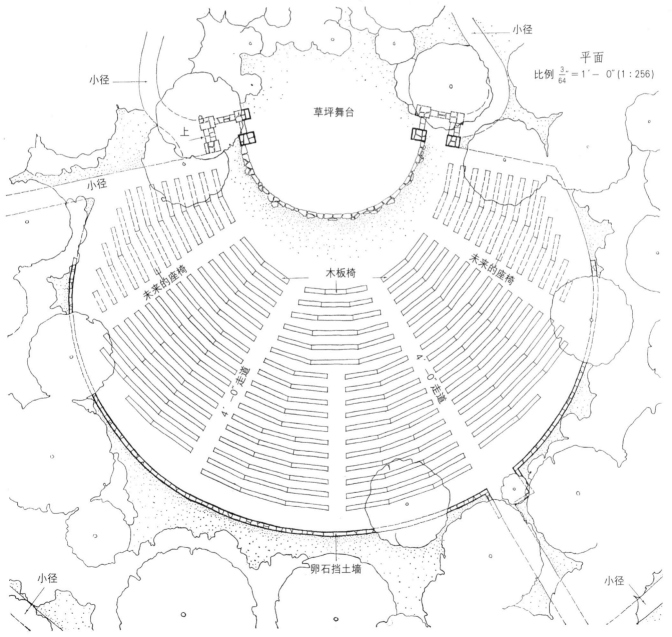

平面
比例 $\frac{3}{64}'' = 1' - 0''$ (1：256)

小径

小径

小径

草坪舞台

上

未来的座椅

木板椅

未来的座椅

4'-0" 走道

4'-0" 走道

卵石挡土墙

小径

小径

加利福尼亚大盆地博尔德河卵石小溪露天剧场
　　这是荒野中的韵律。树林框景中的排成弧形的圆木座椅和人工图形可以真正地吸引人。这就是一个很好的例子。从整根圆木砍制出的带斜靠背的座椅、座椅的排与排之间慷慨的间距及剧场的坡度都表明设计者对于舒适度和视线顺畅给予了充分的考虑。

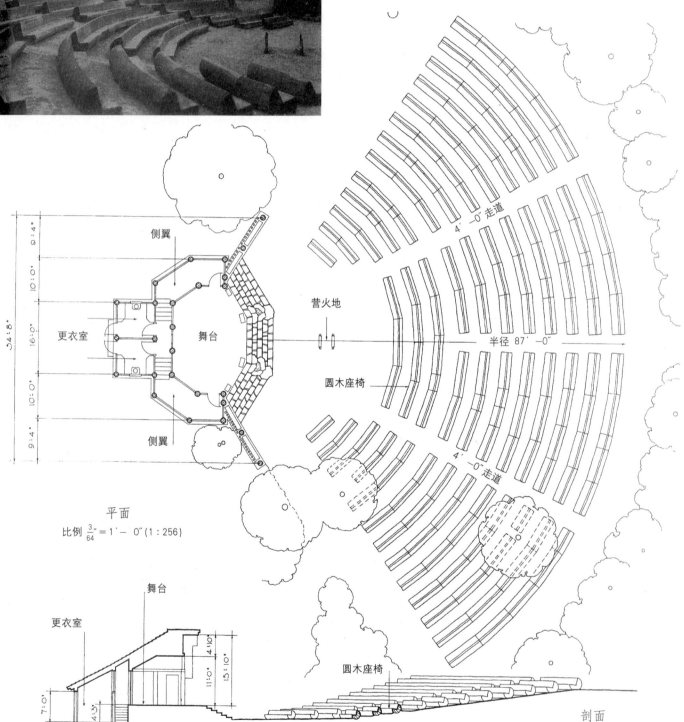

平面
比例 $\frac{3}{64}$″ = 1′－0″(1:256)

宰恩 (Zion) 国家公园露天剧场

除去壮观的风景背景，这个剧场最显著的特色是消失
的屏幕和遮挡屏幕与设备的顶篷。值得注意的是放置投影
仪的基座、座椅构造的细节、营火台不对称的位置以及作
为演讲台背景的岩石。设计者预料到了以后对座椅的加设
并经过了精心的规划。

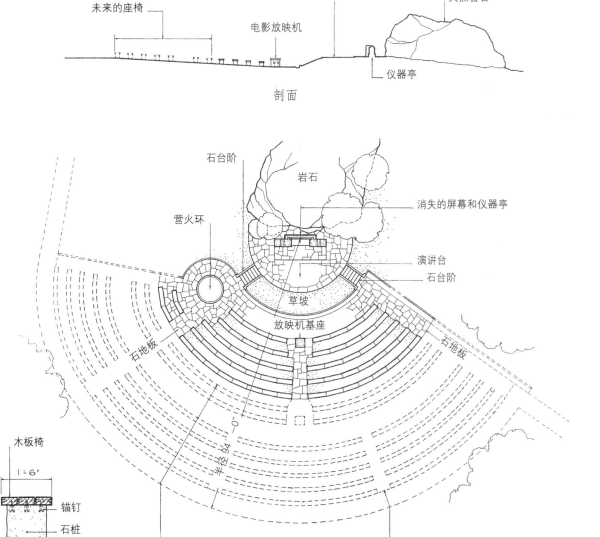

座椅详图
比例 $\frac{3}{8}'' = 1' - 0''$ (1 : 32)

平面
比例 $\frac{1}{32}'' = 1' - 0''$ (1 : 384)

印第安纳州布朗县州立公园露天剧场

虽然拍摄照片时剧场尚未建成，我们却可以预料完工后的情景。环抱的树林和不太大的规模营造出亲密的气氛，观众将会很感谢这狭窄的弧形布局和较陡的坡度，因为这样可以保证他们的视线不被前面的人头遮挡，也就不用费力地伸扭脖子了。

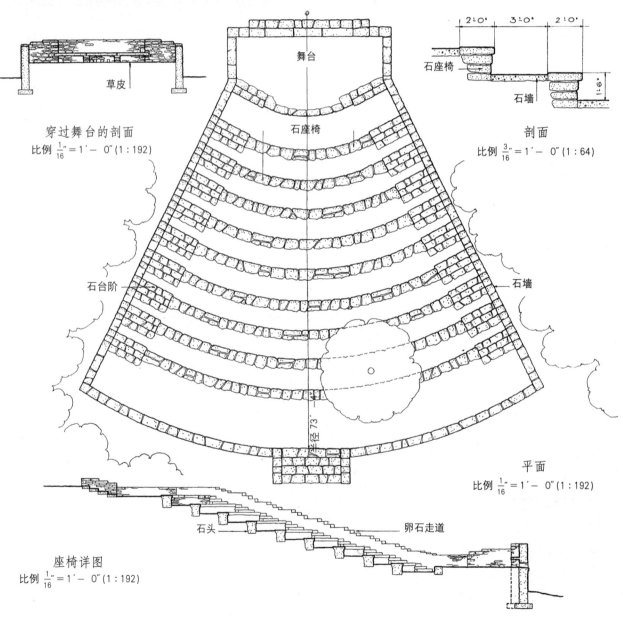

穿过舞台的剖面
比例 $\frac{1}{16}'' = 1'-0''$ (1:192)

剖面
比例 $\frac{3}{16}'' = 1'-0''$ (1:64)

平面
比例 $\frac{1}{16}'' = 1'-0''$ (1:192)

座椅详图
比例 $\frac{1}{16}'' = 1'-0''$ (1:192)

科罗拉多州博尔德弗拉格斯塔夫 (Flagstaff) 山州立公园圆形露天剧场

在这里，远景明显就是舞台最美的背景。营火台正好位于座位区的圆心位置。当座位后面的植物长成四季常绿的背景绿篱和远景的景框时，这个剧场将更具特色。

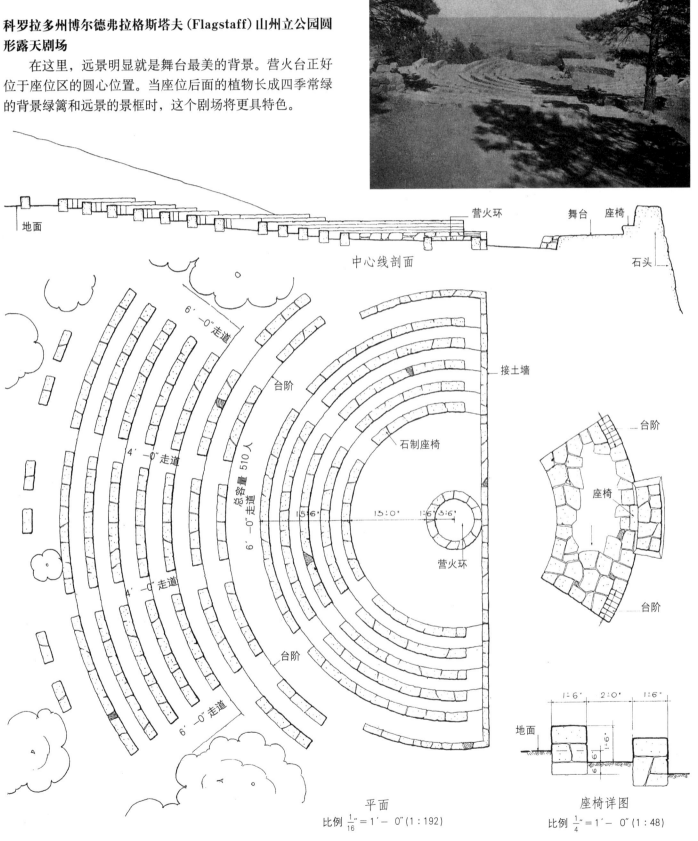

中心线剖面

地面　营火环　舞台　座椅　石头

接土墙

台阶

石制座椅

总容量 510人

15'6"　13'0"　1'6" 3'6"

营火环

6'—0" 走道

4'—0" 走道

4'—0" 走道

4'—0" 走道

6'—0" 走道

6'—0" 走道

台阶

台阶

座椅

台阶

台阶

平面
比例 $\frac{1}{16}$″ = 1′—0″ (1:192)

座椅详图
比例 $\frac{1}{4}$″ = 1′—0″ (1:48)

1'6'　2'0'　1'6'

地面

1'6'

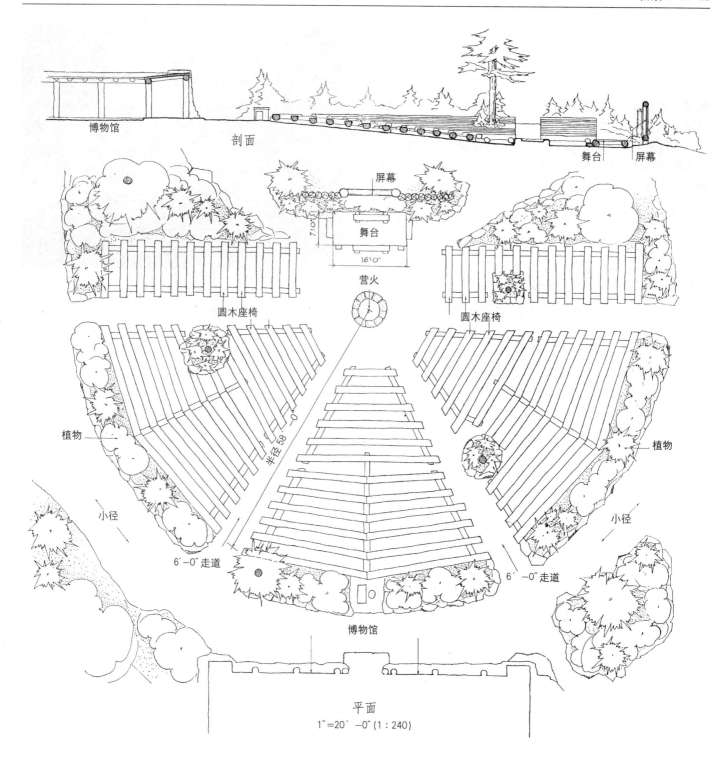

剖面

博物馆

舞台　屏幕

屏幕

舞台

7'0"

16'0"

营火

圆木座椅

圆木座椅

植物

植物

半径 58'-0"

小径

小径

6'-0"走道

6'-0"走道

博物馆

平面
1"=20'-0" (1:240)

黄石国家公园圆形露天剧场

　　在这个大型的国家公园内有两个几乎完全相同的露天剧场。右页显示了这两个剧场。上方的平面圆是旧费斯富尔露天剧场，它主要在舞台和背景的细节上和位于钓鱼桥的那个剧场有所不同。两者的舞台都很浅，并且营火坑都在轴心的位置。

　　粗大的、带有树皮的圆木安放在纵梁上，与室外环境的尺度很协调。有意思的是架在"圆木堆"上的放映屋。其中一个露天剧场上由石块生硬地隔出一条小路，如果地上不能长出足够的植物遮盖这些石块，最后可能还是要将这些石块移走。

黄石国家公园旧费斯富尔 (Old Faithful) 圆形露天剧场

黄石国家公园菲兴 (Fishing) 桥圆形露天剧场

格兰特(Grant)国家公园露天剧场

　　这个剧场是位于偏远的西部森林的典型形式,带有树皮的圆木座椅埋入土中,经过了上端刨平、磨光的处理。位于管弦乐队位置边上的营火坑是国家公园的露天剧场的一般附属物。非对称的座椅布置是为了不影响树木生长,并顺应原来的地形。复杂多变的舞台背景无疑是为了适应不同类型娱乐表演的需求。

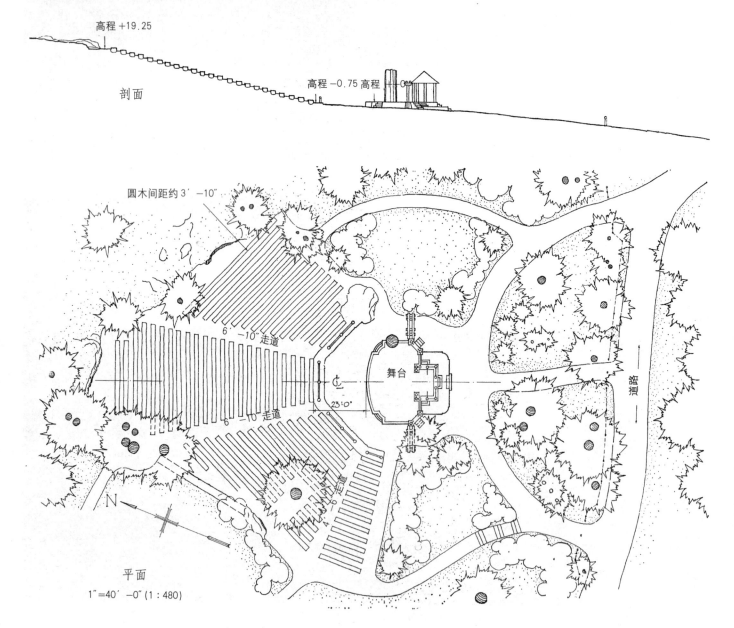

第三部分　过夜与有组织的营地设施

目　录

夜间住所和有组织的露营设施

在对这类设施的构筑物加以详尽讨论之前，我们需要对"公园中的夜间住所和有组织露营地"这样的命名法进行检验——事实上，作为一种团体活动设施的"有组织露营地"，可能更需要进一步解释。也许，我们应首先对文中用到的"夜间使用"和"有组织露营"这两个术语加以区分。

公园中的夜间设施包括从帐篷到旅馆的这类建筑物，可供一个人或一个家庭，或者供若干人或若干家庭，或者是两者的组合群体使用，建筑物中可能会有寝具，游客可使用一个或多个夜晚。有组织露营地所使用的设施包括帐篷或小木屋，游客个人或家庭可从公园处领取寝具，其主要区别在于它们的团体租用期限通常在一周以上，并由一些特殊机构如教育机构、福利机构等主办和管理。这些主办机构会整日整夜以各种方式组织公园内的集体游憩活动，这不同于以自由身份租用为特征的其它夜间住所。如果这种表达仍不够充分，那么，关于单个构筑设施的讨论也许能够更加清楚地阐述其间差异。

在多种公园留宿方式中，最简单的方式即是帐篷宿营，其实践时间很长，甚至在被正式作为公园留宿设施之前，就可能已经拥入大多数公园地区。也许正因如此，帐篷、晒衣绳、装饰奇异或未经装饰的露营车以及所有那些适合使用于风景优美地区的物品，几乎都未曾被质询过其正确性。帐篷露营者似乎在试图颠倒对土地的支配权。他们坚持调整自己的领地，并在行为上超越公共利益权限，表现为近于粗暴的个人主义特权。

接下来谈谈挂车营地，这种设施的开发相对较晚，也许会更易于管理，但它同样更加需要舒适、便利的空间和设施。如何在天然公园中设计挂车营地专用设施，现在是一个非常活跃的话题。目前，在社会上还流传着关于未来挂车营地设施的各种预言。有人认为它只是一时风尚（就像从前人们对汽车的看法），很快就会被淘汰；但也有一位著名统计学家声称，在20年后，将有半数美国人都会居住在拖车之中。针对后一种预言，有人会考虑到那样就无法提供给小孩以学校教育。不过，未来的典型美国家庭显然只由一个男人、一个女人和一部拖车构成——到那时，什么小孩、学校、学校教育，可能都已过时。如果人口出生率不断下降而挂车住所不断增多，未来的人口数量和拖车房屋数量极有可能达到1956年人口的一半。

各地都有充分证据表明，拖车的普及率正在不断增长。现在，公园所面临的问题就是：究竟是应该禁止挂车房屋的普及，还是对它们加以安排，尽可能减少其对公园所需品质的破坏。在忙于满足挂车游客对公园停车场和宿营空间的需求时，我们也要时刻保持警惕，防止对挂车露营地的过量供应。

与上述两种可运输的夜间住宿设施相比，以下为一些固定类型的夜宿设施。其中，小木屋是最简单的一个实例。或许人们已经普遍认识"小木屋"的概念。然而，它除了可为家庭和小型度假团体提供独立建筑物之外，还可为有组织露营者提供只有一个房间的建筑物。在讨论有组织露营地的构筑物时，小木屋通常是后一种概念。若不是"宿舍"一词带有拥挤和低标准的住宿条件的意味，我们完全可将这种小木屋定义为集体宿舍。基于这一避讳，且没有用于区分这一概念的代用名，我们有责任就文中所列举的每一小木屋实例，向读者做充分解释。

在有些公园中，对夜用小木屋的需求量很大，且很难找到令各方面都满意的解决方案，致使这种固定的夜间宿营设施过于集中，并多少有些综合性特征。

它们被称为客栈、小旅馆和大型旅馆等，这些名称又被交替应用于各种构筑物上，很难形成确定含义。

在国家公园中，那些被称为"小旅馆"的建筑物，通常包括客厅、餐厅、厨房以及与之相关的从属设施。它可以用作周围小木屋组群的补充和服务设施。而国家公园中的"大型旅馆"，则通常是自成体系，它在同一建筑物中提供了许多客房，而不是作为独立式小木屋的补充。但是，即使是在国家公园中，这些概念之间也常常没有明显差别。在其它地方，"客栈"、"小旅馆"、"大型旅馆"的名称被更为普遍地交替使用，以至于在这些讨论中，常用"小旅馆"来作为所有这类综合设施的通称，而无论其住宿场所是整体的还是分离的。

除有组织露营地之外，公园中的夜宿设施（从帐篷到大型旅馆）都已被提及。在本文后面，有对于这些设施的文字和图片解释，之后，我们也会讨论和图示某些必要的辅助性构筑物。

根据背景视角的不同，有组织露营地这一概念既非常陈旧，又相对现代。仅在一个世纪以前，当美国75%的人口在乡村生活时，如果不是因其必须从事最为艰苦的劳作，原始的生存环境使广大农民的生活同露营生活非常相似。甚至当美国的疆域向西部扩展，农村生活有较大改善之后，乡村地区的居民仍喜欢接近多种面貌的大自然。但是，随着机器时代的到来，乡村人口迅速涌向城市和乡镇。最后，我们当中只有不到50%的人才有机会体验非城市状态的大自然，并从与大自然的接触中获取满足和重新焕发活力，而这时，这样的接触本身早已失去了价值。蔓延、拥挤的城市伸出了它的每一个触角，将污染扩展到了遥远的乡村地区；为实现一种不经济的工业文明，我们通过对自然资源的无情挥霍来获取所需的原材料。大自然，它曾经辉煌地横跨美洲大陆并哺育了一个民族，它的讣告发布已为时不远。

这种革命性的生活方式使得人们的居住条件变得压抑、人工化，而抵制这种居住条件的行动也已在自然地逐渐展开。"简朴的生活"、"回归自然"这样的短语流行于20世纪初，它表明人们已经意识到，某些极具价值的东西已从美国人生活场景中消失。同时，它们也表现出恢复自然的意愿。当人们记起，在无数个世纪以来，露营都是人类标准的生活方式，而在固定建筑物中的定居生活却仅仅只有相对很短的时间，他们由此而生的、对户外生活的怀旧情结也就不难理解了。

无疑，作为对"回归自然"这一迫切要求的回应，最初的短途旅行是由分散在各地的个人和小团体发起的。后来，人们产生了为在野外宿营而露营的想法，而不是将露营作为狩猎、钓鱼、迁移或探险的一种手段。这种为露营而露营的想法给许多美国人带来了直接、深远的吸引力。这样，小规模的露营群体很快变成了大型群体，并最终成为一种组织。在利益冲突时，应服从于共同经营下的大多数人的利益。而个人的休憩要求必须让步于背着行李到处奔跑的活动方式。这种趋势使人们得以很快回复到人类过去的游牧生活。从前的部落组织为有组织露营提供了远古时代的露营先例。部落民族不同于史前狩猎者中的单独行动者，他们改变了阴暗的远古历史，成为历史的一个焦点；同样，有组织露营也不同于有限群体的、个人主义的露营探险，它突出了露营的历史，并主要推动其与现代实践的结合。

最初，大多数的有组织露营地都由私人企业主办。后来，教育组织、某些特殊组织（教堂、小旅馆和俱乐部团体）以及行政单位（如城镇和州郡）也开始为中等条件和贫穷阶层的群体兴建和运作露营地。现在的有组织露营地中，有专供家庭使用、专供成年人使用、专供各年龄层次的男孩和女孩使用、同时供男孩和女孩使用、专供母婴使用、专供残疾儿童和其他患者使用的各种类型。

接下来的讨论和图例主要围绕有组织露营的设施及布局，重点关注适用于多种需求的、被普遍使用的露营设施，避免对任何人的露营实践活动有严格限制。我们特别强调与所谓的"复合型有组织露营地"相关的原则和政策。

要达到这一目的，必须意识到，许多的露营地布局都是由若干个完全不同的团体在同一季节使用。随着时间变迁,一些专为某个特定团体建造并专供其使用的露营地,可能会与其它组织分享,甚至转让给其它组织。如果放任一时兴致,并规划和建设某种过于个人主义化和实验性的露营地,这种做法就等于在没有携带降落伞的情况下,驾驶一架新型飞机飞行。这是对胆量而非正确判断力的测试,如果是在公有土地上、用公款或社会公有资金进行建设,这一做法更是愚蠢之极。

当然,如果说这只是在私有场地上进行的个人冒险,而且可以保证某个特定组织的单一使用,则可能希望建成建筑与复合的、或典型的有组织露营地建筑有所不同(虽然这种差异不大)。尤其是专供家庭使用、专供残疾儿童使用和同时供男女儿童和青年使用的露营地设施,都是由典型露营地的变体改善而来。这些变体将在后文提及,除对厕所和淋浴设施进行重新整理,或者是对建筑物之间和建筑单元之间的间距进行校正之外,没有一例会因改动太大反而使其普遍可用性大大减弱。

在本书图版中也包括这样一些露营构筑物,它们并未坚持文中提倡的原则。除了上述已经介绍的理论之外,有组织露营地的理论也自有其支持者,并且有些已被用于引导一些建筑上虚构而结构上有利的露营建筑物的建设。这里介绍的实例看上去都是完全合理的(因其相当新颖的设计和优秀的构造中显露出了灵感),尽管有时也会感觉有必要质询基本概念的正确性。

在本书中,也许过于强调了有组织露营建筑物和设施的重要性,而忽视了领导者的才能和贡献。在这样一本以建筑性附属设施为研究目的的书中,这种情况是很正常的。

对这里,提到了建筑物和附属设施所必需的所有部件。的确,如果没有能干的领导阶层指引,这些部件就永远不能构成一个完善的有组织露营地。另外,有经验和有才能的领导阶层,还可以利用有限的建筑及其构造设施,在辅以个人想象,创造出一些惊人之作。即使最初只是一个小型旅馆、卫生间和帐篷平台,

再在条件许可下增加一些必需的建筑设施,一个有能力的领导者就可以创建出比周围场地更好的有组织露营地,而一个无能的领导阶层即使在原有完整的建筑条件下也会遭遇失败。的确,一个有能力的领导阶层可以加强建筑物的完美性和完整性,但即使这样,我们也不能否认现有露营地具有最大的潜在造诣。

当然,在最早的有组织露营地中,个人享有更多的自由。其节目是即兴的,日程安排相对粗略,相关规定极少。不过,随之而来的发展却产生了过多的组织和规定。兵营式露营地的布局一度变得普及。帐篷和建筑物的布局或多或少类似于商业街,或是正在接受检阅的军队。露营的每天都是由一系列活动构成的,营地里的每个人都希望能在日程活动中得到放松,以达到游憩和促进健康的目的,但当时的结果却常常与希望相悖,会使得露营者整天精疲力竭。据记录,有一天,一个极具创造天才的领导突然想起一种集体的早晚刷牙法,让露营地中的所有牙齿都以一定的舞蹈节奏和速度运动,结果,露营组织团自己就给予这一主张以致命打击。

后来,人们调整了露营地发展方向,并从那种填塞着大量节目、忽视个人体能、消灭个性化的营地管理方式中退出,这也是现在露营地的明显发展趋势。这种发展趋势已经显著影响了有组织露营地的规划,并因此出现了一种著名的单元式露营地建筑(后文将有介绍)。规则的兵营式规划方式已不受欢迎。近期出现了一种被称为"掷骰子"的露营地建筑规划方式,可以称之为最成功和最受欢迎的露营地。事实上,不规则的建筑物布局形式并非这段时间偶发,确切地说,它是有意识避免几何形状的束缚,并尽量充分地利用场地地理条件。

随着对露营地控制管理的减弱,也改变了对于露营地建筑物的使用、设计和建筑数量。以前的"兵营"住宅也已被现在流行的较小居住单元所代替,其内可容纳 4 ~ 8 个露营者。

在迎合和尊重露营者个性特征的趋势下,并未放松个人的健康和安全标准。相反,这些标准还在不断

变得严格。安全的饮用水、污水的积极处理、用于游泳的无污染水、卧床的适宜空间尺度等，都是露营地领导者们和司法机构日益关注的重要问题。

回顾现代露营地的实践历程，是一件很有意义的事。露营地起源于美国印第安人的生活方式，并被早期拓荒者加以改造。主要的印第安人和拓荒者除影响了露营的活动节目之外，还相当程度地影响了露营地布局和建筑构造。很快出现在人们脑海中的便是聚会和营火会。现在使用的露营方式，正是印第安习俗的彻底复兴。拓荒者的和原始工匠的实践造就了第一艘小船。成单元分布的有组织露营地有些类似于游牧民族的印第安村民，通过一种圆锥形帐篷的安置，形成了大团体中的小群落，并为同种家庭提供固定位置，而在每次重新扎营时也常常会这样。

木结构建筑可以沿袭拓荒者时期的建筑风格，它是露营地中较受欢迎的建筑形式，也可作为引人注意的公园小品。拓荒者们的大火堆在露营地中同样深受欢迎。在最富灵感和最可爱的露营地建筑中，我们要推荐的是印第安纳的沙丘州立公园，其中有着展现美国印第安人精神的木结构圆锥形帐篷。

出自对浪漫的追求（特别是对于年轻人），有些露营地建筑的设计充满着幻想，但这种设计并未被广泛认可。由于有组织露营地的最初目标被频繁定为一种社会福利设施——其支出目标是使最大多数人受益、而非使少数人获得最大利益——但是它却经常（很不幸）需要先行放弃"想象——刺激"或"浪漫追求"所造成的开支负担。在这种情况下，社会意识的指令也必须屈从。但是，除了露营地设计者的愚蠢和无知之外，其它没有任何理由可以容许这一最廉价的露营地构筑物不具备合理的比例、适当的材料和怡人的视觉感受。在露营地中，如果贫苦阶层甚至普通条件者都可能吃不上蛋糕，那么，就要求规划者从美学角度出发，设计出一种不乏美味的替代品。

帐篷和拖车营地

如今，旅游者的旅行习惯和宿营习惯正在发生着全面的变化，这就使得现代公园露营地的布局调整成为必须，以便于继续向露营者提供服务和防止公园被滥用。而解围之物即是汽车拖车或箱车。人们利用它们来使自己的旅行生活更为丰富，而这种附属设施也越来越流行，在某些公园的评估中指出，在三个露营者中，就有一人已使用拖车。

然而，拖车制造商的当前生产进度表可以证明，结果并非如此。尽管产品的饱和点是无法预料的，但仍有迹象表明，课税和管制条例都可能会导致拖车的流行程度受限。正如曲线绘制者所表示，当前，拖车产量的急速上升曲线可能会在不久后趋缓而变平，尽管如此，我们也不能忽视，在公园内和公园附近，会非常迫切地需要为挂车露营者提供合适的停放处所。这个问题需要公正而充分地解决，既不能滞后于需求量，又不能仅仅依靠估测和一时的头脑发热而过量建设。

是否应当允许拖车进入公园，这一问题始终没有统一意见。有人认为，最好明令禁止在园内使用拖车，并将拖车留置于公园边界之外的私人企业之中。支持这一观点的原因还有：拖车在狭窄的公园道路上行驶，比较容易造成交通事故；拖车会破坏松软的公园道路和露营场地；当必须紧凑布局露营地时，会造成贫民窟一般的居住条件，且这种状况会向营地外围的公园区域发展，或多或少地污染了公园环境。

这里，并非是要证明挂车式露营应该或不应该归入公园。对有些区域而言，允许拖车进入可能会是个严重错误；而对另一些区域而言，则不会造成不良影响。这里，我们的目的是设想：如果已经确定了采用一个指定区域作为一处挂车露营地，那么，这个公园中的挂车露营地应如何设计。

美国林业局曾出版了一本小册子《露营地规划和露营地重建》，其中，迈内克博士（E. P. Meinecke）分析了供"汽车－帐篷"露营者使用的露营地的规划原则。在拖车出现之前，所有的露营地开发都以这些原则为基础，以整顿自然公园中的露营活动，并在不牵绊露营者使用、不影响露营者在露营区游憩的前提下，保持公园的自然面貌。

这种露营地的构想是基于一种短时停车场，车辆沿着具有适宜转弯角度的单向道路行驶，由自然障碍物为界，确定了停车空间和限制了露营者车辆的进出。需要补充的原则是对帐篷场地、野餐桌和火炉的合理分类，使其与停放车辆、原有植被和主导风向保持适当关系。最后一点，还要在营地周围设置植被屏障，以限定和保证该个人露营场地的私密性。如果实施得当，这样的布局就可以很好地满足帐篷露营者的需要。他可以驶入分配给自己的停车空间、搭设帐篷，然后在需要的时候将车轻松地开出去。

但是，当露营者决定用拖车代替帐篷住宿时，他会发现这个专为帐篷使用者提供的理想营地远不能满足自己要求。因为，当他将车驶入停车场，再拖动身后的拖车时，他会发现，后面的拖车和前面的栅栏使自己的牵引车处于两难境地。为了侥幸入位，他必须作以下选择：或者将拖车退出（这样会带来极大不便），或者试着跳过栅栏，或在前方的栅栏间缓步行进。其结果，必然会破坏露营场地，也有可能损坏自己的车辆。

他会试图寻找一个更加可行的方案，但这种努力只是徒劳。他也可能会掉转车头，将拖车停放到停车位上，这样，他的车辆就可能得以自由出入。如果该停车空间是被帐篷露营者的车辆使用，其车辆可以从单行道上转弯，头部朝前地轻松驶入，但是，如果这种停车空间被拖车使用，其转弯半径就必须加大，否则，笨重的拖车就很难倒向驶入。而且，这样的倒车操作会注销单行道路系统的优点，并造成交通阻塞和交通事故。

如果一个物体、想法或规划越是适合于给定条件，那么，它就越难具有随条件而改变的适应性。如果要使拖车的行驶变得容易，就注定要对那些原本完美的露营场地加以修整。

对于帐篷露营者的小汽车而言，最适合前向停车条件是使停车位于城市道路成45度角。而对于"牵引车－拖车"而言，在容许后退停车的前提下，最适合的尾朝前停车所需角度值与前者相同，但方向相反。许多原有的露营地都布置在单向环行道上，只要倒转营地道路的行驶方向和增加停车位长度，就有可能更容易为"牵引车－拖车"所接受。虽然拖车的后退行驶仍存在潜在危险，但对于旧露营地的明智改造确实可以取得相当令人满意的效果。

关于倒车运作的难度，可分成两类意见。有些人坚持认为，倒车操作根本就不需什么技巧，所以应在规划中完全忽略这一因素；而另一些人认为，倒退拖车尤其是将其倒向驶入只能满足最低要求的停车位中，需要高超技巧和长期练习，所以，只有取消所有倒车操作必要性的营地规划才是可以让人忍受的。可以看出，若要肯定后一观点，则必须证明倒车操作并非一项不重要的事情。有些人曾在公路上观察某些市民的不当驾驶行为，他们会意识到，如果倒向行驶，其中会暗伏着很大危险。这里，从对停车位替代物的探讨之中，我们可以感觉到：在未来的露营地开发中，如果能够消除倒向行驶拖车的所有必要因素，那么，这些替代物还是可以接受的（即使严谨的读者可能并不真正喜欢这种做法）。

这里有两种泊车位的替换形式，我们称其为"旁路"和"链接"。

"旁路"允许挂车露营者在无须倒车的条件下将"牵引车－拖车"驶离露营地道路、停车和驶入同一道路。其最简单的表示就是将露营道路加宽，使"牵

引车－拖车"可以停靠在行车车道以外。而比较精细的做法则是在旁路和露营地道路之间设置安全岛。其布局可以紧凑也可以外延，其平面可以规则也可以不规则，可设置树篱也可不设，并由营地道路的出发点和返回点之间的距离所影响。旁路的表面可能类似于营地道路，或者只是保留一定坡度。在土壤和气候条件适合的地方，旁路也可能被加以完善，成为一条生长着青草的货车专用道路，而非一条车行道（特别是在有实体分隔物时）。后面的图版中有一系列旁路处理方法的实例。

"链接"是指，允许挂车露营者的全部车辆离开车行的露营地入口道路，驶入一处合适而充足的停车区，在那里，车辆可以驶向另一条约略平行的露营地出口道路，而不需任何倒车操作。链接的变化形式主要取决于露营地道路出入口之间的距离。它可能只有15米的距离，但由于地形条件的复杂或对更大私密度的要求，这段距离也可能会达到30米甚至更长。同旁路一样，在有利条件下，链接道路也可能会成为一条长着青草的货车专用道路，而非车行道路，这样，既可保持其自然特征，又能节省开发成本。在本书图版中展示了各种链接的营地布局形式。

本书的图表中，还试图展示了多少可以适用于"牵引车－拖车"停车的所有营地形式，其中，就有好几种马刺式的停车场。这些停车场都不具有那种因由帐篷露营者停车场改装而产生的、尴尬的倒车需求。在那些还需处理拖车倒车问题的地方，我们展示的停车分配方法就会因其诸多优点而引起人们的关注。这些停车方法可使每一英亩土地上的露营地数量达到最大值。在有些公园中，每一营地所需的空间配置量较大，而由此导致的营地蔓延则意味着高景观（或原野）价值的消散，所以，采用经济的停车场做法将为这些区域带来很大利益。在营地发展中，还应考虑水、电的供应，每个营地下（特别是当营地下为岩石时）都应有地下水道连接，这样，场地的紧凑布局就更显其经济性。但是，只有在没有自然风貌的平坦地区，才会

促成一个几何形态、空间有限的最小露营场地组群。

创建一个每英亩土地上营地数量最多的露营场所，这是一个武断的决定，这里，有许许多多的因素可以破坏这种决策。很普遍、也有人认为很幸运的是，其中有些影响因素使拖车营地免于刻板的布局和保守的空间而失去吸引力。

首先，在公园中，没有建造笔直、平行的城郊式道路所需要的充足地形。时常，有必要通过建造弯曲道路来适应地形，其结果将是一种令人愉悦的不规则形式，而在空间利用上也会产生喜人的放松感。

在公园的停车场和道路设计中，会有一些树木正好出现在红线范围之内，这时，如果将这些树木都残忍地砍掉，这样的决定是非常残酷的。但是，更让人难以相信的是，为了不破坏几何形体的完整性，也不愿对道路和停车场所进行合理弯曲，以保存特别珍稀的树木和植株、保留露营地资产和减轻对空间的限制。

其次，便是始终顽固地存留在一些人身上的一种人类特性——对一定程度私密性的需求。如果大部分树木和灌木将营地围合起来，至少会给人一种不被干扰的私密感。如果土壤和气候条件不佳，致使营地之间的有效植物屏障变得疏少，可通过加大营地之间的距离来代替植物屏障。

如果一个公园中，与主要的壮美景观同时存在的，可能还有大量的、不引人注意的缓冲区，那么，在这种缺乏竞争力的区域，就没有理由牺牲土地以满足露营要求；如果一个公园的面积相当大，且其大部分地区都被森林覆盖，则可以在其中开展露营活动，也不应为了某些不确定的利益因素而彻底清理原有露营地，或关闭那些没有树木的、格网布局的、最小营地上的住所。

相反，在倾向于压缩营地布局规模的影响因素中，最重要的是保护营地，使其免除因外界自然价值存在而产生的侵扰。在此方面，还有另一个潜在因素，即由其确定的公用设施（水、电、污水排放等）的量度。很明显，距离的增加会导致这些设施安装成本的增加。

供挂车营地使用的公共设施（如水、电和下水

道）的需求量应达到何种程度，这是一个争论很多的问题。人们早就认识到，对于一个帐篷营地中的每一个营地而言，当安全的饮用水源不超过60米、公厕不超过120米、洗衣房不超过450米时，这样的距离是很合适的。但是，这些设施的最大服务半径同样适用于拖车露营地吗？当真需要为每一个营地提供那么多的、应在旅馆房间使用的精细物品吗？如果这样，那么露营费用就必须与旅馆价格产生实际竞争，难道户外度假就应如此豪华，以至于要超过大多数群体的经济水平。

当然，在我们的公园中，应始终坚持人类"各自生活不相扰（不互相挑剔）"的策略。这种开明的态度也促成了公园中的地方植物和动物策略。为什么不赋予人类以同样的尊严，让他也作为本地动物的一个类群，允许他以其曾经喜欢且能够支付的简单而逍遥的方式在公园内度假呢？

公园没有义务对流浪汉提供大量的援助和安乐，那些流浪者只能在初霜时被驱逐出营地。而除去露营地最后呈现的冒险和原始外观也没有任何实在增益。

如果场地条件有助于中等程度的安装成本，就可以在每一营地附近设置一个饮用水龙头，不管是用于帐篷或拖车均可。

对于挂车露营者而言，如果他能在自己的驻地直接接通电插头和公园水流，那肯定是非常便利的事情。如果驻地只提供照明设备，则每天的包价费用就完全可以支付营运成本。但是，由于有些拖车露营者还配有电炉、无霜冰箱、电熨斗、电暖气等电器，那么，如果在提供电流的同时不配备一个仪表，还会有利可图吗？露营地管理部门在成为供电分配者之前，应充分考虑电力滥用问题、短路问题、保险丝熔断问题以及这种极为普通的设备可能带来的险情。

对于豪华拖车的所有者而言，营地污水排放系统可能会带来很多方便。但是，由此带来的资金和维护费用会计入露营费用中，而一般的拖车所有者会真正感激这种设备吗？无疑，当电流的滥用超出这个电力小配件的承受能力之后，营地运作者自己也会陷入周

而复始的且并不轻微的困扰之中，

对于公园规划者而言，他们不应将越来越多的城市生活中的复杂事物一窝蜂导入户外度假环境之中。至少要等到拖车的标准化程度比现今大大提高之时，才有充分理由继续对露营场地加以细心改进。个体露营场地所必需的污水排放设施，和可能的电力设施，都属于公共设施的范畴，也是本文所不敢涉足的。我们可以轻率进入吗？

在有些公园的露营区中，既提供了适合于帐篷露营者使用的营地，也考虑了便于拖车停放的露营地，当使用者达到营地容量或接近营地容量时，维护操作人员的工作就会相当麻烦。检查登记露营者的设备和分配一个适合的营地，将要花费大量时间。偶尔还会出现一些预料之外的情况，比如，挂车露营者的数量超过了营地计划数量。这时，可能会有很多供帐篷露营者使用的营地是空闲的，但却无法转让给拖车使用。一个理想的解决方法是，建议在规划这两种营地时，应使其分别都可适用于帐篷露营者和挂车露营者。

还记得吧，挂车露营者通常是不需要搭帐篷的。他通常不在室外的露营火炉上烧饭。一套完整的帐篷露营家务所必需的几组用具中，桌椅可能是被挂车露营者使用最多的一项。如果不考虑这些事实，就没有任何营地附属设施应该从理想的露营地中省去。虽然，挂车露营者通常不能使用帐篷露营者的停车位，因其会给拖车使用者带来很大的不便，而且最终会损坏场地，但是，相反的，帐篷露营者却可以很方便地使用任何拖车露营地，且不会造成场地损坏。拖车营地布局可同时方便帐篷营地和拖车营地的使用，这种可用性就意味着100%的适应性。它解除了营地操作者每夜的噩梦，他们会不停思考，究竟会有多少需要配有这种设备或那种设备的露营者前来登记。当露营地可以容纳所有来者时，就不用再像现在这样烦扰地去考虑拖车和帐篷的不定比率。

在帐篷营地中，需要设置障碍物或隔离物，来限定单个的帐篷营地，和阻止帐篷露营者的小汽车侵入露营区，以防小汽车的自由流通而损害植物生命，同样，帐篷营地所需要的这些隔障物也是挂车露营地所需要的。现在，存在着这样一种倾向，即为了保护所需植物和树木，而放弃每英亩上的最多营地数量。在这种情况下，移植大量树木和对岩石进行迁移的保护性原则就会特别适用。有太多的露营区看上去都如同昨天的五环马戏场，它们使场地显得特别拥挤。抵制这种俗套的唯一方法在于提供尺度有效的障碍物和隔离物。遗憾的是，过去，为达到一种确实有效的尺度，运用障碍物和隔离物的保存技术都普遍失败了。那些操作者是用小石块和小树苗来冒充岩石和伐倒木隔离物，而他们对这些隔离物的不充分性所表现出的惊慌失措也确实是一种幽默。

后面的图例都在试着描述可被"牵引车－拖车"接受的营地布局的可能性，这些布局方式还有利于增加露营者的乐趣和舒适度。同时，我们还要利用两种理论方法之一，来增强对自然价值和公园大众游客敏感性的保护。这两种方法之一是为单个营地分配最小空间，以获取对露营区的几何式紧凑布局，而不考虑在所划拨的有限区域内的自然价值是否被掠夺。另一方法则是，承认和保存所有的自然财产，如森林植被、灌木屏障、外露岩石和自然等高线等，其结果是露营区产生程度不等的蔓延和不规则化，它会影响到更大的区域，但对这些区域的改变程度却较小。这两种方法都有其道理，只有在对受影响的场地因素进行认真调查之后，才能决定哪一种方法（或两者间如何折中）最能适用于某一特定实例。

这些图中所示的单向露营路宽3米，双向露营路宽4.8米。在这两种情况下，都应向排水沟中心线另增0.9米。停车位、旁路和链接为3米宽。单个营地的最小空间分配情况主要受"牵引车－拖车"的最小转弯半径控制。

从图中可以看出，由于大多数拖车的车门都在右手一侧，某些营地布局类型的适应性会受到制约。有些营地只适合位于营地路左侧，而有些只适合与营地路右侧。除非使用一种可同时适用于营地路左右两侧的营地布局类型，否则，当营地路两侧的场地都处于设计开发范围之内时，就必须对左、右手两种类型进行有选择的组合。

本页下图即是一个营地布置图，它说明，典型的帐篷露营地不适用于"牵引车－拖车"——它会将"牵引车－拖车"置于一个危险的尴尬局面，在后面的图版所示实例中，也在避免产生这种状况。

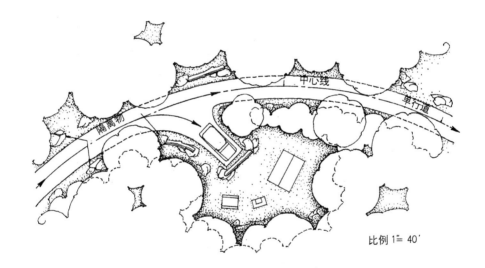

比例 1'=40'

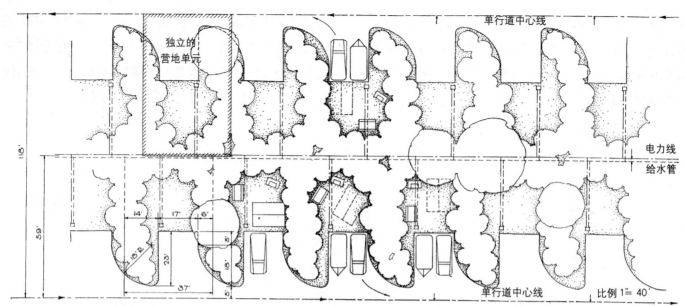

拖车营地单元 A [单元面积——2,183 平方英尺（约 203m²），含道路一半面积。每单元（含停车位）的道路面积约为 80 平方码（67m²）。每英亩上的营地数量——约 20 个（约 49 个／公顷）]。

在这种布局紧凑的马刺式单元中，牵引车和拖车并排停放。如图所示，这种形式适合位于单行道左侧，便于拖车的右手一侧（通常是有门的一侧）面临开放区域。通过将这里的左侧类型与 C 或 D 单元的右侧类型相结合，可以同时利用单行道两侧的营地。如果调换牵引车和拖车的停车泊位，A 单元也可适用于道路右侧。假使那样，就需要一个较为松散的间距，以方便车辆调度。

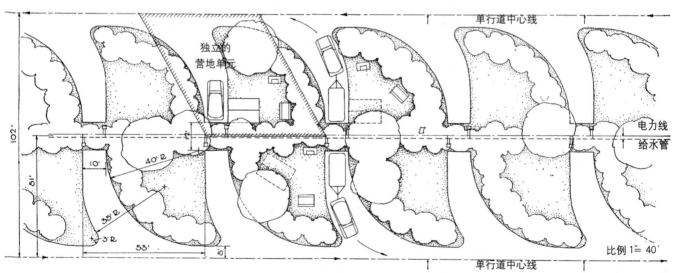

拖车营地单元 B [单元面积——2,703 平方英尺（约 251m²），含道路一半面积。每单元（含停车位）的道路面积约为 106 平方码（89m²）。每英亩上的营地数量——约 16 个（约 40 个／公顷）]。

在这种马刺式单元中，拖车后退进入停车场地，牵引车停在拖车前方。如图所示，它适用于单行道左侧，拖车的右手一侧面对营地空旷处。如果空旷场地被重新安置于停车位的对面一侧，则该单元可转换至单行道右侧，且车门依然面对开敞区。当然，这种单元与其它各类单元的组合方式也很多。

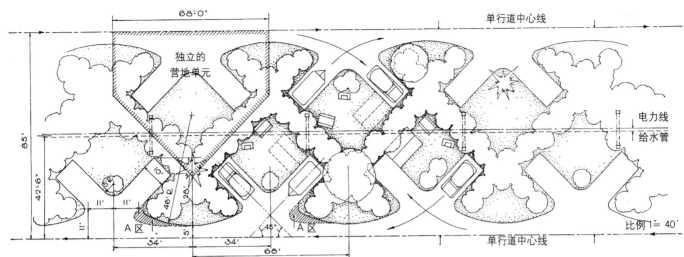

拖车营地单元 C〔单元面积——2,890 平方英尺（约 268m²），含道路一半面积。每单元（含停车位）的道路面积约为 130 平方码（109m²）。每英亩上的营地数量——约 15 个（约 37 个／公顷）〕。

这种单元为牵引车和拖车提供了各自独立的停车位，其布局有利于围合成一个私密空间。如上图所示，营地位于单行营地路的右侧，不过，它也可用于宽度合宜的双行道两侧，且便于拖车通常的车门一侧面临营地空旷处。通过与严格的左手类型结合，C 单元也可沿单行道布置。这一单元的适应性相当大。如果道路表面上没有加有阴影线的"A"区，那么，拖车与牵引车的停车位是可以相互转让的。

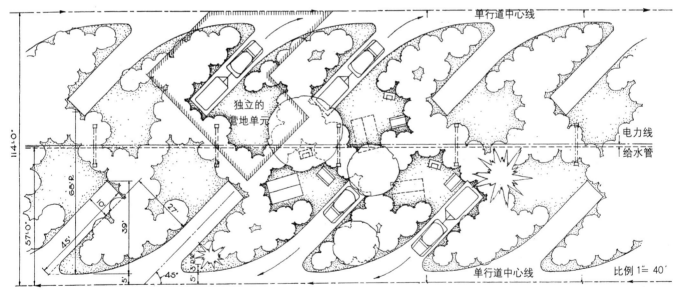

拖车营地单元 D〔单元面积——3,076 平方英尺（约 286m²），含道路一半面积。每单元（含停车位）的道路面积约为 118 平方码（99m²）。每英亩上的营地数量——约 14 个（约 35 个／公顷）〕。

和 B 型单元相同，在这一类型的马刺式停车场地中，牵引车在停车时，可将拖车方便地后退倒入场地和道路之间的固定停车泊位。如图所示，虽然这些单元只是位于单行道右侧，但显然，只要将空旷区安排到拖车停车位置的右手一侧正面（通常为车门一侧），它们同时也可位于同样道路的左侧，这样的重新布局也是完全可行的。该单元类型可以和其它单元类型组合成若干种布局方式。

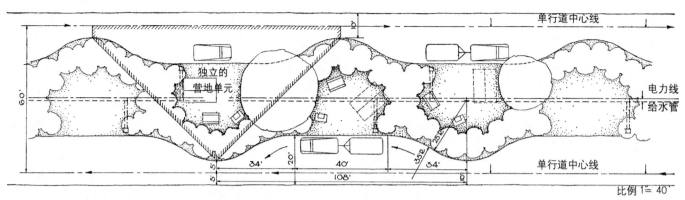

拖车营地单元 E【单元面积——3,240平方英尺（约301m²），含道路一半面积。每单元（含停车位）的道路面积约为130平方码（109m²）。每英亩上的营地数量——约14个（约35个／公顷）】。

在所有的"牵引车－拖车"旁路停放的营地单元中，这种单元类型最为简单，也最节省空间，它只是对营地道路的限定性拓宽，以便于两辆车可以驶离车行道路。该单元恰当地考虑了拖车通常的右手开门方式，它只适宜停泊在单行道的右侧位置。

上图即是这样安排的。在单行道系统中，它也可与其它左手类型组合使用。如果靠近双行道路，E单元可以同时被使用于道路两侧，且保证右手开门的拖车能面临营地空旷处。

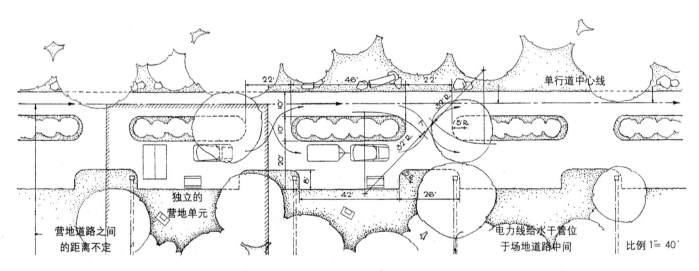

拖车营地单元 F【假定停车单元的纵深为60英尺（约18m），则其单元面积——4080平方英尺（约379m²），含道路一半面积。每单元（含停车位）的道路面积约为190平方码（159m²），含旁路。每英亩上的营地数量——约11个（约27个／公顷）】。

该旁路单元采用了一个规则的安全岛来分割旁路停车空间和车行道路。如上图所示，这些单元只沿单行道的右侧布局。为什么这些单元不能沿单行道左侧设置，这里并没有明显原因。旁路的宽度很大，为停放拖车留有余地，这样，当进入旁路时，不会妨碍拖车右手开门的需要。显然，F单元可同时适用于双行道路的两侧。

432

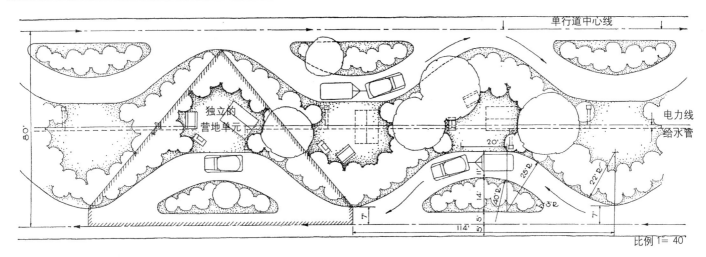

拖车营地单元 G [单元面积——4560平方英尺（约424m²），含道路一半面积。每单元（含旁路）的道路面积约为183平方码（153m²）。每英亩上的营地数目——约10个（约25个／公顷）]。

这里，为了将服务于每一独立营地的旁路停车道与车行道路分割，同样也使用了一个安全岛。如果是供较为常规的右手拖车门使用，这些单元只能用于单行道的右侧；因此，如果设计营地同时分布于单行道两侧，可选择那些更为适合的左侧单元类型。当然，如果设计方案为双向道路系统，G单元则非常适用于道路两侧。在前面各页展示的所有单元中，不管是停泊牵引车或拖车，都不必进行倒车。

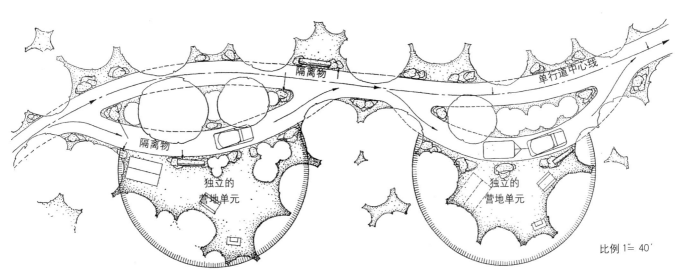

拖车营地单元 H（由于空间分配、每单元的道路面积以及每英亩的营地数目都完全受到各个场地的自然因素所控制，所以，关于这类营地单元的统计数据是不确定的。）。

该旁路单元显然是G单元的一个发展，其线形较不规则。它的设计方法也并非取决于在每英亩土地上争取最大数量的营地，而在于达到以下三个目标：（1）适应不规则地形，（2）不伤害原本优美的自然风貌，以及（3）为每一营地争取最大私密性。曲线形的车道顺应着自然等高线；利用营地间的间距和自然隔离物来肯定、保存和保护场地上高价值的自然风貌；保留的植被和宽广不定的单元间距增加了单个营地的私密性。如图所示，虽然这种单元类型非常适合位于单行道的右侧，但是，在双向道路系统中，这些不规则单元也同时适用于双行道的两侧。

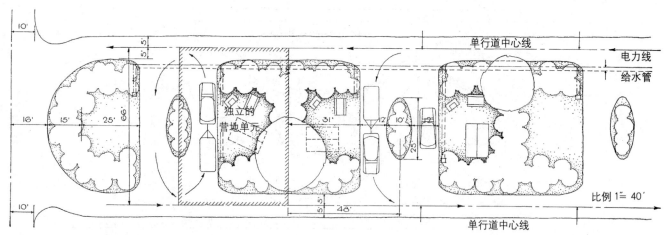

拖车营地单元 I〔单元面积——3168 平方英尺（约 294m²），含道路一半面积。每单元（含链接）的道路面积约为 160 平方码（134m²）。每英亩上的营地数目——约 14 个（约 35 个／公顷）〕。

上图所示同样为沿单行道布局的营地单元类型，它描绘了文中提到的最紧凑的链接车道类型。因链接停车位的每一入口和出口都需要左向转弯，并穿越一个反向车道，所以，我们鼓励将这种特定单元使用于任何双行道路系统中。这是一种灵活而节省空间的单元类型，但是，如果与其它类型的单元组合使用于单行道旁侧，其组合单元类型最好选用右手单元。

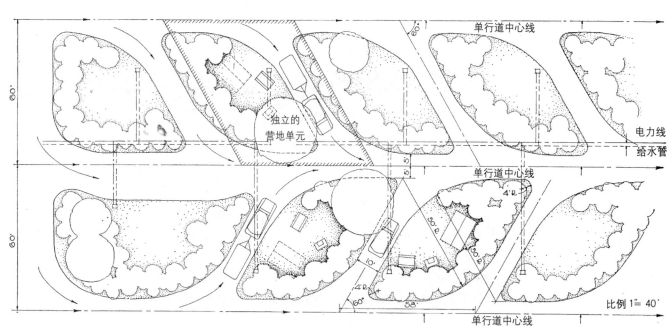

拖车营地单元 J〔单元面积——3,480 平方英尺（约 323m²），含道路一半面积。每单元（含链接）的道路面积约为 163 平方码（136m²）。每英亩上的营地数目——约 12 个（约 30 个／公顷）〕。

从该实例可以证实，该链接停车道最好只限于使用在单行道系统的营地布局中。如上图所示，所有的道路交通的布局从一方面表明，这种配置方法的最大利用可能存在于其大范围的适应性，即在环绕整个营地开发区的主要营地路上设置了车辆的出入口，而单行道则作为该入口和出口延长部分的链接。这样，停车道就构成了链环之间的链环，也就是说，其结果是，在整个营地区域形成了单行道交通，且将交通事故减至最小。

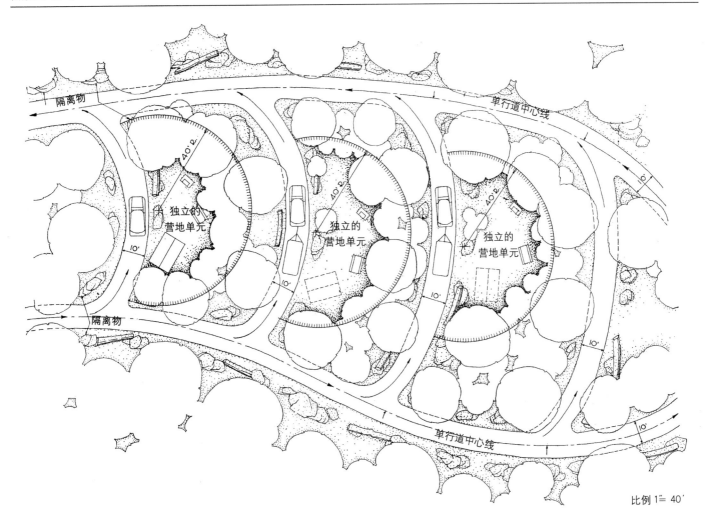

拖车营地单元K（由于这种类型的营地单元没有任何指定模式，所以，无法搜集数据资料）。

　　H 单元所表示的是一种松散、不规则、宽敞且适用于"牵引车－拖车"旁路停车类型，而这里的 K 单元类型与 H 单元相同，它相当于链接形式的一个不规则的、扩展后的版本。在两种单元类型中，都同样对道路线型加以调整，使其能够适合原有等高线、满足停车道间距、设置不伤害有价值的自然风貌的空旷区和为露营者提供更大私密性等，而所有这些措施都出自一种信念，即，

在特定条件下，与其将一个较小区域完全改变，不如将一个较大区域部分改变。在这样的露营地规划理论下，还使用了一些自然隔离物，用以防止小汽车无控行驶而产生场地损坏。这些隔离物必须有策略地全面设置，以保护露营区的所有自然财产，而对于自然财产的保护也正是向外蔓延的露营区之存在的最主要理由。

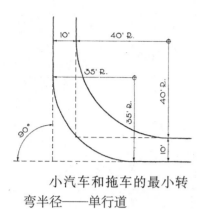
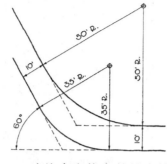
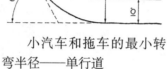
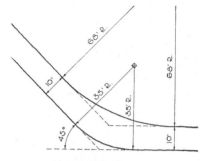

小汽车和拖车的最小转弯半径——单行道

小汽车和拖车的最小转弯半径——单行道

小汽车和拖车的最小转弯半径——单行道

上面各图所示为"牵引车－拖车"转弯半径的演变,它控制了前面几页中大量的营地布局方式。

下面两图所示为屏蔽个体露营地所需的低矮灌木和地被植物种类,如果要获取场地的私密性,就必须将它们扩展在拖车露营地之内。

虽然这两幅图所描绘的最高级的下层丛林位于大西洋斜坡的红杉林,但美国国内其它很多地区也可能找到与其密度相似、高度不等的下层丛林。我们鼓励采用具有这种有效尺度的隔离物,并通过对这类植物的不间断补种和维护,来防止机动车在露营区的破坏性移动。

加利福尼亚州普雷里河 (Prairie Creek) 露营区

加利福尼亚州帕特里克波因特 (Patrick's Point) 露营区

小木屋

在现代人眼中的天然公园内，某些建筑物只是偶尔会被认为是合理的，但在其中，却有树林里和草地上的小木屋是我们长期以来一直比较偏爱的对象。我们已经非常习惯于那些散布在郊野边界线上的残留的小木屋，甚至已认为它们是自然环境中的固有部分。在所有的公园构筑物中，有些小木屋在外观上回应着一些原始的基调，它们无论是用原木、木板瓦还是天然石材建造，都不会带给我们的情感以丝毫的冲突感，也不会认为它们难以接受。但事实上，公园中的小木屋经常被成群成组地建造（边界小屋通常不是这样），这就多少会毁坏由单个原始小木屋所给予人的完美和谐感。更进一步的事实表明，这种构筑物的真正成本通常远远高出它们的用途或预期收入，这就经常迫使设计者放弃原创者所选用的材料，而是采用最好的方法来利用那些更加便宜且更容易操作的材料。因此，在公园中使用成群的小木屋必然是不和谐的，只有当其突显地位减至最小时才有可能被人接受。

如果想证明一个公有土地上的小木屋具有存在价值，则必须考虑，在其有限使用期内，它是否做出一定贡献，且其收入是否能够负担其建造成本。如果对此成本的评价未能赋予所需材料以一个合理的价格，或未能正确估算所有的劳工费用，那么，这样的评估就是不完善的。

通过调整设施费用和租金来适应公众使用者的收入差额，这一方面虽经常被人忽视，但它肯定是公园提供小木屋的主要目标。现在的公园中，似乎存在着这样一种热情，即向游客提供更大量的服务设施，但事实上，只有高收入阶层才能支付得起这笔费用和需要这么多的设施，所以，我们应把同样的热情用于，进一步完善那些供收入有限的游客所使用的度假居所。

现在，针对许多公园都缺少小木屋设施及其它可见的租用物，已有人展开了公正的批评。要解决这一问题，不仅取决于更好的公园规划，还需要更好的商业规划，以提供价格选择范围较宽的膳宿设施，其价格范围应根据不同阶层的游客经济收入范围而定。有些人可能会指出，如果公园地区的好处不能让多数人获得，而只能被极少数人自我享用，这便是对民主原则的诋毁。如果公园所提供的小木屋数量很多，但只有极少数人能够支付使用费，这种盲目（或无情）的、忽视绝大多数人预算极限的做法并非是社会算术。

为让公园能够更好地提供服务，现在，我们来探讨一下适合小木屋的膳宿设施。

我们通常所说的"学生座"或"经济舱"是形式最为简单的小木屋，要求在这样一个临时居所里为游客提供最低限度的生活必须设施（以最经济的价格配置），然后在以利润最低的租金出租，以使经济拮据者也能负担。究竟如何才能在传统魅力与理性实用之间求得平衡，这个问题让设计师们伤透了脑筋。

必然地，这样的小木屋必须非常普通，仅仅需要提供最紧凑的睡眠和起居空间。出于对经济性的考虑，这种最简单的小木屋将不设厕所和洗浴设施。当然，与每个小木屋内部都设有厕所和洗浴设施的其它小木屋组群相比，集中设置厕所和洗浴设施将减少这一小木屋组群的成本。如果还需在这些小木屋中提供烹饪设施，那么，这种厨房就必须是真正的小厨房的比例，只能有一个紧凑的橱柜、壁柜、或是小而浅的壁橱。这种小厨房的可能替代物是一个室外火炉，最好还带有可遮风挡雨的顶棚。如果进行策略性的处理，那么，火炉可能是一个复合设备，而厨房的防护棚也因此可供若干个小屋合用。壁炉是人们比较喜爱的一个设备，但它几乎不在这种最简单小木屋的经济范围之内，它只在气候条件使其成为绝对必须时才被设置。

以上就是在许多人预算范围内的、游憩或度假用小木屋的简介，应将其记在心中，它只在短期内可用，且根据家庭单元的详细经济情况而定。

为了满足少数人的潜在需要，小木屋中可能需要添加大量设施，且必然会因相关资金的投入而适当提高租金，这就形成了"二等舱"小木屋（继续沿用班机上的称呼）。在这类小木屋中，往往配备了一个小厨房、一间卧室和一间起居室（在夜间可兼作卧室）。小厨房里的设施比那种最简单的小木屋多。由于这种较大的小木屋的使用季节可能较长，所以，壁炉是其正常部件。如果附近的休闲娱乐中心并不能提供一个聚会场所，那么，这种小木屋就更有必要自给自足。虽说厕所和洗浴设施也是人们所希望的部件，但由于成本因素，这一级别的小木屋通常仍不可能配备这类设施。

此外，还有一种所谓的"头等舱"小木屋，它们是为另一类游客准备的。这类小木屋的突出特点在于，它配备有厕所和洗浴设施，而且，它的睡眠区可能更加宽敞并具有更强的私密性。这类小木屋在空间和设施方面的限度比较任意，它已超出了我们的普遍讨论范围。当这种"头等舱"小木屋的装修过于华美时，就变成了"豪华小木屋"或"皇家套房"，那么，作为自然公园中的一部分，除了极个别人支持之外，这种小木屋的存在就会受到大部分人的批评。当然，如果这种小木屋的闲置率可以忽略，如果它们的租金可以与其最初成本和维护费用相当，只有在这样的前提下，这种自命不凡的小木屋才有其存在的合理性。

没有理由证明，这几种不同级别的小木屋必须在公园区域中同时并存，以此来向社会各个阶层提供同等服务。相反，在规划设计时必须严格避免这种情况。如果各种类型的小木屋都各自小心地组群，就会减少对社会差异性的强调，因此也就可以减少相关人士的不满意程度。

在提供一定范围的租金额度时，应考虑一个组群的若干小木屋中可以分别容纳的不同人数。一般而言，一个美国家庭平均有 4 ～ 5 人。因此，将可容纳 4 人休息的小木屋作为设计主流，是十分合理的。当然，有时也会需要两人小木屋，在极少数情况下还会需要六床小屋，这些需求都是正当的。

许多单间小木屋的面积都足以容纳 4 ～ 6 人睡觉，这时，就非常需要用隔断或带杆的帘幕围在一个或多个床铺区域周围，以提供一定的私密性。此外，租用同一小木屋的游客有可能并非一家人，如果不采取一些增加私密度的措施，就会缩减承租房客的范围。

在多数地方，某种形式的门廊都会成为这个小木屋的有用部分。在特定的气候条件下，只需设一个简单的露台即可满足要求，但在大多数情况下，为露台增加一个顶棚会大大增强其实用性。颇为普遍的情况是，如果要充分享用门廊的好处，就有必要将门廊掩蔽起来。

当提供了掩蔽的门廊时，小木屋设计者就可以对门廊和起居空间之间的较大开口空间加以充分考虑，以使小木屋的建造费得到最大限度的利用，这种做法也是很值得褒扬和鼓励的。这一开口的宽度大约为2.4m，可以安装推拉门或三四扇折叠门，这样，就把起居室和门廊的有限空间分配集合在一起，形成一个有时会非常有用的大空间。

我们不得不承认，在某些公园中，对小木屋的大量需求也带来了一些非常现实的问题，而问题之一就是小木屋的间距。正如公园政策所规定，当有人入住后，小木屋及其周围的特定场地都被出租。实际上，小木屋已成为服务于极少部分公园使用者的私有地产，如果在一个小木屋组群中，小木屋之间的间距越大，则其排除多数公众使用的区域范围就更大。因此，在确定小木屋间距时，我们不敢将每一小木屋都完全置于极其独立的区域。

我们在观察小木屋组群时，经常发现有这样的倾向，即将小木屋组群的影响力被扩展至不必要的很大范围。在最简单小木屋类型所构成组群中，如果小木屋间距过大，或者会大大增加厕所的安装量，或者会造成对中央设备的使用非常困难，以至于小木屋的居住者（特别在天黑之后）常常不会不辞劳苦地去寻找所需设施，致使区域条件变得不卫生和令人不快。这样，也会促使公园建造额外的出水口，从而增加了一项费用。

即使小木屋组群配备了厕所和自来水，过于分散的小木屋就意味着需要增加入户道路的建设和电力设备的拉长。不过，公平地说，不管公园的小木屋建于何处，目的都是为了促进公园自身的乐趣，而在小木屋被使用的时段里将小木屋完全隔离，也并非人们通常认为的至为重要的目标。在此需要重申，将小木屋间隔足够距离是为了满足居住者的独立愿望，但也可以说，由于减少了公众的活动范围，这种做法也侵占了大多数人的利益。另一方面，如果小木屋的间距必须让步于公众利益（可能也要让步于经济影响），那么，小木屋地区就会变成一排又一排微小的、且常常是一模一样的小木屋的组合，其地被植物和荫凉处则会被脚下几英寸厚的季节性灰尘或泥土所取代，这样，我们无异于将廉租公寓的标准传染给了户外空间，同时也将大自然给驱逐出境。

另一问题是关于单栋小木屋的尺度，以及为小木屋可能的几种尺度进行正确分类。如果小木屋的面积极小，那么，一个大家庭或一大群人会嫌它太狭促。如果小木屋较宽敞，它又会超出两人家庭的实际需要。最近，印第安纳州斯普林米尔州立公园中建造了一批新型小木屋，能够很好解决2～8人的不同居住需求，既不会浪费空间，又不会过于拥挤。"复合型小木屋"已成为这类小木屋的合适名称。

这些小木屋的成功之处便在于其创造性的弹性空间布局。这些小木屋有四个房间，每一房间都有一个独立的外部入口、配有盥洗间和厕所、并可供两人睡觉。只需打开或锁上相通房门，就可以供一个8人团体、或2个4人团体、或4个2人组合，或其他组合使用。

与斯普林米尔州立公园的这种复合型小木屋相似，同样具有灵活性和趣味性的实例位于大峡谷南部边缘的光明天使旅馆附近。在那里的特殊环境中，不适合建造高大建筑物。于是，人们另辟蹊径，将许多小宾馆通过带顶棚架与旅馆链接。这些小宾馆内有2～16个卧室，它们实际上就是复合型小木屋，可将房间以单间或套房形式出租。

另外，关于烟囱的话题也需要引起人们注意。不过，在本书讨论内容中，由于烟囱并不是一个独立实体，所以，关于烟囱的实例必须通过小木屋来传达和发布，就如同"诉讼代理人"一样。

在过去那些不足信的"不可名状"或"传道"时代里，某位意志坚定的福音传教士肯定具有一种催眠能力，他可以将自己对于小木屋烟囱的偏好注入整片国土。显然，那是这位传教使徒的终生依恋。除此之外，你无法解释为何要通过高度适合的蛮石砌筑工艺，来发扬这种广泛分布的信仰。如今，有这样一种离奇的观念：建筑的外观结构越简单，其砌筑砂浆的痕迹就越不明显；对自然稳定法则的依赖越不明显，其成果就越巧妙、越值得称赞。在这种观念的影响下，原本令人遗憾的建设情况似乎已在进一步恶化。

难道我们不应指出，从远古年代开始，优秀的石方工程总是非常牢固，它们看上去坚不可摧，即使所有的灰泥都魔法般被除去，它们依然不可动摇？我们有可能重现历史，同时放弃那些陈旧、过时的砌筑工艺原则。当然，这仅仅是一个推测，因为这种实验的例证（除了那些用在小木屋上的令人厌恶的"花生糖"烟囱技术）也并未逃脱时间带来的创伤。真正令人遗憾的是，这种无定型砌筑工艺的最近发起人并未从这一事实得出任何结论。当然，如果他得出了结论，那么，在这些年内，就可为其徒弟们提供许多烟囱替代物（如果并非实际的倒坍而使建造成为必然，然后再由于对高品位的宣称而将其炸为废墟）。这样的重建工作必须不时展开，我们希望，重建者能够正确鉴定美国原创者的烟囱残存品，如果他们不再像以前那样抵制这个地球上的砌筑工程，那么，他们心中的奇异鬼影便已消失。

本页的补白图例为一个小木屋，它让人回想起原创者的手工工艺，回想起大面积的上等木材资源都遭受了斧头的砍伐。有一个消息灵通人士在立誓后声称，这个小木屋的建造完全是一个意外收获，而非伐木所得。现在，只允许自然资源保护主义者在此展示这个小木屋。小木屋的尺度简直可以说滑稽，远非为了提醒人们：曾经壮观的森林已不复存在。作为树木繁盛岁月的见证，这个小木屋可以激励我们坚定信心，在长远的将来，恢复树木丛林的原有景象。在它的木工工件的尺度和今天大多数原木构筑物的细长尺度之间，存在着少见的、令人满意的过渡手法。其原木末端被斧头砍成随意的不规则形，它大大增强了这一小建筑的自然魅力。

明尼苏达州，艾塔斯卡（Itasca）州立公园简易小屋

伊利诺伊州，巨城州立公园

肯塔基州，莱维杰克逊 (Levi Jackson) 原野路州立公园

单间小木屋

　　周围的插图表明，对于一个单间房的小屋，可能有多种结构处理方式。虽然这里没有给出它们的平面图，但其与下几页中的平面图非常相似。这里的每一个简易小屋都体现了其不同地理位置及传统特征，所以它们都具有特殊的趣味性。莱奇沃思小木屋是我们的老朋友－阿迪朗达克庇护所。右下图的肯塔基小屋确实是南方宅邸的缩微物。一眼看去，帕洛杜罗小木屋是西南部的建筑类型。而上面两图中的建筑物则类似于有组织露营地中用于睡眠、休息的小木屋。

纽约州，莱奇沃思 (Letchworth) 州立公园

得克萨斯州，帕洛杜罗 (Palo Duro) 州立公园

肯塔基州，巴特勒 (Butler) 纪念地州立公园

纽约州，莱奇沃思州立公园单间小木屋

　　用一堵墙封住了这个典型的阿迪朗达克庇护所的开放侧壁，由此便形成一个形式最为简单的小屋。与所谓的"圆木壁板"并排而立的墙体是对传统的原始木结构的一种妥协，但却并未完全舍弃与树林环境的协调性。它减少了对木材的使用量，并同时采用了低成本的材料，这些做法丝毫不应被人轻视。

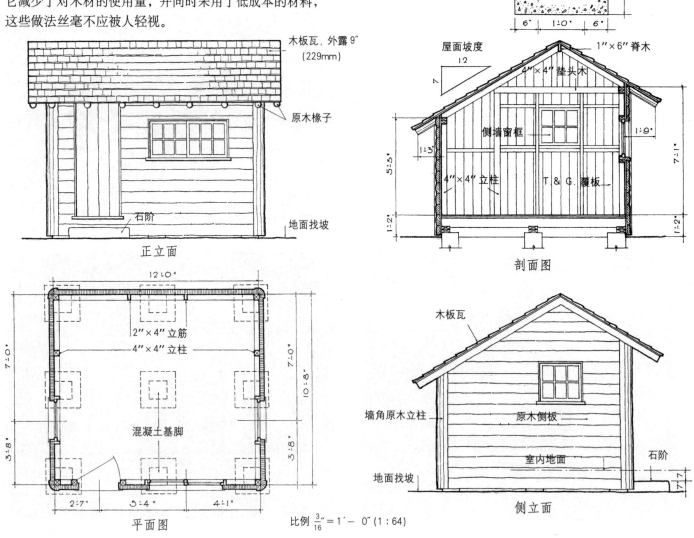

墙角原木细部

穿过正面墙体的断面

正立面

剖面图

平面图

侧立面

比例 $\frac{3}{16}$″ = 1′ − 0″ (1 : 64)

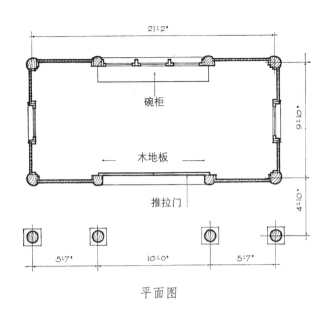

平面图

纽约州芬格 (Finger) 湖州立公园委员会小木屋

　　这类带有开放式门廊的单房小木屋源于阿迪朗达克庇护所，它在纽约州中部非常流行。推拉门是其显著部件。当门打开时，小木屋与室外亲密交融。

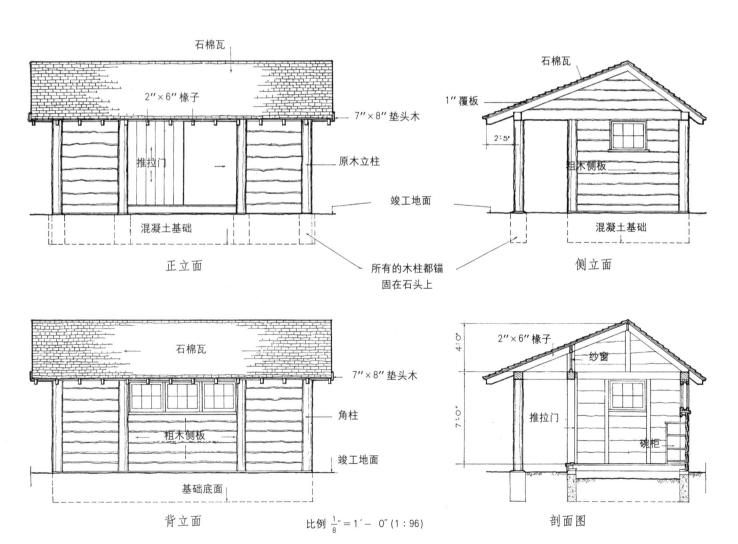

比例 $\frac{1}{8}'' = 1' - 0''$ (1:96)

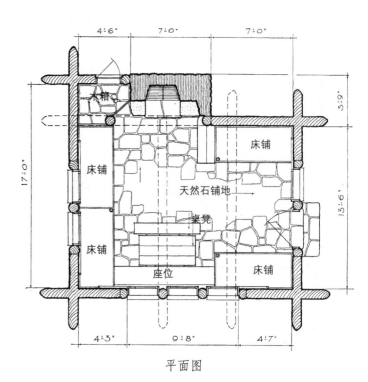

平面图

密歇根州怀尔德尼斯（Wilderness）州立公园小木屋

这个小木屋的产生显然经过深思熟虑，所以才有其紧凑合理的平面。不仅如此，更值得夸奖的是它的外观如画，比例协调而风格大方。其凹角处的壁炉、铺石地面和天衣无缝的木作都非常具有趣味性和高品质，唯一的缺憾就是，其卵石砌筑的烟囱显然太过落后。

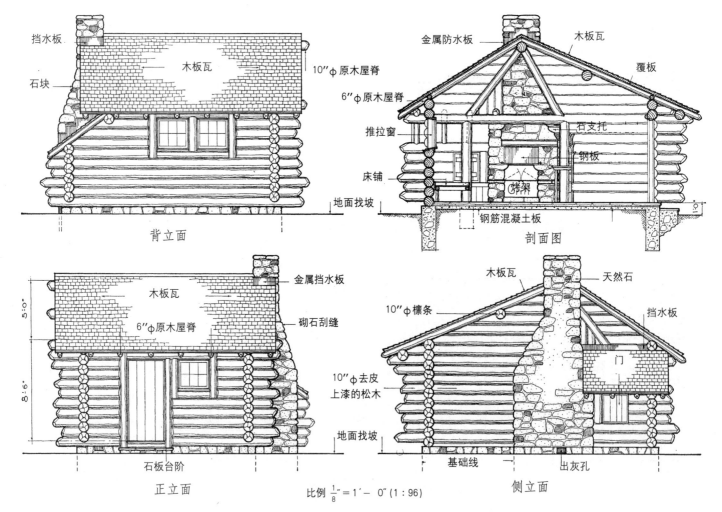

背立面

剖面图

正立面

比例 $\frac{1}{8}'' = 1' - 0''$（1：96）

侧立面

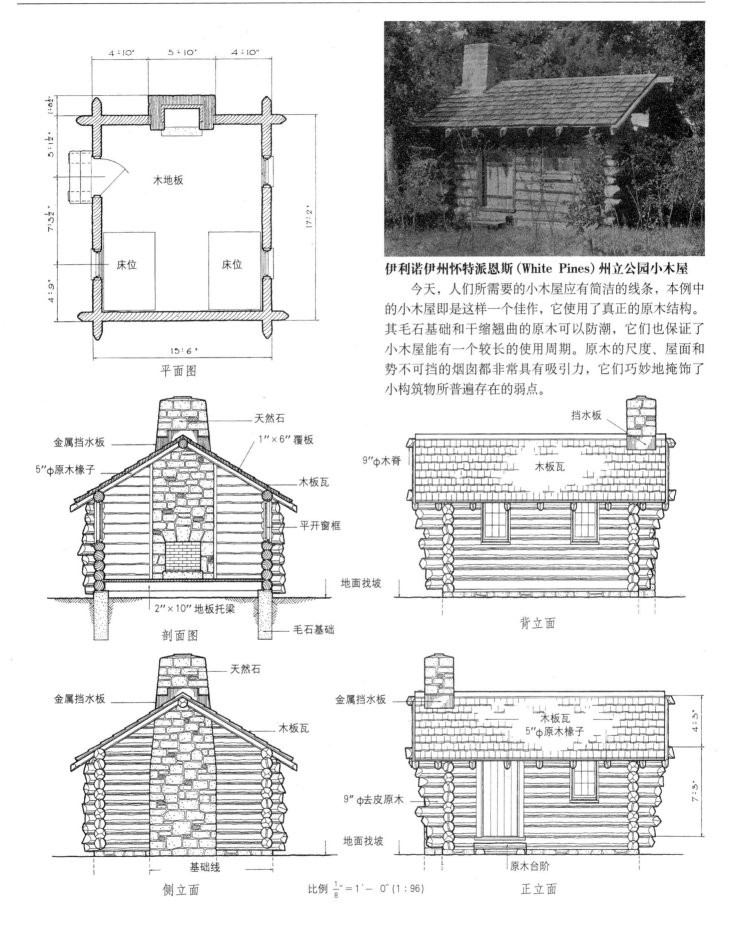

平面图

伊利诺伊州怀特派恩斯（White Pines）州立公园小木屋

　　今天，人们所需要的小木屋应有简洁的线条，本例中的小木屋即是这样一个佳作，它使用了真正的原木结构。其毛石基础和干缩翘曲的原木可以防潮，它们也保证了小木屋能有一个较长的使用周期。原木的尺度、屋面和势不可挡的烟囱都非常具有吸引力，它们巧妙地掩饰了小构筑物所普遍存在的弱点。

剖面图

背立面

侧立面

比例 $\frac{1}{8}'' = 1' - 0''$（1：96）

正立面

马萨诸塞州莫霍克特雷尔(Mohank Trail)州立森林公园小木屋

当然，这个被熟练装配起来的小木屋也是源于阿迪朗达克庇护所。其缺点在于，它处于山坡上，因此从一定程度上损失了平坦地形中应有的适宜比例。如图所示，该小屋提供了紧凑的两人度假住所。

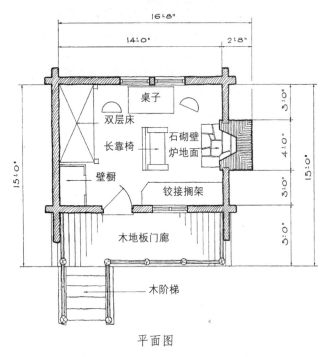

平面图

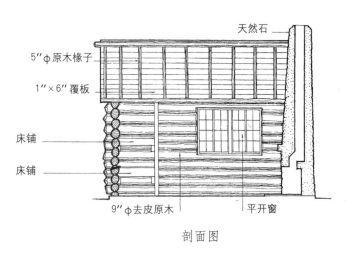

剖面图

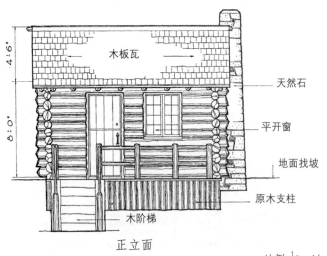

正立面

比例 $\frac{1}{8}$″ = 1′ − 0″ (1 : 96)

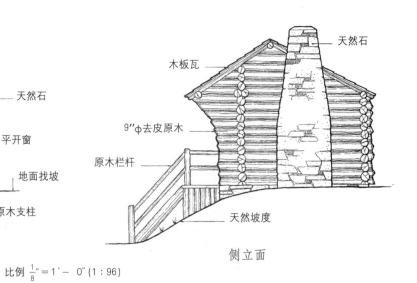

侧立面

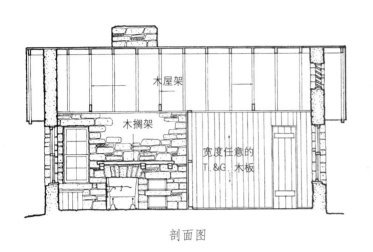

剖面图

亚拉巴马州奇霍(Cheaha)山州立公园小木屋

这是一个紧凑型平面的代表，它聚集了州立公园小木屋必需的所有要素。显然，该小屋只能容纳两人睡觉，但是，也可通过附加一个带隔断门廊来增设两、三个轻便床。

平面图

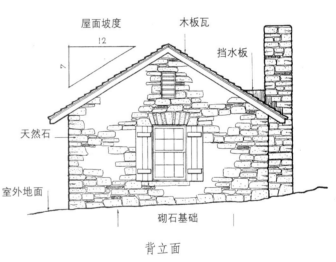

背立面

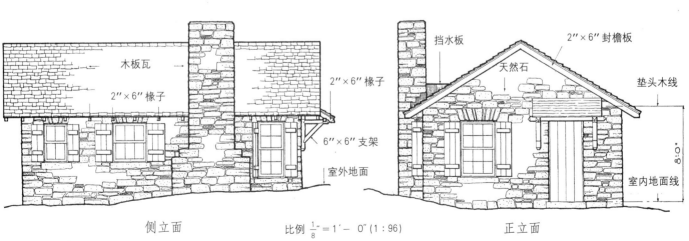

侧立面

比例 $\frac{1}{8}$ = 1′ − 0″ (1 : 96)

正立面

明尼苏达州锡尼克（Scenic）州立公园小木屋

通过空间的分配，该小屋可提供给一个四口之家作为度假住所。有些人会比较喜欢家庭小屋中的双层床铺，而在某些特定场合（如儿童露营地）却会认为这种双层床不够卫生和安全而反对使用。应指出的是，这个小屋中没有壁炉。取而代之的是一个既可取暖又可烧饭的铁炉，它与一个小型烟囱相连接。这种替代物可节省大量成本，所以，在研究小屋计划时，应对此好好加以权衡。

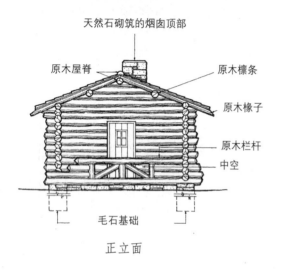

正立面

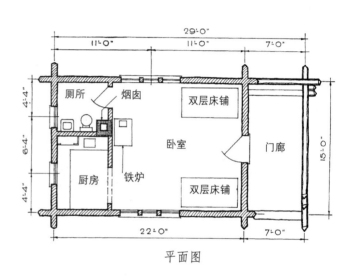

平面图

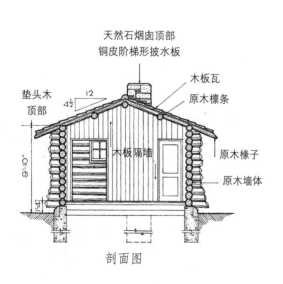

剖面图

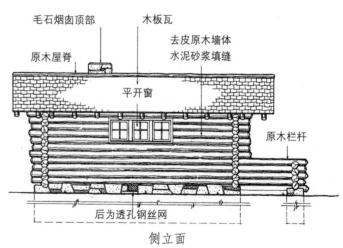

侧立面

比例 $\frac{3}{32}'' = 1' - 0''$ (1 : 128)

谢南多厄（Shenandoah）国家公园——徒步旅行者的小木屋

　　从功能上讲,这一小屋区别于其它小屋的独特之处在于,它是为徒步旅行群体准备的夜间庇护所。通常,这种设施的一边开放,并面对一个室外壁炉或营火。在这个实例中,其壁炉与烟囱连接,并与小屋成为整体,另有一个门廊遮蔽。小屋的另一烟道则与卧室中的火炉连接。其双层床铺总计可供12人睡觉,在如此小的房间能有这样紧凑的规划,可谓一个杰作。由于睡眠者的人均容积远远低于大多数卫生机构的推荐值,所以,有些人可能也会抨击这一聪明的成果。

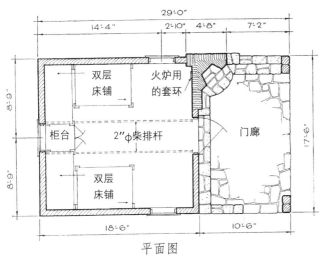

平面图

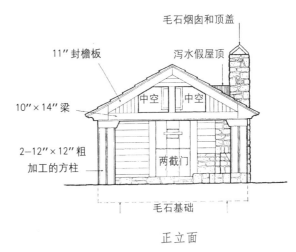

正立面

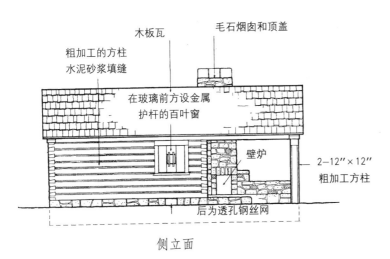

侧立面

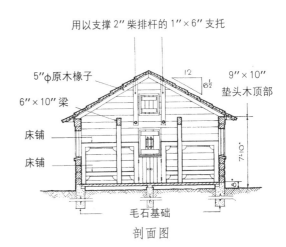

剖面图

比例 $\frac{3}{32}'' = 1' - 0''$ (1 : 128)

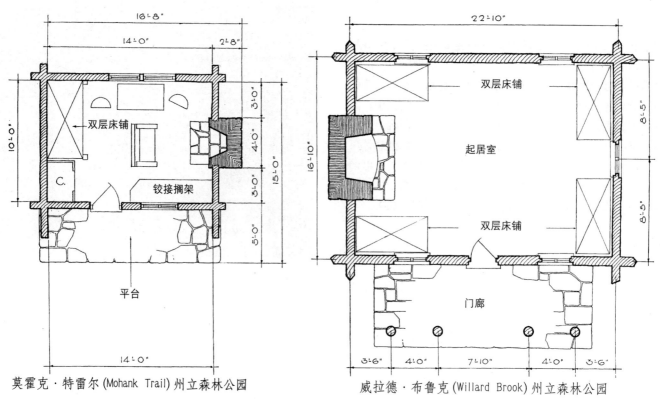

莫霍克·特雷尔 (Mohank Trail) 州立森林公园　　　　威拉德·布鲁克 (Willard Brook) 州立森林公园

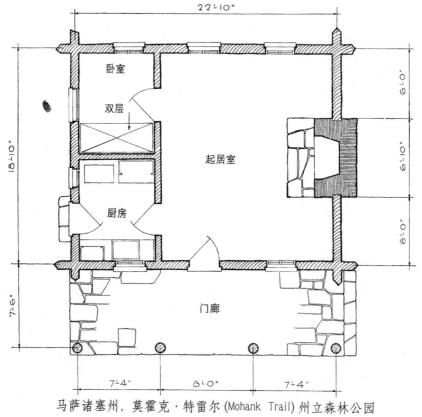

马萨诸塞州，莫霍克·特雷尔 (Mohank Trail) 州立森林公园

比例 $\frac{1}{8}'' = 1' - 0''$ (1：96)

马萨诸塞州，莫霍克·特雷尔州立森林公园

对页中的左上图表明，在使用公共厕所、淋浴设施和室外营火的舒适型两人小木屋中，这个小木屋有可能是其最小号的代表作。铰接的台架很经济地利用了空间。出色的细木活是本页所有小木屋的共同特征。

马萨诸塞州，威拉德·布鲁克州立森林公园

如对面右上图所示，这个较大的单房小木屋，同样需依靠附近一个独立建筑中的厕所和洗浴设施。该小木屋利用双层床铺来达到 8 人睡眠容量。虽然许多团体不赞成使用双层床铺，但这个小木屋似乎特别适合同一年龄组在周末或其它短期露营时使用。

对面一页的下图是一张平面图，其中的卧室与起居室、厨房相互独立。同上面两个小木屋一样，小木屋居住者的备餐活动并不受天气支配。然而，居住者如厕和洗浴仍需借助公共设施。通过在起居室设置轻便小床，可以将小屋的睡眠容量扩大至 4 人。

马萨诸塞州，莫霍克·特雷尔州立森林公园

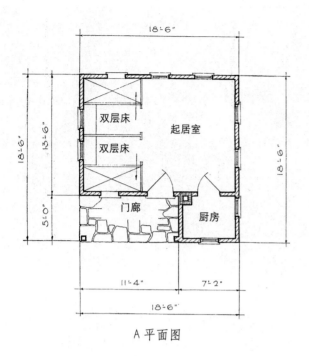

A 平面图

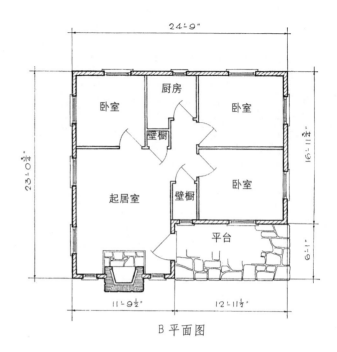

B 平面图

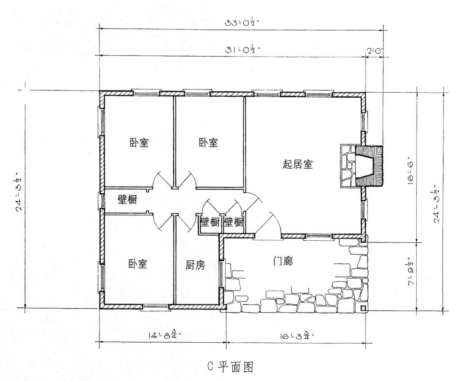

C 平面图

纽约州，塔卡尼克（Taghkanic）湖州立公园

比例 $\frac{3}{32}''=1'-0''$（1：128）

对页左上部的平面图表明，该小木屋是这类小木屋中的最小者。然而，由于采用了内置的双层床铺，它却可以容纳四个人。这里的小木屋都使用了缺一边角的外墙板，给人以大量使用木材的特征，但在与原野环境相协调的大多数材料之中，这种方法的成本较低。

纽约州，塔卡尼克（Taghkanic）湖州立公园的小屋 A

该小木屋用薄型的层叠天然石材打造出毛石烟囱的独特肌理。右上部的平面图表示，该小木屋可容纳六人，且所有的三个卧室都可获得充分通风。假设起居室具有两种用途，还可兼作小木屋餐厅，那么，出入厨房的交通路线似乎太迂回了。

纽约州，塔卡尼克（Taghkanic）湖州立公园的小屋 B

对页下部的平面图表明，如果将门廊用作餐厅，厨房和屏蔽门廊之间的门扇可使此举大为便利。同样，如果起居室被用作餐厅，则厨房和起居室之间的交通会变得别扭而迂回。该小木屋可容纳六人，如果在起居室中提供轻便床，则可容纳人数更多。

纽约州，塔卡尼克（Taghkanic）湖州立公园的小屋 C

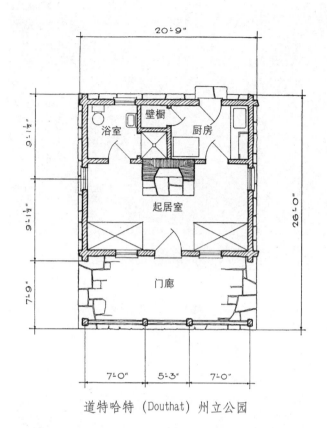

道特哈特 (Douthat) 州立公园

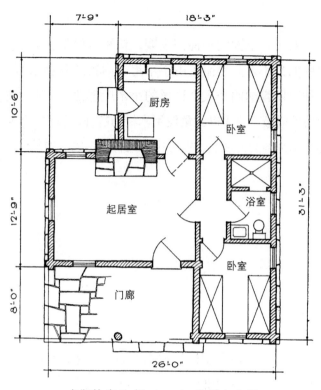

威斯特摩兰 (Westmoreland) 州立公园

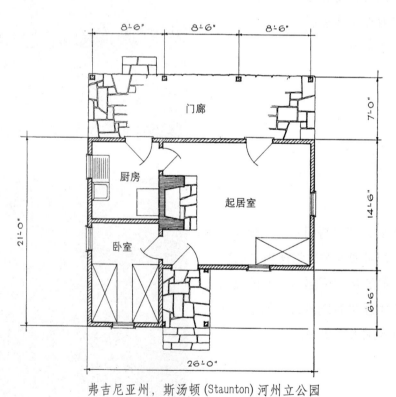

弗吉尼亚州，斯汤顿 (Staunton) 河州立公园

比例 $\frac{3}{32}'' = 1' - 0''$ (1:128)

这是度假小屋的绝佳实例，它的外观沿用了边疆时代的简单小木屋原型，且无意于更大、更好、更华丽。小屋的内部有意设置了一个现代浴室，以表明它并非是如其外观所显露的历史遗迹。方形原木的表面是被砍平的，其开窗方法也非常简单，这些都使小屋显得非常纯粹、真实。由于原木的间距使得填缝宽度较大，所以，每一处木构造都面临加速老化的威胁。

弗吉尼亚州，道特哈特 (Douthat) 州立公园

这一度假小屋所表露出的独有气息及其周边环境就如同一首田园短歌。它的平面布局也是非常便利的，其中可容纳四人，且没有被浪费的或不经济的空间。值得注意的是其原木做工的质量和木板瓦屋面的纹理，正是这些重要因素使得小屋能招人喜欢。小屋内有厨房、浴室、门廊和壁炉，这使该小屋成为一个设施独立的个体。

弗吉尼亚州，威斯特摩兰 (Westmoreland) 州立公园

该小屋的外部处理方式是弗吉尼亚州大量公园小屋群体中的典型——它的墙体由宽木板和方板条构成，山墙由粗锯壁板构成，陡斜的屋面在门廊处变缓。从平面图推测，其起居室也可能用以睡觉，这样，整个小屋的睡觉容量无疑会大于一间卧室。其门廊立柱的柱角被斜切处理过。

弗吉尼亚州，斯汤顿 (Staunton) 河州立公园

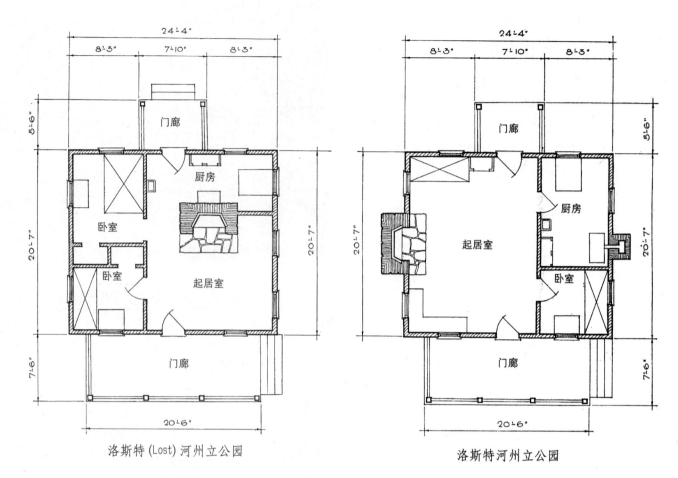

洛斯特(Lost)河州立公园 洛斯特河州立公园

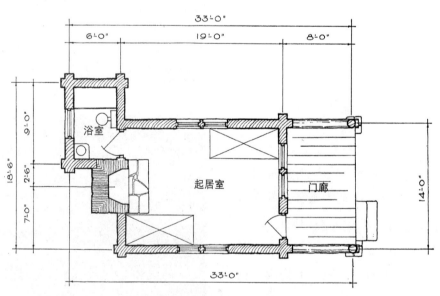

卡卡朋(Cacapon)州立公园

比例 $\frac{3}{32}'' = 1' - 0''$ (1 : 128)

　　大方木料、侧边山墙和具有乔治亚式风格的对称窗户和对中门廊，都是这一多山地区的早期传统小木屋的延续。事实上，公园中的部分土地曾属一个革命型人物"轻型马"李哈里（Harry Lee）所有。当地一种非常早期（据说要追溯到李哈里时期）的小木屋，很有可能激发了这些新型小木屋的产生。

西弗吉尼亚洛斯特河州立公园

　　该小木屋的外部处理方式非常接近于上图中的小木屋，但因这个小木屋需要两个烟囱而更显铺张。该小木屋的砌筑工程显得非常杰出，但你也会发现，有些石头违背了一个长期以来倍受尊敬的石工原则，即这些石头被竖立放置而非平行成层。厨房的尺寸较大，可兼做餐室。

西弗吉尼亚洛斯特河州立公园

　　这个设有浴室和门廊的单房小木屋具有适中的尺度，这本身也是公园小木屋的一个极好特点。但如图所示，当不能获得统一尺寸的直木时，圆木构造的质量就会低于方木。一般而言，正方加工可去除误差，使原木之间的填缝更小、结构的外观更完美。

西弗吉尼亚卡卡朋州立公园

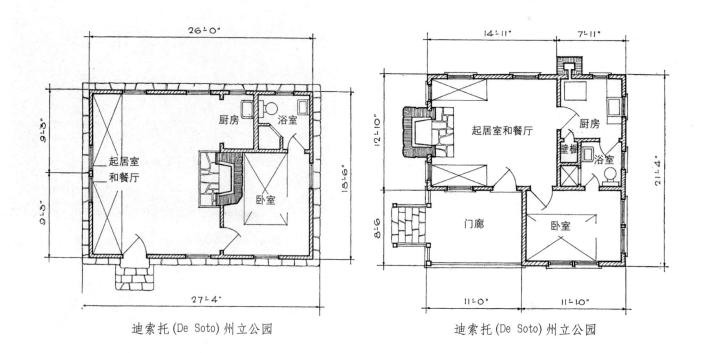

迪索托 (De Soto) 州立公园   迪索托 (De Soto) 州立公园

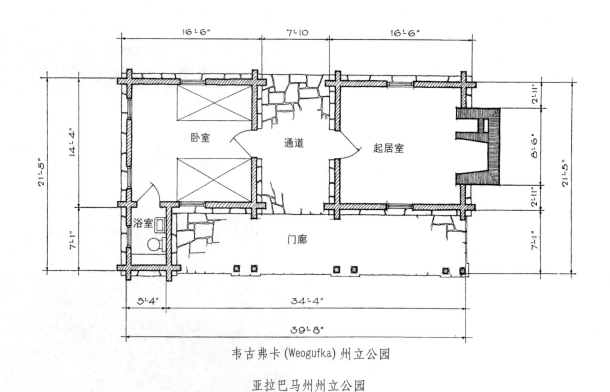

韦古弗卡 (Weogufka) 州立公园

亚拉巴马州州立公园

比例 $\frac{3}{32}'' = 1' - 0''$ (1 : 128)

  大方木料反映了早期南方小木屋的特点。本页中的所有小木屋都反映出接合紧密的细木活，且具有持续的防风雨性。如对页左上部的平面图所示，它用了一个烟囱来同时供壁炉和炉灶排烟。对于每一个中等尺度的小木屋而言，都必须有这样的经济做法。该小木屋因烟囱内置，这样，其砌筑工程就不必像外露烟囱那样精细，从而进一步节省了开支。

亚拉巴马州，迪索托 (De Soto) 州立公园

  这个小木屋在炫耀它的两个烟囱——对于任何一种如此小型的木屋而言，都注定会有人批评其太奢侈。更何况，两个烟囱均外露，则需要非常认真、暴露的砌筑工艺！除了它那挥金如土的姿态之外，这个小木屋别无其它挑衅之处。小木屋中有厨房和浴室，其布局非常便于 4 人睡觉，适合接待普通的度假群体。

亚拉巴马州，迪索托 (De Soto) 州立公园

  该小木屋的特点和工艺都是令人钦佩的，但其平面布局并未充分利用其相当可观的占地面积。由于两个房间完全封闭，有太多的空间被浪费在门廊区域。如果将长长的门廊忽略掉，而将南方传统的过道两端屏蔽，也可以产生一个非常适于居住的小木屋。小木屋厕所的位置也不便到达。

亚拉巴马州，韦古弗卡 (Weogufka) 州立公园

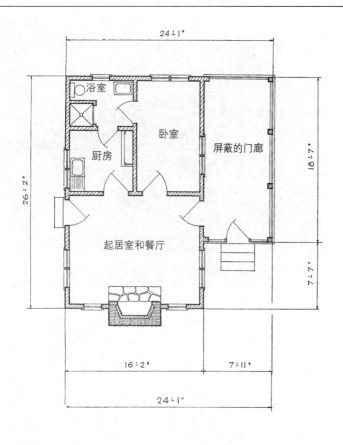

利吉 (Legion) 州立公园

利吉 (Legion) 州立公园

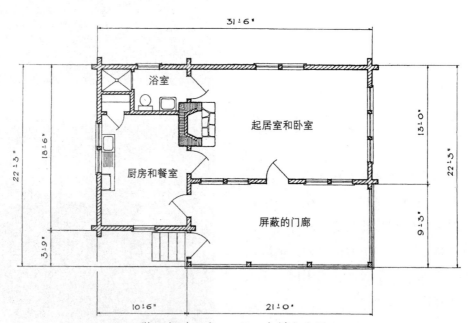

勒罗伊珀西 (Leroy Percy) 州立公园

密西西比州的州立公园

比例 $\frac{3}{32}'' = 1' - 0''\,(1:128)$

　　该小木屋的外形线条简洁，并经济地采用了缺一边角的壁板，其平面图如对页左上所示。在南方公园中，门廊是一个很重要的建筑部件。气候条件使得门廊空间比较宽敞，且绝对不能忽略防蚊虫的屏蔽物。该例中的三个开敞侧边是非常受人欢迎的，它保证了空气的有益流通。

密西西比州，利吉 (Legion) 州立公园

　　该小木屋的平面图如对页右上所示，其外观的优势高于其使用的便利性。让人尴尬的是，为到达浴室，不得不穿过一个小厨房。也许，从楼梯上行可以到达一个提供睡眠空间的阁楼。否则，浴室的入口肯定在卧室中。在起居室和门廊之间有一个很有用的宽大开间，但在这里却被遗忘了。

密西西比州，利吉 (Legion) 州立公园

　　对页下部的平面布置比较经济，因其烟囱的位置可以同时供厨房炉灶和起居室壁炉使用。厨房与屏蔽门廊直接相连，可方便在门廊用餐。在起居室和门廊间的开间可能有 2.1 或 2.4m 宽。当建筑物缺少一个围合的基础墙时，常常需要在其周围增加屋旁种植。

密西西比州，勒罗伊珀西 (Leroy Percy) 州立公园

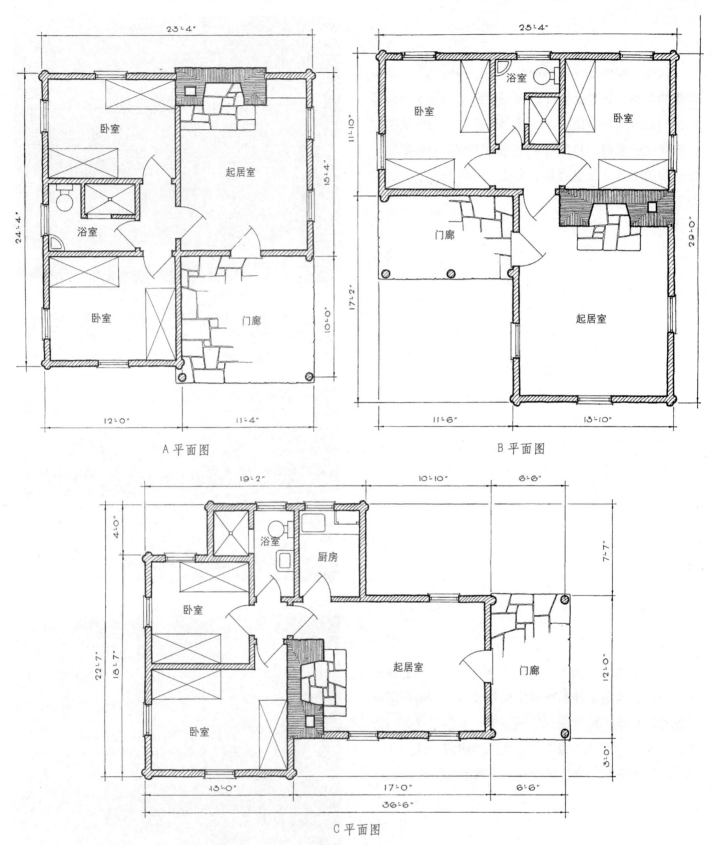

A平面图

B平面图

C平面图

肯塔基州坎伯兰州立公园

比例 $\frac{1}{8}'' = 1' - 0''$ (1 : 96)

这个公园中的小木屋为构架墙结构，墙体表面是水平放置的背板。其竖向背板的作用如同墙角板，而山墙上则覆盖着木板瓦。它只是近似于一个真正的小木屋，但其效果也可与林区环境相协调。这种结构的经济性大大有助于对其实用性的公正评价。

肯塔基州，坎伯兰瀑布州立公园的小屋 A

这里的小木屋，每一个都带两个卧室，这表明小屋可容纳四人睡觉。当在特殊需求下，也可通过在起居室增设轻便床而将容量扩大为 6 人。4 人的正常容量和 6 人的潜在临时容量的组合，可以满足较大范围承租人的需求。

肯塔基州，坎伯兰瀑布州立公园的小屋 B

在这些小木屋平面图中，列出的部件名单包括：起居室、门廊、两间卧室和一间浴室，此外，位于这几页下部的小屋还增加了一个厨房。用地面积分配得当，使得建筑平面布局非常平衡，而平面中各部件的组合也很恰当，使建筑屋顶并不复杂。

肯塔基州，坎伯兰瀑布州立公园的小屋 C

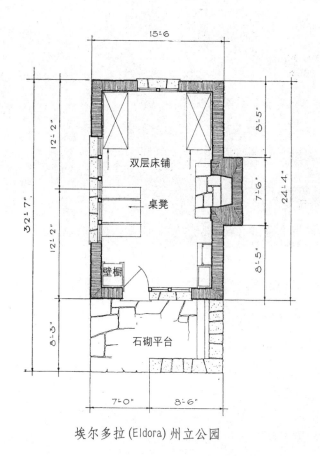

埃尔多拉 (Eldora) 州立公园

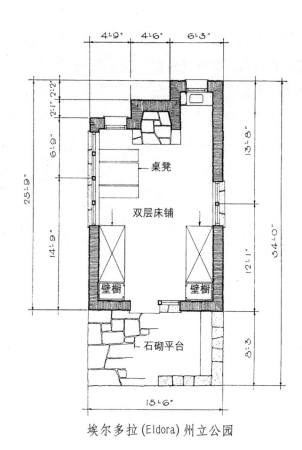

埃尔多拉 (Eldora) 州立公园

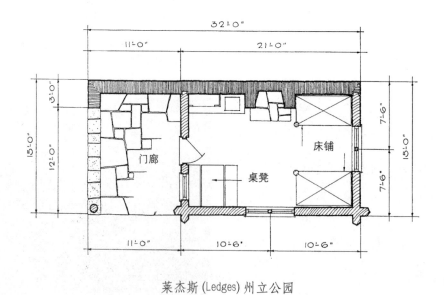

莱杰斯 (Ledges) 州立公园

比例 $\frac{3}{32}'' = 1' - 0''$ (1:128)

艾奥瓦州，埃尔多拉 (Eldora) 州立公园

这些艾奥瓦州的小木屋是为山坡场地设计的，它们都非常适合现场环境。为获得更好的事业，它们的窗户都开在下坡一侧。进口处的铺石平台被其侧面和背部的挡墙所界定。它们既迎合了上升的坡度，又形成了背墙座位的靠背。

艾奥瓦州，埃尔多拉 (Eldora) 州立公园

这页所示的小木屋对应着对面一页中的平面图，按照惯常次序，这些小木屋中的主要设备有：一个壁炉、两个双层床铺、带凳子的餐桌以及接自来水的水槽。根据区域政策，被批准使用的夜宿设施为最简单类型的小屋，所以，在这些公园中，厕所和淋浴间都属于公共设施。

艾奥瓦州，莱杰斯 (Ledges) 州立公园

这个小木屋与上面两例的最大区别在于，它用石墙代替了部分木构架，并在铺石平台上增加了一个屋顶而形成门廊。该小木屋的尺寸、设备和其它细部都与其它两例步调一致，所以，这三个小木屋可以说是创建了一种艾奥瓦小木屋类型，即：有个性、简洁、紧凑和对自身尺度的充分限制。

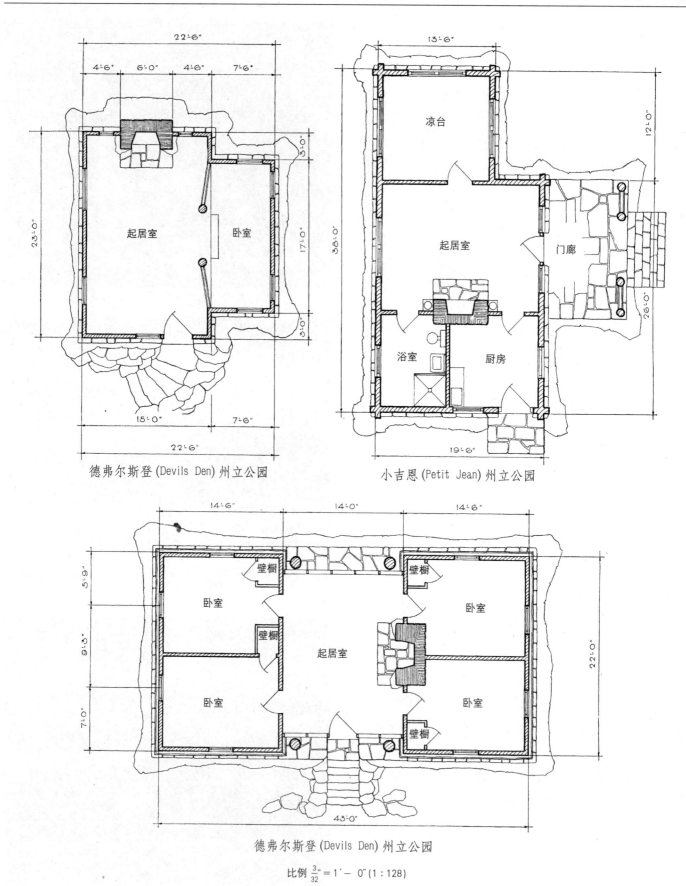

德弗尔斯登 (Devils Den) 州立公园

小吉恩 (Petit Jean) 州立公园

德弗尔斯登 (Devils Den) 州立公园

比例 $\frac{3}{32}'' = 1' - 0''$ (1 : 128)

该小木屋的石墙被砌至窗台的高度（本页下图中的小屋亦然），顺应山势，逐步高出建筑地平面。如果砌石技术水平高，能防水，而且有良好的排水系统，这个小木屋就不会受到潮气袭击并由此被毁。

阿肯色州，德弗尔斯登 (Devils Den) 州立公园

这个小木屋有太多的动人之处，以至于很难分析它的哪些特征和细部是最重要的。宜人的总体比例、精细的木作拼接、高低不平的毛石基础、门廊立柱的优美尺度、屋面的生动肌理、良好的视角和良好的施工、再加上摄影师所抓住的讨人喜欢的光影，所有的一切都应得到赞赏。

阿肯色州，小吉恩 (Petit Jean) 州立公园

这是一个用石头和木板墙组合而成的小木屋，其中包括四间卧室，它的尺度大于常见的公园小木屋。因其端头上都有大幅窗户，所以，每间卧室都享有穿堂风。可以推断，长期流行于南部乡村的典型的通廊式小木屋，促成了这个非常实用的平面。

阿肯色州，德弗尔斯登 (Devils Den) 州立公园

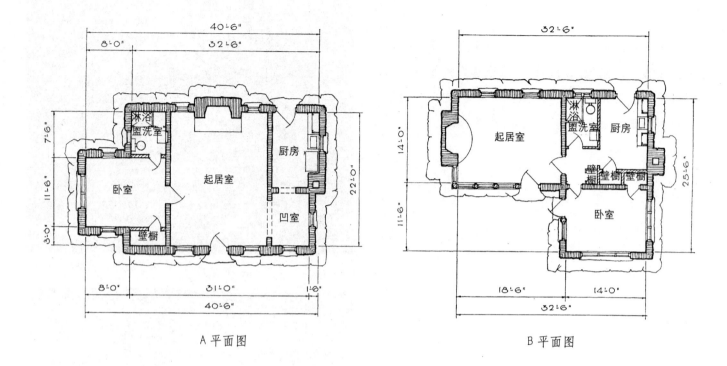

A 平面图　　　　　　　　　　　　　　　　　　　B 平面图

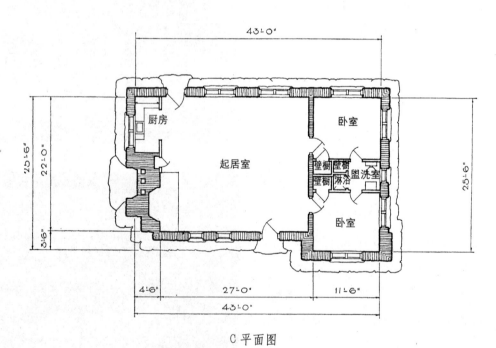

C 平面图

俄克拉何马州，默里（Murray）湖州立公园

比例 $\frac{1}{16}'' = 1' - 0''$（1：192）

俄克拉何马州，默里湖州立公园的小屋 A

在使用这些覆有青苔的石块时，对其尺寸和水蚀边缘都经过了认真挑选，这才使得这些小屋处在大石散落的环境中，就如同在自己家中一样合适。在拍摄照片时，虽然小屋刚刚完工，但是，除其邻近环境中的地被植物显得不足之外，这些构筑物丝毫没有表现出新建筑惯常的生涩痕迹。

这些小屋将不同的平面元素相结合，其组合形式很具有趣味性。对页左上部为本页上图小屋的平面图，如该图所示，除起居室外，小屋还配有厨房、就餐凹室、一间卧室和一个浴室；在右上图中，除就餐凹室被取消之外，其它元素均相同。在对页底部为本页下图小屋的平面图，从该图中可见，这里同样没有小餐室；其厨房只是一个凹室；它提供了两个卧室。

俄克拉何马州，默里湖州立公园的小屋 B

这些小屋石墙中有些石块尺寸超出常规，令人惊讶。特别是本例组合窗的石台和外墙壁炉的石梁表明史前巨石群 (Stonehenge) 已经成为俄克拉何马历史上的辉煌。默里湖地区到目前已经建成的所有设施均有明确的个性，本书有关特许设施、庇护所和泵房的图例中都有明显的个性体现。

俄克拉何马州，默里湖州立公园的小屋 C

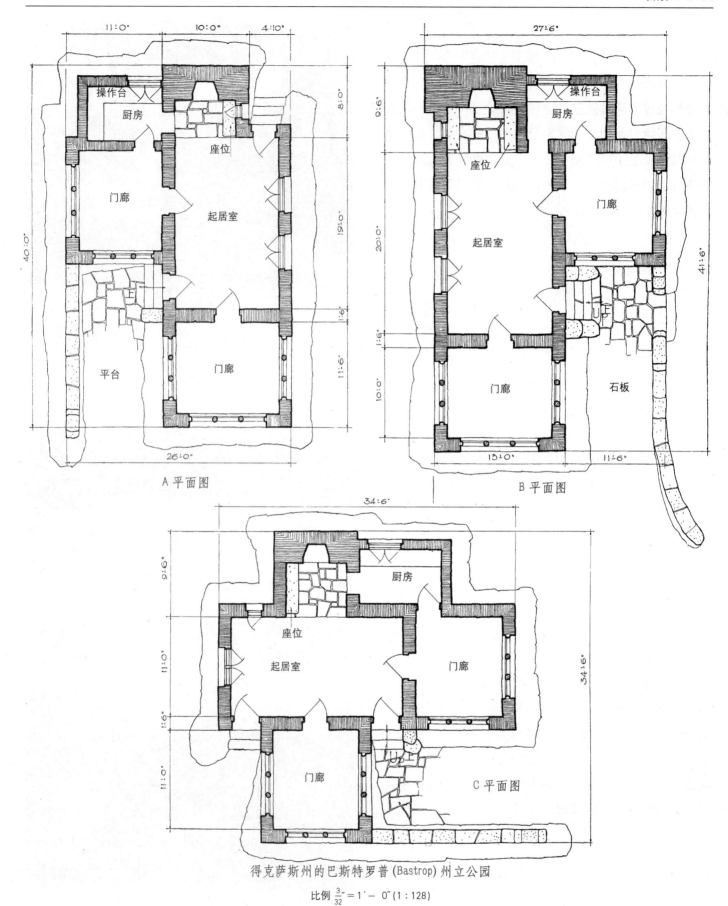

A平面图

B平面图

C平面图

得克萨斯州的巴斯特罗普 (Bastrop) 州立公园

比例 $\frac{3}{32}'' = 1' - 0''$ (1 : 128)

低矮、蔓生、粗糙——这些小屋看上去特别适合其所在的乡村场地。短粗厚重的烟囱、极度倾斜的墙体、非常平缓的坡屋面以及似乎要将建筑物接合到所在场地的矮墙，它们共同营造出一种极具个性化又极其吸引人的总体效果。如图所示的为小屋（其平面图在对页左上部）背立面轻快的屋面线。这些小屋的起居室以位于凹角的壁炉为特征。

得克萨斯州巴斯特罗普州立公园的小屋 A

在研究对页中的三张平面图时，会发现一个有趣的现象，即它们所有的建筑元素几乎都是相同的，但不同的元素组合形式却使得小屋的外观和平面轮廓发生着精细的变化。这些小屋的典型特征之一，即是其矮墙与地面的自然等高线相呼应，并由此演示出如画般的景致。该小屋平面在右上部。显然，标注为门廊的房间均是休息用的凉台。

得克萨斯州巴斯特罗普州立公园的小屋 B

砌石建筑的最大优点在于，当楼面结构低于自然标高时，不需将原有等高线重塑成一种显著人工化的外观。如图所示即是这样一个令人满意的实例。在决定斜坡场地上的框架建筑物的地面标高时，规划者时常面临着一个绝境；最满意的解决方法是，既不将坡面弯曲来适应建筑物，也不将建筑物提升至最大地面标高。

得克萨斯州巴斯特罗普州立公园的小屋 C

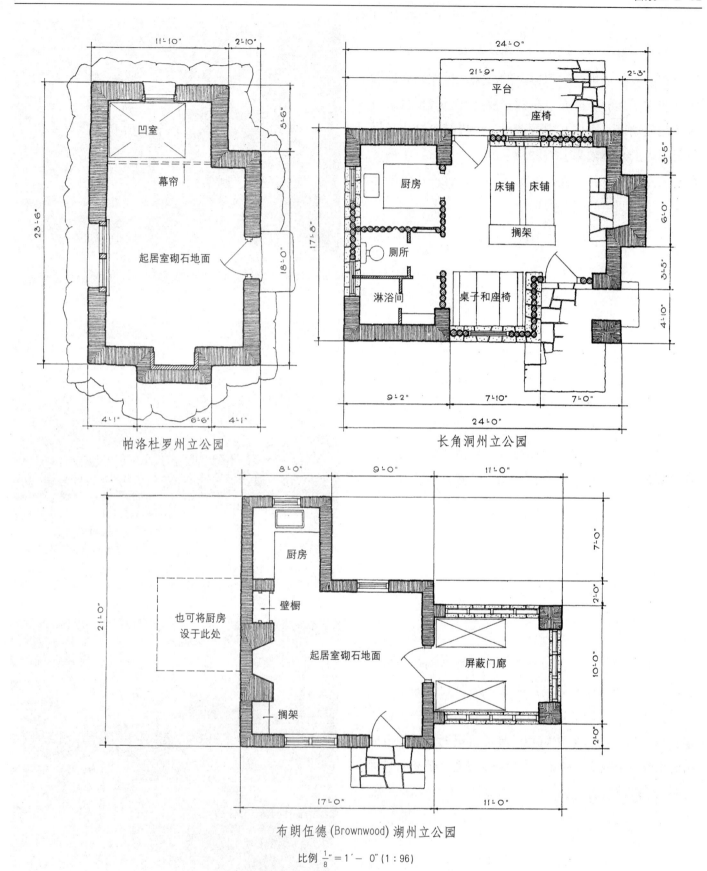

帕洛杜罗州立公园

长角洞州立公园

布朗伍德 (Brownwood) 湖州立公园

比例 $\frac{1}{8}'' = 1' - 0''$ (1:96)

得克萨斯州立公园所能发现的多种建筑中，这里所示的三个小屋实例是最为合适的。如对页左上部的平面所示，这个帕洛·杜罗小屋是一种最简单类型的单间夜宿小屋，附设一个带幕帘的凹室。从外观上看，该小屋极其成功地连接着构筑物与广阔的开放空间。

得克萨斯州，帕洛·杜罗州立公园

如对页右上图所示，该小屋布局紧凑，其建筑空间并不比上图中的单房小屋大，但内部设备齐全，且包含浴室设施和小厨房。从外表上看，它具有早期得克萨斯建筑的许多结构特点，且表现得非常巧妙和迂回，如同是对传统建筑进行了技艺高超的缩微改造。

得克萨斯州，长角洞穴州立公园

这个具有当代风格的小屋的平面如对页底部所示，它与长角洞州立公园中那个立足传统的小屋形成了鲜明对比。小屋的低线条突出了建筑的水平感觉，而其所采用的开窗术则赋予建筑以一定的现代表情，但这样的表现也具有一定限度，以防在这个天然公园保留地中出现异质。如果采取更为强硬的现代处理手法，则更不适宜。

得克萨斯州，布朗伍德（Brownwood）州立公园

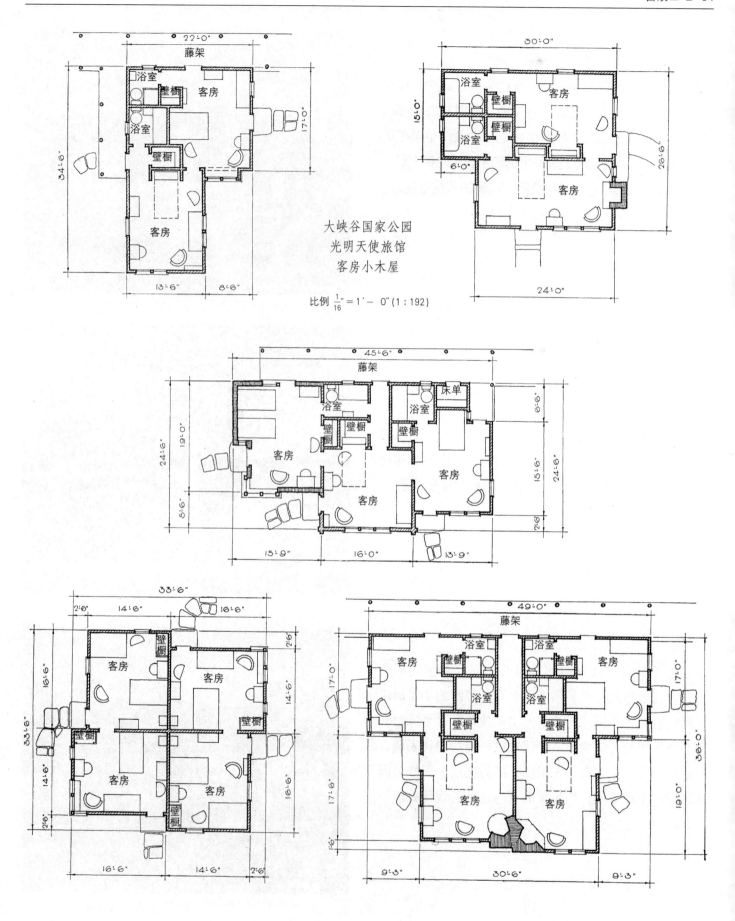

大峡谷国家公园
光明天使旅馆
客房小木屋

比例 $\frac{1}{16}'' = 1' - 0''$ (1:192)

老邮局

老布基奥尼尔小木屋

大峡谷国家公园光明天使旅馆小木屋开发

　　上面两图是两个历史的界标，它们为光明天使旅馆及其所有的相关小屋和边远小屋建立了建筑主题。左图是一个老邮局建筑物，它被改造成了一个两房小屋，并保留了它所有的原始结构。右图是老布基奥尼尔小木屋，它的外观丝毫未变，但却已成为一个17房宾馆的一部分。在西部尚未开化的时期，它曾被海盗所占用，后来，在使用驿站马车的日子里，它成为这

个著名风景区中的光明天使旅馆。当新的光明天使旅馆取代了早期旅馆之后，所有的旧建筑中，只有这个小屋和老邮局被保留下来。

　　在对面一页中是一些复合型小屋的平面图，它们都衍生于保留界标的建筑传统。值得注意的是，有些小屋还隐藏着与主组群中其它建筑物的连接；而另外一些小屋则已经完全独立。如下面两图所示，在这个极其有趣的开发行动中，新建筑和旧建筑和睦相处。

现代小木屋

现代小木屋

印第安纳州，斯普林米尔 (Spring Mill) 州立公园

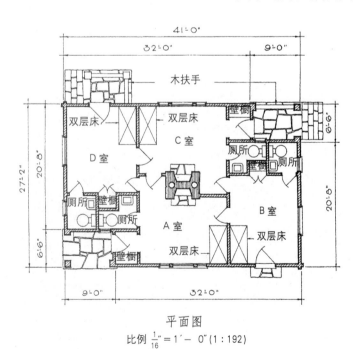

平面图
比例 $\frac{1}{16}'' = 1' - 0''$ (1:192)

印第安纳州斯普林米尔（Spring Mill）州立公园的复合型小木屋

不管是因其巧妙、灵活的平面布局，还是其重新获取的拓荒者时代的木构建筑口味，这个新颖的夜宿单体都值得高度赞扬。毫无疑问，在容纳相同数量游客的情况下，建造一个集中的公共建筑区域，比建造 4 个小型的"一卧一卫"小屋更容易让人接受。即使那些小木屋具有同样的精细工艺和传统感觉，结果同样如此。

在绝大多数自然公园初步发展计划中，即使现在尚不要求这类建筑物，也应标出一块合适的"远期公园旅馆"用地。这是一种合理的发展计划，一种对于不可见的将来的预防或保障措施。但是，正如人们并不会因为保险金额的存在而有意去追寻火灾、海难或暴卒（也许我们的警方会因此受益）一样，如果公园小旅馆、客栈或大型旅馆的可能场址被长期或永久性地闲置不用，也没有什么好悲叹的。

围绕着"小鸡和鸡蛋谁先出现"这一学术问题，已经有了长期而大量的推测。不过，在公园中，究竟是先有就餐、住宿的需求，还是先建造可提供这类设施的构筑物，并不存在优先权的考虑问题。对于就餐、住宿的需求，我们并不能在千里之外就可以感觉，然而，这种需求的表现却是周期性的、不可避免的，所以，"需求"应出现在任何小旅馆方案"孵化"之前。当公园当局或公园规划者认为自己已成为公园发展规划的一个信徒时，便会对他们的教旨深感迷惑，他们会轻率、仓促地在一个公共保护区修建小旅馆，而为了宣传该小旅馆的赞助商形象，就必须通过广告牌的大肆宣扬。不仅是他们的思考方向相反，而且，他们的思想还表现出严重阻塞的迹象。

就公园的普通建筑物而论，我们已多次陈述，只有在急需情况下，才有理由将其纳入公园之中。即使是对次要建筑物而言，如果违背了这一原则，也是非常糟糕的一件事。在放纵规划和错误估算后，就可能产生一个并不需要的庇护物，或长椅，或野餐单元等令人遗憾的典型范例，不过，当公园小旅馆处于一个能力较差的赞助商支配下时，有可能产生难以置信的损失，与此相比，上述范例的土地持有费简直是微不足道的。接受营业亏绌还是通过向能力较差的赞助商索取高价来缩减亏损，这两者之间的选择余地极小，因为它们都站不住脚。

由于对公园的使用主要是在日间，那么，在公园中提供夜宿设施的唯一理由就是使日间用途更加便利。如果所提供的夜宿设施超过了公园游客的实际需求，也就是对其确切目标的一种曲解。对那些在黄昏抵达、夜晚停留、拂晓离开的游客而言，公园的环境似乎并非一个要素。从商业上考虑，将旅行者露营地设置在公路边上，可以很好地满足其功能需求。但是，公园内的夜宿设施应能为游客服务，它不是为让行人加速前进，而应使游客能够充分享用公园所能带来的乐趣。所以，这类夜宿设施应成为公园效用的附带物，而非公路效用的附带。

任何名副其实的天然公园中，都不允许在其边界内存在那些并非服务于公园的主要用途、和符合公园最大利益的商业企业，因为它们会危害公园标准，并致使公园被滥用。

在一个知名的天然公园中，如果有些人认为这种旅馆设施给某个区域带来了过于开化的影响，而保留其原始特征又是该区域的目标之一时，他们就会对这些大、小旅馆的定位适当性予以激烈否定。不过，另一些人又会为这种开发行为进行同样坚决的辩护，因为他们认为，天然美景的更大可达性能为公园增加收益。或许，关于这一基本点的看法永远也不会取得任何近似的一致意见。同样，有关小旅馆合宜尺度问题的争议也很大。然而，一旦这种设施的建设被许可，且其容量也在认真分析的基础上得到确定，那么，就有关构筑物的理论、形式、和细部问题而言，有可能存在着某种和谐的观点。

有关旅馆设施的开发，存在着这样一种方案，即某一区域内设置一个中心建筑物，内含一个休息室、餐厅、厨房及相关附属物，围绕在中心建筑物而建的则是一些可提供住宿设施的独立小屋。在任何一个较大型的开发行动中，这就意味着将许多并不重要的建筑物密集在一个集中使用区。现在，这样的局面通常会被认为是对天然公园品质的破坏，因此，这种规划方案被认为是很糟糕的。而且，在经过仔细研究之后，管理机构认为，与同等容量的整体式中央构筑物相比，独立式小木屋的运营和维护费用都偏高。在影响因素中，包括管理职能的复杂化、服务半径和（在某些特殊气候区）向大量独立单元供热的负荷。

当将所有的住宿设施都集中在一个建筑综合体之中，同时将所有的旅馆功能都恰当集中于同一屋檐下之后，如果该建筑物的尺度超出了小型开发的标准，它就会遭到批评。不管怎样，公园中大型建筑物的外观都应符合某些自然法则，其建筑体量的增长会增强对自然环境的静态干扰，并引起协调性的减退。当我们要求公园规划者设计大量的、不过于突出又不招人厌恶的住宿设施时，会使其处于进退维谷的境地。

对公园而言，幸运的是：在上述两种极端做法之间存在着一种确实适当的中间项，即一方面减少小木屋构筑物的惊人数量，另一方面减少单个建筑物的不当尺寸，这样，就可以避免主要的不利条件和同时保留两者的优点。该解决办法即是将中心小旅馆仅限于休息室、餐厅、厨房和直接的相关附属设施，中心小旅馆周边所环绕的并非数不清的兵团似的独立小屋（其布局形式源自方格纸的千篇一律），而是经过适当不规则布局的复合小屋（在前面章节已有论述），其布局形式将想象（而非几何形状）与场地因素密切配合。与那些如停车场般拥塞的、大量无关紧要的投票亭相比，或与任何企图超过凡尔赛量级的、"乡土文艺复兴"式表现相比，三两幢低矮、不规则的建筑物会更令人感到欣慰。

在采用如上推荐的"中庸之道"进行大量小旅馆的开发规划时，不必将复合式住宅单元局限于四个房间，尽管四间单元可使所有房间都可能有两面外露。当这些单元包含四个以上的房间时，通常必须牺牲这

一合乎需要的特征。开发范围越向外扩展，居住单元的面积应越大，以保持适宜的尺度关系。

一个适当的小旅馆应能通过穿廊式人行道与周围的复合小屋相联系，这样，即使是住在最偏远处的游客，也可通过小屋门廊和有顶的连接步道，在自己房间和小旅馆内部设施之间行走。

如果将不同的材料和不同的形式加以明智组合，这些蔓生的组群就不必表现出千篇一律的模样。与其它任何地方相比，在大峡谷南边的光明天使小旅馆及其连接附属设施，更为全面地实现了基于不同材料和形式的兴趣点的可能性。其最终产生的整体不规则形式非常引人入胜，并值得仔细研究。它应能激发那些设计负责人对于公园中的大规模夜宿住房的创作灵感，并赋予他们一种深层的愿望，去创造与地方风味同等的非正统的个性特征。

在观察合意的开发行动时，我们所体会到的不少满意部分都是由建筑物的长条、低矮和水平线条所促成的。在特定地点上，长向的、水平线条的使用至少是带有强制性的，而几乎在任何可以想象的天然公园环境中，那种低矮、水平的感觉也是一种非常适合的成分。低矮的高度所产生的益处并不局限于像光明天使小旅馆那样的组群建筑，它同样可以满足较小型的、独立结构的小旅馆开发需要，如约塞米提（Yosemite）国家公园的蝴蝶百合（Mariposa）小树林，和阿肯色州小吉恩州立公园的图片所示。

除此之外，该类建筑物还有其它的个性特征，虽然这些特征的重要性都不及建筑物的低沉、水平感，但是，当在公园内建造大尺度的夜宿构筑物时，由于其中有些设施与对应的城市设施有着很大差异性，所以，那些较为次要的个性特征也是不容忽视的。在设计过程中，如果既要求设计者保持夜宿设施的舒适性，又要他们摆脱复杂的理论约束，这样一个任务并不轻松。在本节的插图部分有读者非常喜爱的公园小旅馆，我们可能会对其成就加以分析。

当天气变冷时，在最原始地区的公园小旅馆中，

游客会要求流通良好的暖气供应。即使游客可以享有舒适暖和的中央供热系统，他也会进一步希望自己是在距离暖气管等辐射体数英里的地方。他会着迷于尺度宽大的壁炉所发出的光亮，所以，在小旅馆中必须对其加以设置。当暖气管位于游客的后背且并非特别显眼时，他还喜欢产生这样的观点，认为原始的壁炉是最为舒适的。与夏季事务不同，在寒冷气候条件下，小旅馆中还需要增加一些辅助加热设备，以营造出壁炉所能产生的心理气氛。

供暖问题只是诸多问题之一。关于其它细节，游客会希望对公园小旅馆的所有外观都具有原始特征。然而，这种原始特征只能具有修饰作用，在实际使用中，真正原始构件的任何粗糙不适因素都应予以消除。在设计一个小旅馆时，在强调其原始面貌的同时，还需对更重要的现代舒适设施加以伪装，而这两者的组合确实是一大难题。如果将城市旅馆或城市旅馆中所常见的许多便利小配件结合在原野小旅馆中，只会使问题更加复杂化，所以，在这样的开发行动中，这些小配件并无用武之地。

在多数地方，联系小旅馆的门廊和平台都被使用得非常频繁。公园里的游客大概都是为享受户外环境而来，而门廊和平台则是达此目的的一种手段。为最大限度地发挥门廊和平台的优势，它们应面临任何一种美景和名胜古迹。

下图所示为两个吸引人的小型构筑物，它们也是"小旅馆＋小屋组群"开发模式的附属建筑。其一为一个电话间，另一为一个内含一电话间的变压站。电话有助于边远小屋与小旅馆之间的适当联络。

大峡谷国家公园的变压站建筑

大峡谷国家公园的电话间

马萨诸塞州，格雷洛克(Greylock)州立公园保留地

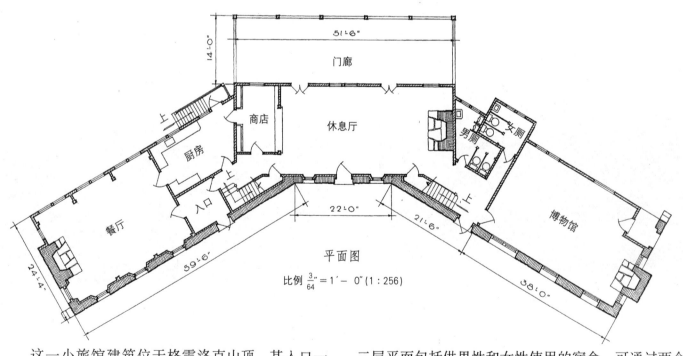

平面图

比例 $\frac{3}{64}'' = 1' - 0''$ (1 : 256)

这一小旅馆建筑位于格雷洛克山顶，其入口一侧利用石头作为墙体材料，它的傍山立面（近距离无法观看）则选用了更为经济的框架结构。在该建筑的门廊处，可以向西观赏波克夏的景色。其中央部分的二层平面包括供男性和女性使用的宿舍，可通过两个独立的楼梯分别抵达。该建筑的耳房可暂时用作博物馆，将来再改造为起居场所。

纽约州，南山县保留地的路边小旅馆

路边小旅馆的公认目标是提供公园内部的廉价夜宿设施，它特别适合于徒步旅行或骑自行车旅行的年轻人。其理想的开发方式是，沿着一条景色优美的小路，按照每日步行距离间隔布置成一条链式单元。其所需元素包括一个公共房间或休息室，一个可供步行者为自己准备食物的厨房，专供一对夫妇使用的起居室，供女孩使用、带厕所和淋浴间的集体卧室，供男孩使用的、带厕所和淋浴间的集体卧室等。上图所示实例，是国内第一个被建造于公共区域的路边小旅馆建筑，其中，在男孩侧厅和女孩侧厅上部都有阁楼，这些阁楼的住宿容量过剩。

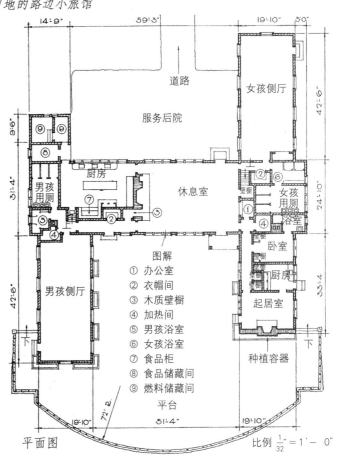

图解
① 办公室
② 衣帽间
③ 木质壁橱
④ 加热间
⑤ 男孩浴室
⑥ 女孩浴室
⑦ 食品柜
⑧ 食品储藏间
⑨ 燃料储藏间

平面图

比例 $\frac{1}{32}'' = 1' - 0''$

弗吉尼亚州，道特哈特 (Douthat) 州立公园的小旅馆

平面图

比例 $\frac{3}{64}$" = 1′ - 0″ (1：256)

23′-4″

平台

休息厅

平台

2′-1″

卧室

卧室

61′-2″

23′-9″

卧室

走道

走道

厨房

21′-8″

浴室

卧室

卧室

卧室

办公室

88′-10″

　　这一小型旅馆坐落于弗吉尼亚山，游客可在此俯瞰公园景观。上图所示为建筑的入口一侧；对页两张图则分别显示出其背面和平台一侧。该建筑采用了弗吉尼亚的传统方木结构，它与管理人住所和其它公园小屋保持了一致而统一的结构主题。当赞助商认为必要时，会建造更多的卧室或毗邻的小屋，以使该建筑单元的营运更加经济。

弗吉尼亚州,道特哈特 (Douthat) 州立公园小旅馆的平台一侧

弗吉尼亚州,道特哈特 (Douthat) 州立公园小旅馆细部

伊利诺伊州，怀特派恩州立森林公园的小旅馆

根据这一构筑物的案例记录，休息厅是其建造的第一个单元。然后再建造了厕所和洗浴设施，然后是侧翼的餐厅。这些事实大大有助于解释，为什么转角处的连接单元看上去并不十分恰当。另外，尽管该建筑物的分段建造增加了施工难度，其整体效果还是令人满意的。它的原木细作、屋面质地和开窗方法都令人赞美。该建筑物既可供一日游的客人使用，又可供附近小屋组群中的居住者使用。

平面图
比例 $\frac{1}{32}'' = 1' - 0''$ (1 : 384)

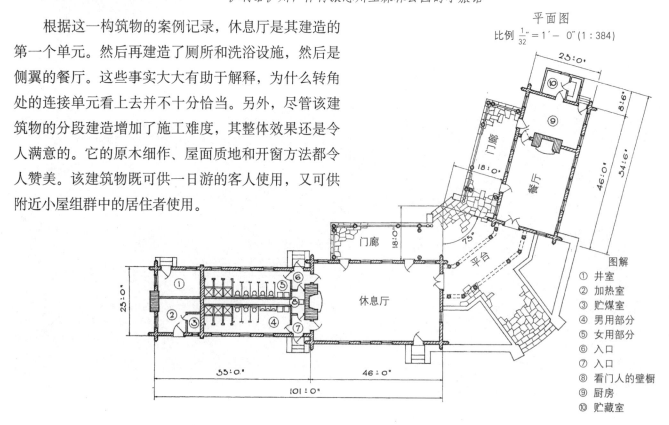

图解
① 井室
② 加热室
③ 贮煤室
④ 男用部分
⑤ 女用部分
⑥ 入口
⑦ 入口
⑧ 看门人的壁橱
⑨ 厨房
⑩ 贮藏室

伊利诺伊州，巨城州立公园的小旅馆

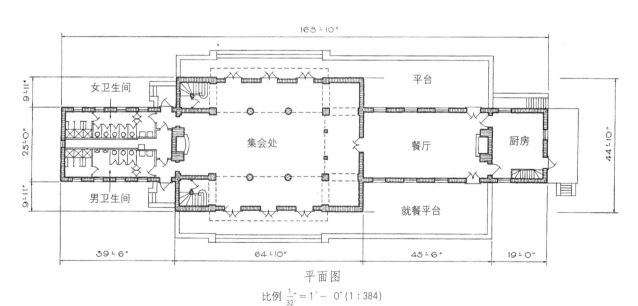

平面图

比例 $\frac{1}{32}'' = 1' - 0''$ (1 : 384)

　　该砌石建筑既可作为日间游客的餐厅，又可作为夜宿客人的小旅馆。住宿设施被放置在附近的单间构架小屋中。中心部分的休息厅给人印象深刻。它延展了建筑物的整体高度，并在建筑物的长边设有阳台。只有在引进大尺度树木来解除周边环境的荒芜感之后，人们才能充分认识到该建筑物的真正魅力。

阿肯色州，小吉恩州立公园马瑟小旅馆的入口一侧

平面图
比例 $\frac{1}{32}'' = 1' - 0''$ (1 : 384)

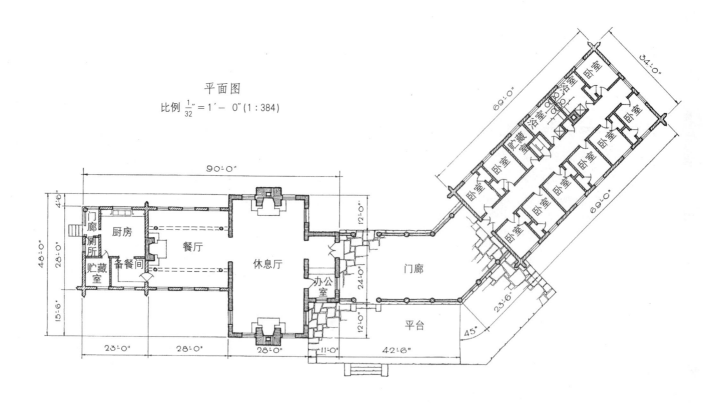

阿肯色州，小吉恩州立公园马瑟小旅馆的侧视图

阿肯色州，小吉恩州立公园马瑟小旅馆的门廊内景

阿肯色州，小吉恩州立公园马瑟小旅馆，从门廊向外观景

　　这是一个极其成功的小旅馆，对页所示为其平面图和入口一侧的局部图，它的名称来源是为了纪念国家公园管理局的第一位领导者。上图所示为建筑背面的一部分以及门廊内的两个视景。遗憾的是，当地的地形条件和植被情况使人无法获取一个完整的建筑外观视图。该建筑物具有适宜的、强健有力的尺度和迷人的本土性格，事实上，它也赢得了非常高的建筑等级。在本书其它地方还有关于该建筑室内陈设的图片。

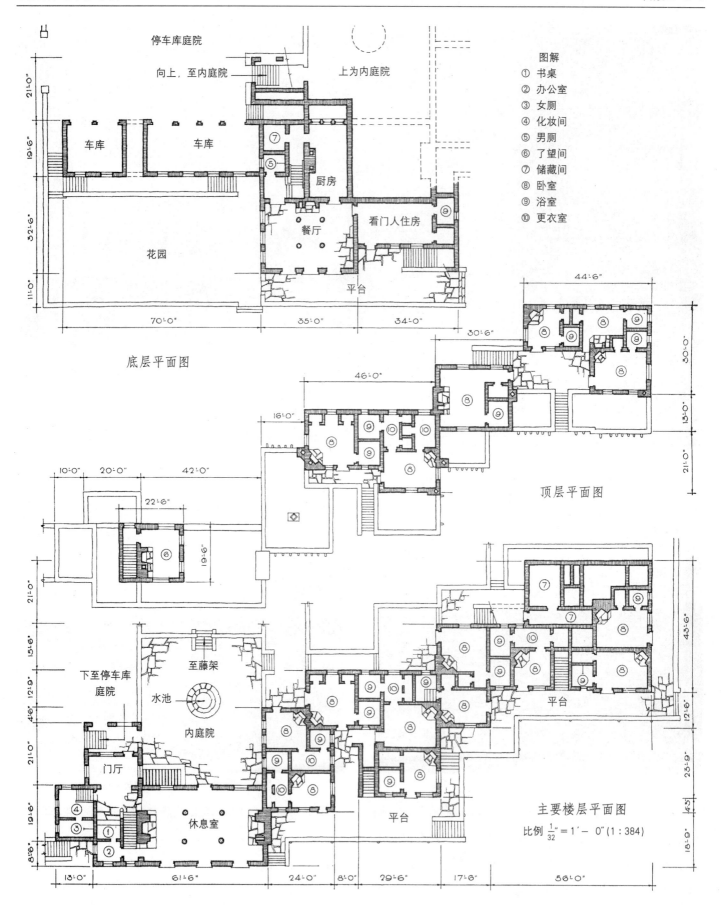

图解
① 书桌
② 办公室
③ 女厕
④ 化妆间
⑤ 男厕
⑥ 了望间
⑦ 储藏间
⑧ 卧室
⑨ 浴室
⑩ 更衣室

停车库庭院
向上，至内庭院
上为内庭院

车库
车库
⑦
⑤
厨房
⑨
看门人住房
餐厅
平台
花园

底层平面图

顶层平面图

下至停车库庭院
至藤架
水池
内庭院
门厅
休息室
④
③
①
②
⑥

平台
平台

主要楼层平面图
比例 $\frac{1}{32}'' = 1' - 0''$ (1:384)

得克萨斯州，戴维斯(Davis)山州立公园的小旅馆

得克萨斯州，戴维斯山州立公园的小旅馆细部

得克萨斯州，戴维斯山州立公园的小旅馆细部

　　有人声称，现代公园建筑缺乏想象力、不成熟或没有上进心，然而，该小旅馆的平面图（如对页所示）与本页上面的插图对这种观点进行了辩驳。即使是好莱坞的想象力、复杂性和志向都不及该例强烈。该建筑的尺寸感和生动性超过了其创作灵感的来源——印第安人村庄，并可与大喇嘛宫抗衡，同时，该小旅馆还具有很多引人注意的趣味性细部。

约塞米提 (Yosemite) 国家公园马里波萨 (Mariposa) 树林的大树小旅馆

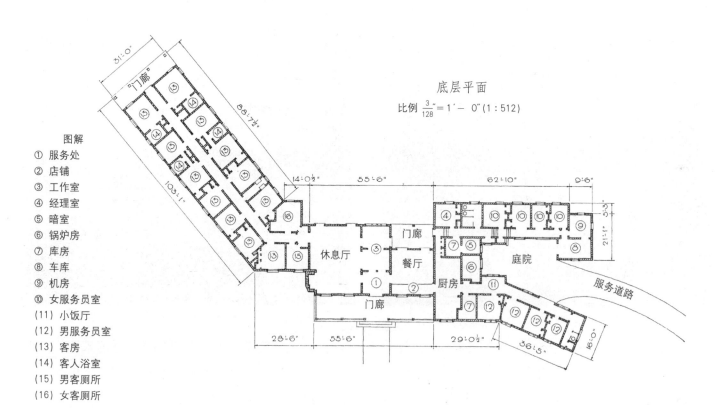

底层平面

比例 $\frac{3}{128}'' = 1' - 0''$ (1:512)

图解

① 服务处
② 店铺
③ 工作室
④ 经理室
⑤ 暗室
⑥ 锅炉房
⑦ 库房
⑧ 车库
⑨ 机房
⑩ 女服务员室
(11) 小饭厅
(12) 男服务员室
(13) 客房
(14) 客人浴室
(15) 男客厕所
(16) 女客厕所

约塞米提 (Yosemite) 国家公园大树小旅馆的入口门廊

约塞米提 (Yosemite) 国家公园大树小旅馆的室内

约塞米提 (Yosemite) 国家公园大树小旅馆的室内

这一小旅馆位于森严的马里波萨树林，它的平面图如对页所示，其概貌如本页所示。上面较大的一张插图展示了入口门廊的近处细部。周围的树木非常繁茂，以至于妨碍了摄影师为这一富有魅力的建筑拍摄一张全景照片。其局部视图证实了该构筑物的一种美好的简洁特性，并且，它与宏伟的场景非常协调。同样的简洁性还表现于其室内空间，它反映出一种整洁的现代特征。该开发行动的建筑师为埃尔德里奇·T·斯潘塞 (Eldridge T. Spencer)。

大峡谷国家公园光明天使旅馆的鸟瞰图

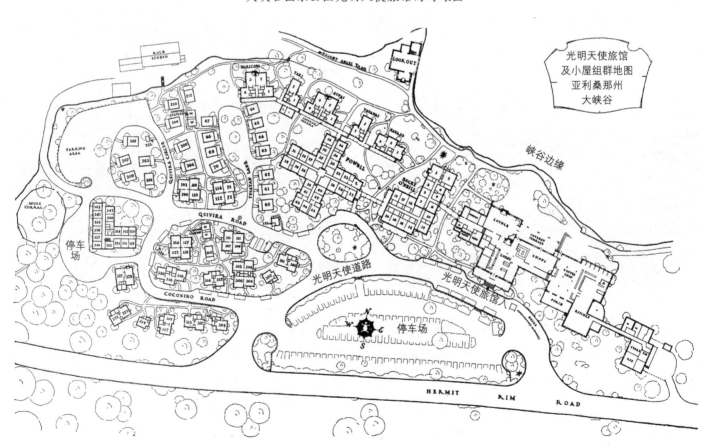

大峡谷国家公园的光明天使旅馆

光明天使旅馆的门厅入口

光明天使旅馆靠近峡谷边缘一侧的平台

　　对页所示为一个富于想象力的小旅馆和组群小屋开发的鸟瞰图和平面图，它位于大峡谷的南部边缘。上图所示为小旅馆的入口和边缘一侧，它们展现了与游客住房的连接部分。在下一页中，可以看到结构各异的游客住房和有顶藤架，以及将游客住房和小旅馆自身连接在一起的走廊。其建筑设计受驿站马车时代的残存建筑启发，而且，它还受到一种信念的激励，即，在这种宏伟的场景中，只适合加入一群低矮而散布的构筑物，因此，其效果是相当成功的。

光明天使旅馆的布基奥尼尔 (Bucky O'Neill) 游客住房

光明天使旅馆的连接藤架

光明天使旅馆的布基奥尼尔游客住房

光明天使旅馆的藤架和游客住房

光明天使旅馆的鲍威尔 (Powell) 游客住房

光明天使旅馆，穿越藤架的视景

社区建筑

在解释公园"社区建筑"的含义时，我们可以通过陈述它"不是什么"，这种排除法也是很具有吸引力的。它是一种最简便的办法，由于社区建筑的概念比公园中大多数建筑物都更模糊，所以，排除法的基本效果可能与肯定答复同样清楚。

首先，这种建筑物的结构不同于敞开式庇护物（一种与社区建筑的功能非常相似的重要构筑物），社区建筑是完全封闭的。在功能上，社区建筑与特许建筑或餐饮建筑（与社区建筑的结构经常相同）的不同之处在于，前者很少会被认同为出售或供应食品的建筑。或许，我们并不需要用这样的否定排除法来描述社区建筑；毕竟，我们可以更为肯定地将其定义为：社区建筑是一种既具有庇护物的某些功能又具有餐饮建筑的某些物质形态的结合物。

社区建筑几乎总是位于公园内的活动密集地区。通常情况下，社区建筑会附设一个夜宿群体设施，如一个公众露营区或一个小屋组群等。或许，它的主要功能是作为一个俱乐部聚会室或康乐室，在那里，帐篷和挂车露营者，或小屋居住者可以彼此结识，并在一起进行游戏、听音乐、跳舞等社交活动。特别是在夜宿小屋的尺寸被缩减至只能提供睡觉空间且在天气不佳时根本无法提供室内活动场所时，对于社区建筑的需求就更为急切。

然而，社区建筑的作用并不仅仅表现在社交和游憩方面，它还具有教育和文化用途。在缺少公园博物馆时，社区建筑常被临时用作展览室，展出一些较次要的生物学和地理学资料和遗迹，或者具有地方特色的珍藏等。在雨天，社区建筑有时可作为篝火晚会或露天剧场的替代场所。在尺度很大的社区建筑中，甚至还设有方便娱乐活动的演出台。

按照"结构追随功能"的原则，社区建筑的不同用途的组合会相应产生不同的建筑结构形式。然而，由于社区建筑的最终功能组合大都很难预测，所以，这种根据功能确定形式的情况却并不存在。因此，在一定程度上，社区建筑更倾向于一种包罗物，既可代替某些尚未配备的建筑物，又可辅助那些不够完善或使用负担过重的建筑物。

为应付紧急情况，社区建筑应开设一定数量的窗户，以便在炎热拥挤的环境条件下保证良好通风。建筑内部应有充足光照，以便在白天使用时不借助人工照明，并在可能情况下偶尔举办一些展出。在不能完全开窗的气候条件下，由于建筑物必须保证大型聚会的环境舒适度，所以，它还应满足一定的层高要求。如果建筑物中连一个大壁炉都没有，那么，在人们的心理上，这个社区建筑就不能成为露营篝火晚会的理想替代物。另外，如果邻近的其它建筑不便安装厕所设施，那么就应在社区建筑中予以提供。

如果在社区建筑的最终活动中，预计会使用娱乐表演台，那么，该建筑中就应予装备，且其规模应介于普通演讲台和大型舞台之间。有时候，这种设施也可能是可移动的。表演台还可用作演讲和会谈，尤其当附近有篝火晚会而天气恶劣时，社区建筑就会被要求作为篝火晚会的替代场所。由于幻灯片和动画经常是户外会谈和讲座的附属物，所以，在明智的社区建筑规划设计中，应配有（或为将来的安装留有余地）一个屏幕及放映室。不管何种情况，在建造放映室的任何细部时，都不能缺少安装这些设备所推荐使用的防火装置，这是因为，除了在影片放映和观众席拥挤时通常就存在危险之外，单就这样一个大多数部件都使用木结构的建筑物而言，其潜在危险也是很大的。

社区建筑中的表演台有可能（但极少）被用于业余戏剧演出，可以想象，一个由露营者中的能人所安排的业余杂耍演出或"特技晚会"，常常是具有危险性的。这就是为什么演出台的空间尺寸要求最好是适合歌舞表演、四重唱，和方便戏剧观众捕捉演员表情即可。

前面所述并非是为赋予普通的社区建筑以一种会堂建筑的性格。它应是一种多功能集会间，其使用者规模应很好地满足若干种通常用途。由于建筑内部有时会过度拥挤，所以，其中必须有策略性地设置一些出口。如果跳舞也是其中的一种娱乐形式，则应铺设较高等级的木地板。

与游人聚集的其它公园建筑物一样，社区建筑的用途越来越大，在夏季，如果建筑设有宽大的门廊，那么，它们的实际容纳人数会更多。当然，带有顶棚的入口门廊总是必需的。

由于社区建筑是一种闭合的构筑物，所以，它具有特别的季节性用途，可用于周末或其它短期的冬令露营。有时候，根据地理位置和气候特征，可以将建筑物作为冬季运动者及其观众的庇护住所。如果在建筑规划设计时就考虑到这个可能性，那么，就有理由为建筑物提供某些冬季供热设施，以及一个斜坡通道、厕所和淋浴设施、美肤室和其它修饰附件，以扩大建筑物的实用性。

补白图片中这座装修精良的小建筑并没有被正式指名为社区建筑，甚至也可能尚未被用为社区建筑。不过，该建筑的平面元素却非常接近于构成公园社区建筑的实用元素，因而，我们在这里同样把它归为社区建筑。该建筑中包括一个小型的公用房间、一个微型办公室和男女厕所。在公用房间的一端有一个柜台和围栏，这里可用作一个衣帽寄存处（特别在冬季运动成为这里的一项活动时），甚至是一个次要的食品供应处。此外，它也代表了一种恰当而老练的公园建筑，事实上，这样的建筑非常罕见，所以，那种精确的建筑分类法似乎也并不重要了。

纽约州，庞德里奇县保留地

纽约州，巴特米尔克(Buttermilk)瀑布州立公园的社区建筑

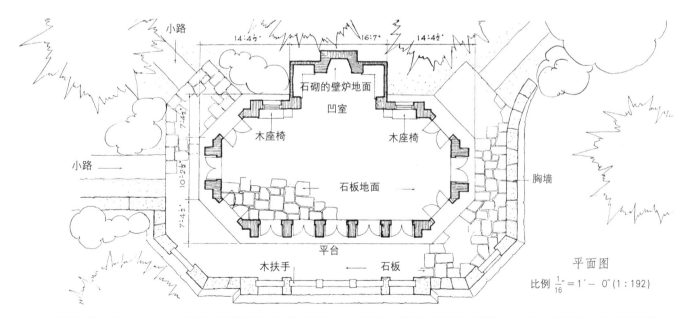

这一坡地建筑的平面和外部处理都恰当地脱离了陈旧模式。其充足的门窗可提供各个方向的视野。也许，该建筑物的实际用途与本文提及的社区建筑并不相符，但是当其被封闭时，它不再像一个庇护所，而更接近于小木屋组群中所使用的社区建筑物。

科罗拉多州，博尔德 (Boulder) 山公园的格林山社区建筑

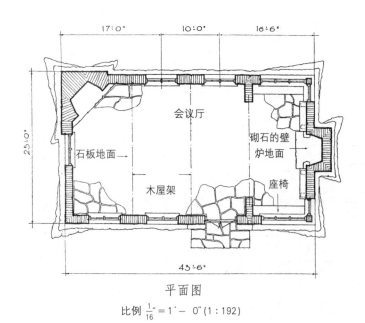

平面图

比例 $\frac{1}{16}'' = 1' - 0''$ (1 : 192)

这一建筑与岩石散布的场地非常协调，若是烟囱顶部收头处采用不定型的岩石，那么，它看上去就没有任何虚假成分了。即使这样，也可辩称是为寻找与当地岩石的关系。在公园之中，这种类型的建筑通常有多种用途，它可作为"童子军"和其它以群体形式在园内游玩或露营的组织的聚集点，也可作为一个小规模的温暖庇护所，让冬季运动者沉湎于此。大量的窗户有利于夏季的良好通风，而在寒冷气候时，只要关上这些窗户再将两个壁炉同时点燃，这里同样非常舒适。

明尼苏达州，锡尼克 (Scenic) 州立公园的社区建筑

该实例位于明尼苏达州，其原木结构的精细品质证明，她充分利用了本地优良的木材资源。这里，我们几乎无法判断其稍逊一筹的烟囱石工技术，尽管石块的比例配合得当，但它却是采用的"花生糖"式的砌筑工艺。在人们想象中，要建造一个理想的公园建筑，其砌筑烟囱的位置可以在若干个场点中任选其一，但该建筑必定要标明使用"明尼苏达州的原木和原木结构"。图中的建筑物既可接纳白天的游客，又可供附近小木屋群中的住户使用。

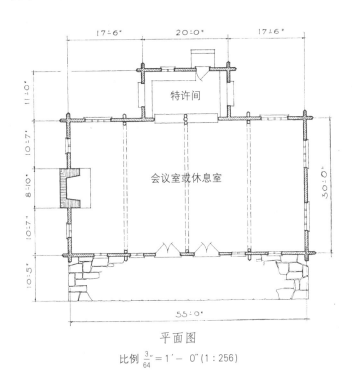

特许间

会议室或休息室

平面图

比例 $\frac{3}{64}'' = 1' - 0''$ (1:256)

雷尼尔山国家公园朗迈尔 (Longmire) 的社区建筑

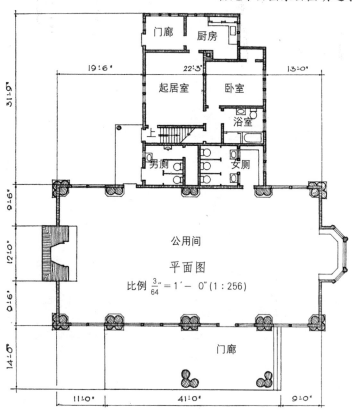

这是一个重要的公园建筑，它为后面许多建筑物的设计指出了一个方向，不过，它在细部设计和施工方面的成就已经被后来者超越了，而正是那些细微处可以造就真正的公园建筑特点。在最近新建的建筑物中，我们可将机械化生产的强直的橡木端头与手工品质的"刀削"的橡木端头作一比较，从中便能看出谁的构造技术更为先进。如图所示，该建筑屋面的薄板瓦和砌筑烟囱的特性还有一些待改进之处。

雷尼尔山国家公园帕拉代斯 *(Paradise)* 社区建筑

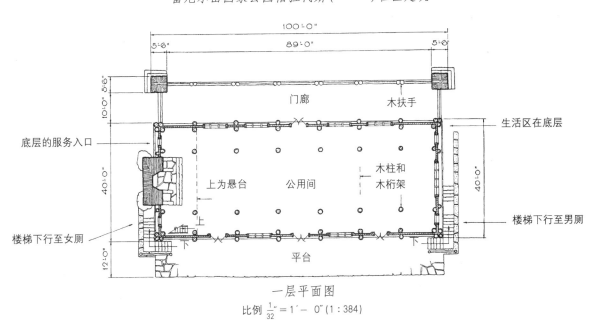

一层平面图

比例 $\frac{1}{32}'' = 1' - 0''$ (1 : 384)

这是建筑物高踞于雷尼尔山的斜坡之上，它那陡直的屋面完全适合于当地的多雪气候。其平面特征部件是正面的平台和背面的平顶门廊：在平台上可以观看白雪覆顶的山峰，从门廊处可以看见远处的低地。在主房间端头有一个横跨壁炉的悬台，而公共厕所和生活区则在底层。

科罗拉多州，特立尼达 (Trinidad) 莫纽门特湖都市公园的社区建筑

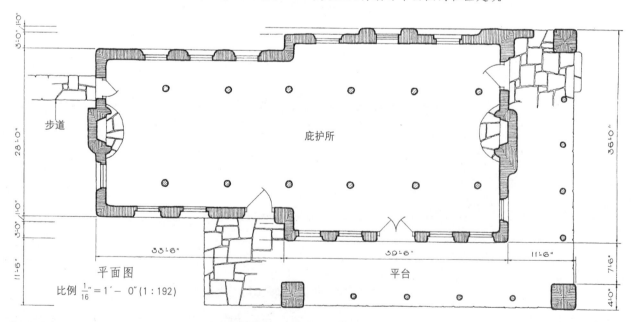

步道

庇护所

平面图

比例 $\frac{1}{16}'' = 1' - 0''$ (1:192)

平台

有时你会发现，这个用途很广的典型社区建筑缺少任何的从属物。或许，对于这个具有美国西南部传统风格的仿石抹灰的土坯建筑而言，"封闭的庇护所"才是一个更为确切的称谓。其平面图表明，该建筑物可以在将来被改造为一个餐饮建筑，或者，如果在其周围开发一个小屋群体，它也可作为一个小旅馆。

在公园之中，极不可能为所有的小木屋都单独配备厕所、淋浴房和洗衣设施。多数小木屋都是比较简朴的，而这样的小木屋组群以及所有的公共露营地都必须装备公厕、淋浴间和洗衣房。出于某种原因，有时还必须在园内设置坑厕——不带冲洗设施的厕所，在这种情况下，就需要将淋浴和洗衣设施安置在另一独立建筑中。如果园中可以提供带冲洗设施的厕所，那么，所有的必需设施都可以集中在一个建筑物中，而这个建筑物除增加了淋浴和洗衣房间之外，与公园中的公厕几乎没有任何差别。

关于公园中的公共厕所，我们已经讨论和图示过，所以在这里，我们主要关注为夜宿游客准备的淋浴和洗衣设施。虽然我们在前面已经列举了有关厕所设施的内容，但在接下来的阐述中，它们只被看作当前话题的附带物。

这类建筑不同于有组织露营地中仅供男性或女性单独使用的热水淋浴间和洗衣房，因其位于公众露营区或小木屋组群之中，所以，它必须为男性和女性分别提供独立的淋浴间。在设计男浴室时，不必设置淋浴单间和个人更衣间，但在设计女浴室时，则最好为一些淋浴者提供淋浴单间和带有前帘的更衣间。虽然在为年轻女性这一年龄群体设计浴室时，更倾向于使用群体淋浴间；但这样的浴室设置如果是面向所有年龄群体的女性（包括小孩），那就会遭到普遍反对。

合理的淋浴器比率为：12 或 15 人／个；这个比率同样适用于更衣室的洗面盆。浴室的窗户应提供充足的通风和采光，而在天黑之后，只要有电的地方都建议为淋浴间、更衣室和洗衣房提供电力照明。此外，还有一个特别重要的措施，即应认真定位电源插座，以便所有的洗衣装置都有合适照明。我们现在讨论的这些房间通常都会发生溅水和受潮现象，所以，最好采用容易清洗的光滑、不透水表面。在私人更衣室和淋浴间之间的接口处，和在大更衣间和淋浴间的接口处，应设置 150mm 高的阶条。由于木头容易受潮、胀湿并最终腐坏，所以应避免使用。

在洗衣房中，如果设置了可移动的木板垫块，可以防止露营者的双脚接近潮湿的地面，从而减少使用者的不舒适感。露营者对热水的需求便意味着一个大水箱和热水器，如果洗衣间有熨斗需加热时，将水箱和热水器放在洗衣间内则可以方便使用。否则，最好把热水器、水箱和燃料单独设在一间，以防弄脏洗衣房。

由于涉及运转成本问题，也由于大多数露营者的洗衣量有限，普通的露营区洗衣房都不会全日提供所有的机械设备。大量的热水、充足的组合洗衣槽、熨衣板和电熨斗插座（如没电，或者是老式的熨衣炉），将会满足大多数度假者的需求。洗衣机、轧干机和干燥机也不可忽视，或降低其重要性，但是，这些设备是属于一种功效经济，而非对户外度假起支配作用的简单经济。

度假季节通常都很适宜衣服在室外自然晾干。在洗衣房附近应有一块空旷地和一些整齐排列的晾衣绳。如果通往这个晒场的视线能被林木所遮蔽，那是非常幸运的。否则，就需要竖立一个被藤蔓植物所覆盖的围合格栅，来遮挡那些可能会立即破坏家庭主妇度假心情的景物。

印第安纳州斯普林米尔 (Spring Mill) 州立公园盥洗室和洗衣房

这是供一个小木屋组群使用的多功能附属建筑。其厕所、浴室和洗衣设施的平面组合很紧凑，且与山坡地基非常契合。在这个设计中，通往男用部分和女用部分的道路被彼此分离，这是其值得赞扬的一个特征。值得注意的是，在这样的复杂地形条件下，它成功保留了印第安纳原创建筑的感觉，且并不亚于附近同一建筑风格的、真正的印第安纳建筑物。

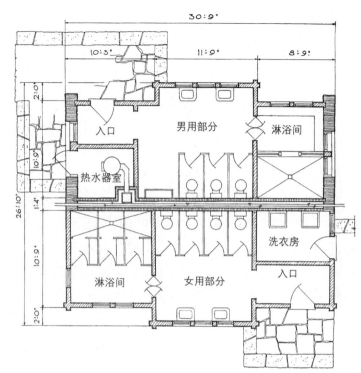

平面图

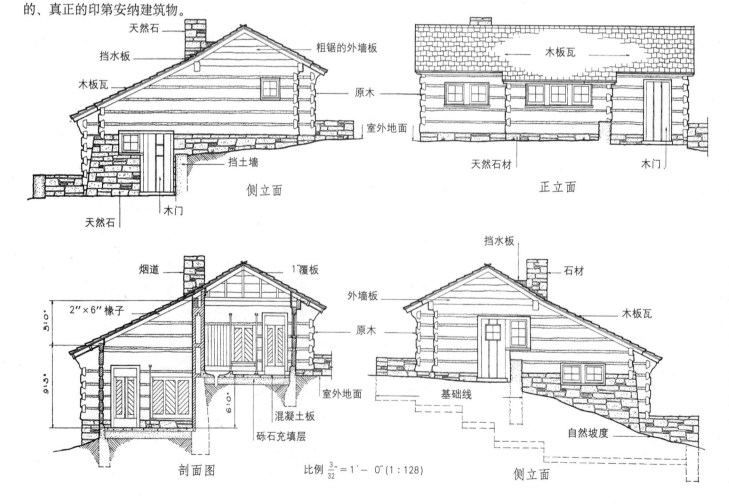

比例 $\frac{3''}{32} = 1' - 0''$ (1 : 128)

得克萨斯州，巴斯特罗普 (Bastrop) 州立公园的盥洗室

该构筑物的建筑风格与它所服务的小石屋组群有
着很好关联，其中包括厕所和淋浴设施，但没有洗衣
房。其粗质的缓坡屋顶、厚重的封檐板和富有个性的
砌筑工艺，可使挑剔的眼睛也为之愉悦。并非刻意铺
砌的石质窗栅为建筑提供了私密性，而由于窗户的数
量很多，仍可以获得适当的采光和通风。男、女部分
的出入口之间分别用不规则的石墙遮蔽，且两者的间
隔距离适度。

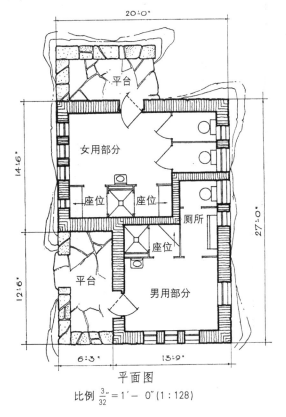

平面图

比例 $\frac{3}{32}'' = 1' - 0''$ (1 : 128)

纽约州，塔卡尼克 (Taghkanic) 州立公园的盥洗室

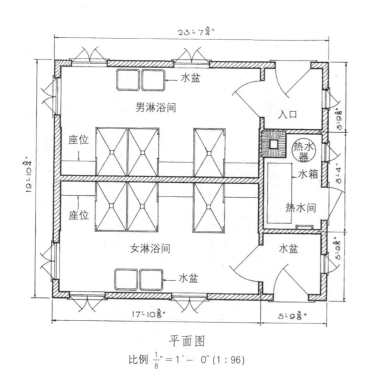

平面图
比例 $\frac{1}{8}'' = 1' - 0''$ (1 : 96)

　　该建筑物绝对是为一个小木屋组群而兴建的，如果在建筑左端再增加一个洗衣房，则其功能更强。该建筑平面非常有助于这一改进。缺一边角的外墙侧板重复着该组群中的小木屋所用材料。不透明玻璃的大面积窗户表明，室内光照充足。该建筑通过顶棚格栅和排气管来帮助通风。

塞阔亚 (SequDia) 国家公园的盥洗室

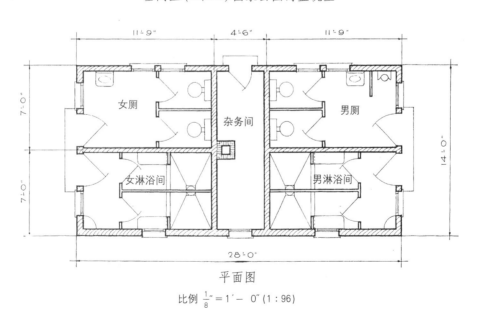

平面图

比例 $\frac{1}{8}'' = 1' - 0''$ (1 : 96)

这是一个公园夜宿区的附属建筑，它并不做作，而是用简单的方式来表达其实用性。该建筑物将淋浴间与公厕分离，防止使用率较高的公厕的尘土被带入潮湿的淋浴间，从而营造更好的卫生条件。

班德利尔 (Bandelier) 国家公园的盥洗室

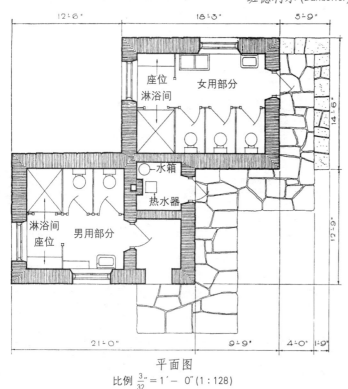

平面图

比例 $\frac{3}{32}'' = 1' - 0''$ (1 : 128)

该建筑由西南部的土坯结构改造而来，通过技艺高超的改造，为一个小型露营地提供了淋浴、厕所和洗衣设施，并与周围环境形成极佳的互补关系。值得注意的是，洗衣槽是女用部分的一项设备。

阿肯色州，德弗尔斯登州立公园的盥洗室和洗衣房

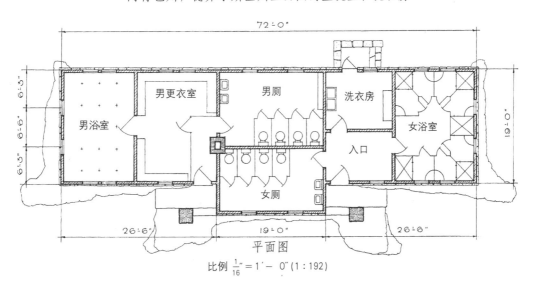

平面图

比例 $\frac{1}{16}'' = 1' - 0''$ (1:192)

该建筑物的使用范围较广，其淋浴间和更衣室既可供游泳者使用，又可供一个小木屋组群中的居住者使用。它采用了一种常见的平面布局形式，即为男性使用者准备了开放式的大淋浴间，而为女性使用者则配备了围合的独立更衣室和淋浴小间。砌至窗台高度的石墙构造使建筑物能适应于场地急坡。由于墙体倾斜度极大，所以，建筑物看上去就如同被牢牢锚固于山坡之上。

明尼苏达州，锡尼克(Scenic)州立公园的盥洗室和洗衣房

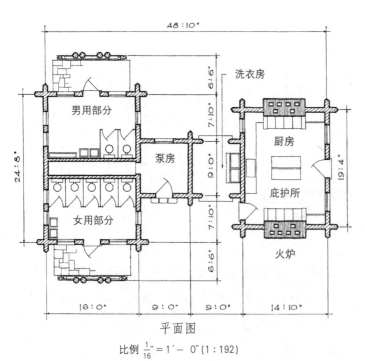

平面图

比例 $\frac{1}{16}'' = 1' - 0''$ (1:192)

　　该建筑物实际上是一个小木屋组群的附属建筑。在严格检查这一平面之后，你会发现，在建筑物中除了泵房、厕所、洗衣房和厨房设施之外，并没有设置淋浴间。或许在将来，随着小木屋组群的扩展，会在此建筑物中加入淋浴间，这样，就可以延长小木屋居住者的使用时期（目前，小木屋的使用期只包括可以在湖中游泳的那几个月）。该建筑物的平面布局和外观设计都是非常出色的。

露营灶

露营地和布局紧凑而省掉厨房设备的小木屋，都应该配备可供人们在室外做饭的设施。这种设施就是露营灶，虽然它和公园里的野餐灶有许多共同之处，但也有不同之处可以区分它们。 主要的区别是炉灶面离地的高度。很久以来，人们一直力求使野餐灶处在较低的高度，这样就能防止它阻碍观景视线，尤其是在有许多野餐灶出现的情况下。这样做看起来十分正确，因为野餐者一次外出只使用野餐灶烧一至二顿饭，所以俯身操作带来的不便很容易被野餐地提供的美丽风景带来的审美价值抵销。 另一方面，露营团体或小木屋的居住者使用露营灶的时间较长，甚至可能要好几周，对他们来说烹调变成了一项更费力的工作，比起野餐时只需将在家里准备好的食物热一热的工作累多了。使用露营灶的人往往把它当作室外的厨房炉灶，因而任何可能引起它使用不便的想法都会遭到反对，并且这些缺点会向各种各样的人传播开来。此外，露营点往往在几天或几周的期间租给了露营者，因此，从广泛的意义上说，露营灶并不会影响其他公众。露营者有理由认为，他们租来使用的设施应该首先满足高效性和便利性的要求。在这种态度之下，就要求露营灶的高度应该和厨房炉灶的高度差不多。

典型的露营灶由石头制成，因为尺寸的要求，不可能像自然化十足的野餐炉那样用石头堆垒而成，并且不用砂浆填缝。在建造露营灶时必须应用所有成熟的石工技术。炉灶的表面要平整、垂直，石缝中要实填砂浆，任何放置烹调器具的表面应该保持水平并足够光滑。

虽然烟囱不怎么讨人喜欢，但并不能为了造出让人百分之百满意的露营灶而不设烟囱。露营灶的灶面最好是一块实心铁板或铸铁，这比烧烤格栅或有孔的铁板更好。如果炉灶的上表面不是实心的，就会影响烟囱的排烟性能。有时采用一种将烧烤架置于实心铁板下的做法，这样，在通风条件较好时可以将铰接的铁板掀起来靠在烟囱旁，然后使用下面的烧烤架。更原始的露营灶前端开着口，但为了更好地排烟，可以在前端关闭时用带有节气闸的燃料门和灰烬门来控制。更进一步可以在烟囱内设置节气闸来控制排烟。

如果野餐时遇上大雨，人们大可一笑置之，然后决定是延期还是继续进行野餐。但是，如果大雨打扰了公园小屋租户的度假生活，并且小屋里没有厨房设施，这时只有一个带屋顶的室外炉灶才能使他们息怒。毕竟，如果露营灶必须加设烟囱——而这种情况很普遍——加一个屋顶就能使这个组合更美观，这一点可以由后面的几个例子证明。加设屋顶的另一个优点是可以随时提供干燥的燃料。当需要一天在露营灶上做三顿饭时，这样做带来的可绝不只是小小的方便，尤其是在某些气候带。

对于加设了烟囱和屋顶、提高到便于操作高度的露营灶，其体量可能会超出功能的要求。对于只设一个炉灶的组合可能就会引起这个问题。有效的解决方法是将两个或以上的炉灶集中在一起，并且希望露营的邻居们不像野餐者那样要求完全的隔离，而能够和平共处地共享一个炉灶亭。这样做明显具有许多优点：更少的火灾源，更少的烟以及对树和树木根更少的破坏。坦率地说，这个方法将令人讨厌的设施集中了起来。

在降雨量很大的地方，可以选择在野餐区建造有屋顶的露营灶以代替低矮的露天式野餐灶。当一个屋顶下只有一个炉灶时，这就相当于一个独用的野餐厨房了。一个屋顶下设两个或以上的炉灶是公认的类型，具体的例子可以在"野餐亭及厨房"一章看到。这种类型的炉灶亭在缺乏厨房的露营区会和木屋区一样受欢迎。

下方补充的照片是烹调设施与石砌炉灶及夜晚篝火反射器的组合。这种类型出现在一些西部的国家公园。它主要的优点是能够促使露营者在事先决定的地点点燃篝火，这样就能防止他们乱点篝火而迅速破坏露营地的自然价值。提供这种设施还可以减少火灾。这个带有金属灶和大烟囱的奇妙装置外观并不漂亮，但却非常实用。

火山口(Crater)湖国家公园

艾奥瓦州海本 (Heyburn) 州立公园露营灶亭

这种独用的炉灶厨房在野餐区及木屋区都很适用，尤其在降雨量大的地方更是如此。这个例子简洁的特色以及将烟囱的位置偏离中心以免锯掉屋脊的做法都是值得关注的细节。

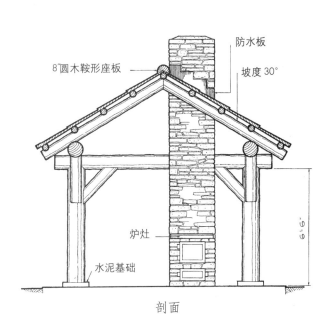

剖面

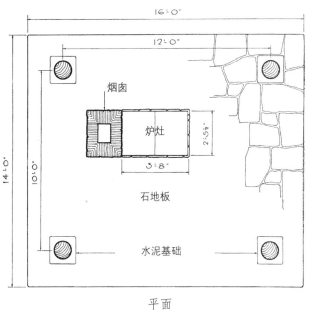

平面

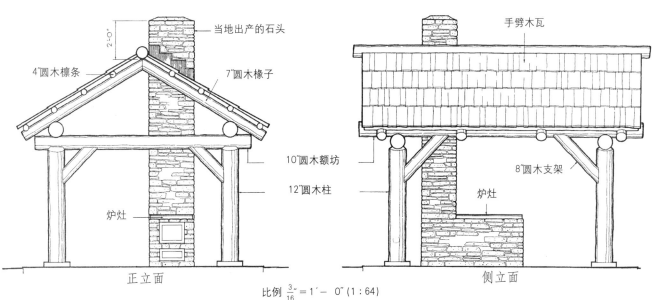

正立面

侧立面

比例 $\frac{3}{16}'' = 1'-0''$ (1:64)

513

华盛顿州迪塞普新山 (Deception Pass) 州立公园露营灶亭
　　这个独用的炉灶厨房具有海本州立公园的例子所没有的灵巧外观。赋予它这项特色的是石结构部分和木瓦屋顶的随意感，长长垂悬下来的檐口及变化高度的屋檐线。如果室外炉灶需设置烟囱，将烟囱和屋顶结合起来可以使它看起来与环境不那么对立。

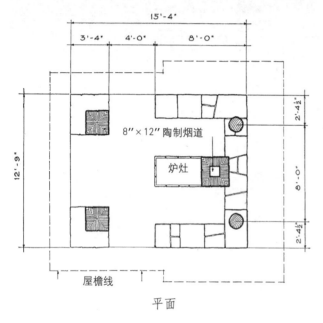

平面

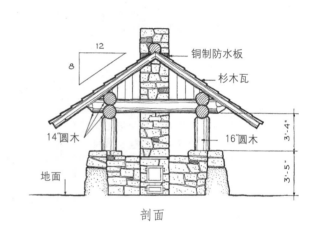

剖面

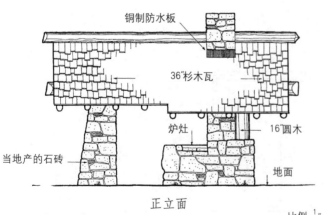

正立面

侧立面

比例 $\frac{1}{8}$″ = 1′ − 0″ (1 : 96)

华盛顿州迪塞普新山 (Deception Pass) 州立公园露营灶亭

　　除了炉灶位于亭子中间并省去了斜支架，这个例子和前面所述的海本州立公园的例子几乎相同。虽然必须承认这两个炉灶亭都位于野餐区，但它们或它们的许多特点都十分适合露营区，在那里它们会比在野餐区发挥更大的优势。

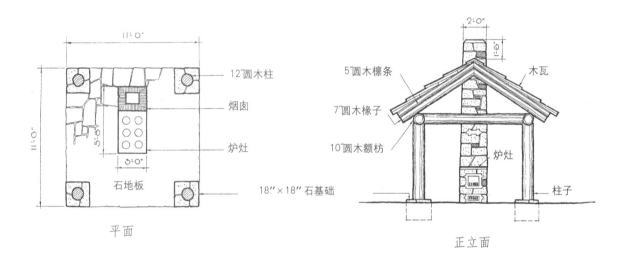

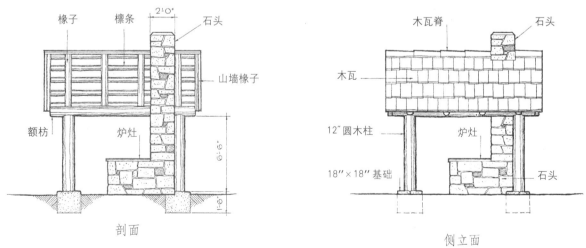

比例 $\frac{1}{4}'' = 1' - 0''$ (1 : 48)

塞阔亚 (Sequoia) 国家公园

这种露营灶在西部的国家公园里有广泛的分布。它和野餐灶的区别在于更大的高度及烟囱的细微变化。它的侧墙向外倾斜，而灶面是一块钢板。抬高的火炉有利于节约燃料。

拉森 (Lassen) 火山口国家公园

这个例子因为灶面较低，不如下面的露营灶使用方便。如果在不用加高烟囱的情况下将灶面抬高几英寸，则不仅使用起来更方便，而且会使整个炉灶的比例更协调。

得克萨斯州，巴斯特罗普 (Bastrop) 州立公园

为了准备各种食物，露营灶面最好采用铸铁或较重的金属板。事实上，烤栅或带孔的烧烤板使烟囱变成了多余的部件，照片上那被烟熏黑的石头就可以证明这一点。倾斜的石墙使这个露营灶的外形十分怡人。

在讨论野餐灶时,一种主观的分类将露营灶定义为:室外具有方便的操作高度并依靠烟囱排烟的一种炉灶。根据这个观点,这个例子应归为露营灶。它具有耐火砖内壁,并使用带有可移动盖子的铸铁板作灶面。

艾奥瓦州,派恩(Pine)湖州立公园

这个复合型的炉灶的操作面有点低,因而放在露营区使用不是很方便。如果将它抬高到和侧壁齐平就好了。很明显,这个设施可供三个人同时烹调饭菜。如果烟囱的大小和排烟速度有关,则烟不会在这里停留很久。

宾夕法尼亚州,佩恩(Penn)山都市保护区,雷丁(Reading)

这个四向露营灶具有很多实用价值。铰接的实心炉面可以掀起并靠在烟囱上。实心炉面下是一个烧烤搁栅,当炊火降至热炭时就可以使用了。排烟可以通过燃料门控制。烟囱的高度刚刚超过人头。

加利福尼亚州,帕洛马(Palomar)山州立公园

印第安纳州布朗(Brown)县州立公园露营灶

　　这个紧密连结的室外烧烤炉具有方便的操作高度，除了附加那有用、吸引人但有点多余的侧翼座椅而造成了体积过大以外，没有什么与环境不协调的地方。这个烧烤炉正对着一个阿迪朗达克式的猎人小屋，它常常能吸引露营地及木屋区的人们的目光。

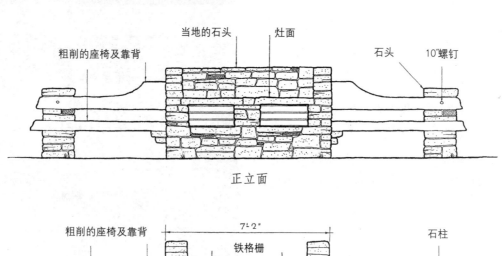

正立面

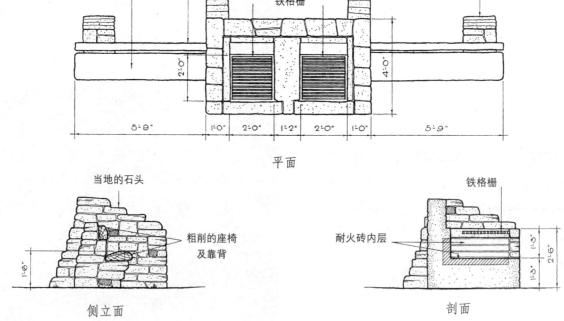

平面

侧立面　　　　　　　　　　　　　　　剖面

比例 $\frac{1}{4}'' = 1' - 0''$ (1 : 48)

家具和室内陈设品

家具和室内陈设物对于封闭建筑物的实用意义，并不适用于公园中的开放式庇护所。开放式庇护所中的可移动设备（不管是用于野餐还是路边休息）几乎无一例外的是野餐桌凳的组合物和路边座椅等。比露天使用的同类设备相比，开放式庇护所中的可移动设备只是更为轻巧和完美，但其形式和种类却同样有限。相反，小旅馆、社区建筑、餐饮建筑和小木屋中的室内陈设物和装饰品，却种类繁多且极具重要性，它们拓展了这些建筑的用途和改善了这些建筑的外貌。它们为个性、品位和独创性的训练和运用提供了广阔的空间。

所有的优秀家具都有一些众所周知的原则：适宜使用、形式美观和善于利用身边的材料，这些原则也同样非常适用于公园建筑物中的家具设计。然而，在设计公园家具时，深思熟虑也是非常重要而不可缺少的。

要使建筑物能够成功处于公园的自然环境中，建筑物自身必须不露锋芒，而如果要使室内陈设品能适合于这样的建筑物，那么，"简洁"必须为其主调。如果设计师的高品位不能顺理成章地达到理想的简洁境界，或许，当设计师在通常的缺少资金情况下，就应该为此欢呼，因为这种状况会迫使自己控制住精雕细琢的设计欲望。

当另一个适宜设计的导向被肯定之时，也就确定了室内陈设品的简洁性。这一导向即是长期以来的地方传统。原始的室内陈设品都极其简单；而早期移民者在这里移植开发的、有历史风格的室内陈设品也极其简单。在历史的、种族的、气候的和地域的影响力的共同作用下，会产生不同类型的公园建筑物，而多种类型的公园建筑物也应带来同样多种类型的室内陈设。同类型的影响力会导致某种特定类型的建筑形式，而这种影响力也必然会决定该类建筑物的室内陈设。

美国西南部的公园建筑表明，在建筑外部处理方面它们受到了相同的作用力。西班牙和印第安式家具正适合于这种西南部建筑，但它们不适合被移植到其它地区（如：具有早期荷兰移民背景的哈得孙流域、新英格兰或芝加哥郊区）。摩拉维亚教、谢克教、门诺派、邓克派等宗教派别有着美观简洁的家具风格，因此，如果这些宗教群体所在地（宾夕法尼亚、西马萨诸塞、艾奥瓦和俄亥俄地区）的公园建筑设计也有着特定的宗教灵感来源，那么，这种家具风格就可以为该公园建筑中的家具配置提供合理的创作灵感。在阿巴拉契亚山脉的欧扎克山、大雾山等偏远的高山地区，人们仍在制造原始的当地手工家具，它为相当区域（但绝非全国）的公园家具设计提供了适当的原型。在美国，就产生室内陈设主题和装饰主题的某种历史背景、种族背景或其它背景而言，没有哪个地区是真正独特和完全适宜的。

各个地区可获取的天然资源影响了拓荒者及其前期原始部落的家具制造、编织等工艺。今天，如果要用这些工艺来启发公园建筑物的家具设计及配置，我们也必须采用天然材料，并认识到它们的独特优点和局限性。

请记住：在要求精制的家具样式时，我们使用枫木、胡桃木和其它木理细密的硬木，当只能获得软木时则避免使用尖锐的木材边缘和分叉处；我们认识到，山胡桃木、槐木、枫木和松木特别适用于温莎椅和条板靠背椅，而白松木则适合于采用雕刻饰物的家具样式。

如果要制作带凸榫圆雕部件的乡土家具，可以使用杉木和山胡桃木。在除去板材的外皮之后，再对表面进行刨刮，这样，其内层稀薄的红树皮有时就不会被完全除去，从而产生醒目的斑驳表面。由于山胡桃木树皮的稳定性比其它木材好，所以，用山胡桃木制作家具时无须除去树皮，且这样的家具会产生极其令人满意的效果，并可能代表了乡土家具的艺术顶峰。

令人高兴的是，曾一度风行的、用怪异木材制作家具的潮流已不复存在。但愿在今后，再也不会流行用扭曲的多叉原木冒充衣帽架，或将树干部分挖空作为桶状座椅，或其它类似的畸形构造，不要让它们将我们的公园建筑形象搅得乱七八糟。

在真正原始样式的座椅中，可利用的底座形式非常之多：木板、编织的灯芯草、山胡桃木或榆木的编织板条、用皮带扎成的各种皮革制品、甚至于模拟早期工艺和图案的编织织物等。

通过对早期织物的复制，常常可以正确提供所需的帘布和饰物。最近，这些编织物已经在国内不同地方再度流行，特别是流行于山地民族和印第安人之中。印第安地毯、钩针编结地毯和编织的碎呢地毯等将非常普遍地用作铺地织物，当然，它们须适合所在建筑的地理位置，并与建筑相互协调。

当建筑物内部完全用天然材料建造时，可能需要对由此产生的昏暗的室内特征加以补偿，这时，就必须对公园建筑物的室内陈设色彩进行仔细研究。大多数未经处理的木材会风化为暗灰色和暗褐色，而大多数块石砌体的色彩种类又相当有限。织品和铺地织物上的明亮、协调的色彩是很受人欢迎的。可以想象，在特定条件下，当某类家具所使用的原始木材被漆上相对鲜明的颜色后，可为室内增添更多的欢愉气氛，而这种气氛也是公园建筑的外在表现所无法达到的。

当在室内引入早期的熟练手工物品之后，那种怀旧的感觉便更加明显。我们在前面已提到过织布机编织的织物。而铁匠的工艺品也能够提供许多有助于创造"气氛"的重要细部。以下地区分别特产某种类别的手工铁器：早期的新英格兰社区、宾夕法尼亚的德语县和西南部的西班牙殖民地。在今天的再创造过程中，你可以由壁炉的金属配件回想起相应的地域特征。你还可以看到，用熟铁、其它金属和车制木材制造的早期灯具，都与国内特定地区和不同发展时期有着明显联系。它们都应改造为现代生活所需。

如今，那些用货车轮、牛轭和手纺车制作的照明灯具已不再有任何新鲜感。革新物品的新奇不凡总是引起人们追随，由此导致这些物品的过度使用而变得平淡无奇，所以，拓荒者时代的精神只能依附在那些不断创新的物品上。

得克萨斯州，巴斯特罗普 (Bastrop) 州立公园

德克萨斯州，巴斯特罗普 (Bastrop) 州立公园

顶棚饰物

　　如上面两图所示，这种由货车轮和牛轭形式转换而来的照明灯具现在已很常见。这些早期岁月的提示物在今天仍有着一定意义，而且，在谷仓大小的、暴露木桁架和屋顶构架的室内，它们看上去也很恰当。右图是一个大块头的设备，它是由去皮杉木集簇而成的、令人喜爱的装置。它重复了家具所用材料，并与房间和家具尺度有很好关系。下面两图中的设备表明，铁匠的工艺也能为公园建筑物作出贡献。卷曲的熟铁强化了室内天然材料比较柔和的外形。

得克萨斯州，小吉恩州立公园

得克萨斯州，巴斯特罗普 (Bastrop) 州立公园

得克萨斯州，马瑟 (Mother Neff) 内夫州立公园

阿肯色州小吉恩州立公园小旅馆室内

　　该小旅馆的室内陈设有一个统一的、非常令人满意的主调。除了桌面顶板之外，该休息室中的家具都是由去皮的杉木制成。即使是灯座和顶棚设备也是这种材料，且仍不显怪异。灯罩和坐具上的粗织垫子都是亮色，这些颜色与昏暗的石墙背景和深色的木顶棚形成对比。

阿肯色州小吉恩州立公园小旅馆的家具

同对页的休息室一样，本页上面两图中的门廊也被配置了一些家具。坐垫和靠垫为家具增添了舒适感，但又未损害家具自身的粗野基调。右图所示为餐厅配置的家具类型。桌子的下部结构重复了"杉木圆雕"的构造，它具有不定的形态和尺寸。餐椅是当地特有的"登山运动员"梯式靠背椅。下面两图是为客房配备的床和长沙发椅。这个床的独特之处在于其底部的抽屉和前面的书架。

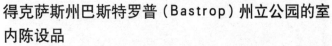

得克萨斯州巴斯特罗普（Bastrop）州立公园的室内陈设品

本页和对页所示，均为这个得克萨斯公园的小旅馆及小屋中的典型家具。这里，杉木被磨制成一些装饰性部件，如镟坯、造型柱脚和托架以及复杂家具样式的其它精制部件。这些装饰性部件与小吉恩州立公园较为乡土化处理同种木材产生了显著对比。上面的大图所示为一个典型的小木屋室内。杉木特有的色彩对比有时可能会太强烈，而不能适合所有人的品位。这种混合使用浅色木材与暗色木材的处理方法值得商榷。

得克萨斯州，巴斯特罗普 (Bastrop) 州立公园的小旅馆

伊利诺伊州，新塞勒姆州立公园的客栈

壁炉、配件和附件

　　当壁炉被建于任何公园建筑物的室内时，它的建造目的使其成为非常核心的重要部件。因此，它值得认真的设计和专业的做工，使其成为一个有吸引力的焦点和功能完备的必需设施。它应能经受人们的细细端详，而不是因烟熏火燎而惨遭毁容。决定壁炉装饰吸引力的首要因素是其所选材料以及使用方式。次要

得克萨斯州，巴斯特罗普 (Bastrop) 州立公园的小旅馆

得克萨斯州，巴斯特罗普 (Bastrop) 州立公园的小木屋

华盛顿州，里弗塞德 (Riverside) 州立公园的看管者住所

因素是组成壁炉的结构元素，如搁板、烤炉、壁龛和其它很多趣味性的合理部件。最后一个决定因素是壁炉配件（如柴架、升降设备和炉火用具）和搁板、壁炉腔以及炉边地面所使用的装饰性附件（从古代火枪到织品，从老式厨房用具到早期陶器），它们可以使任何程序化装饰方案的重心更为突出。

纽约州，韦斯特切斯特 (Westchester) 县的客栈

得克萨斯州，克利本 (Cleburne) 州立公园的看管者住所

大峡谷国家公园的光明天使旅馆

得克萨斯州，巴斯特罗普 (Bastrop) 州立公园

西弗吉尼亚州，流失河州立公园

得克萨斯州，马瑟内夫 (Mother Neff) 州立公园

支架装置

　　的确，除了正上方的两幅图之外，其它所示的都不是室内照明装置。尽管如此，所有图例中的锻铁制品都非常适合处于其毛石、原木或其它粗糙材料的表面。马瑟内夫和巴斯特罗普州立公园的壁支架都非常精美，也就是说，将它们用在室内也是合适的。下面两图中的灯笼支架都确实具有室外支架分量和尺度。它们可能更适于处在一个开放式庇护所里，而不可能处在封闭建筑物中。

得克萨斯州，赫里福德 (Hereford) 州立公园

得克萨斯州，布朗伍德 (Brownwood) 湖州立公园

在论述有组织露营地的布局问题时,我们斗胆把它汇编在公园构筑物和设施这一部分,因为在决定某个露营地所必需的构筑物和设施、决定这些构筑物和设施应有的细部特征时,场地的布局情况起到了极为重要的作用。确切地说,露营建筑的数量和尺寸以及露营建筑物之间的关系实际上就是露营地布局,如果不把露营建筑预先视为一个整体来考虑,那么,就很难对建筑单体进行独立论述。

这里,我们无意于研究所有类型的露营地的建筑需求、甚或是每一规模的有组织露营地的建筑需求。为了方便对建筑需求进行详细探讨,我们仅限于研究某一容量范围内的有组织露营地,这一容量范围也包含了绝大多数的有组织露营地,即营地可容纳的露营者数量在 25 至 100 人之间。

在特殊条件下,我们的研究对象也包括那些容量偏大或偏小的有组织露营地。在本文后面,我们也会简略提及少于 25 人的周末或短期住宿组群。可接纳数百露营者的较大营地是存在的,且有些人也认为其是成功的。不过,人们已逐渐认识到,从某种意义上讲,超过 150 人的营地(更不用说 200、300 或 500 人)已不再是真正的营地,而只是成了兵营或集合地。在这种场合,已无法进行那些可以反映露营精髓的活动。

现在,有一个几乎被普遍接受的原则,即当营地人数超过 32 人时,应将其分成 16 人、24 人或最多 32 人的组群。具有下述规划形式的露营地可被称作"单元式露营地":有一个中心区,它向总管理处提供设施,用餐区、健康检查、医疗保健和隔离区,可供营地内所有露营者进行集体娱乐活动和文化活动的区域。从中心区步行很短距离就可以到达各个小组团,每个小组团都是一个供露营者及其领导睡觉用的小木屋集群或帐篷集群,这些集群的中心是一个小旅馆,也即是该组群开展娱乐和社交活动的聚集点。最后,再加上一个洗衣房和一个公厕,便构成了一个完整的单元式露营地布局。

打个比方,我们可以把营地的中心区看作是一个车轮的"轴心",而露营单元则是车轮发射状的"轮辐"。或者,我们也可把露营单元看作是一个"大村庄"边远处的"小村落",在这个"大村庄"中,所有露营单元的相互利益都得到有序控制,而食物供给、医疗保健以及娱乐和文化活动集于中心位置。

单元式的露营地布局考虑到了存在于整个人类的个体差异性。在儿童露营地和青年露营地中,这种小单元的拆分有助于根据露营者的同一年龄段和体能、相同兴趣和经历来进行合理分类。在这些小组群中,儿童和青年有机会发现自我,而在"大规模露营"中,他们会体验到一种几乎无法避免的约束感,也会迷失在人群之中。小组群有助于将个人注意力高度集中于露营顾问,而大组群则意味着一种不太个人化的领导,或者会使顾问们疲于应付太多的事物。

从一种健康的视点看,露营地的小组群划分也是很有道理的。大组群中的儿童会变得过于兴奋,而且,当大量儿童都吃、睡和居住在相邻住所时,会大大增加疲劳的可能性。而且,在单元式布局的情况下,如果有某种传染性疾病在某个单元营地中发展,就不大可能扩展到整个营地。

将露营地拆分成单元或组群的做法,并不意味着每个单元或组群都彼此完全独立。许多娱乐活动和文化活动都是由所有组群共同参与的。通过小单元的娱乐活动和亲切交流和大部分时间的"自主行为",可形成一种个体自由主义,它可以避免那种在大规模露营中极度容易产生的制度主义倾向。

由于参加露营的许多年轻组群都是 8 人一组，或者 16、24 或 32 人一群，所以，在单元式布局时，我们有理由选择 8 的倍数作为一个单元。24 人的露营单元是一种可行又合意的单元，它便于有效管理，不至于管制太多，也不至于管理不足；16 人的单元的合意性可能更大于实用性，因为，如果必须接纳给定数量的露营者，就会造成营地范围的延展和建设成本、运行成本的增加；相反，32 人的单元的实用性可能更大于合意性，因为这样的集群意味着建设费、维护费和运行费的减少，但是，营地的监管会显得不足，而这样的组群也会显得太笨重，不适于统一领导。综上所述，24 人的单元看来是一个适当的平均值。我们可以推测，可接纳 16 人、24 人或最多 32 人的露营单元具有其存在的逻辑性，所以，大多数单元式布局的露营地都会采用这些单元规模之一。

如果以 8 的倍数为单元，来布局容量约为 25 ～ 100 人的露营地，可将其划分为三种规模的组群。其中，小型营地可接纳 24 ～ 32 人。虽然它通常是以单个单元的形式存在，但在严格节约并非一个加权系数时，也可将其拆分为两个 16 人单元。

接下来是 48 ～ 64 人的中等规模营地，它可采用两个 24 人或两个 32 人的露营单元。如果经济上允许，我们也可按照更为理想的标准，将这类露营地分为 3 个或 4 个 16 人的单元。

大型露营地可容纳 72 ～ 96 人，它可以由 3 个 24 人或 32 人的单元，或 4 个 24 人的单元组成。同样，它也可被拆分为 16 人的单元，但会导致建设和管理费用的增加，而且，要使这五六个相配的营地单元都真正以管理区为中心，可能也是不能做到的，因此，这些因素都具有很大的负面影响力。有时也会需要容量超出 100 人的大型露营地，但是，我们推荐的最大容量为 125 人，超出此值的容量都是应予制止的。

就一个单元式露营地而言，其若干组成单元之间的适宜距离以及这些单元与管理区或中心区的距离，都不能随意规定。在任何营地选址时，有效获取安全的饮用水和选取适宜进行污水处理的土壤，是首要的考虑因素，除此之外，私密性问题也具有同等的重要性。通过对一个营地组群的研究，我们发现其营地单元之间的平均距离为 600 英尺（约为 180m）。然而，这并不是说，600 英尺或其它任何特定距离就适宜作为露营单元的彼此间距以及露营单元与管理群的间距。保持适宜私密性所必需的距离取决于各个案例的场地现状条件，其中，地形和地被条件是控制要素。

就小屋单元而言，在定位露营者小屋时，应保证它与其它小屋、与太阳和阴影以及与组群附属建筑之间有适当联系。理想状态是使这些小屋在每天的部分时段（最好是上午）能暴露于阳光下，这样会有助于晾晒衣服和被褥。在暖气候区的傍晚时光，同样会需要适当阴影，以便于露营者在上床睡觉时能感觉比较舒适。小屋之间的距离自然要服从场地条件，但是，对于分年龄组的营地而言，因管理问题是它的重点考虑要素，所以，我们推荐的最大距离为 50 英尺（约 15m）。而对于家庭小屋组群而言，因管理有限、甚或不需管理，这种小屋之间的间距可以较大。在儿童露营地中，任一夜宿小屋与公厕之间的距离都不应超过 150 英尺（约 45m）。不过，供某个青年组群或家庭使用的小屋可以超出此距离，但最好不要超过 200 英尺（60m）。

我们可以用建筑物的数量、建筑物的尺寸、建筑物之间的关系来定义一个露营地，但在此之前还应了解，控制露营地布局的考虑因素是多种多样的。

或许，最重要的因素即是露营地的容量，它由所服务社区的需求来指定。不管是采用小型的、中等规模的，或者大型的营地，还是采用接纳范围在 25 ～ 100 人之外的营地，任何案例都必须经过真正分析。

处于第二位的必然影响因素是资金的可获得性。这方面的考虑因素不仅仅包括场地、建筑和设备的资金总额。它还必须预见所有的管理细节，预计管理员人数和在工作较少情况下的定员人数，以使营地的运行过程能够正常而恰当。为保证露营地的经济运转，应使其具有适宜的规模，但如果规模的估算失误，就可能发生严重错误。如果高估了员工人数，就会浪费资金去建造一些非长期使用的建筑。另一方面，如果对必要的人员配备估计不足，必然会在使用设施时产生过分拥挤的不幸局面。因此，在初步调查建设资金及建筑物所需的动产和不动产时，必须对营地的运行和维护费用加以考虑。

此外，还有一组对于营地布局有着非常重要意义的条件，它包括地形、自然要素和气候等场地因素。起伏地形可能会促成一种蔓延的布局形式，抑或一种非常集中的布局形式，这两种情况都是不标准和不理想的。稀少的地被意味着单元之间的分隔应较大。由于大多数营地都以游泳为中心，所以，供游泳活动使用的自然要素或人造设施将直接控制营地布局。在湖滨或河堤陡峭的营地上，可能需要将营地延展，从而使其平面布局脱离常规。如果露营场地是一个小型半岛，在规划布局时就要认识到这一环境下的特殊优势。如果场地沿一条溪流（通过在溪上筑坝，形成了一个小型的池塘一样的"游泳坑"）而设，那么，沿河堤两岸发展的营地会呈现与众不同的面貌。如果营地的活动中枢是一个规则的游泳池，那么，营地及其构成部件将会以另一种模式设置。温和、干燥的气候条件有助于将建筑物的数量减至最小，只需建造一个轻型而廉价的建筑。雨季气候则需要相当大的有顶空间，以满足室内活动的需要。在北部地区，可能会建造一些级别较高的建筑，以延长当地短暂的露营时期，甚至使冬季露营成为可能。

如果计划将露营地作为一种公共事业或半公共事业，而将其建在公有土地上，那么，项目赞助者的意图应是规划设计中的主要考虑因素。当已经确定某一组织将连续负担露营地的建设时，可对典型的露营地平面布局稍加变形，以满足单个团体的特殊使用要求。当然，如果被规划的营地是专供家庭使用，那么，其平面的某些细部处理会不同于那些同时供男孩和女孩使用、或同时供青年男性和青年女性使用的营地。同样，共娱式的露营地也不会与那些供幼儿、妇婴或残障儿童持续使用的营地完全相同。不过，经常会出现这种情况，如果需

要将公共或半公共使用的露营地进行划分，以供若干个使用团体使用，那么，则会因照顾其中某个团体的利益而使规划布局偏离典型形式，这样，也就有可能妨碍其它营地的规划。通常，典型的营地布局应在公众和个体的两种极端之间取得很好平衡，它既需实用，又要使绝大多数的潜在使用者满意。显然，在限定多重赞助者的地位和使用权的要素中，并不涉及设计私人土地上的私人露营地。相互竞争的娱乐行业，经常会影响公有土地上的露营地规划，但是，在规划任何一个私人营地时，却完全不用这些娱乐行业来承认其合法性。

对于由单个赞助商主办的公共或半公共露营地而言，它是由一个露营者群体长期占用、还是由连续的使用群体短期占用，也会对营地布局产生影响。那些对于被长期占用营地而言几乎必不可少的项目，可能已不再使用于短期营地。

组成一个有组织群体露营地的构筑物和设施，可以根据其功能性的不同来归类，其归类法与本书前面章节中所提到的公园构筑物和设施的分组大致相同。

第一组包括的建筑设施以管理和基础服务为特征，其主要项目有办公建筑、医务所、单元式洗衣房和公厕以及中心的热水浴和洗衣房设施；第二组是有助于娱乐活动和文化活动的设施，包括单元式小旅馆、娱乐建筑、水上运动的附属建筑、博物馆、工艺品商店以及环形的篝火场；第三组是与备餐和饮食供应有关的建筑，包括配有相关附属设备的就餐旅馆和厨房，以及偶尔会有用的户外厨房；最后一组包括露营者、工作人员和雇工的夜宿住所。

此外，也可以根据基础需求来划分有组织露营地建筑和设施。有一部分是那些被认为是必要的或者在特定条件下被认为是必要的建筑和设施；其它部分则被视为是适宜的而非必要的，而且，大量的影响因素决定了这种适宜度的不同级别，这些因素包括资金的可用性、领导层的能力、露营者的年龄和性别、共娱会所等等。

在后面的图版中展示了位于假想场地上的、理想

在后面的图版中展示了位于假想场地上的，理想的单元式露营地的布局形式，并假设了在露营地规划中可能遇到的多样地形条件。它也在设法展示，在不同规模的营地中，建筑物之间联系和各单元之间联系的差异性。图中还进一步对必要性建筑及项目、有时适宜但非必要的建筑及项目加以区别。

你可以看到，管理中心的理想位置应既能方便机动车从外部驶入，又便于从露营地休息区步行抵达。然而，我们并不能就此认为管理中心必需被确切地置于露营地的地理中心。沿着进入露营地的道路，机动车可到达办公建筑旁的小型停车场，但其间的穿行距离应最短。在离开露营地较远的入口道路上，最好再增设一个溢流停车区。从入口道路的终端应引出一条直抵服务区的服务专用车道，而在大多数情况下，服务区处于就餐旅馆的厨房一侧。车库则是道路的另一必要服务对象，它的适宜位置应于终点处特别接近。此外，没有必要再设置一条通向其它营地建筑物的快车道。偶尔地，还会需要到其它建筑物收集垃圾，或将一些重型设备分送到营地的开口和出口，这时，可设置一条开通的卡车或货车小路，并将其处理为一条拓宽的步行小路，只在紧急情况下将其作为车行道。在规划和清扫一条用于露营地施工时期的车行道时，应预见到营地竣工后所需要的一些服务性小路，也就是说，可以在一次施工作业中同时提供两种用途的道路。

在停车场和厨房旁侧之间修建服务性道路时，如果把它作以吸引游客而非运送货车的通道来处理，那将是一个策略上的过失。设想，如果那些第一次进入营地的露营者和游客沿着这条道路行走，并可能在途经垃圾焚化炉和佣工住所之后，竟来到厨房门口，那会是极度的无聊乏味。由于游客对营区的初次印象是非常重要的，所以，在营地布局中，我们在为游客安排游程时，有义务使露营者在露营经历的初次活动环境中，发现一些更为浪漫的刺激事物，而不是去看后院工作。更为有效的道路应是一条布局良好的步行小径，从停车场一直通向办公建筑物，在向远

处可看到更令人喜欢的露营地、露营区建筑物和露营活动。

在规划有组织露营地时，营地与滨水活动场所的距离是非常重要的。尽管在每个经营良好的营地都禁止在无人管理的水域游泳，然而，这种沉湎于水中的诱惑却是巨大的。特别是忙碌了一天的雇工，他们常常会漠视这条最重要的营地戒律——在夜间下水游泳。当然，最合适的办法是通过道德说服，使营地中的所有人都认为在无人管理处游泳是不可接受的。假如100%的人都能有这种观念，就可以将露营地建筑设在滨水地区。不过，愤世嫉俗的规划者仍会觉得，应在道德约束之外再增加物理距离，他们会把建筑物配置在距滨水游泳场 1000～2000 英尺（300～600m）处。

当游泳设施为一个人工建造的水池时，就有必要加强它与淋浴房的联系，也即是将水池置于营地中心。同样地，在大型露营地中，如果游泳设施是通过在溪流上筑坝而发明的天然游泳坑，它也必须处于营地中心（但数个露营单元之间的相互联系应能满足前面的推荐值）。不过，相对于大湖泊和河水急流中的游泳者而言，规则式水池和浅的贮水池就少了些危险。

在营地布局中，还有其它不太重要但却很适宜的相互关系。在我们具体论述有组织露营地的不同建筑物时，再对这些关系加以简述。

此外，我们还应该注意一些更进一步的细部。之所以这样，并非考虑到那些细部与平面布局之间的任何关系，而是因为它们有着非常普遍的特性。如果要对场地和营地建筑周边环境进行改动，则需要将这种改动限制到最小范围，这样的决断是非常重要和值得赞扬的。但是有时，贴近建筑物生长的植被（特别是低矮植物）又会损害其它的（并非不重要的）设计要素。当过于繁茂的植被长到建筑外墙时，因其阻碍了阳光和空气流通，就会造成潮湿和不卫生的环境条件。为了防止这种不良条件的产生，如果建筑物附近的植被不太令人满意，就应明智地加以稀疏，但是应使其平稳过渡到外围的未更改植被。

在营地规划中应考虑火警和防火问题，并在资金许可的条件下，保证露营建筑物合理的消防等级。为此，建筑物下部比较适宜采用连续、围合的砌筑基础。如果因造价问题而不可能建造这样的基础，那么，也可采用另一种替代方法，即，将建筑物楼面抬升，使其与室外地面保持足够高差，以便于将枯叶和其它易燃物耙出。在修建烟囱和安装炉灶时，不应轻视那些公认的防火措施。电力线路应符合核定标准。露营地建筑只能是一种有助于防火的手段；一旦发生火灾，灭火就需要仰仗相应的设备和行动。

以下是关于营地建筑的普遍建议，虽然有些老生常谈，仍必须对此反复强调。考虑到场址上多数地方的卫生健康及舒适性，大多数的建筑物都应设置防虫屏障。当我们在使用缺一边角的墙板或新伐木材时，有可能会在室内排列某种建筑板材或其它材料，以使小屋防蛀，而如果其它建筑的墙体结构不防虫时，也有必要采取这种措施。那种不便于小屋楼面和室外地面之间空气流通的楼盖构造类型（如直接置于地面上方的混凝土或砌筑结构），是不能令人满意的，而且，在长时期的潮湿气候条件下，会给人体健康带来危害。

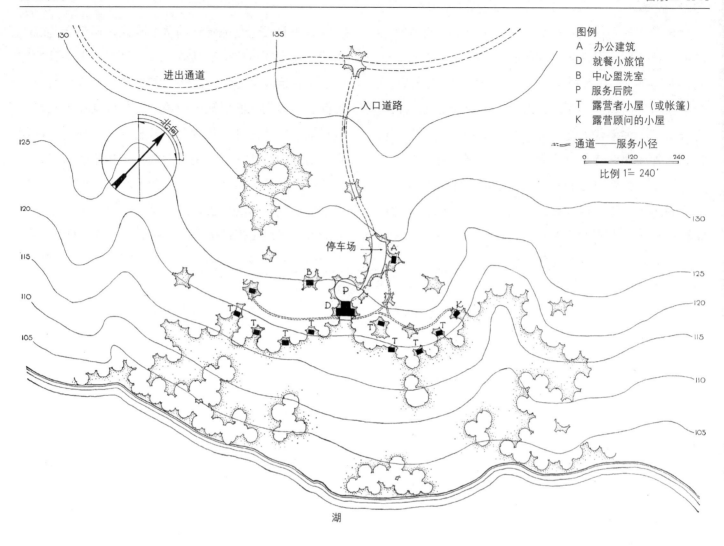

湖滨地带的小型有组织营地

如上图所示，促成该营地布局的环境条件是：一个假设的湖滨地带，可接纳 32 位露营者。而最大容量为 32 人的露营地在本文中被称为小型露营地。

在该营地中有 8 个四床帐篷（或小屋），它们被分为两个独立的、为露营者提供夜宿住所的组群或单元。每一单元中，有一个帐篷（或小屋）是为两人或两人以上的露营顾问所准备的。该小型露营地中的另一个必要构筑物是就餐小旅馆和中心盥洗室，其中，盥洗室包括带冲洗设施的公厕、和淋浴设施。如果场地条件不允许使用冲洗式公厕而必须使用坑厕，建议使用两个坑厕，使其各自靠近一个小屋单元。

尽管就有些营地的工作方法而言，办公建筑是合乎需要的，但图中的办公建筑却并非必不可缺。因为，在这个小型营地中，有可能将有限的管理任务放在小旅馆或露营顾问的帐篷（或小屋）之中。

这个想象的布局假定，营地的膳食由露营者自己准备。如果营地中雇佣了一个厨师，最好将其安排在一个复制的露营者住所中，这样，既可以抑制到达旅馆厨房侧翼的服务性道路，且距离中心盥洗室也不会太远。

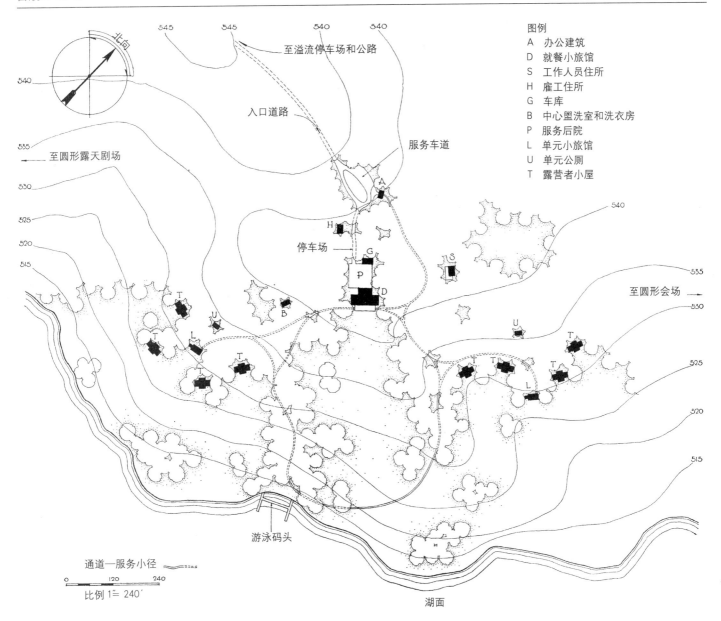

北向

545   545   540   540
至溢流停车场和公路
入口道路
服务车道

540

535   至圆形露天剧场

530

525

520

515

图例
A 办公建筑
D 就餐小旅馆
S 工作人员住所
H 雇工住所
G 车库
B 中心盥洗室和洗衣房
P 服务后院
L 单元小旅馆
U 单元公厕
T 露营者小屋

540

停车场

535
至圆形会场

530

525

520

515

通道—服务小径
0   120   240
比例 1=240′

游泳码头

湖面

湖滨地带中等规模的有组织营地

上图所示的露营地布局假定了一个湖滨场地和 48～64 人的露营者容量，其容量处于前面文中所述的中等规模营地的两个极限值之间。该规划将露营者分为两个单元，每一单元配有一个小旅馆和一个公厕。这里的夜宿小屋属于"挂包"型（建议用于幼儿露营地），每一小屋包括一个露营顾问房和入口门廊，及其侧面的两个四床位露营房间。这样，每个露营单元可接纳 32 位露营者和 4～8 位露营辅导员。

对于较大的儿童或成年人而言，由 8 个四床位帐篷（或小屋）组成的每一露营单元是一种很可取的安排。不过，更好的安排还不是这样的两个露营单元，而是将露营者分为用三个单元，每一单元有四五个四床位的帐篷（或小屋），并配有一个领导者小屋、一个小旅馆和一个公厕。

在这种容量的露营地中，必要的建筑物可能包括：就餐小旅馆、中心盥洗室、和供领导者、工作人员和雇工各自使用的独立住所；办公建筑和车库则不及前者重要。如果营地缺少医务所，那么，当疾病袭击营地时，可以有一个小屋来代替其位。在这种规模的营地中，粗浅的自然研究和手工艺作业可以作为主要的户外工作。在险恶的气候条件下，单元小旅馆可庇护这些活动。

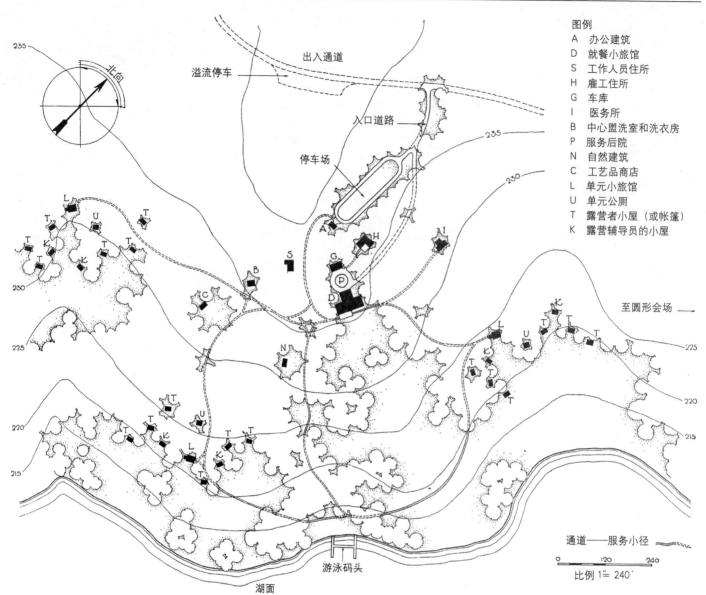

图例
A 办公建筑
D 就餐小旅馆
S 工作人员住所
H 雇工住所
G 车库
I 医务所
B 中心盥洗室和洗衣房
P 服务后院
N 自然建筑
C 工艺品商店
L 单元小旅馆
U 单元公厕
T 露营者小屋（或帐篷）
K 露营辅导员的小屋

通道——服务小径

比例 1≒ 240′

湖滨地带的大型有组织营地

　　同前述两例相似，上图所示的露营地也位于湖滨。这一有组织露营地可供 72 ~ 96 人使用，属于本文所定义的大型露营地。

　　除必要建筑物之外，在这个规划布局中还标出了不同适宜性的其它建筑物。一些营地主管可能会声称，自然建筑物和工艺品商店应予省去；而其他主管可能会坚持认为该布局是不完整的，因为营地中没有包括一个大众娱乐建筑或一个滨水建筑。然而，这里标出的都是一些"边界"项目，这些项目应被列为"必要+"、"必要-"、"适宜+"、还是"适宜-"，完全取决于具有多种影响因素的特殊个案。

　　如图所示，这个容量为 72 人的露营地分为三个单元，每一单元由 6 个 4 床位夜宿单体构成，该单体可能是帐篷也可能是小屋。每个单元包括两个两床位的露营辅导员帐篷（或小屋）、一个小旅馆和一个公厕。当然，如果将它作为一个家庭露营地，则有必要为每一单元配置两个公厕。对于这一容量为 72 ~ 96 人的露营地而言，其平面布局的变体可能基于三个 32 人的单元、四个 24 人的单元或五六个 16 人的单元。有时，地形条件会将适宜的单元场地数量限制在某一范围内，以使构成露营地平面布局中心的中央建筑与各单元场地间能保持便利的联系。

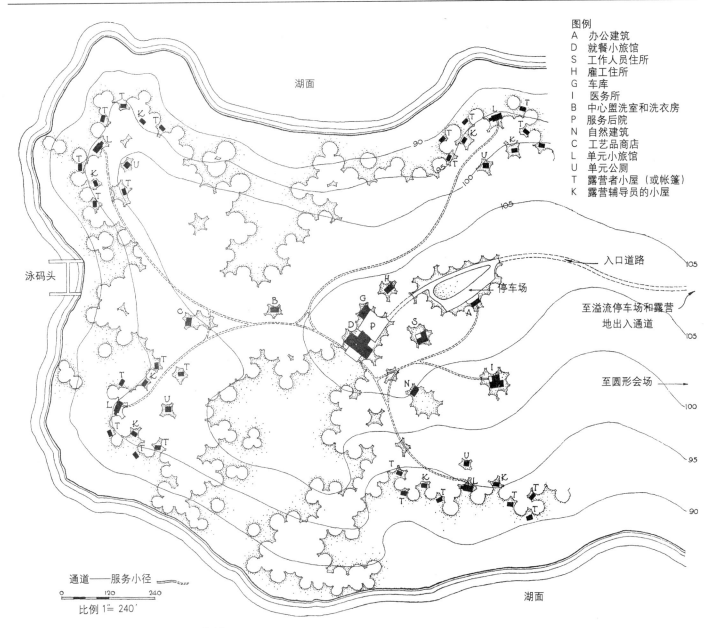

图例
A 办公建筑
D 就餐小旅馆
S 工作人员住所
H 雇工住所
G 车库
I 医务所
B 中心盥洗室和洗衣房
P 服务后院
N 自然建筑
C 工艺品商店
L 单元小旅馆
U 单元公厕
T 露营者小屋（或帐篷）
K 露营辅导员的小屋

湖面

泳码头

入口道路

停车场

至溢流停车场和露营
地出入通道

至圆形会场

通道——服务小径
0 120 240
比例 1＂＝ 240′

湖面

半岛基地上的大型有组织露营地

这是一个容量在 72 ~ 96 人的有组织露营地，设计者在此拟定布局中，尝试着去表现半岛场地为露营地规划设计所带来的有利条件。这种地形条件的场地可能并不具有广泛典型性，但它也不至于太过稀罕，而不值得我们去考虑该场地所提供的有利因素。在这些有利因素之中，比较重要的是，场地为每一露营单元所提供的私密性和美好的风景，而且，来自于水域的柔风和温和气候也有可能往各个方向扩散。

在如图所示的特定细节中，在中心建筑物周围散布着 4 个小屋集群或小屋单元。每一集群包括六个四床位

帐篷或小屋，并配有小旅馆、公厕和露营顾问住所。每一单元的容量可以大于或小于该规划所指定的 24 人。

在这一场地布局中，可能存在的争论点是自然建筑物与工艺品商店之间的距离，以及该营地内没有公众游憩建筑和滨水建筑。我们重申，虽然在同样经验丰富的露营地专家眼中，这些设计细节既可能是"肉"也可能是"毒药"，但它们在这里几乎没有任何特别重要的意义。在这里，我们无意于将有关这些（未决议的）次要论点的建议强加于人。我们并不寻求、也很不期望看到全体一致的协议。

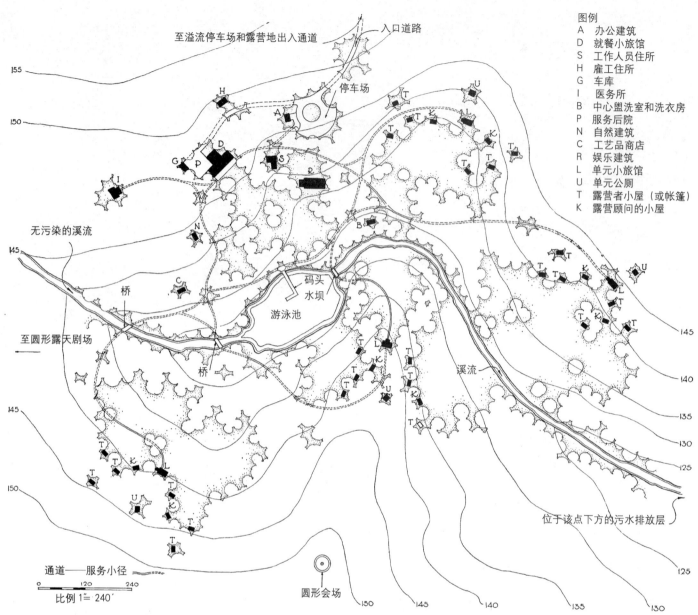

至溢流停车场和露营地出入通道

入口道路

停车场

155

150

145

无污染的溪流

桥

至圆形露天剧场

145

150

码头
水坝

游泳池

桥

溪流

位于该点下方的污水排放层

圆形会场

通道——服务小径
0   120   240
比例1 = 240'

图例
A   办公建筑
D   就餐小旅馆
S   工作人员住所
H   雇工住所
G   车库
I   医务所
B   中心盥洗室和洗衣房
P   服务后院
N   自然建筑
C   工艺品商店
R   娱乐建筑
L   单元小旅馆
U   单元公厕
T   露营者小屋（或帐篷）
K   露营顾问的小屋

沿一条筑坝溪流布置的大型有组织露营地

直到目前为止，这里所展示的露营地平面都是以滨湖地带为前提条件，而这种条件总是有助于建筑物的外观设计。当不存在滨湖环境时，自然就需要对露营地平面进行自身开发。通过在一条无污染的溪流上筑坝，可以创建某种与贮水池或小型湖泊相似的水体。这种自然化游泳池即是现代版本的"游泳坑"，它可能以一种安静的方式来展现其动人的景致。如要使面水而设的露营地建筑更具合理性，应将建筑按以下要求进行分布。建筑物可能只是位于溪流一侧，不过，如若水池面积很小，也可能同时利用溪流两侧的场地，以促进营地的紧密布局。

从上图可见，这个容量在72～96人的露营地被分为四个24人单元，每一单元都包含六个四床位露营者小屋。在没有超过推荐的最大露营地人数时，该布局也可能变更为3～6个其它容量的单元。或许，对多数的成功运作的露营地而言，图中所示的那个中心游憩建筑都是极不重要的。

对于具有这种地形特征的露营地而言，首要需求是溪流不能受到污染，且需对其卫生系统进行认真装设，以确保处于基地下游的污水处理层排放顺畅。

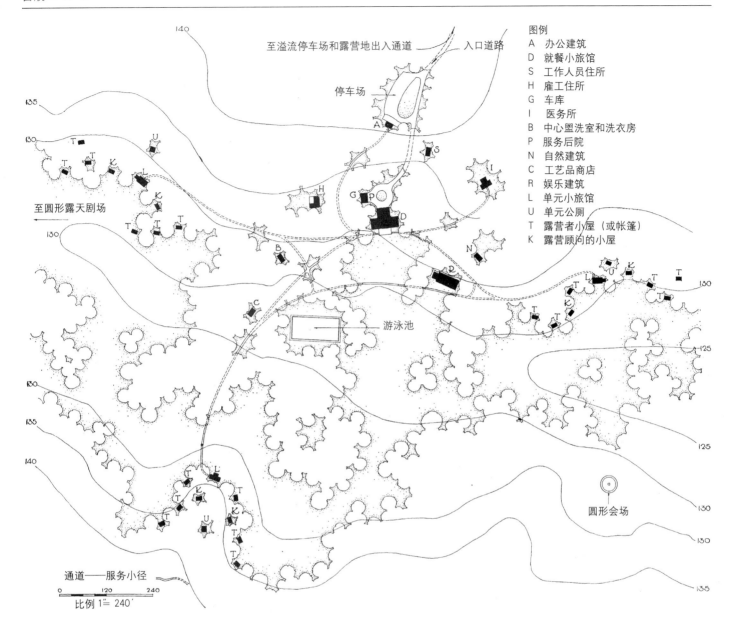

至溢流停车场和露营地出入通道 —— 入口道路
停车场
至圆形露天剧场
游泳池
圆形会场
通道——服务小径
0   120   240
比例1″=240′

图例
A 办公建筑
D 就餐小旅馆
S 工作人员住所
H 雇工住所
G 车库
I 医务所
B 中心盥洗室和洗衣房
P 服务后院
N 自然建筑
C 工艺品商店
R 娱乐建筑
L 单元小旅馆
U 单元公厕
T 露营者小屋（或帐篷）
K 露营顾问的小屋

设有规则游泳池的大型有组织露营地

当缺少滨湖环境时，也可用规则式水池来取代前例所设的自然化游泳池。事实上，如果在营地附近没有无污染的溪流，规则式水池即是一种不得已的替代物，可通过水泵从一水井抽水，或通过管道从远处向游泳池供水。由此产生了一个内向的平面布局，而游泳池经常都位于露营地中心。

如上图所示，该露营地的平面布局分为三个单元，它们与办公建筑群相距很远。每一单元都包括六个四床位小屋、两个露营顾问小屋、一个小旅馆、和一个公厕。这个露营地的容量为 72 人，处于 72～96 人的大型露营地的容量范围之内。当然，该营地还可以有许多种由不同容量单元组合而成的布局形式。

在滨湖露营地中，其娱乐性的湖面可以提供多种活动内容；所以，对于并非滨湖地带的露营地而言，其中心的游憩建筑的作用比滨湖露营地的游憩建筑更多。有限的室外活动范围使得（事实上是迫使）非滨湖露营地去寻找其它替代性的游憩活动。

对于一个依赖于人造游泳池的露营地来说，要获得良好的经营状况，应要求游泳者在进入水池之前先行淋浴。因此，最便利的中心盥洗室应位于水池附近。

有组织露营营地的选址、开发和运作
相关因素图表

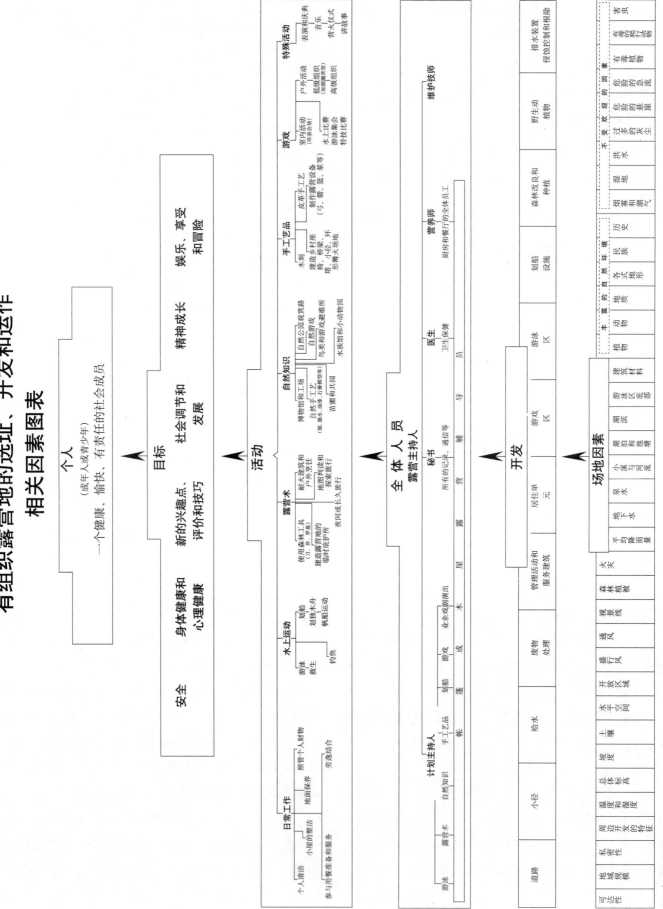

国家公园局

营地管理与基础服务设施

露营地的基础服务设施是指那些必要的设施项目，如果缺少它们，其它建筑（特别是与露营者的吃、住、娱乐追求明显相关的建筑）就不能发挥其功能，也不应被采用。在很大程度上，这些设施都属于露营地中的公用事业和社区设施。在某种意义上，露营地办公室或管理建筑就是露营村庄中的控制点——市政厅。当游客进入一个规划恰当的露营地时，管理建筑是其所接触的第一个建筑物，正因如此，我们有理由在其它构筑物之前对管理设施加以论述。

在一个典型的露营地中，对办公空间的需求非常之大。在管理建筑中，应为露营地领导者提供一间私人办公室，并应为一个秘书或职员准备一个可放置文档和书桌的接待室。在一个面积非常大且职员非常充分的露营地中，可能需要为领导助理、节目部主任和附加的办事员佣工等提供办公空间。在该建筑中，最好还包括书架、放置办公用品的储藏壁橱、公共电话间等。而且，如果在邻近地区没有厕所和喷泉式饮水器，也应在管理建筑中加以补足。如果将居住区与办公空间设置在同一屋檐下，也并非一个好的操作方法。

在一个小型露营地中，管理功能也可作为就餐小旅馆或游憩建筑的一部分，不过，前者的厨房噪声和后者在雨天开展娱乐活动时的嘈杂，都有可能使人精神涣散。

如果将小卖部、商栈或露营地商店等不同称谓的设施都合并在管理建筑中，这不失一个合理的方法。这种综合体可能是很常见的。由于露营地商店通常只在预定的短周期内开放，如果将其与管理职能结合，就有可能使人猜测商店店主的职责与那些管理职员或秘书相同。露营地商店的设备应包括货架、柜台和一个内衬1/4英寸电镀钢丝网或其它防蚀措施的储物壁橱。如果露营地不属于家庭类型，则商店的所需空间并不大，它可以向露营者出售食品。即使当露营地属于家庭类型，商店的存货量也不必很多。只是当家庭露营地采用了某种非正统的运营方式而不需要提供中央供给时，每个家庭有可能自己准备饭菜，这样，就会产生对商店存货的更大需求。

对于有组织露营地而言，有一个非常基本的需求，即热水冲淋房和洗衣房的组合设施。在所有的露营地中，都很有必要提供带肥皂的热水淋浴设施。游泳时的肥皂洗擦并不能替代这一设施。正如卫生当局指出，"游泳场所并不适合使用肥皂液，除非该游泳场所为一条流速很快的溪流，但流速很快的溪流又并不适合游泳。"如果在许多广布的分散场点安装和维护热水设备，其成本是很高的，而且，也没有必要为每一个小屋组群提供这些设施。可在办公单元建筑中为露营者提供这些设施，使露营者得以不太费力地每日前去清洗个人及其衣物。很重要的一点是，应将中央淋浴房和洗衣室设置在适当地点，使它与各个小屋组群的距离不致让人产生指定"中央"的错觉。

如果有可能在一幢为露营者提供淋浴和洗衣设施的建筑物内，同时为工作人员、雇工和游客也提供独立的淋浴房和厕所间，这在经济上是很可行的。这种复合型功能会致使露营地规划者在定位热水淋浴和洗衣建筑时，会将其设置在与员工、雇工的居住区和工作区联系方便的场地上。如果这些居住区和工作区都在适当考虑到同整个露营地的关系，并处于中央位置，那么，就几乎可以确保淋浴和洗衣建筑也是位于理想的居中位置。

当然，在非常大型的露营地中，或者在现场条件迫使露营单元之间的距离超出理想值时，建造一个以上的淋浴房将更有裨益。在家庭露营地和联欢露营地中，有必要建造两个淋浴房，或建造一个可将所需重复设施适当分隔的淋浴房。究竟是为妇女和女孩提供个人淋浴单间，还是提供一组开放式淋浴间，这个问题始终没有定论，不过，其发展趋势可能是群体淋浴。在考虑提供开放式淋浴房的地方，我们建议将其更衣室围合起来。

所提供淋浴器与露营者人数的比率应不小于 1 ：8。在统计淋浴器数量时，任一露营单元的最大露营者数量可以作为一个基础，这样就可以确定一个时间表，不至于每次都由一个露营单元所使用。淋浴房和更衣室的地面应为水泥材质，并应予压紧和铲平，使其成为一种平滑、磨光、易于保洁的表面。6 ～ 8 英寸（约 150 ～ 200mm）厚的水泥地层可以很好地延缓木质墙体的腐坏。

在淋浴者离开浴室后所必须穿行的门道内，可设置一个嵌在水泥地面中的消毒洗脚盆，这种洗脚盆是很有用处的。不过，它并不能自动起作用，当缺乏保持设备清洁和处于良好状态的固定明证时，也许最好的方式就是取缔这一设施。

淋浴房和洗衣店建筑应具备一个热水贮藏箱和尺寸宽大的热水器并应提供燃料储存空间。水箱、热水器和供给燃料最好处于一个独立的房间内，其中也可能储存供应物资；这些设施也可设置于另一个场所，即洗衣房。

在由严格年龄组群所居住的露营地中，双槽的洗衣盆可能是洗衣房中的充分设备。然而，在一个家庭露营地中，更多的洗烫工作将由露营者完成，所以需要两个或三个双槽水盆。如果家庭露营地中的男浴室和女浴室位于分开的建筑物中，虽然在男浴室建筑中也会有意将一套洗衣水盆设置在更衣室一角，但洗衣设备将主要用于女浴室建筑中。

淋浴和洗衣建筑应完全屏蔽，以防止蚊虫，这一点也是非常重要的。

盥洗室和茅厕建筑是每一住宿小屋组群的一项主要的基础服务设施。正如热水浴室和洗衣建筑应位于数个小屋组群的中心位置一样，单元式盥洗室和茅厕的定位也应避免仅有利于单元露营地中一些小屋而不利于其它。在儿童露营地中，住宿小屋与茅厕的距离不应超出 150 英尺（约 45m）。即使在成人使用的露营地中，过长的距离也是令人不快的，虽然有时是由于场地条件和私密性间距要求而无法避免。

无论在任何情况下，都应尽可能地采用一种卫生体系，它应能提供带抽水马桶的公厕，并采用一种积极的自然过程来处理污水。由于精确控制的不定性，人们强烈反对仅仅采用化学方法来进行污水处理。美国国家公园管理局工程手册，700 部分——污水处理，会是一本有价值的参考书，它对公园和露营区的卫生设备的细部因素都加以考虑。

在某些情况下（我们也希望这些情况极少出现），当由于经济或其它方面的原因而不可能设置冲洗式公厕和一个适当的污水排放系统时，最好的替代设施就是坑厕，因其便于设计和不间断地维护。当必须采用坑厕时，它和盥洗室还必须被分别安置在单独构筑物中。相反，冲洗式公厕和洗涤设施则可能修建同一屋檐下，虽然如此，在冬令露营地中，也有必要为临时性坑厕附加一些冲洗设备。

服务于小屋组群的组合盥洗室和茅厕适于建在一个部分封闭的构筑物内。其一端仅设置了一个屋顶，以遮蔽水盆和水槽，而另一端则是封闭的小间厕所。其平面布局方法最好能为露营者设计一条最容易的途径，使他们能在离开厕所单间时经过洗面盆或水槽。现在，还没有任何经验可以证明，露营者在如厕之后还应绕回到建筑的某个端头去清洗。

混凝土地面或混凝土基础上的某种砌石铺地，对于洗涤用"门廊"和厕所单间而言是很重要的。除了正常情况下的溅水之外，精力旺盛的年轻人还会散漫地将水晃荡和溅洒，所以，如果水盆周围地面只是一种泥地或砾石填底的地面，该处就会成为一个最不卫生的水坑。如果露营地中央的淋浴房设备具有适宜的容量，则在单元式盥洗室中通常不需要设置淋浴器。即使需要，在单元式盥洗室中也只需设置冷水淋浴器。

更理想的清洗方式是使用流水洗涤装置，因为这种装置更卫生。冲洗式洗面盆（或与槽式洗面盆相连接的龙头）与露营者的比例应为 1：8。然而，如果供水系统有限或必须负担高额的水泵安装和运作费用时，这样的一种系统将是很不经济的。出于经济上的原因，有时必须采用较为简单的洗手池。共用的洗手池可能会携带和传播传染病菌，它与共用水杯或共用毛巾属于相同的卫生等级。在必须节约用水的露营地中，可为每一露营者设置单独的洗手池，这也是唯一可接受的、流水洗涤装置的替代物。

马桶与露营者的比例应为 1：10。我们推荐使用配有小门的个人围合单间。如果设置有小便池，应选用那种可以延伸至地面的类型，因为其它类型的小便池及小便池周边都很难保持一定的卫生状况。

显然，对于那些同时接纳男、女性别的露营地单元而言，这里所述的设施布置必须区别于前面的单元式盥洗室和公厕。在可能使用冲洗式公厕时，可以将男、女厕所设置在同一建筑中，但男厕部分和女厕部分的安置最好能背对背，并在位于建筑物两端的清洗"门廊"处设置出入口。在这种布局情况下，建议用格架将洗面盆或水槽的大部分视线遮蔽起来，以提供更大的私密度。如果是属于坑厕类型的公厕，建议使用两个分开的茅厕构筑物，每一构筑物都附设一个独立式的、带格构屏障的盥洗室。

对于所有的单元式公厕或组合的盥洗室和厕所建筑物而言，为每一厕所单间都设置一个完全的防虫屏障是一"必须"事项。特别地，还必须有效地对坑厕构筑物加以屏蔽，使其维护情况一直处于清洁和卫生状态，并采用自闭式的座罩和其它设备，以防止苍蝇、其它蚊虫和动物携带污染物进入。

当露营者生病、受伤或某人可能需要隔离和休养时，医务所便可满足每一个露营地中对这类建筑物的需求。其选址应与住宿单元和嘈杂的娱乐活动点保持

足够远的距离，以提供安静的医疗环境。医务所的选址应与就餐小旅馆的厨房保持足够近的距离，以便于由厨房向医务所提供热菜。该构筑物应有一个可用作门诊部的房间，其中可进行诊疗检查和对一些不太重要的伤患病人加以照料。该门诊部或急救室应配备一个水槽、一个壁橱和一些放置供给品和设备的搁架和橱柜。

露营地的医务所中，几乎不需设置一个单独的候诊室，因为事实上从不会出现大量露营者群体排队等候治疗的情况。在极少数情况下，当有必要使全体露营者都来到门诊部检查时，他们可以在室外排队等候。这种情况下，在门诊部房门外的门廊处设置一、两张长凳是很有用处的。

在医务所中，其它的空间需求为一间病房、一间隔离室、一间浴室和值班医生或护士的睡觉场所。对于本文所指的小型露营地而言，其医务室的推荐容量为两张病床，中等规模露营地的推荐容量为三床，大型露营地的推荐容量则为四床。在任一情况下，隔离室都可容纳上述推荐容量之一。不管是在某间病房中还是在某间隔离室里，在设置病床时，都应考虑为病床两侧同时留设通道。病房的面积应足够大，使病床侧面栏杆的间距不小于 6 英尺（约 1.8m），而端面栏杆的间距不小于 4 英尺（约 1.2m）。最好的平面布局形式是，从外部进入隔离室的通路比较直接，而不需穿越其它任何房间。

医务所的浴室设备通常为三个固定装置：洗面盆、水冲便器和浴盆（浴盆顶上最好再设一个淋浴器）。由于该浴室既供医生或护士使用，同时又供病人使用，所以，它最好处于医务所的中心部位，且可通过一个门厅或走道进入。

医生或护士睡房的建筑面积不应小于 100 平方英尺（约 9m²），且应配有一个尺寸宽大的壁橱。

医务所建筑的设计要点是：充足的光照和通风、大量的热水供给、（在环境条件要求下的）加热房间的一些设施和遍及各处的有效防虫屏障等。

理想的供暖系统布局为，在门诊部设置一个壁炉，并配备一个特大号的热水箱加热器，这样，当温度条

件需要时，该热源就可加热病房和隔离室的小型热水散热器。热水水箱、热水器和燃料仓应设在一个独立的房间内，并内衬防火材料和热绝缘体。在加热器房间的一面墙上应配备一扇小门。在寒冷气候条件下，该小门有助于利用加热器房间所产生的热量。这扇门更适宜开向门厅或浴室。

显然，在露营地的基础设施分类中或在被迁移至露营地社区的城市公用设施中，包括供水系统、电力系统和垃圾焚化炉等。饮用水应被传送至各个露营单元以及行政中心。在单元式盥洗室和室外厨房中，应安装喷水式饮水口。而当单元式小旅馆和室外厨房未连接在一起时，还应在小旅馆中安装喷水式饮水口。喷水式饮水口不能不称为一种设计要素，在办公建筑、医务所、娱乐建筑、手工艺俱乐部、露营地员工和雇工居住区中，它都是一项非常令人喜爱的设施。当然，供水系统还必须引至就餐小旅馆，被引进车库的水流也可以提供很大的方便性，还可以用水来冲洗垃圾焚化炉的垃圾桶。如果将冲洗式公厕作为营地设备，并需满足每位露营者每日一次淋浴的需要，那么，每位露营者每日所需用水量最小值为50加仑（约227L）。

当可获得电流时，有组织露营地所需的供电线路范围是一个有争议的问题。如果是由于办公管理设施方面的原因而需放弃个人利益，那么，几乎没有人会为此产生争执，因为办公设施中的电流可以为厨房内的工作提供照明，并为医务所中的重要设备持续供电。不过，关于电流是否应该输送至边远地区，仍存在着分歧意见。有些人认为，在露营地的每一建筑物内铺设电线可带来很多实际利益；另一些人则反对将电线铺设至各个露营地单元，因为他们认为露营者需要加强与自然作用力的联系，并以此来得到锻炼和丰富经验。高架电线是对原野景象的一种破坏；适宜的地下线路则造价昂贵。青年露营者的就寝时间较早，但在那些以家庭为单位的露营地中，这种现象并不普遍。事实上，在露营地中武断普及手电筒和泛光灯是一种有勇无谋的行为。在每一案例中，上述考虑因素及其它因素都值得全面权衡。

对垃圾和废品的完全处理是每一露营地以及每一其它游憩区的强制性措施，而垃圾焚化则是一种有效手段。由于供露营地和野餐场所使用的焚化设施都是一样的，而我们在前面的"垃圾焚化炉"部分已经就此有过论述和插图，所以，这里就不再复述。露营地焚化炉的适当位置应距离露营场地较远，以避免燃烧生成的油烟和气味进入露营地。焚化炉选址时还应考虑盛行风风向，即使由此而导致焚化炉的场址较为偏远。为方便垃圾处理，可以在露营地厨房旁设置一个垃圾燃烧炉，如果谨慎使用，它不会成为一种令人生厌的设施。

露营地中的另一种受人欢迎的服务性构筑物是车库，它可以遮庇一、两辆小车，并提供一处工场空间。由于这类建筑与其它游憩区服务组群中的车库并无区别，在此，我们不必再用语言和图片来对其进行重复探讨。如果露营地的车库具有双重功能，那么，应将其归为"必需"类别。如果该车库具有防蚀性，那么，在冬季，它可用作床垫和被褥等设备的储存室；如果它的密封性能较好，那么，它可以作为对这类设备进行烟熏消毒的理想场所。

宾夕法尼亚州，拉孔河游憩中心地的办公建筑

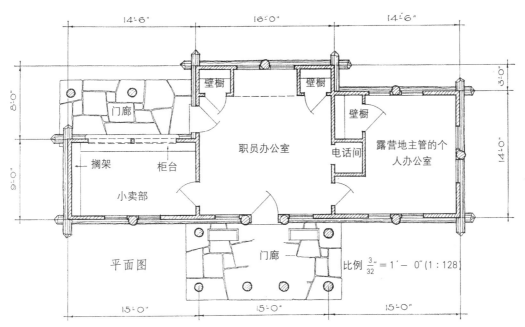

平面图　　　　门廊　　　比例 $\frac{3}{32}'' = 1' - 0''$ (1:128)

在服务于有组织露营地的办公建筑中，本案例的规划设计属于特别优秀之列，不止表现在其平面的基本组成元素，而且，它还提供了大量的壁橱空间，并为小卖部的顾客设置了单独的门廊。该构筑物属于典型的拉孔河建筑，它是用缺角的外墙木板组合而成的原木结构，其建筑材料的组合表现得不同寻常。

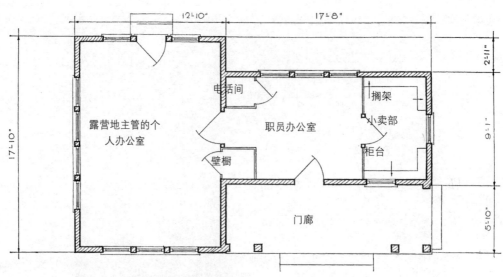

弗吉尼亚州，乔巴瓦姆锡克 (Chopawamsic) 地区

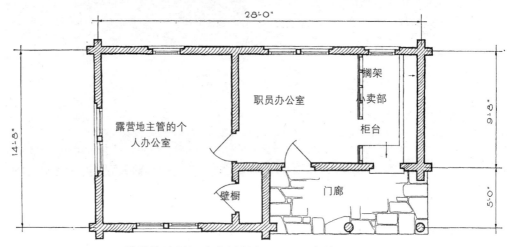

明尼苏达州，圣克罗伊 (Saint Croix) 地区

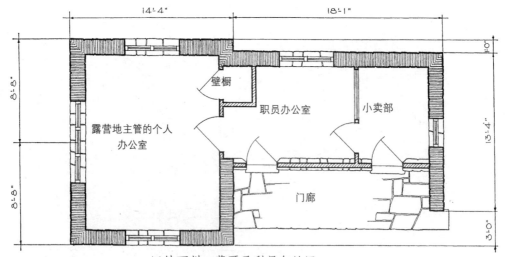

田纳西州，蒙哥马利贝尔地区
营地管理建筑

比例 $\frac{1}{8}'' = 1' - 0''$ (1:96)

这里所列举的三个管理建筑都具有适中的尺度，它们足以为容量高达 100 人的有组织露营地所使用。由于考虑到主要平面元素的相互关系问题，这几个管理建筑的平面布局都具有相似的普遍性。该建筑的角部为集群的竖向木板，竖板之间是带有切角的外墙板，这种组合形式是乔巴瓦姆锡克地区的典型建筑形式，它赋予建筑一定的个性。

弗吉尼亚州，乔巴瓦姆锡克 (Chopawamsic) 游憩中心地

这是一幢由圆形木头组装而成的小型管理建筑。如上面一例相同，在中央等候室或职员办公室的侧面，一端为领导办公室，另一端为商店。其额外的优点是，在门廊和小卖部之间设置了窗板和柜台，当小卖部开始营业时，顾客可以前去购物。

明尼苏达州，圣克罗伊 (St. Croix) 游憩中心地

该例采用了与上述两个管理建筑相同的平面形式，但却是用石材砌筑，并由此产生了一种令人愉悦的持久外表。如上例一样，通过一个两截门式的柜台，可直接在门廊处提供小卖服务。这样，小卖部的顾客便不必亲身步入该建筑内去购物。

田纳西州，蒙哥马利贝尔游憩中心地

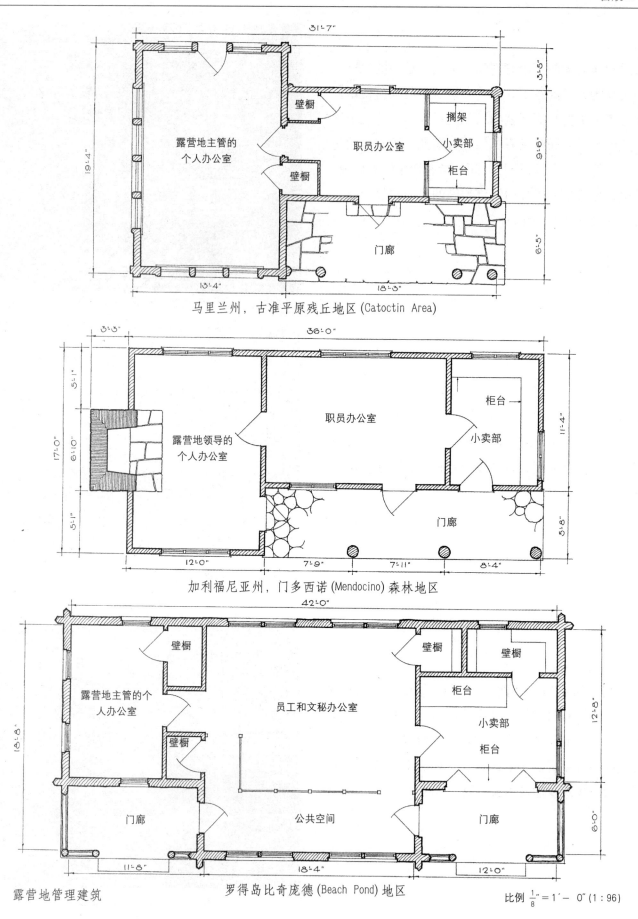

马里兰州，古准平原残丘地区 (Catoctin Area)

加利福尼亚州，门多西诺 (Mendocino) 森林地区

露营地管理建筑

罗得岛比奇庞德 (Beach Pond) 地区

比例 $\frac{1}{8}$″ = 1′ − 0″ (1 : 96)

    从平面图上看，本例和下例中的建筑物都密切遵循着上页管理建筑的典型布局形式。为使人员配备达到最小，惯常做法即是将商店结合在办公建筑之中。由于商店只在每天的有限时间内营业，照管商店的工作就可以成为露营地职员的次要职责。

马里兰州，古准平原残丘游憩中心地

    在管理建筑中，通常会认为壁炉是一项不必要的设施。无疑，本例中的壁炉外观，仅仅是对远期异常天气可能性的一种示意。遗憾的是，该建筑内部缺少壁橱空间，而在此类建筑中常常会产生对文档和供应品储存空间的确实需要。按照当地惯例，门廊采用了木块铺地，这些木块是由原木横截而成，呈粗略的圆形。

加利福尼亚州，门多西诺森林游憩中心地

    该管理建筑表现出一种不同寻常的雄心，它显示了一种非常完全的办公人员配备状况。其适宜特征表现在数个宽敞的壁橱和专供小卖部顾客使用的门廊。如图所示，那个自窗户伸出的变形烟囱只是一种临时设施，当建筑物作为露营地施工期间的现场办公室时，它是冬季使用期的必须设施。

罗得岛州，门多西诺比奇庞德游憩中心地

宾夕法尼亚拉孔河游憩中心地的医务所

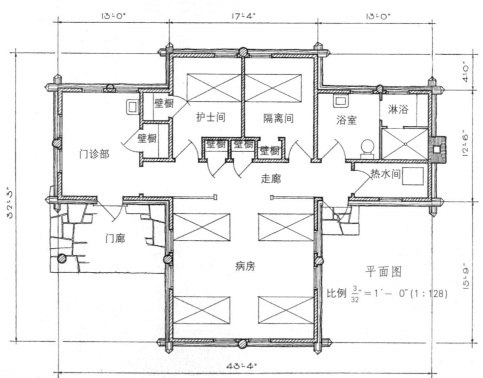

这是拉孔河的典型建筑样式：建筑基部由废物利用的电话杆构成，上部是带有切角的外墙板，表现出显著的个性特征。建筑内部的走廊占据了病房空间的很大一部分，且只通过一个低矮的屏风与病房分隔，致使隔离间并未真正被隔离。如果该屏风为一个完全的隔断，或许是用大面积的玻璃为走廊提供充足采光。护士间和隔离间的窗户似乎不足。

弗吉尼亚州，乔巴瓦姆锡克(Chopawamsic)游憩中心地的医务所

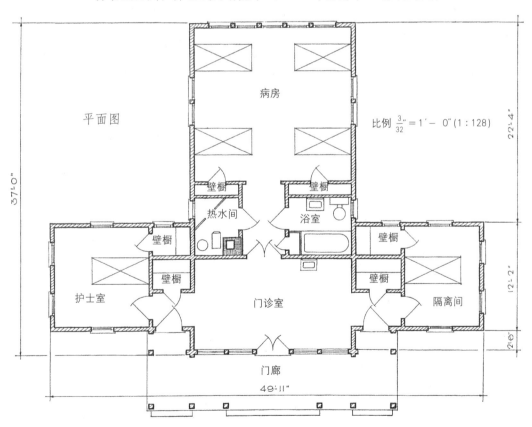

该建筑物再度使用了乔巴瓦姆锡克建筑物所特有的竖板和切角外墙板组合，并产生了令人愉悦的效果。该建筑还提供了大量的壁橱空间。病房、隔离间和护士室都装配有适宜的窗户，保证了室内的良好采光和通风。

密歇根州，扬基斯普林斯 (Yankee Springs) 游憩中心地的医务所

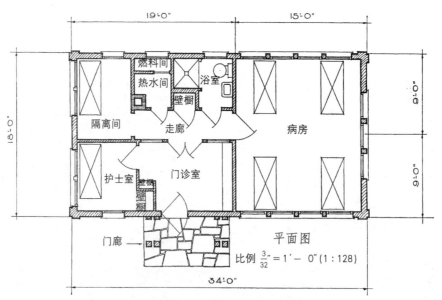

平面图

比例 $\frac{3}{32}'' = 1' - 0''$ (1:128)

门廊

燃料间　热水间　浴室　壁橱　走廊　隔离间　病房　护士室　壁橱　门诊室

19'-0"　15'-0"　9'-0"　9'-0"　18'-0"　34'-0"

　　该建筑的矩形平面使其单向屋脊成为可能，并生成了一个不比前面例子中的医务所更复杂和更昂贵的建筑物。所有的房间都配有床位，且都具有良好的自然采光和通风，其中，屋脊通风孔也增强了各房间的通风情况。平面各元素之间的相互关系实用而紧凑。

宾夕法尼亚州，希科里朗 (Hickory Run) 游憩中心地医务所

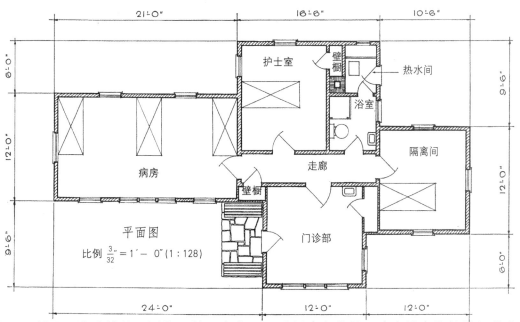

平面图
比例 $\frac{3}{32}'' = 1' - 0''$ (1 : 128)

如本页平面图所示，该建筑易于运作，并具有良好的采光和通风。相对于房间的建筑面积而言，其病房的床位容量显得有些浪费。而且，本例中的病床被设置在角落处，这会给床位的使用带来不便，所以是很不理想的做法。

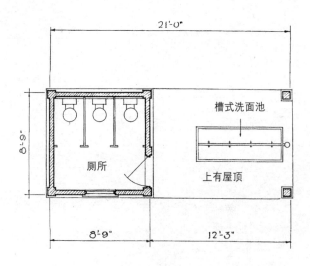

明尼苏达州，圣克罗伊(St. Croix) 河地区

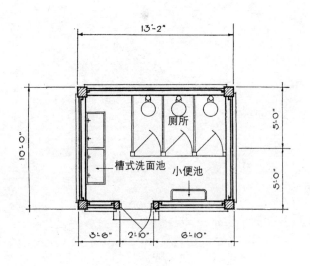

弗吉尼亚州，斯威夫特 (Swift) 河地区

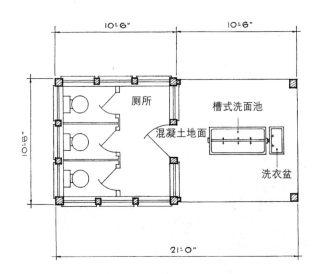

南加利福尼亚州，金斯 (Kings) 山地区

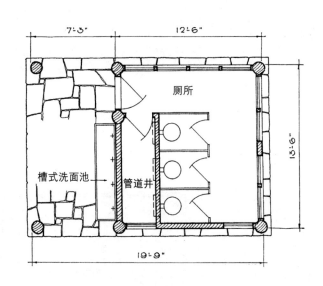

俄克拉何马州，默里(Murry) 湖地区

露营地单元式公厕

比例 $\frac{1}{8}'' = 1' - 0''$ (1 : 96)

明尼苏达州，圣克罗伊 (St. Croix) 游憩中心地

弗吉尼亚州，斯威夫特 (Swift) 河游憩中心地

单元式公厕

对页所示的四张平面图中，有三张都是封闭式厕所单间和开放式洗涤门廊的组合，它几乎成为娱乐表演露营地小木屋单元中的单元式公厕的典型。在右上部的平面图中没有使用门廊，而槽式洗面池则沿着厕所设备安置于封闭构筑物中。这种布局形式造成了厕所的拥挤状态，不过，如果将洗面池开放设置，就可以缓减这种局面。而且，露营地的"冲洗"工作长期以来都属于户外作业，如果强行将其放在室内，就等于是违背了历史悠久的传统。在洗脸盆和群体洗面池的基部周围会很自然地聚集潮气，而如果将这项设施放在开放处，则可以比较快地晾干。除非经常对室内空间进行清扫，否则，建筑的周边环境会比室内空间更加卫生和洁净。

南加利福尼亚州，金斯 (Kings) 山游憩中心地

俄克拉荷马州，默里 (Murray) 湖游憩中心地

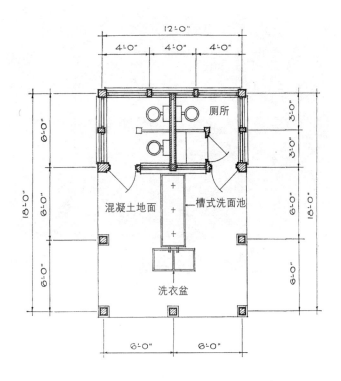

弗吉尼亚州，斯威夫特 (Swift) 河地区

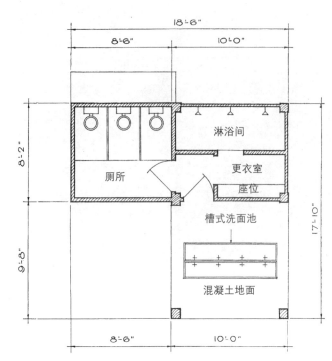

密苏里州，蒙特塞拉特 (Montserrat) 地区

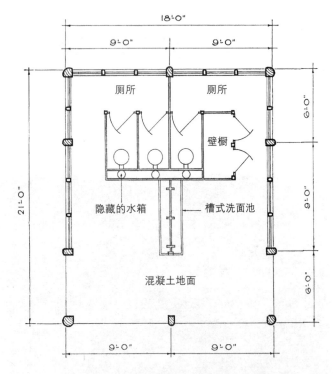

马里兰州，古准平原残丘 (Catotin) 地区

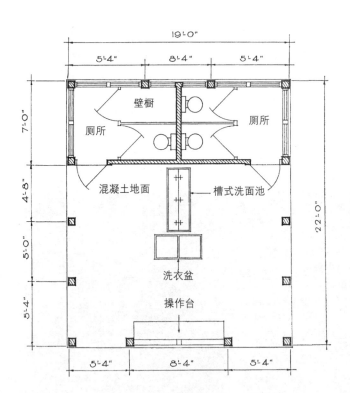

佐治亚州，哈德拉博 (Hard Labor) 河地区

露营地的单元式公厕

比例 $\frac{1}{8}$" = 1' — 0" (1:96)

弗吉尼亚州，斯威夫特 (Swift) 河游憩中心地

密苏里州，蒙特塞拉特 (Montserrat) 游憩中心地

单元式公厕

这里的单元式公厕较前页实例更为宽敞。其平面图如对页所示。在斯威夫特河和哈德拉博河游憩中心地的范例中，它们的洗涤门廊都各自配有一个双槽洗衣盆，而这种设备通常只设置在有组织露营地的中心淋浴房和洗衣建筑之中。由于单元式公厕没有热水供应，所以这种洗衣盆可能还是有用处的，尽管其利用方式肯定非常有限。在蒙特塞拉特的单元式公厕中，还提供了淋浴设施，这也是与典型的单元式公厕的不同之处。尽管它们只提供冷水淋浴，但在浴室中仍配有一些不必要的、最好是用于中央场所的固定设备。这里，我们再次提及，为洗涤门廊铺筑硬质地面是很有益处的。

马里兰州，古准平原残丘游憩中心地

佐治亚州，哈德拉博河游憩中心地

印第安纳州, 博格冈 (Pokagon) 州立公园的中央盥洗室和公厕

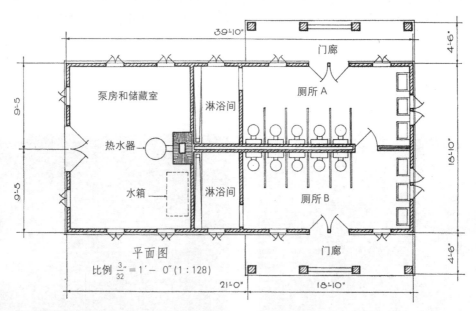

这是一幢面积较大的淋浴和厕所建筑, 它所在的露营地是拟用于有组织年轻人组群的短期露营, 而对于年轻人来说, 洗衣设施并不特别重要。显然, 该开发项目是一个独立的单元式露营地。其淋浴间和厕所间被分离开来, 有助于露营者集中使用。如果在其现有尺寸上再附设一处洗衣设备, 该建筑物就会非常适用于一个家庭露营地或一个公众露营地。

印第安纳州，达尼斯(Dunes)州立公园中央盥洗室和公厕

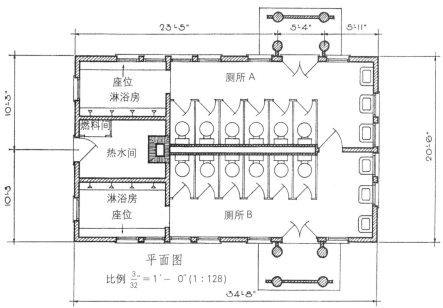

平面图

比例 $\frac{3}{32}'' = 1' - 0''$ (1 : 128)

　　该露营地的用途与博格冈的实例非常相似，它也是供年轻人短期露营使用，所以，该露营地内几乎不需要从事任何个人洗衣工作。如果在建筑的淋浴房端墙上再增设一个洗衣房，则可以形成一个非常完整的盥洗、淋浴和洗衣的组合建筑物，它将适用于公共露营地或有组织的家庭露营地。当然，将卫生间设施集中设置的理论与那种推荐使用单元式厕所的单元式露营地的理论确实存在差异。通过建筑外观，可以让人非常清晰地回想起印第安人的提披（一种圆形帐篷）。

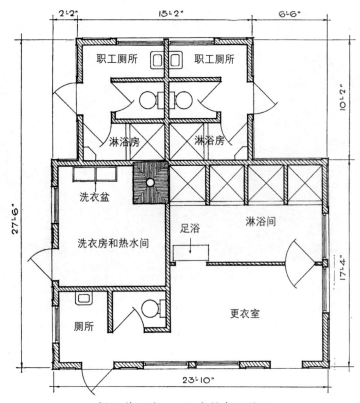

新汉普夏 (Hampshire) 贝尔河地区

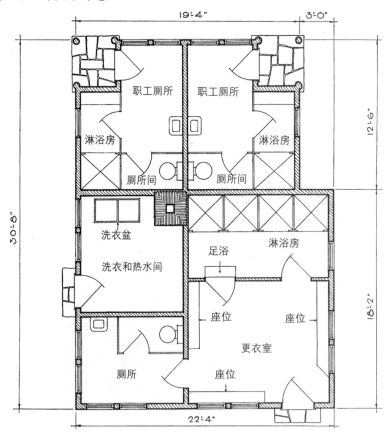

罗得岛比奇庞德 (Beach Pond) 地区

露营地的中央盥洗室   宾夕法尼亚州，劳雷尔希尔 (Laurel Hill) 地区   比例 $\frac{1}{8}" = 1' - 0"$ (1:96)

对页所示为几个中央盥洗室的平面图，除了较小的细节之外，它们看上去大体相似。这是一个比较综合性的建筑物，它从属于有组织露营地的中央单元。为确保营地开发的经济性以及数个不同用途之间的合理关系，这些实例都是根据一个设计概图而展开的独立开发行为。

新汉普夏贝尔河游憩中心地

对一个男孩露营地而言，典型的中央淋浴房和洗衣建筑所应提供的主要设施包括：一个更衣间，淋浴房以及露营者、男职员和男游客所使用的厕所。其它主要设施为：一个独立的淋浴间，一个独立的、供女职员和女游客使用的厕所间，一个供佣工使用的独立淋浴房和厕所间和一个洗衣房。如果露营地供女孩使用，则需要为男性职员和游客提供一个单独的淋浴间和厕所间。

罗得岛州，比奇庞德游憩中心地

该建筑具有与上述实例同样的已知范围，如果将其平面作一些微小改变，对其建筑外观也采用了一些不同的处理方式，就会使这些变化显得很有趣味性。这些构筑物都严格遵照预定的建筑面积和设备布局，并使得误差差值极其之小。在这种前提条件下，这三个构筑物所表现出的多样性是非常惊人的。

宾夕法尼亚州，劳雷尔希尔游憩中心地

俄克拉何马州，默里湖游憩中心地的中央盥洗室和洗衣房

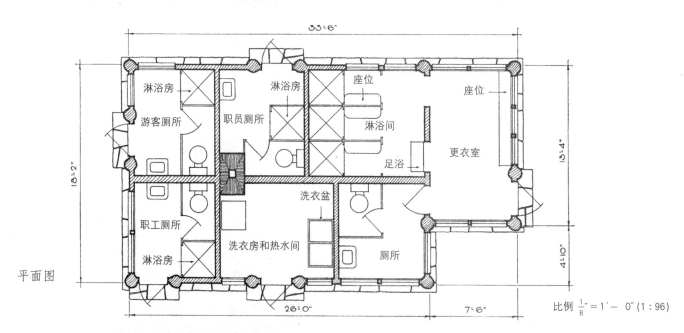

平面图

比例 $\frac{1}{8}'' = 1' - 0''$ (1 : 96)

该实例位于一个有组织露营地的管理单元之中，属于营地中心的一幢淋浴和洗衣建筑，它与前页列举的几个类似建筑物的不同之处表现于，该建筑物为职员与露营者同一性别的游客增设了一个淋浴间和厕所间，并使该增加设施与露营者自己所使用的卫浴设施分隔开来。对于这样一幢夏季使用的构筑物而言，建筑的屋脊通风口具有很大的实用性，建筑内部有一加热装置，可为整个露营地提供热水淋浴。

为露营地游憩和文化计划所真正必需的主要（可能也是唯一的）建筑物是这样一些附属建筑：它们应能有助于安全游泳并能提供雨天的室内活动空间。营火场地、工艺品商店或工艺品俱乐部、自然知识科普建筑或自然俱乐部以及滨水建筑都是很有目的性的游憩和文化建筑，当营地内缺少这些建筑时，单元小旅馆就可以取代这些建筑的功能，而不至于牺牲某个有价值营地计划的主要目标。

我们在前文已经说过，单元式小旅馆是一个露营地单元的聚集点。它兼具游憩、社会、教育和文化功能。它是组成该单元的露营者的公共起居室或俱乐部聚会室，如果将其与一个室外厨房连接（建议这样做），该建筑同样可以用作公共餐厅。

单元式小旅馆的规模，应能使该组群中的每一露营者都有 $2m^2$ 的空间。6m 宽、9m 长的房间具有比较适合的尺寸比例。在供露营者使用的大多数建筑物中，壁炉是其最为重要的特征部件，其尺寸也应比较宽大。在任何一个季节，壁橱和碗柜空间都很有利于设备的贮藏。

考虑到单元式小旅馆建筑与结构细节的关系，应对其冬季使用的可能性给予全面考虑。在这种情况下，最好为烟囱另加一个与炉灶相连的烟道和套管，这样，这个烟囱就既可供厨房烹饪，又能用于辅助供热。如果该建筑拟用于冬季，则建议采用一种较低且平的屋顶，这样就更便于小旅馆的吸热。出于同样目的，还应用面积有限的玻璃窗来替代大面积的纱窗开口和冬季封口板条，因为后者只被推荐于专供夏季使用的单元式小旅馆。为方便冬季居住，建议采用具有较高绝缘值的结构等级，而非仅限于夏季使用的结构。

如果要完全实现单元式小旅馆的潜能，则必须在其附近建造（最好是紧贴其建造）一个用以备餐的、简易的室外厨房庇护所。如果是将该庇护所紧贴小旅馆建造，则可使一个烟囱同时可有两种用途，并可以使其在雨天使用时更为方便。有经验的露营组群可能会尝试着在室外厨房准备所有的饭菜。其他露营者也可以偶尔用这种室外厨房来练习烹饪，或出于新鲜而在此为自己准备一、两餐膳食。当露营地并未被完全占用时，室外厨房和单元式小旅馆的组合体还可被用作一个餐厅，这样，露营单元就有可能作为一个独立营地，来接纳小型的露营群体。

如果厨房与单元式小旅馆相连，我们建议厨房三面开敞；如果两者完全分离，则建议厨房的四边全部开敞。这里的炉灶应是一种露营炉样式的砖石砌体，并与砌筑烟囱结合在一起。炉灶的铁顶盖最好为一种金属铸件，从其正面到与烟囱的交接面都应坚实，并应处于一种适宜的工作高度。在选择炉盖上的铁栅和其它任何穿孔或开口时，应避免使用那种会将烟尘集聚在庇护所中的类型。同样，还应避免使用那些与煤炉顶盖相似的可移动炉盖，因为这种顶盖太容易被放错地方或者丢失。为控制炉灶的气流，应在烟道中设置一个风门，或者使用一种便于调节的加料门。

室外厨房所必需的结构设备还包括用于储藏厨房器具和碗碟的碗柜、一个冰箱和一个可防止动物和昆虫进入的食品存储器。应通过一个喷水式饮水口和一个水龙头来获得饮用水，其中，水龙头可用于为水桶或其它容器盛水。

如前所述，每一小木屋集群中的小型游憩建筑可以采用单元式小旅馆形式，在这种情况下，通常会削减对管理建筑群中的大型游憩建筑的需要。特别是当就餐小旅馆的空间足够宽敞且便于改造成公众游憩项目时，当对大型游憩建筑的要求并不太多时，上述现象更为明显。在恶劣气候条件下，假如营地中没有单元式小旅馆网来承受室内活动的压力，而如果用就餐小旅馆来替代各个较小的室内游憩需要又确实是一种分裂性的行为时，中心的游憩建筑便成为一种必需。当在选择是使用一种链状的单元式小旅馆、还是使用一幢中央游憩建筑时，前者被认为是一种更好的露营惯例，然而，有些露营地规划者却有着更好和更充分的理由（资金的缺乏可能是最强有力的一个理由），来选择建造中央游憩设施。我们不应认为：如果在营地中同时建造一个中央游憩建筑和一连串增补性的单元式建筑物，必然是一种理想的配备。因为，当用于室内活动的设施过多时，可能会妨碍人所期望的完全室外计划的实现。

理想情况下（但在经济方面极少被支持），中央娱乐建筑物应能为每位露营者提供 15 ~ 20 平方英尺（1.4 ~ 1.9m²）的空间。它以一个（有时可能不只一个）宽大的壁炉为特征。其中的主要娱乐室可为业余表演者提供一个可移动的或固定的舞台，而且，当建筑物内部没有更衣室时，可能会在室外搭建一个临时性的帐篷来替代使用，所以，娱乐室的布局还要便于从临时帐篷通向舞台出入口。在建筑外围设置一个宽大的游廊，将大大提高建筑物的普遍实用性。此外，还可将建筑内部的一间凹室或独立房间配上书架和写字台，以便于露营者阅读和写作，它也不失为娱乐建筑中的另一重要单元。主娱乐室还将配置用于打乒乓球和进行其它游戏活动的桌子，以及长凳和其它适于不同用途的坐具。因为，当建筑适用于某种特殊活动时，则需要将一些单项设备加以收藏，所以，在建筑设计中所不容忽视的是，应为设备的收藏而预留出充足的贮藏空间。

不可否认的是，游泳项目几乎是大多数露营地存在的原因，所以，对露营地娱乐设施的设计者而言，从规划设计和建筑附属设备的范围看，最为重要的应是确保滨水区的安全性。从广义上讲，滨水开发的目标应是为初学者和不会游泳者创建一个有限、安全的

活动范围，并方便对他们的指导，同时，又为经验丰富的游泳者提供变化更多的、约束更少的（但仍有安全措施）活动。

或许，游泳池岸的理想开发形式是一种"H"形的码头，该字母的竖笔画与水岸线垂直。"H"字母面朝岸的中空部分，限制了初学者在水中挣扎和沉没，可在此向初学者进行指导。这里的水深不应超过 4 英尺（约 1.2m）。而"H"字母的外凹处是真正游泳者的运动竞技场，该区域内的水深最好不要超过 7 英尺（约 2.1m）。在"H"形码头的两端安装有跳水板，如果是高台跳水，该处的水深必须达到 9 英尺（约 2.7m）。

你会很快认识到，这种"H"形码头具有许多优点。优点之一即是，"H"形码头不会对滨水的游泳活动区域作出法定限制，以约束那种属于救助范围之外的轻率、粗心的冒险行动；另一个非常现实的优点是，当划船也是露营活动之一时，小船可以停泊在码头之外，且与游泳者完全隔开。不管小船操作者的技术和谨慎性如何，在游泳区活动的小船都是一种危险，这种情况是任何一个管理良好的露营地都无法容忍的。

除"H"形码头之外，还有一些其它类型的游泳码头，如"T"形、"L"形等，但没有一种类型能有"H"形平面那样多的有效优点。不管采用形式如何，码头的建造都应保证，在水中潜水或游泳的露营者不会遭遇水下截阻。为满足这一要求，当水位的上下波动不大时，可以将码头标高建至水位上方的足够高度，并确保水面与码头之间在任何时候都有"喘息空间"。在别处，还可以用木桩、粗钢丝栅栏或其它同等有效的障碍物，来防止游泳者进入码头下方，这类障碍物已成为构筑物的必要部分，并应一直延伸至水底。码头的下部结构应是一种坚固的构造，它应能对当地的冰情有所准备，并能够承受这种冰情。位于水下的木材则应被涂上很厚的防腐木焦油。

当滨水区处于一个陡坡水岸、底部肮脏、水流湍急或其它不利条件时，则要求修建一个游泳格笼（一个漂浮的游泳池），以便于对初学者进行指导。该格

笼是一种用厚板交叉而成的箱形结构，其厚板之间的间隔应能容许水流通行，但又需足够狭窄，以防止游泳者的脚被卡在那里。在格笼的端部建有几个容器，容器内装有石块，使得格笼可漂浮在适当的水位。格笼可分几部分建成，再用螺栓固定在一起，这样，建一个80英尺（约24m）长、35英尺（约10m）宽的格笼也是可行的。当然，结构构件的尺度还必须与整体规模相符，与水流状态、冰情等影响条件相符。有些地区的冬季确实比较暖和，通常情况下只会结薄冰而非那种比较严重的冰冻，只有在这种地方，才可以有效回避冰情的危害。当格笼拟建于寒冷气候地区时，应使格笼的设计满足以下要求：格笼的上部结构应便于分几部分移动，这样，在冬季时间就可将格笼拖上岸；格笼的下部结构应小心地沉入水中，以使其免遭冰冻损害。格笼构造应有防腐措施，它的水中部分需彻底涂上防腐木焦油，水上部分则应涂上油漆。

在提供跳水板时，绝对不能采用一种草率方式。我们可以很容易地获得有关这项设施的明确标准，该标准对跳水板的斜度和悬垂部分、跳水板的尺寸、跳水板高出水面的距离、夹紧装置以及其它同等重要的细节等都有所控制。那种违背了被普遍接受的跳水板标准的实验性跳水板和临时跳水板，是不被人承认、甚至是危险的。对于那些专心想学好某件事的露营者而言，如果让他们一开始就使用一些非统一标准的设备，这样的不利条件肯定是很不公平的。

在设置跳水板时，唯一符合标准的定位是一个固定结构。被放置与浮体之上的跳水板是很危险的。在风暴天气下，由于浮体的行动是不可预测的，就可能导致潜水者的痛苦事故。而对于游泳者而言，也有可能靠近某一浮体的下方并被困在此处。因此，虽然即使是采用的石笼构造，也应将跳水板设置于固定结构之上。

此外，还有大量的滨水附属项目，虽然其结构较小，但对于游泳区的安全却非常重要。这种项目之一即是一种高台座位，在这个座位上，救生员可以观察所有的游泳者，并在有人陷入困境时迅速前去营救。

其它附属项目属于营救和安全设备，通常包括：挂在架子上的、备用于紧急情况的救生圈、救生索和休息浮体等（如果条件许可，还包括救生艇）。为方便游泳者从水中爬上码头，也不能缺少梯子。虽然梯子的结构简单，但对于许多户外游泳组织而言，梯子的供应不足简直就是大逆不道。如果游泳者必须一边踩着水、一边等着排队上扶梯的话，这样的设施规划可称得上是一种严重过失。

当有组织露营地中，既没有湖泊也没有筑坝溪流来提供游泳场所时，人工的规则式水池可作为其替代物。由于在任何户外场地上的游泳池都没有什么不同，且有关这种游泳池的详细资料都可以通过许多的途径获取，所以，我们没有义务在此展开论述。在这里，我们要向露营地规划者强调，如果游泳池是露营地一个必需构筑物，就不应忽视那些最权威的推荐建筑规则。

在本文中，有关露营地的游憩和文化建筑及设施的考虑事项已越来越细。现在，我们开始论述那些被普遍认为是适宜的但非必要的建筑和设施。除非因为露营单元中没有娱乐设施，而使得管理建筑群中的娱乐建筑成为一个确实必要的建筑，否则，这类娱乐建筑也应被归为适宜而非必要的建筑。

在典型的有组织露营地中，游泳者的更衣行为可以在夜宿小屋中完成，所以，提供更衣室的滨水建筑被认为是不必要的。只有当划船运动成为一种露营地活动时，滨水建筑中的更衣室才是有用的。这样，就需要再设置一个与洗浴区分离的贮藏小船的建筑。它的尺寸应根据露营区的小船泊位而定，并可以存储划桨、橹和附属的划船传动装置等。或许，该建筑还会向水面倾斜，并配有一些用于拖住小船的矮墩。在某些情况下，可能适宜用一个登陆栈桥来连接艇库。滨水建筑可能包括一些海滨浴场设备（如救生圈和休息浮体）的冬季储存空间。考虑到场地和程序的特殊性，这种建筑较其它露营建筑物所受影响更大，所以，它不能被简化为某种典型的平面布局。此外，用以抵御严重冰情的建筑基础也是很重要的。

当然，如果游泳设施是一个已经处理过的水池，则需要所有进入水池的人预先进行淋浴。在此情况下，中央淋浴房将被合理定位于游泳池附近，其尺寸应予加大，以提供一个宽敞的更衣空间和更多的喷淋头。

手工艺劳作是所有类型的有组织营地中的一项活动。在有些露营者看来，手工艺爱好仅仅是雨天的一项活动内容；而对于那些有创造爱好的露营者看来，手工艺是一项激动人心的工作，并不能等到天气不好时才去做。容纳这些活动的构筑物被称为手工艺作坊，或手工艺俱乐部。在可能存在的手工艺行业中，有木工工作、皮革工作、图表艺术、金属加工、编织、印刷术和摄影术等。这类建筑物通常结构简单，其首要需求是光线充足。它的室内设备包括工作台、搁板、碗柜、甚至是单独的工具箱、材料和在制品等。配有流水的水槽是必需品，而壁炉也是适宜的部件。不同的手工艺程序还会对其它设备的范围作出要求，而一架织布机、一个小熔炉、一间摄影暗室、一具陶工旋盘、和一部小型印刷机则都属于其众多的可能性范围之中。我们推荐，将手工艺建筑和自然建筑都放在较近距离之内，但又并非连接为同一建筑。这是因为，创造性活动经常是嘈杂而凌乱的，这些活动有可能会干扰自然群体的更为深入的研究。

如果将手工艺建筑和自然建筑设置在露营者每日的常规旅程中，这会是一个很好的开业方式。特别是针对年轻人而言，如果这些设施被置于远离惯常路径的地方，他们就不会刻意加以寻找。然而，如果有机会经常或偶尔地观看到这些爱好手工艺和自然的露营同伴的作品，年轻人的漠然也会被打破，并且也会对此产生很大的热情。

在命名自然俱乐部时，我们为其选择的释义为：它是一种长期存在的、具有多种特指意义的露营地设施。"博物馆"和"自然博物馆"这样的名词总归给人以缺乏生机的感觉，而露营地中的这个场所却应有一定的作用性，它是一个充满生气的活动场所。"自然知识建筑"似乎又让人想起与自然知识有关的、无

聊而让人打盹的故事，而那些有经验的现代青年则会本能地退缩。"自然会堂"则具有学校和世界博览会的涵义，这也使该名词不是非常贴切。出于这种或那种原因，上述这些名称及其它不大常用的名称似乎都不是很适合，所以，我们在这里发出一个舆论试探，看"自然俱乐部"这一描述是否相称。

自然俱乐部是露营者中那些具有或可能具有自然意识的人的聚会地。该建筑中可能包含当地自然体的长期搜集物，但它更为重要的目的则是用作一个工作博物馆，也即一个"实验室——教室——图书馆"综合体，供那些喜欢对大自然王国刨根问底的露营者使用。在结构上，该建筑可能包括一个大型的"展览——工作间"和一个供露营辅导员使用的小型"办公——实验室"。它应该采光良好，并配有展览架和展览箱、工作台、书架、储藏橱柜和一个可供给自来水的水槽。最好能设置一个野生花园，或许再毗连一个生态动物园或水族馆，那么，这里就是通向自然景观的出发点。如果该建筑与户外的联结是一个可远望周围环境的宽大开口，并明显使用了地方材料，那么，这样的建筑效果将是很具表现力的。

在有组织露营地中，圆形会场并未被归入必要类型，其唯一原因就是，如果营地中一开始就缺少这类设施，那么，在持续的使用需求下，最终也会促成一个临时替代品。这种临时代用品的适用与否，取决于地形和其它场地因素。

在理想条件下，露营地的圆形会场应设在距离营地较远的地方，它与最近建筑物的距离至少应为1000英尺（约300m）。圆形会场应位于一个隐蔽地点，在可能情况下，该地点最好树木繁茂，且不要有让人分心的视景和干扰影响。圆形会场的场地必须是一块被整理过的圆形土地，该地块表面应平坦，直径在24～30英尺（约7～9m），可以被前排座位所包围。其底座可以是低靠背的阶地。当需要第二排或第三排座位时，每排座位都应略微高出前排。领导者的座位是会场焦点，可通过一个高靠背来区别于普通座位。

如果能用一棵大树或一块大石来布置背景，也不失为一个好办法。穿过环行座位的入口极少，最好不要超过两个或三个。有组织露营地的圆形会场不同于某些营地中的篝火场地，因前者没有可供点放篝火的一个地坑或一个固定的块石炉床。当然，圆形会场的封闭空间也适合使用篝火，但其周围却不应有任何可能妨碍有组织露营者游戏、特技和仪式的建筑物。

在对相关照片的搜索中，我们未能成功发现与上述构造相符的圆形会场。也许，正如一个露营地专家（我们曾请他提供一张照片）所述，圆形会场是"一群兴趣和欣赏水平相投的人围合在一个火堆周围"，它更接近于一种场所精神而非某种形体结构。如果情形真如其所述，那么，下面这张补白图（它也是本文所描绘的唯一范例）便巧妙地对这一设施作出了表达。

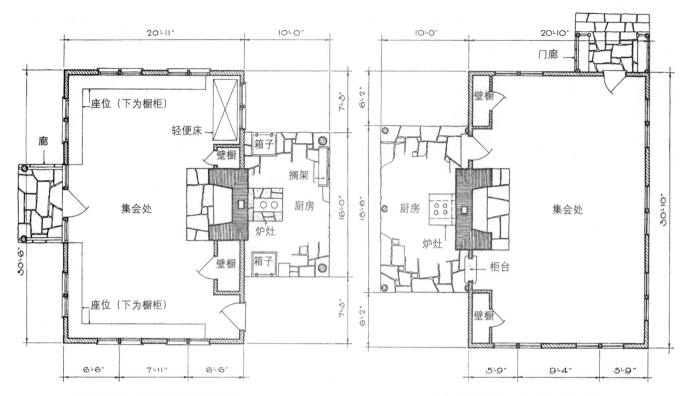

肯塔基州，奥特 (Offer) 河地区

宾夕法尼亚州，劳雷尔希尔地区

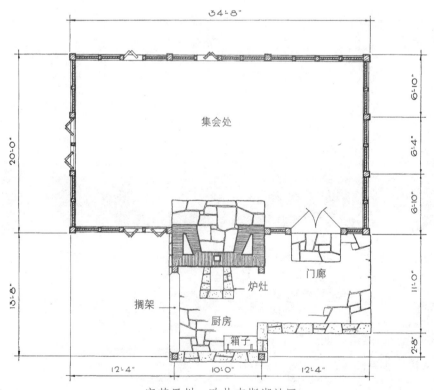

密苏里州，欧扎克斯湖地区

露营地单元式小旅馆

比例 $\frac{3}{32}$" = 1' — 0" (1:128)

如图所荐的单元式小旅馆，相当于有组织露营地中某一单元的社区建筑，它由一个户外厨房和一个封闭的庇护所联结而成。因此，这是一个设施独立的单体。这个单元式小旅馆不仅可以促进小群体的休闲和教育活动，还为该群体提供了一处可以自己备餐和开饭的场所。

肯塔基州，奥特河游憩中心地

如果将一个封闭的庇护所和一个户外厨房联结成一个单元式小旅馆，那么，由此产生的平面布局类型并不会太多。厨房门廊既可位于庇护所端头，又可位于长边一侧。而后一种布局形式在本页图例（其平面如对面一页所示）中占了上风。在这种情况下，通常比较适宜为建筑另外设置一个入口，而不是让人从厨房穿行。

宾夕法尼亚州，劳雷尔希尔游憩中心地

该建筑与上述两例的不同之处在于，它的唯一入口需经由厨房到达。它缺少壁橱空间，而这种空间是储藏设备和供应品所非常必需的。遗憾的是，拍摄这些照片的日期既非建筑物被使用之前，也不是处于露营时节，所以，照片上未能反映出室外厨房所必需的设备，如冰箱、食品柜、器具柜等。

密苏里州，欧扎克斯湖游憩中心地

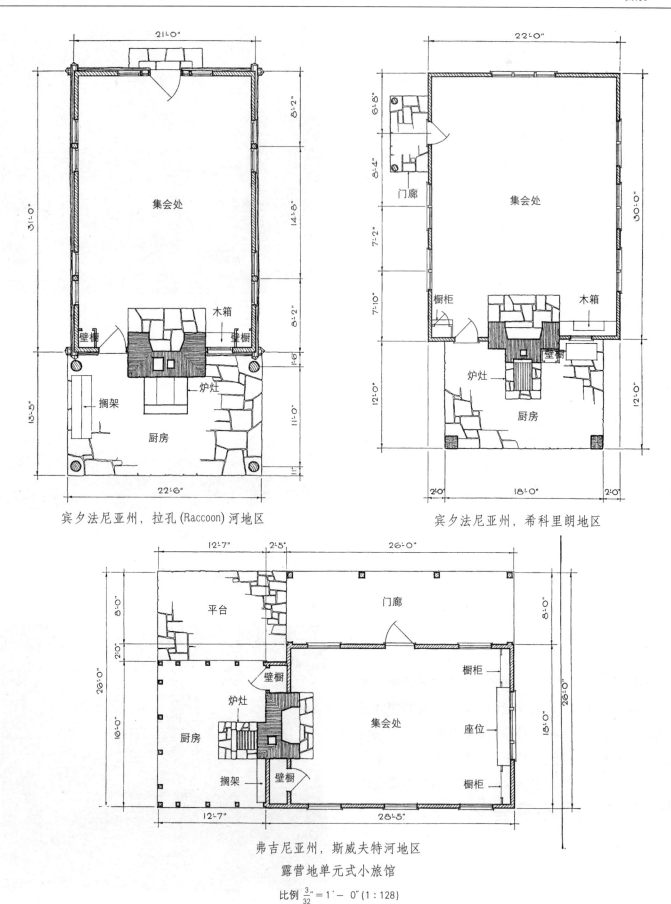

宾夕法尼亚州，拉孔 (Raccoon) 河地区

宾夕法尼亚州，希科里朗地区

弗吉尼亚州，斯威夫特河地区

露营地单元式小旅馆

比例 $\frac{3}{32}'' = 1' - 0''$ (1 : 128)

本页所示单元式小旅馆的相似处为，它们都将厨房放置在封闭房间的端头。在这个特殊实例中（其平面如对页左上图），似乎并没有足够的壁橱贮藏空间。该建筑物的品质独特而适当，表现在原木的组合和手工磨边的墙板，其中，手工磨边的墙板甚至被用在屋顶表面。

宾夕法尼亚州，拉孔河游憩中心地

与上图所示的拉孔河单元式小旅馆相比，该建筑的材料运用有助于产生更加精细的特征。在该建筑中，用以掩蔽室外厨房的门廊屋面被石墩所支撑起来，其山墙端有着方木的露明桁架。同样，如果在该建筑内增设更多的壁橱空间，肯定是非常有用的。

宾夕法尼亚州，希科里朗(Hickory Run)游憩中心地

对于有组织露营地游憩中心地的单元式小旅馆而言，它的门廊可兼有室外厨房的功能。而在南方气候区，有时还可在门廊再增设另一个门廊或平台。在斯威夫特河的这个实例中，既增设了一个门廊又增设了一处平台。该建筑有一个非标准的做法，即在集会房间和厨房之间少了一个门，这也是其平面设计中的一个缺陷。

弗吉尼亚州，斯威夫特河游憩中心地

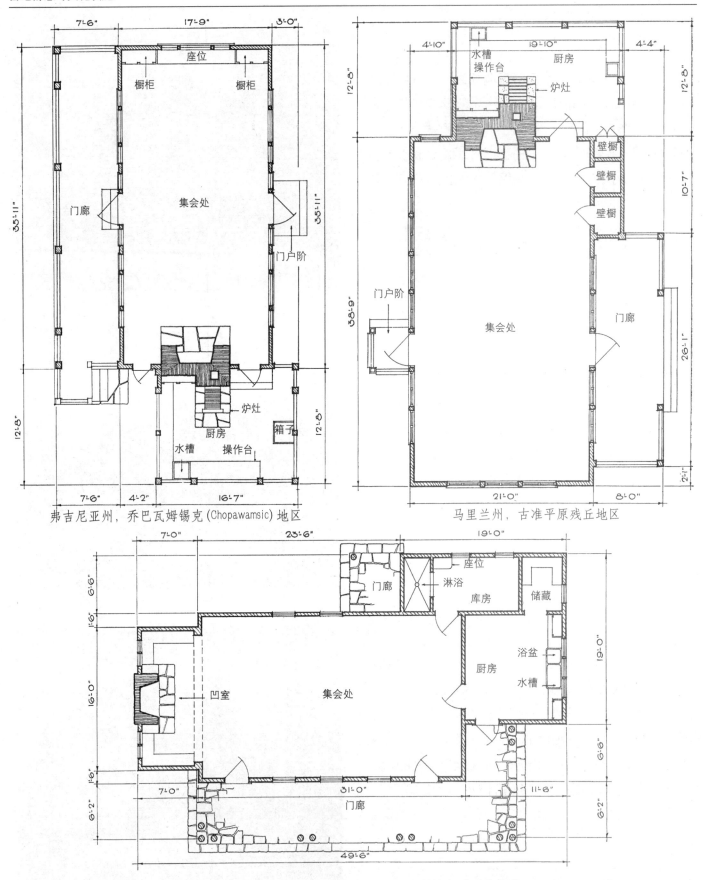

弗吉尼亚州，乔巴瓦姆锡克 (Chopawamsic) 地区

马里兰州，古准平原残丘地区

露营地单元式小旅馆　　　亚拉巴马州，马斯尔肖尔斯 (Muscle Shoals) 的童子军小旅馆　　　比例 $\frac{3}{32}" = 1'-0"$ (1:128)

该建筑平面如对页左上图所示。对于单元式小旅馆而言，该建筑第二个门廊尽管确实不必要，但却不能说是不受欢迎的。现在有这样一种倾向，即在山坡场地上增加这样一个额外物来扩大视景。如果将这个部件省略，并不会妨碍对建筑物的使用。这里所采用的天然材料和建造手法为建筑物带来了令人喜爱的原野个性。该建筑的规模适于一个32人的露营者单元，如果将其用于冬季露营，在满足推荐间距的前提下，它的内部可容纳8～10张轻便床。

弗吉尼亚州，乔巴瓦姆锡克 (Chopawamsic) 游憩中心地的单元式小旅馆

这个方木建筑的平面如对页右上图所示，它的魅力是前面图中所示的任何单元式小旅馆都无法超越的。对于一个主要用于社会目的的建造计划而言，采用如此专业、时尚的原木结构，常常不具有经济上的合理性。如果要让青年人去推想和复兴拓荒者时期的建造方法，那将是一件非常令人遗憾且缺乏浪漫色彩的事情。虽然附加的门廊并非绝对的必需品，该建筑的平面仍是很适宜的。山墙端头的固定百叶窗有助于建筑的通风。

马里兰州，古准平原残丘游憩中心地的单元式小旅馆

这是一个供童子军使用的军队式小旅馆，它位于田纳西流域的某一游憩区。事实上，这是一个形式最完全的单元式小旅馆。它的平面图位于对页下部。在前面回顾的所有实例中，都是用一个开放式门廊来兼作厨房。而在本例中，厨房是封闭的，它成为一个舒适的全年使用设施。这种设计的优势是很明显的，但营建这类冬季建筑物所需的资金却极少能够获得。如果冬季的周末露营只是偶尔性的，就难以证明增加的成本是否正当。回答或许应该是这样，如果有组织单元露营地的冬季使用并不具有偶然性，就可以为建造一两幢这种类型的单元式小旅馆作经济担保。

田纳西流域管理局，亚拉巴马州马斯尔肖尔斯 (Muscle Shoals) 的军营式小旅馆

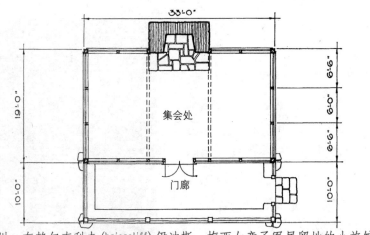

纽约州，布赖尔克利夫 (briarcliff) 伊迪斯·梅西女童子军居留地的小旅馆

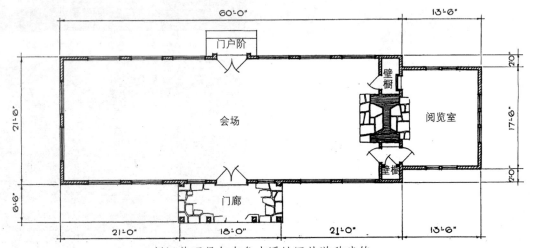

新汉普夏贝尔布鲁克溪地区的游憩建筑

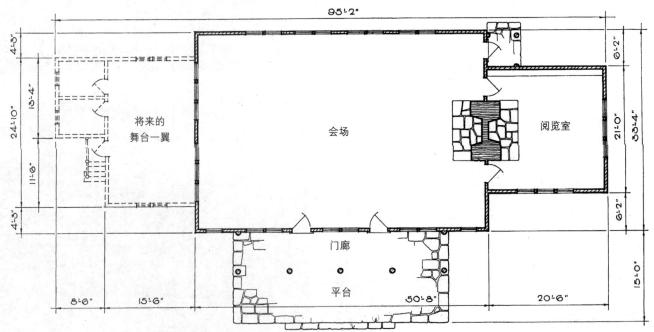

宾夕法尼亚州，劳雷尔希尔地区的游憩建筑

比例 $\frac{1}{16}'' = 1' - 0''$ (1:192)

如图所示，这个漂亮的建筑为一个最简单的单元式小旅馆或游憩建筑。如果为其增加一个室外的独立厨房，它的功能就会与前面所述的附联厨房的单元式小旅馆非常相似。在恶劣天气下，附联式厨房的优势是很明显的，而且，也只有在那种情况下，你才能真正意识到附联式厨房的优点。设计该小旅馆及其补足的室外烹饪设施的建筑师是 J·Y·里平（J. Y. Rippin）。

纽约州，布赖尔克利夫 (briarcliff) 伊迪斯·梅西女童子军居留地的小旅馆

如果可获得的资金比较缺乏，并不足以为单元式露营地的每一小屋集群都提供一个小型游憩建筑，有时就可以在管理建筑中设置一个中央游憩建筑，如图即是一例。有时，营地的资金情况也会允许建造这样一个建筑，使其成为某一完整的单元式小旅馆的补充，这样，当营地上所有的露营者都聚在一起进行室内娱乐活动时，该建筑就可以为其提供使用场地，而不必煞费苦心地去改造就餐小旅馆。

新汉普夏贝尔布鲁克地区的游憩建筑

将来，当在建筑的侧翼部分建成舞台及其附属建筑之后，该建筑就具备了中央游憩建筑所适宜采用的所有主要元素：会场（当增加了舞台之后，它也可用作观众席）、阅览室和门廊。当其用作观众席之后，我们才有理由认为该建筑的高度是可取的，否则，在露营地建筑中，通常应避免有这样的高度。游憩建筑的所有门扇都应向外开，并且，该建筑应有非常多的门扇，而如图所示的门扇数量是不足的。

宾夕法尼亚州，劳雷尔希尔地区的游憩建筑

佐治亚州，哈德拉博河游憩中心地的游泳码头

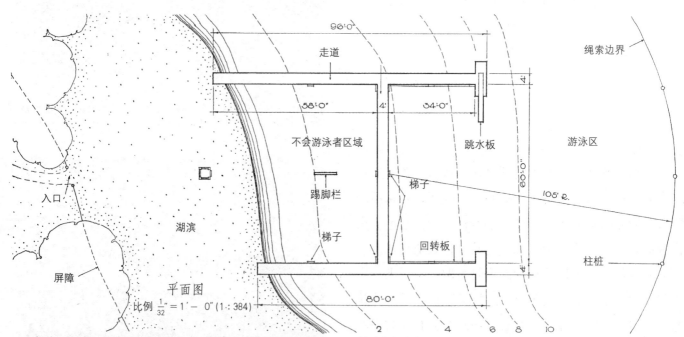

平面图
比例 $\frac{1}{32}$" = 1' — 0" (1：384)

这个"H"形的游泳码头具有其它码头所没有的一些优点。供不会游泳者使用的区域是完全封闭的，可避免小船带来的危险。在该实例的湖滨上，有一个高架了望台，在这里，救生员可以俯视整个游泳区。

值得注意的是，在码头的侧边上有许多扶梯。平面图上的等高线指出了水面距湖底的近似标高，它通常与推荐深度相符。

新泽西州，门德姆 (Mendham) 的莫提玛 L . 希夫斯可特保留地的游泳码头

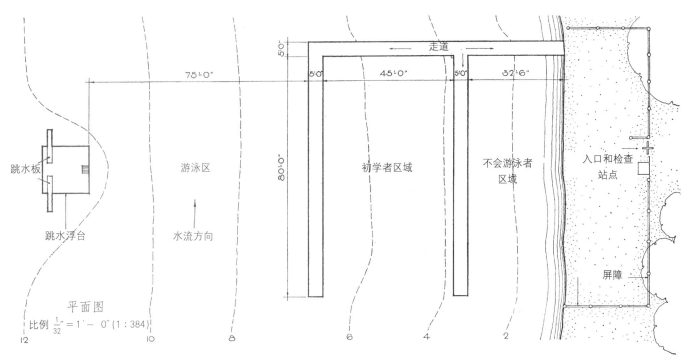

这是一个"F"形游泳码头的很好实例。不会游泳者和初学者区域的开口端被浮标拉绳所标记。而从码头端头向外至跳水板水域的横向限制标志则是带旗浮标。显然，在跳水平台的架高了望处，可以俯瞰所有的游泳者。游泳区的深度通常与管理机构的推荐数据相符。

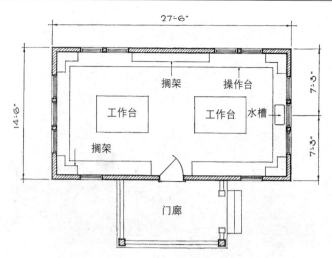

新罕布什尔州，贝尔布鲁克地区的博物馆

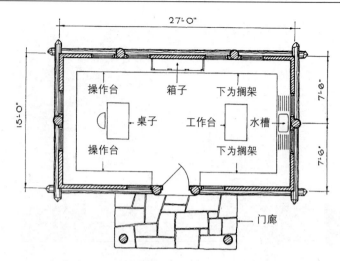

宾夕法尼亚州，拉孔(Raccoon)河地区的博物馆

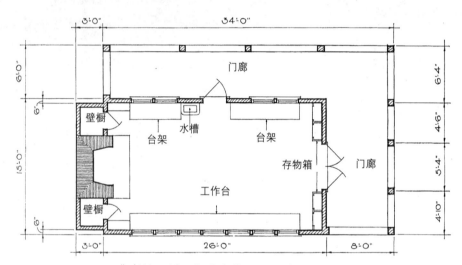

弗吉尼亚州，斯威夫特河地区的手工作坊

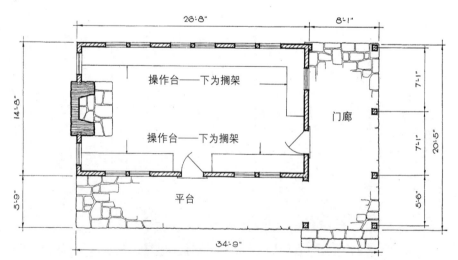

宾夕法尼亚州，劳雷尔希尔地区的手工作坊

比例 $\frac{3}{32}'' = 1' - 0''$ (1:128)

新罕布什尔州，贝尔布鲁克游憩中心地

宾夕法尼亚州，拉孔河游憩中心地

自然建筑和手工作坊

　　上面两图是两个自然教育建筑，或者有时也可不太准确地称其为露营博物馆。它们的平面如对页上面两图所示。这两个建筑都代表了有组织露营地中这类设施的最小形式，建筑内配有水槽、工作台、操作台和橱柜等。如果为两个建筑各增加一间供露营顾问使用的小型办公空间，将有助于其平面布局的改进。两者都很好地满足了这类建筑的首要需求，即具有充分、良好的自然采光条件。拉孔河的建筑实例具有一种田园风格，它的这种特点可与其内部的相关活动产生联系，这种设计方法也是其它建筑所欠缺的。

　　下面两图是游憩中心地的手工作坊。它们的平面如对页中下图所示。在斯威夫特的实例中，建筑门廊的长度和侧翼有单坡壁橱的大体量烟囱，都增加了建筑的趣味性和缓减了建筑的"方盒子"感，而当小建筑必须修建得非常经济时，常常就会产生那种"方盒子"形式。这两个建筑都配有操作台、水槽和存物箱，且都具有充足的自然光线。与手工作坊连接的门廊和平台并非没有目的性，因为有许多露营地手工者都可能在户外工作。

弗吉尼亚州，斯威夫特河游憩中心地

宾夕法尼亚州，劳雷尔希山游憩中心地

外观

外观

室内

俄亥俄州代顿（Dayton）女童子军小旅馆

就这个多功能建筑而言，我们不可能将其划分在露营地建筑物的绝对分类中，虽然如此，其巨大的建筑趣味性和卓越性却使得这个建筑物不容忽视。首层平面是公共休息室，它也相当于拓荒者住宅中的"厨房——起居室"。沿梯级上行可到达一个阁楼，它相当于一间大卧室。其轻便床的间距是不会得到权威人士同意的，因为他们强调，控制轻便床间距的要素是睡眠者之间的距离，而并非单位体积。烟囱、壁炉和由车轮改制的"玫瑰"窗，都是非常具有吸引力的建筑部件。其建筑师为史密斯·张伯伦（Simth-Chamberlain）等。

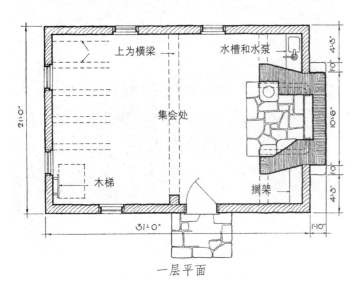

一层平面

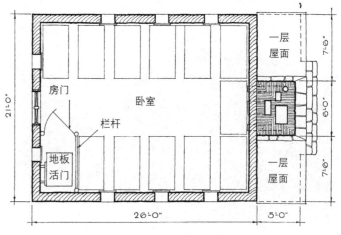

二层平面

确切地说，在一天之中，用于烹饪和供应饭菜的设施有三次会成为每一露营地的最重要构筑物，因此，无论对这项设施的规划设计有多么仔细，都并不过分。其主要构筑物是一个就餐小旅馆，其中包括餐厅和厨房，并配有各种必要的从属设备。在一些情况下，可能会建造用于烹饪和就餐的独立建筑物，但由于这种设置很少具有逻辑性和有效性，所以不会经常出现。

作为单元式小旅馆的连接性附属建筑或独立附属建筑，我们已经简略提及室外厨房的有关内容。由于在这类设施中所进行的烹饪活动通常具有娱乐性和偶然性，而并非一种高效的"一日三大餐"的日常业务，所以，我们在这里并不加以论述。在初步提及露营炉灶之后，我们将仅仅讨论有关就餐小旅馆、组合式餐厅和厨房以及几个次要的附属设施，其中，这些次要的附属设施既可安置在烹饪和就餐建筑之中，也可设置于厨房侧翼或服务后院周围的小型独立建筑群中。

有关露营炉灶的问题，我们在先前已有论述和图例，并将其作为公园的公共露营地中的必需设施。在为家庭用户所规划设计的有组织露营地中，它们同样很有实用性，因为在这样的露营地中，一个家庭有时会希望自己准备饭菜。它们与"露营炉灶"部分所图示的公园露营炉灶类型也并非完全不同，因为它们会比烧烤炉建得更高；它们可能有、也可能没有一个庇护屋顶；它们既可能是单一的也可能是复合的。当某个有组织的家庭露营地中，具备了其所适宜的所有建筑附属设施时，就可以为每个小屋组群提供一个或多个的露营炉灶。

在为一个就餐小旅馆进行平面设计时，其理想目标是，在餐厅中有广阔而合意的视景，餐厅和厨房有充分采光和对流通风，餐厅和厨房单体之间的关系良好，使饭菜供应的距离最短而效率最高。"T"形平面便有助于达成这些目的，且这种推荐形式要优于其它所有可能的平面形式。我们已经充分认识到，如果这些建议被完全接受，则将产生一定程度的标准化，而标准化却是有能力的设计者所不赞成的。尽管如此，"T"形平面还是因其所具有的许多优点而无法让人拒绝，并不能仅仅因为它的采用太过普遍而弃之不用。

就餐小旅馆通常只供夏季使用。因此，它可以是一种非常轻型的结构，并可能有许多大面积的窗口，它的窗台高度很低，非常有利于观景和通风。所有的开口都应配有百叶或某种隔板，这样，当露营地被使用时就可防止暴雨天气袭击，而在非露营时期又可将建筑封闭。

为就餐小旅馆设置充分有效的防虫纱窗是非常必要的。它应覆盖所有的屋顶通风口、地面通风口以及其它较小的开口。在备餐和就餐处，只有对蚊虫入口采取了最积极有效的预防措施之后，才符合被推荐的露营地常规。

壁炉是餐厅中的一个受人欢迎的部件，餐厅的开口不能太大，这样，在寒冷的早晚时分和潮湿季节，壁炉所带来的愉悦和温暖就可以保持在房中。不管其用意何在，壁炉的烟道和（我们附带提及的）所有露营地建筑物的烟道，都应在其顶端设置一个有效的火花消除设备。

一个尺度适宜的餐厅应能为每一露营者提供 10 ~ 15 平方英尺（约 0.9 ~ 1.4m^2）的占地面积，具体数据取决于餐桌的大小和形状。桌凳结合体指的是附装有凳子的餐桌，它适用于野餐区，但却不宜用在露营地的餐厅。对露营地的餐厅而言，当其被用于游憩活动时，必须对房间进行清理，并将桌子储藏起来，所以，独立于餐桌的椅子或凳子会更具有实用性。

四人餐桌、六人餐桌或八人餐桌都是适用的。餐桌可以是正方形、圆形或长方形。如果露营地中缺少一个独立的中央娱乐大厅，有时就必须将餐厅改为娱乐用途，所以，那种便于搬动和储藏在小空间中的、轻型的折叠餐桌是一种适当选择。

在大多数次序井然的露营地中，当前的就餐方法是尽可能地复制一个非穷困家庭所流行的家庭用餐方式。饭菜的供给方式与家庭餐桌相似，由露营者轮换作侍者，而露营辅导员则为每一餐桌服务，或者把这一任务委托给某位露营者。如果把餐盘堆叠在一起并将其滑向离厨房最近的餐桌尽端，这样可以节省时间，但是，这已不再是一个可容许的方法，我们在这里也没有必要再行推荐。有些人会指责露营地餐厅的自助服务，认为其带有制度化的味道。然而，在有些地方，特别是太平洋海岸沿线，却偏爱这种服务类型。当需要在这两种服务类型中进行选择时，地域喜好应是一个加权系数。

为防止厨房的热度、噪声和气味渗入餐厅，无论采用哪种服务方式，这两个房间之间的开口都应限制在两扇门。在某一房间中的露营者侍者可以从其中一扇门进入，从一个延续至厨房的服务台上提取食物，然后再通过另一扇门重新进入餐厅。如果采取自助餐厅的服务模式，服务台当然会处在餐厅和厨房隔开部分的靠餐厅一侧，而这两扇门将作为服务佣工的暂时性通道。在这两种情况下，服务台都应是连续的，在任一必需开口处都有门或铰接顶板，以禁止露营者进入厨房佣工的操作区。

在露营地经营中，最令人苦恼的问题总是围绕在这些雇工方面。在预防那些可能产生的困难时，首要步骤就是防止露营者进入厨房以及服务台后部。我们意识到，在许多露营地中，露营者会被派去布置餐桌、帮忙备菜和参与其它工作，但是，在规划设计就餐小旅馆时，只有当这种业余帮助不会阻碍专业操作和不至于泯灭露营者士气的情况下，才是合理的。为了有效杜绝这种灾害，可用一个带屏障的门廊来直接与厨房分隔，这样，露营者中的"帮厨士兵"就不用在厨师及其助手的脚下从事安排给自己的任务。

同其它任何厨房一样，露营地厨房的设备布局应坚持"有效配置"这一可靠原则。简言之，厨房应被分为三个基本功能区：备餐、上菜和洗碗，且这三个区应按照适宜顺序配置。在设计良好的厨房中，洗碗区应与其它两区绝对分开，而另外两区也应在满足其内在密切联系的前提下加以区分。如果仔细分析各个物件相对于其它物件的重要性和实用性，如果对光线、通风和流程等因素都加以权衡，那么，炉灶、工作台、服务台碗橱、烤炉吊架、水槽和其它构成完整厨房的所有物品，都应有其唯一的合适位置。

尺寸是厨房设计中的第一重要因素。这里，并没有相应的灵活公式，来计算厨房内部确实、适宜的尺寸要求，不过，对每一个特定案例而言，都有一个范围狭小的正确答案，正如我们说7乘以7的结果是在48和50之间一样。有一点大的厨房就是太大了；有一点小的厨房就是太小了。让人沮丧的是，事实上，尺寸正好合适的厨房实在是太少了。

炉灶和热水加热器下方的混凝土地面是一种防火安全措施。如果将混凝土地面一直延伸至整个厨房，对于那些整天站在其上工作者而言，他们的双腿会比较吃力，而且这种地面的造价通常偏高，不过，这种地面会比木地板更容易清洁。靠近炉灶和热水加热器的墙体和顶棚表面，应有充分的防火性。

如果我们做出一张图表来观察，可以看到，厨房工作人员的脾气和厨房的温度是平行移动的。那些有助于缓和厨房温度和工作人员脾气的简单通风设备，是无论如何也不能从建筑物中省略的。厨房内狭长屋脊通风口可加以屏蔽，并配上可移动的百叶窗，这样，它就可以作为聚集在房内的热空气和烹饪气味的出口。楼地板线上的百叶式纱窗开口可带来新鲜空气，而且，通过与屋脊通风口的连接，它还可产生有益的自然空气流通。我们极力推荐在厨房内设计大量的窗户，以促进室内通风和采光。我们至今尚未听说，在北极圈以南地区，有通风过度的夏季露营地厨房。我们知道，餐厅的窗台应足够低，以便于坐在室内的用餐者观看窗外的景色；相反，厨房的窗台应足够高，以便于为所有的操作台和水槽留出适宜的工作高度。

厨房的适宜性附属设施还包括一个冷库；一个分为两部分的冰箱，一个用于储藏肉类，另一个用于储藏蔬菜和乳制品；一个防蚀的贮藏室和一个服务门廊等。冷库是一个储藏蔬菜的地方，如果它是用作地下菜窖的补足物，那么，它的面积不需很大。在适宜的设计中，如果是通过冷库来抵达冰箱，而非直接从厨房进入，那么，冷库的第二个功能则是将冰箱与厨房的热度隔离。在这样的平面配置中，冰得到了保存，而由冰箱所损失的一些低温则被用于降低冷库的温度。

为充分满足一个夏季露营地的使用需要，所需冰箱的体积将非常大。不管它被造成一个自称没有特殊效率的木工设备，还是一个可确保效率的商业性箱子，证明其绝缘值的关键都在于冰源。显然，在北方地区，大量的自然冰块都可以在营地旁就近切割并储藏起来，所以，对冰箱的效率经济性要求就不同于那些必须将人造冰从远处运来的地区。在墙上适宜高度设置一个外开的加冰口，将增加使用时的方便性。

在防蚀壁橱中，可保存那些在寒冷地区不需储藏的主要食品和粮食。在墙上、顶棚上、在底层地板和竣工地板间，可设置1/4英寸的金属织网，它可以阻止动物进入壁橱。

服务入口的台阶和门廊应采用砌石或混凝土。这些部位不仅必须承受因运货和卸货而造成的剧烈磨损和撕裂，而且，平台和台阶还经常需要用水龙头冲洗，以保持其卫生条件。在其附近应是一个放置垃圾桶的混凝土平台，不过，最好不要将其与台阶直接相连。

如果在邻近的一个建筑物中没有盥洗室和洗脸盆，那么，可将这些设施与厨房侧翼的其它附属设施放在一起，可以很经济地节省时间。

可以想象，在一个大型露营地中，需要为营膳师或膳务员准备一间办公室，用以核查账目和货物情况以及进行其它一些适于在厨房外处理的事物。它可以是一个非常小的房间，其适宜位置应在服务入口附近。

在就餐小旅馆的附属建筑中，有的是单独设置，有的则是与厨房侧翼结合在一起，而前者中几乎没有一例优于后者。在附属建筑中，最为重要的是燃料储存空间。如果炉灶和热水器所用的燃料是常见的煤炭或木头，可设置一个小型的独立构筑物，将燃料储存在辅助入口处，这样，就可以使大量泥土和灰尘远离厨房。你可以将燃料从厨房外带入，也可以将大量燃料沿着炉灶储存，而前一种方法看似不如后一种方便，不过，当厨房也兼作粮仓之后，年报编辑人又会权衡，由此而来，对厨房地面的必要清洗频率又增加了多少。

如果营地中必须使用汽油或其它油类作为厨房炉灶和热水器的燃料，则必须提供一个独立的棚屋。该棚屋应与其它所有构筑物保持安全距离，并标明内有危险品，否则，就应听从一切现行的控制性条例。

在有些地区，可在靠近厨房侧翼处设置一个地下的蔬菜储藏所，它会很具有实用性。如果厨房所用冰块必须从很远处载入，仅仅购买只够使用几天的冰块会很不经济；如果在营地所在土地上切割冬季冰，则必须提前储藏一个露营期的厨房用冰。在上述两种情况下，都需要有宽大的储藏空间。除本文所述之外，还有其它一些与露营地烹饪和就餐设施相关的次要构筑物，不过，我们在这里没有必要对这些非典型构筑物作进一步论述，以避免它可能会为典型建筑物的理解带来混淆。

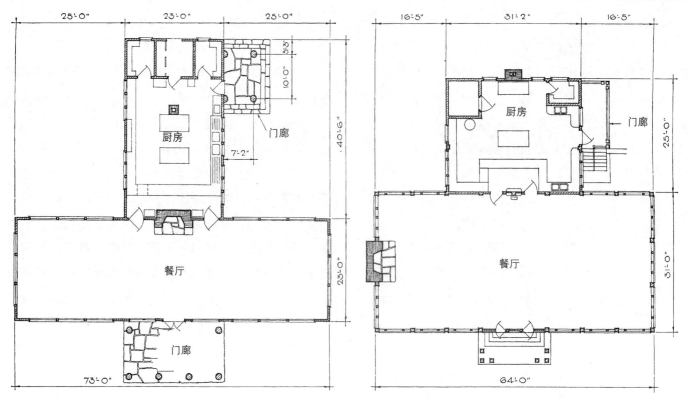

宾夕法尼亚州，拉孔河地区

亚拉巴马州，奥克(Ook)山地区

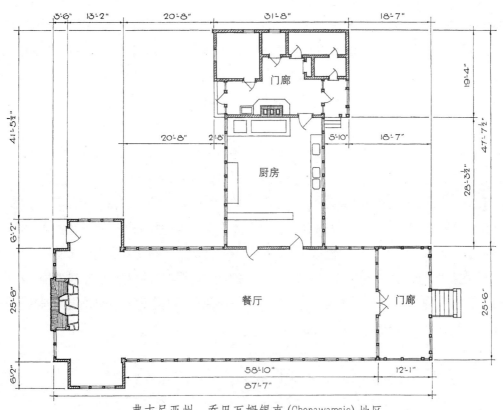

弗吉尼亚州，乔巴瓦姆锡克 (Chopawamsic) 地区

露营地的就餐小旅馆

比例 $\frac{3}{64}'' = 1' - 0''$ (1 : 256)

本页中的就餐小旅馆的平面如对页所示，它们的地理位置都处于密西西比河东部，并且都由同样的"T"形平面演化而来。该实例的平面如对页左上图所示，它与其它两例的不同之处主要在于，该建筑的壁炉处于临近厨房侧翼的两扇服务门之间。显然，整个建筑物的采光和通风条件都很好。这类建筑表现出拉孔河所有露营地建筑的特征。

宾夕法尼亚州，拉孔河游憩中心地

该实例的平面如对页右上图所示，它的餐厅比平均水平更短和更宽。同样，相较其它建筑物的厨房，这个厨房侧翼的宽度更大而长度更短。这样一来，虽然它明显牺牲了一些光线和通风，但却有助于节省一些台阶空间。该建筑物的外观非常吸引人，但其就餐小旅馆显然与自然坡度不一致，如本图所示，要抵达厨房门，必须上行一整段台阶。

亚拉巴马州，奥克山游憩中心地

在这个就餐小旅馆中，显然存在着某些超出最低需求的内容。它的门廊和位于壁炉两侧的凸窗，即使是相当不必要的，但却是增强建筑物魅力的重要因素。厨房及其后附属设施之间的通廊适用与温暖气候。遗憾的是，由于地被植物的密度太高，无法获得可观看该建筑物整体的全景照片。

弗吉尼亚州，乔巴瓦姆锡克游憩中心地

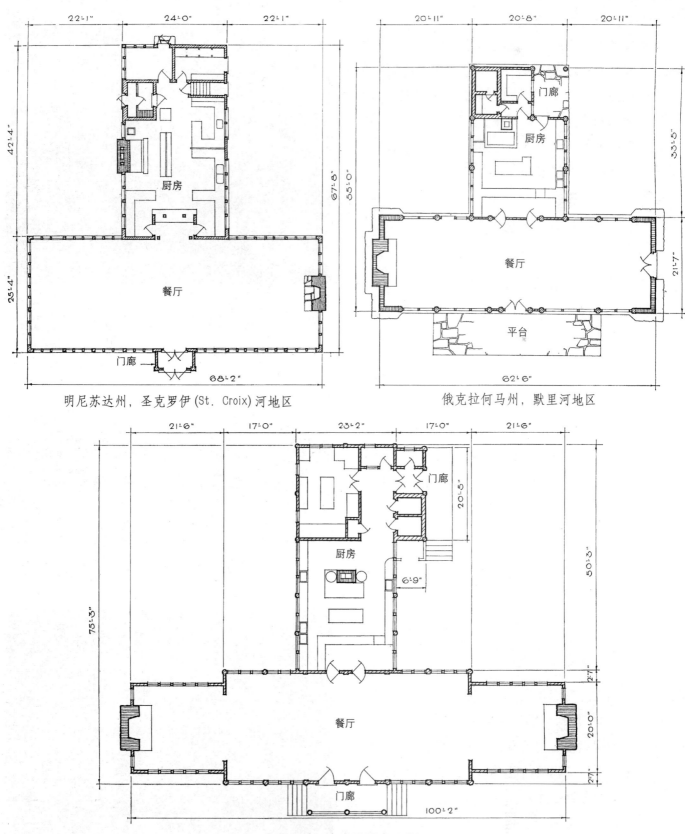

22'-1" 24'-0" 22'-1"

42'-4"

25'-4"

厨房

餐厅

门廊

68'-2"

67'-8"

55'-0"

明尼苏达州，圣克罗伊 (St. Croix) 河地区

20'-11" 20'-8" 20'-11"

33'-5"

门廊

厨房

餐厅

21'-7"

平台

62'-6"

俄克拉何马州，默里河地区

21'-6" 17'-0" 23'-2" 17'-0" 21'-6"

门廊

20'-5"

厨房

6'-9"

50'-3"

75'-3"

餐厅

2'-7"

20'-0"

2'-7"

门廊

100'-2"

马里兰州，古准平原残丘地区

露营地的就餐小旅馆

比例 $\frac{3}{64}'' = 1'-0''$ (1:256)

对页中的一组图是几个就餐小旅馆的平面图，这些小建筑散布于游憩中心地之中。本例的平面图在左上方，它有一个宽大的尺寸，并通过单项设备的分配，为一个大型厨房的几道工序进行了良好分区。其餐厅和厨房侧翼的光线和通风都十分充足。

明尼苏达州，圣克罗伊河游憩中心地

与游憩中心地中的大多数就餐小旅馆相比，该实例的尺寸显得较小，其不同寻常之处在于其餐厅的砌石尽端墙。这些墙体使得这个主要为框架结构的建筑物看上去就如同主要是用砌石所建成。该建筑的简朴外观和长向线条、其屋顶的质地以及砌筑工程的个性特征，都非常值得我们注意。在服务侧翼上方的带天窗屋顶有助于厨房的通风。

俄克拉何马州，墨里河游憩中心地

该实例将砌石、原木和厚板都协调组合在一个构筑物中，并具有很大的趣味性，不过，这张插图并未完全表现出这个建筑的特征。通过在中央房间两侧设计了两个耳房，形成了一种组合式就餐小旅馆兼娱乐建筑，这也是其独特的平面特征。通常，这两个凹室可用作娱乐室，但在条件许可下，它们也可用以扩大就餐空间的容量。如果用房门将这两个耳房与主体建筑隔离，它们在冬季使用时也可被改造为两个单元式小旅馆。

马里兰州，古准平原残丘游憩中心地

密苏里州，蒙特塞拉特游憩中心地的就餐小旅馆

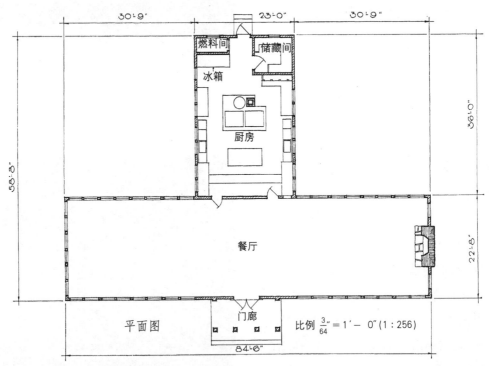

平面图　　　　　　　　比例 $\frac{3}{64}'' = 1' - 0''$ (1 : 256)

该就餐小旅馆与圣克罗伊游憩中心地的小旅馆有大量的局部相似性。除了其表面特征之外，那些为满足特定基本指令而设置的其它设施都没有显著变化，并因此形成了一个"T"形平面，满足了相应的设施占地面积要求。值得注意的是该建筑屋脊处的通风孔。

弗吉尼亚州，哈里森堡 (Harrisoburg) 女童子军露营地，华盛顿特区的就餐小旅馆

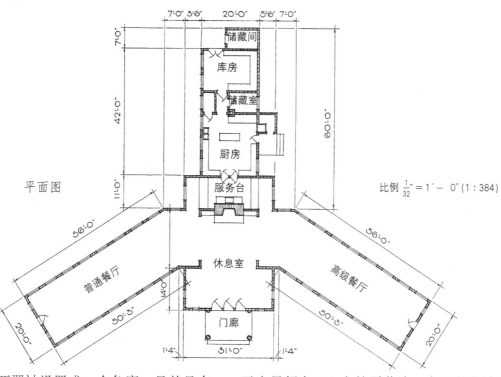

平面图

比例 $\frac{1}{32}'' = 1' - 0''$ (1 : 384)

该建筑的餐厅两翼被设置成一个角度，且其具有较大尺寸。除此之外，该实例与其它已经图示过的娱乐表演营地上的就餐小旅馆大体相似。它的规模适合于容量超出 100 人的露营地，大于其它就餐小旅馆的容量最值。

印第安纳州，博格冈 (Pokagon) 州立公园的就餐小旅馆

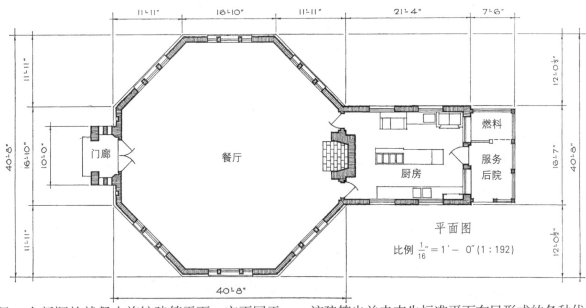

平面图

比例 $\frac{1}{16}$″ = 1′ − 0″ (1：192)

这是一个新颖的就餐小旅馆建筑平面，它不同于老一套的"T"形平面。它用一个八边形代替了"T"字交叉，从而创造出一个令人耳目一新的、有个性特征的构筑物。除了餐桌设置的方便性不如矩形房间之外，

该建筑也并未丧失标准平面布局形式的各种优点。其屋顶的老虎窗有助于高屋面下方空间的通风，也便于房间中央部分的采光。值得注意的还有其屏蔽的服务后院。

印第安纳州，达尼斯(Dunes)州立公园的就餐小旅馆

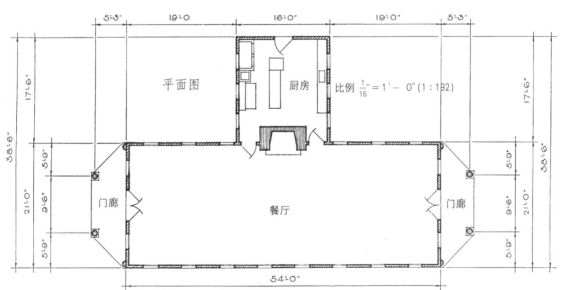

对印第安人的木构圆锥形帐篷的诠释，是公园中所有露营建筑的主题。陡斜的屋面坡度、戗脊顶上的杆撑以及描绘在木板瓦屋面上的印第安符号，都显示出其灵感之源。如果该构筑物由那种超现实的露营地规划者来设计，该构筑物的窗户将被控制在不充分的尺寸。针对这种小窗户，建筑师将会主动起身辩论；而较大的窗户又会使该趣味性改造物的起源显得模糊不清。那些原本可以掩藏在陡屋面下方的屋顶排气通风口，既具装饰性又有实用价值。

纽约州伊迪丝·梅西(Edith Macy)女童子军居留地的室外厨房

该室外厨房是先前所示的所有单元式小旅馆的组成部分，在本例中，该室外厨房与封闭的庇护所分离，这样，其布局形式则不太适用于恶劣天气。该构筑物配有炉灶、搁架、操作台和长凳，它具有引人注目的外观。

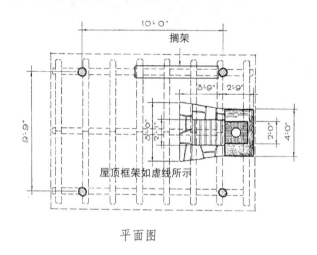

平面图

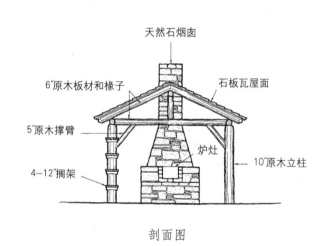

剖面图

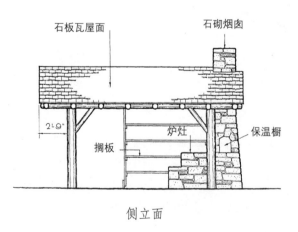

侧立面

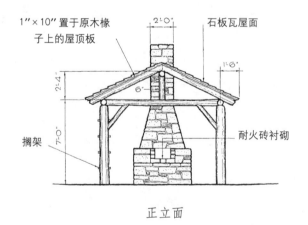

正立面

比例 $\frac{1}{8}'' = 1' - 0''$ (1 : 96)

从前，我们把"在一个帐篷中睡觉"作为"露营"的前提条件，而事实上，这样的时期也刚过去不久。在史前的黑暗时期，当人类在迁移过程中，或者去远方狩猎和打仗时，就开始使用某种形式的帐篷作为庇护物。因此，特别是对于年轻人而言，帐篷就被作为高冒险性活动的一种继承符号。所以，当丹尼尔·布恩或马可波罗的年轻化身们开始他们的首次露营探险时，如果他们惊骇地发现，自己并非被安排在帐篷中住宿，那么，年轻的一代就会产生愤世嫉俗的思潮，他们会坚持认为自己出生得太晚了。

也许，对于帐篷设备的破坏，有组织露营地必须承担最大的责任，因为它是最重要的露营者庇护设施。露营地组织机构有机会对帐篷的高成本（考虑到帐篷的维护和替换）以及为帐篷增设防虫设施的难度进行观察。而通常的观察结论会是：与在帆布帐篷底下睡觉的战栗感觉相比，"木制帐篷"的经济性和卫生条件都显示出足够优势。

有些露营地的领导人不愿轻易牺牲帐篷设备在露营者中的心理优势，所以，尽管帐篷的造价负担大，他们仍赞成使用帐篷作为住宿设施。这种用于住宿的帐篷应有一个地面铺砌紧密的升起式平台。应予指出的是，帐篷的实际尺寸与额定尺寸之间，经常会有数英尺的变化范围。因此，如果等到帐篷在手边之后才开始建造帐篷平台，这是一个不明智的做法，因平台也可定制成与帐篷的适贴配合形式。拉紧联结的护栏将有助于形式的固定，并可以起到加固帆布的作用。

人们常常倾向于对帐篷加以改造或增补，来消除帐篷的自身缺点。这将会导致一种"半篷半屋"的异常构成，这种构筑物常常会将两种类型庇护物的所有缺点合为一体，而不是将两者的所有优点进行融合，

其结果看上去就如同在一个玉米穗仓库和一个夸大比例的蟋蟀箱之间划上一个"×"。除非已经认定该帐篷为某一具体形式，否则，我们鼓励使用完全的木结构形式。

作为一种常用设施，露营地的住宿单元必须能够接纳以下的不同组群：露营者、工作人员和那些被统称为佣工但应更确切定义为雇工的非领导层员工。佣工住宅应具有一定的独用性，且便于佣工到达就餐小旅馆。工作人员住所应处于营区的中心位置，以便于全天候地对营地进行监管。如先前所述，主管医务室的医生或护士的居住处所也有必要位于同一建筑群。如果露营地是专为年轻小孩或青年群体所规划设计，就需要为每一露营小屋组群的一个或多个露营辅导员或领导提供居住处所。在专供家庭使用而设计的露营地中，这种运作方式可能流行也可能不流行。

对于那种为露营者准备的住宿小屋而言，为家庭设计的小屋与为不同年龄组设计的小屋存在着材料上的差异。在具体讨论工作人员和佣工的住宿设施之前，我们先对上述两种类型的小屋及其基本结构形式的差异性加以研究。

从组群露营的历史可以看出，露营者所乐于接受的同一住宿单元的推荐人数是处于连续下降的趋势。根据年龄组群露营地的实际经验，特别是幼儿组露营地的实际经验，当"宿舍"组群较小时，就会减少许多行为举止上的问题，而露营者也就会更加快乐。有许多儿童和老人都很难与许多同屋者相适应。人们发现，8人露营小屋优于12人小屋，6人组群是一种更好的规模，而4人小屋则最好。因为，在小型组群中，露营者更容易与露营同伴适应和生活，也因为，当组群的规模、噪声、干扰和纪律问题都相应减少时，所需管理措施也较少，所以，当露营者的年龄超过12岁时，我们力荐，在一

个住宿小屋中的露营者数量不应超过 4 人。对于 12 岁以下的儿童，则建议将小屋设计为两个 4 人房间，并在两个房间之间设置一处露营辅导员的单间。

出于对健康、安全和舒适度问题的考虑，当低龄儿童被聚集在露营地中时，应遵循"美国公共卫生署"的推荐标准。这些标准要求，在小床护栏之间应有 6 英尺（约 1.8m）的间距，在其端栏之间应有 4 英尺（约 1.2m）的间距，禁止使用双层床铺。在容量大于 4 人的小屋或宿舍中，如果在床铺之间设置了适宜的帆布或轻质木栏，如果在这种情况下也同时满足了当地卫生机构的容量要求，则可以将 6 英尺（约 1.8m）的间距加以缩减。如果露营者都是成年人或以家庭形式露营，则允许直接使用司法机构的间距和容量规则，而不必使用公共卫生署的要求。

在多数情况下，住宿小屋都仅用于夏季，所以，小屋的窗洞可以较大，而窗下的实墙高度也不必延伸至超出地面 3 英尺（约 0.9m），应能提供由这一标高至上部墙体的带屏障装置的窗口。考虑到可能出现的暴雨天气，还必须设计某种设备来关闭此窗口，如：使用帆布窗帘，或者在不太重也不太轻的构架上附着玻璃丝布，或者安装实心木百叶窗等。在有风时，帆布窗帘会飘动翻打，而当其被湿漉漉地卷在一起时，又会发霉，所以，如果使用帆布窗帘（即使是采用防霉帆布），就必须承受较高的维护费用。就玻璃丝布而言，如果它没有被滥用，那么被充分安放在结实构架上的这种材料应能持续使用数年。在封闭帆布窗帘和实心木百叶窗之后，住宿小屋会完全出于黑暗之中，而如果使用玻璃丝布，则可为室内纳入光线，所以，玻璃丝布的性能要优于前两者。综上所述，最适宜的解决方法是采用玻璃丝布的风雨防护罩，但在冬季又可将其替换为木板条。

如果为露营地建筑物安装玻璃窗，则其最初成本较高。当该建筑物的位置偏远且因为过季而萧条时，玻璃的损耗赔偿费以及相应的高额维护费用常常是相当大的。我们建议，在露营建筑中安装玻璃窗时，最好仅限于那些被全年使用的建筑物。

就住宿设备而言，住宿小屋应为每个露营者提供单独的衣橱，以确保小屋一直处于清洁、有序的状态。这些衣橱可以是那种简单的三面体，只在前部挂上帆布幕帘。衣橱底部或顶部的一、两格可用于储藏露营者的小件行李；其中还设有可放置衣架的杆件或衣勾。可以将这些衣橱设置在小屋端墙或侧墙的中心位置，这样，有助于确保轻便小床的设置符合"美国公共卫生署"的间距规定。

我们似乎已不必去强调，住宿小屋的所有房门都应外开，以作为火灾或其它紧急情况下（特别是在幼儿，在这种情况下会惊慌失措）的一种安全措施。在潮湿气候条件下，小屋入口处的小型门廊会起到保护门道的作用，并为露营者提供了一个进屋前清洁鞋泥的场地。如果门廊的面积足够大，在天气允许且无蚊虫叮咬的情况下，它还为小屋居住者提供了一个舒适的室外就座的场所。

如果预计一个有组织露营地将部分时间被家庭所占用，部分时间被年龄组组群所占用时，那么，当小屋能够满足后者需求时，它也能很好地被家庭用户所接受。另一方面，如果该露营地的所有季节都供家庭使用，就可以设计一种更有利于家庭居住的小屋。首先，这种小屋应较为封闭。一个组群的家庭小屋可以供不同性别和所有年龄阶段的人居住，而家庭用的小屋需要非常强的私密感，其私密度要求高于男性年龄组群或女性年龄组群所使用的小屋。为此，家庭小屋内部所需的屏障墙数量就会大大缩减；其次，家庭小屋适于被分为两个房间。可以想象，家庭露营地与其它露营地不同，它不会按照固定的时刻表行动，而一个家庭中的小孩和大人需要在不同时段就寝。有人建议，当预计住宿小屋确实专供家庭使用时，应具有 4 人用、5 人用和 6 人用等数种尺寸。

有组织露营地的经济基础建立在满足绝大多数人利益的原则上，它反对将家庭小屋建造得比以前所述小屋更精细。确实，一个壁炉、一间起居室和一个屏蔽的门廊，都可以作为适宜的附加物。但是，如果在设置这些附加物时又会带来其它不可避免的附加物，即：增加的露营地费用，并导致有组织露营地广泛领域的开支缩减，那么，这样的局面是不合理的。

在供年龄组群使用的露营地中，其职员住宿区必须广泛分散，以获得合宜的管理效果。在家庭露营地中，这种需求并没有那样迫切，或者是完全没有这种要求。在分年龄组的露营地中，作为露营辅导员或露营地主管的工作人员，需每日24小时上班，就连他们在睡觉时也要保持警醒。

露营地职员的安置趋势是，为给定数量的露营者安排比先前更多的露营辅导员。这便产生了更多形式的节目，以及更多的个人关注。在目前的实践中，露营者与露营辅导员的平均比率在8∶1左右。无疑，露营地的人员配置情形是，当露营者非常年幼或有身体残疾时，露营者与露营辅导员的比值应较小，而当露营者更为成熟健壮时，该比值则更大。

露营者的年龄越小，露营辅导员的住宿区就应距离他们越近。因此，当露营组群由非常年幼的儿童构成时，就适宜采用我们先前曾论述过的小屋类型，即，将主管的房间分别置于两个四人房间的侧面，使这几个房间在都一屋顶下。当露营组群由年龄较大的儿童构成时，可设置一个独立式小屋作为露营辅导员的住所。该小屋可容纳三人，但更适宜于两人。小屋构造与露营者小屋相似，其尺寸应满足小床间距要求，使该间距至少不应少于露营者小木屋的推荐标准。它应为每一居住者提供一个壁橱，并在屋内设置两三张椅子和一张办公桌。

在典型的露营地中，还需要为主管和其他在熄灯之后就可以下班的中心区工作人员准备一个带住宿设施的简易小屋。在这种小屋中设置住宿设施是有益处的，它有时也可方便一两个客人住宿，有时也可作为

一间带壁炉的起居室或休息室，在闲暇时间供其他员工使用。小屋的建造经常还出自另一目的：如果小屋的布局便于将一间卧室改造成一个厨房，那么，小屋就还可用于短期的冬季用途。否则，就需要建造一个比露营顾问和露营者的小屋推荐类型较为开放而宽敞的夏季建筑。露营地工作人员整个夏季都居住在露营地中，且通常由老年人组成，他们有权获得比露营者更大的房间、私密性和舒适度。

雇工的居住区应与露营者和工作人员的居住区相分离，它不仅应位于方便抵达盥洗室的地方（因盥洗室内包括了他们的厕所和洗浴设施），也应方便抵达就餐小旅馆（就餐小旅馆是他们的工作中心）。由于某些供应品的运送时间可能正好处于厨房工作人员全都没有当班时，所以，可将佣工的住宿建筑设置在这样一个地方，使其可控制通向就餐小旅馆厨房侧翼的服务道路。

决定佣工住所尺度的因素包括：厨房和餐厅所采用的相关规则和服务类型，就餐小旅馆营运时的露营者参与范围，以及在附近地区雇佣一些白天工作、夜晚回家的佣工的可能性。为佣工夫妻设计单间也是很明智的。佣工住所通常属于夏季建筑，不过，它的开放性或许不如露营者小屋。

如果露营地预备用于短期的冬季活动，那么，或者对佣工建筑，或者对员工小屋的建造、甚或同时对这两种构造形式会提出更高的构造要求。如果只是建造其中之一而非两者同时，那么，当与员工住区密切联系时，这种建筑构造和用途会更加具有合理性。在一些露营规划中，会复制一些露营顾问小屋，以供佣工居住。当然，与员工住所和佣工住所相结合的公厕和浴室是很便利的，然而，在资金缺乏的情况下，通常会要求将这类设施省略。

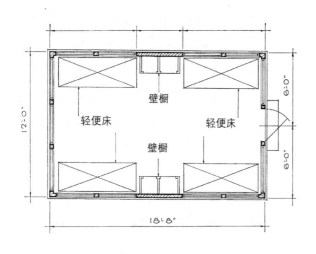

明尼苏达州，圣克罗伊(St. Croix)河地区

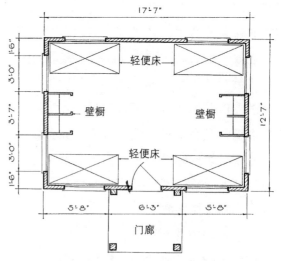

密苏里州，蒙特塞拉特地区

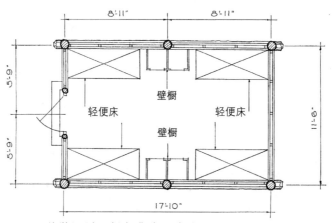

俄勒冈州，锡尔弗克里克(Silver Creek)地区

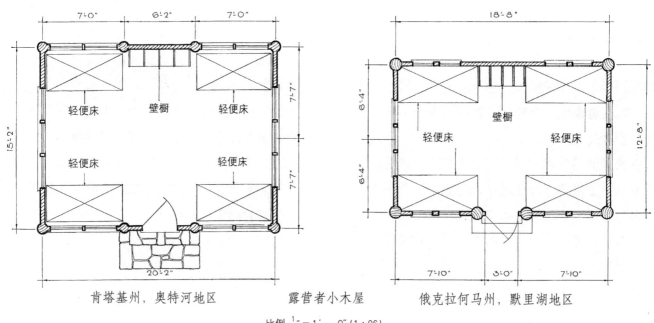

肯塔基州，奥特河地区   露营者小木屋   俄克拉何马州，默里湖地区

比例 $\frac{1}{8}'' = 1' - 0''$ (1 : 96)

明尼苏达州，圣克罗伊游憩中心地

密苏里州，蒙特塞拉特游憩中心地

不设门廊的露营者小屋

　　如图所示，这组小屋表现出了有组织露营地的4人小屋的所有要素，它们的平面图在对面一页。小屋的尺寸和布局形式取决于其结构经济性、轻便床之间的推荐距离、用于采光和通风的大面积开口以及为小木屋居住者准备的单人壁橱等。小屋的可能个性主要取决于其表面处理形式和它们是否设有门廊及其在设置门廊的情况下所采取的形式。这组小屋的共同之处是，除了蒙特塞拉特的实例中有一个门廊雏形之外，它们都缺少一个门廊。

俄勒冈州，锡尔弗克里克游憩中心地

肯塔基州，奥特河游憩中心地

俄克拉何马州，默里湖游憩中心地

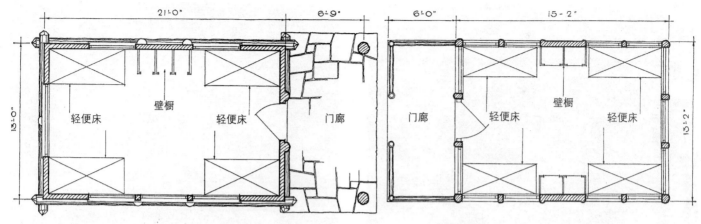

宾夕法尼亚州，拉孔河地区

马里兰州，古准平原残丘地区

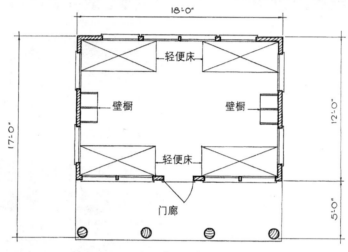

宾夕法尼亚州，希科里朗 (Hickory Run) 地区

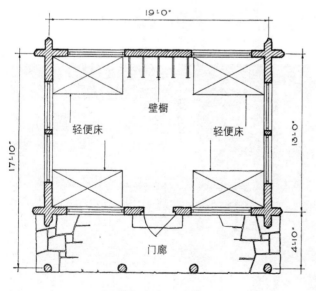

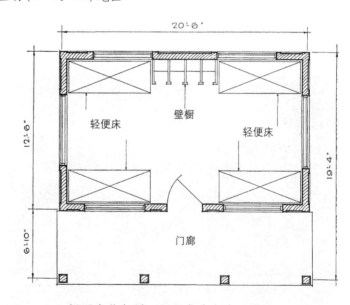

罗得岛比奇·庞德地区

露营者小木屋

比例 $\frac{1}{8}″ = 1′ - 0″$ (1:96)

新罕布什尔州，夏贝尔布鲁克河地区

宾夕法尼亚州，拉孔河游憩中心地

马里兰州，古准平原残丘游憩中心地

东北部的露营者小木屋

　　将这组小木屋归在同一页中的原因完全是基于地形条件。与国内其它地区相比，它们所表现出的外部特征并无特殊性。其中，有两例在建筑端墙处设置了出入口和门廊；而另三例则需从长边进入，因此具有更长的侧廊。在这组小屋中，值得注意的是古准平原残丘的小木屋，突出表现于其简洁的优点和真实的工艺。如果固定长凳并非小屋门廊的一部分，那么，其台阶应具有足够宽度，这样，就可以为居住者提供一个室外就座的场所。

宾夕法尼亚州，希科里朗游憩中心地

罗得岛州，比奇·庞德游憩中心地

新罕布什尔州，贝尔布鲁克游憩中心地

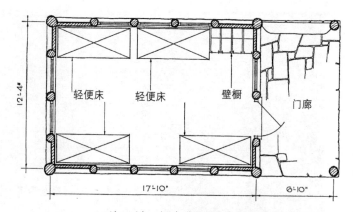

田纳西州，福尔斯河瀑布地区

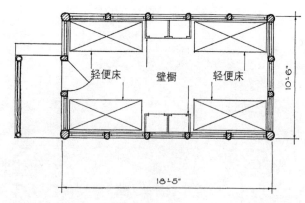

弗吉尼亚州，乔巴瓦姆锡克(Chopawamsic)地区

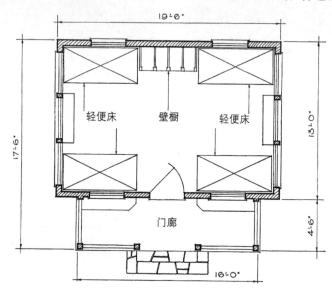

佐治亚州，亚历山大 H·史蒂芬纪念公园

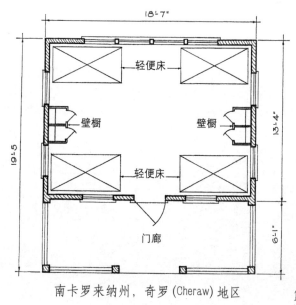

南卡罗来纳州，奇罗(Cheraw)地区

露营者小木屋

比例 $\frac{1}{8}" = 1' - 0"$ (1 : 96)

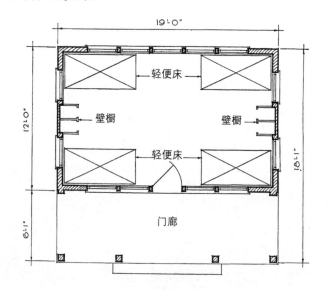

弗吉尼亚州，斯威夫特河地区

田纳西州，福尔斯河瀑布游憩中心地

弗吉尼亚州，乔巴瓦姆锡克游憩中心地

东南部的露营者小木屋

　　这是另一组基于地形条件而集中于同一页中的露营者小屋，它们并不具备任何结构上或其它方面的同源关系。如对页平面图所示，上面两图的实例是在端墙设置了门廊和外门，而其它三例则是在侧墙设置了门廊和入口。上面两幢小屋所用的木材是圆形原木；下面三例则是使用的方木。我们应注意其壁橱位置的可替换性；所有的四个壁橱可以同时组合在大门对面，或者在轻便床之间的两个侧墙处各设置两个壁橱。

佐治亚州，亚历山大·H·史蒂芬纪念公园

南卡罗来纳州，奇罗游憩中心地

弗吉尼亚州，斯威夫特河游憩中心地

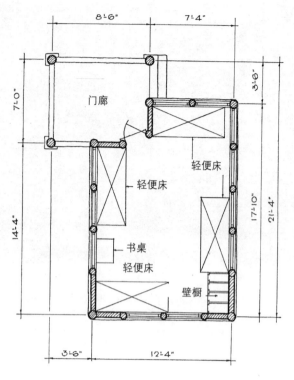

田纳西州，福尔斯河瀑布地区

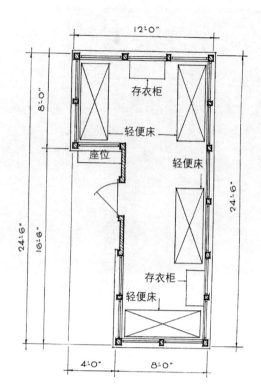

佐治亚州，哈特拉博河地区

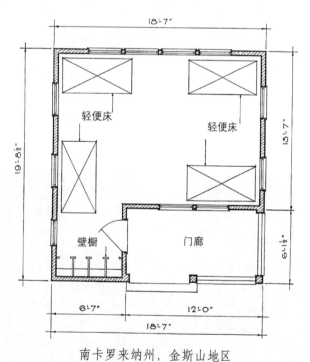

南卡罗来纳州，金斯山地区

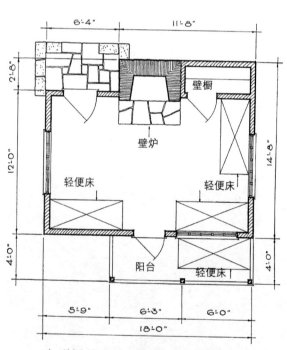

加利福尼亚州，门多西诺森林地区

露营者小木屋

比例 $\frac{1}{8}$″＝1′－0″(1：96)

田纳西州，福尔斯河瀑布游憩中心地

佐治亚州，哈特拉博游憩中心地

非典型的四床露营小木屋

　　对页的平面图表明，在不损害基本需求的前提下，也可能建造不同于标准矩形平面的住宿小木屋。这种在拥挤的小木屋组群中所引进的变体，应得到广泛欢迎。现在，我们已回顾了从大西洋到太平洋的露营小木屋，并发现，只有在阳光充足的加利福尼亚州的范例中，才加入了一个壁炉。该壁炉以及独特的床铺分布形式（有三张床位于室内靠近壁炉处，有一张床却很奇怪地位于室外），是一个值得我们深思的问题。这种做法可能同自己人与新来者的比率相关。或许，这一比率就是3：1，所以，新来者就只有被隔离在屋外阳台上，以历练其个人坚韧性。

南卡罗来纳州，金斯山游憩中心地

加利福尼亚州，门多西诺森林游憩中心地

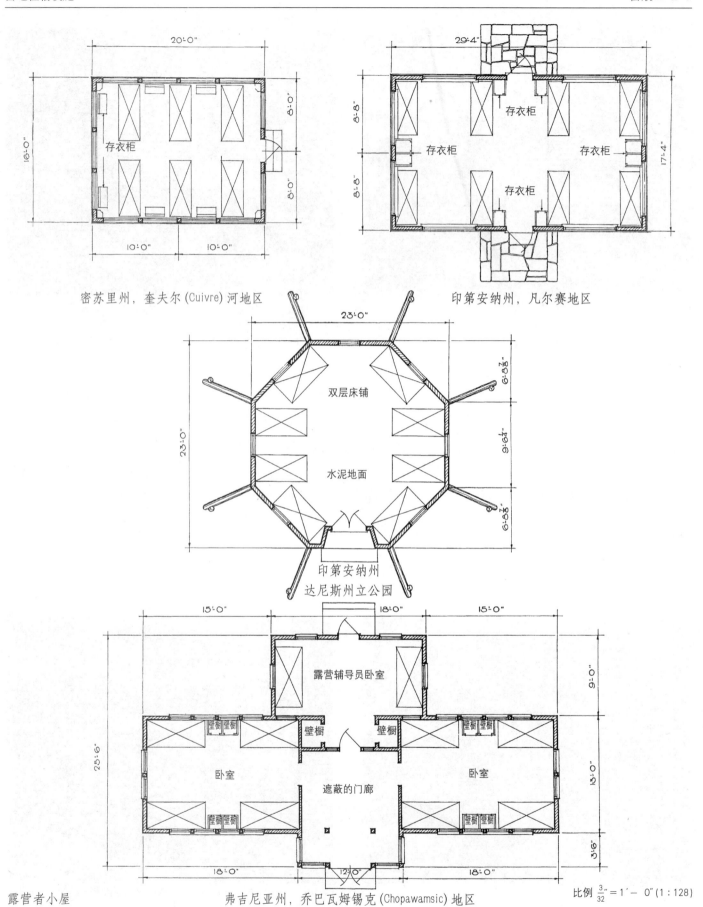

密苏里州，奎夫尔 (Cuivre) 河地区

印第安纳州，凡尔赛地区

存衣柜

双层床铺

水泥地面

印第安纳州
达尼斯州立公园

露营辅导员卧室

壁橱   壁橱

卧室   卧室

遮蔽的门廊

露营者小屋   弗吉尼亚州，乔巴瓦姆锡克 (Chopawamsic) 地区   比例 $\frac{3}{32}'' = 1' - 0''$ (1 : 128)

密苏里州，奎夫尔河瀑布游憩中心地

印第安纳州，凡尔赛游憩中心地

容量大于四人的露营者小木屋

　　住宿容量为四人的露营小屋被广泛认为是一种理想形式。虽然如此，有些观点仍认为，6人或8人的容量也是允许的（对页平面图所示）。

　　左上图所示为奎夫尔河的6床小屋，如果将其中的4张床移至墙角，以留出与凡尔赛游憩中心地的8人小屋（如右上图所示）相当的床铺间距，那么，该小屋的布局就更易为人接受。

　　这是一个引人注意的圆锥帐篷模样的八角形平面构筑物，它的主要成就是其带予年轻人的兴奋感。然而，达此目的也是要付出代价的。该住屋更强调了其

独特趣味性，而较为忽视良好的通风要求。该小屋内有8个双层床铺，可填充16人，这种做法严重违反了空间推荐标准。即使这8个双层床被换成单层，其床铺之间的间距仍是超标的。

　　乔巴瓦姆锡克的"工具包"小屋的布局形式被推荐应用于幼儿露营地中。它包括两个4人间卧室，而这两个卧室又被一个入口和一间可供两位露营领导使用的卧室分开，这样，该小屋便可将8个小孩集合在同一屋檐下。这种做法，可以在没有放松对露营儿童进行监管的同时，使其中的一位领导得以在特定时间下班。

印第安纳州，达尼斯州立公园

弗吉尼亚州，乔巴瓦姆锡克游憩中心地

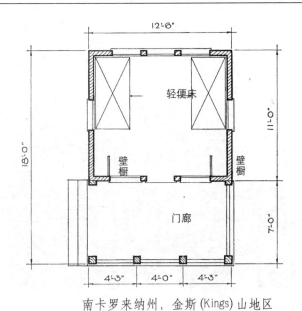

南卡罗来纳州，金斯 (Kings) 山地区

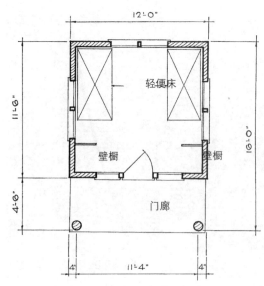

宾夕法尼亚州，希科里朗 (Hickory Run) 地区

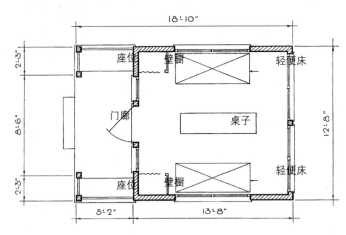

宾夕法尼亚州，弗伦奇河 (French Creek) 地区

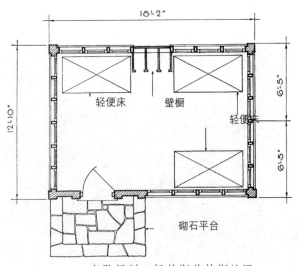

密歇根州，杨基斯普林斯地区

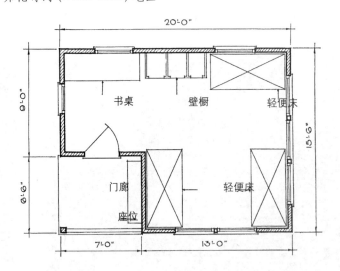

佐治亚州，亚历山大·H·史蒂芬纪念公园

露营辅导员小木屋

比例 $\frac{1}{8}'' = 1' - 0''$ (1：96)

南卡罗来纳州，金斯 (Kings) 山游憩中心地

宾夕法尼亚州，希科里朗 (Hickory Run) 游憩中心地

露营辅导员小木屋

　　在游憩中心营地单元中，供露营辅导员使用的住所通常与该地区的露营者小木屋非常相似，只是在尺寸上有所缩减，以容纳两位（或者，最多 3 位）露营领导。这两种容量如对页平面图所示。我们知道，露营者小木屋的尺寸和布置取决于建筑的开放性、轻便床的间距和壁橱的供给情况等，而同样的这些要素，再加上可放置一张小桌和几把椅子的空间，便可决定露营领导小木屋的尺寸和布局形式。

宾夕法尼亚州，弗伦奇河游憩中心地

密歇根州，沙丘州杨基斯普林斯游憩中心地

佐治亚州，亚历山大·H·史蒂芬纪念公园

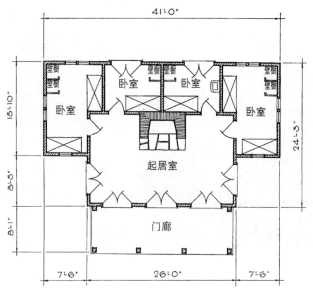

密苏里州，蒙特塞拉特 (Montserrat) 地区　　　　　　宾夕法尼亚州，拉孔河地区

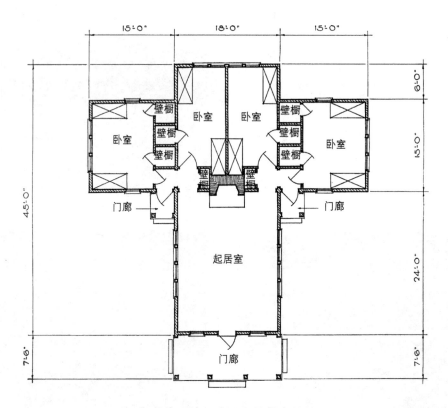

弗吉尼亚州，乔巴瓦姆锡克地区

员工住所

比例 $\frac{1}{16}'' = 1' - 0''$ (1:192)

对于那些不要求住宿在有组织露营地中的工作人员而言，其住所的典型配置是：起居室、门廊和4间可容纳6张轻便床的卧室。有时，还可将工作人员建筑用于小型群体的冬季短期露营。届时，其中的一间卧室适合改造为厨房，而且，还可在烟囱内加上一个套管，使其与小型烹饪用炉的烟道连接。

密苏里州，蒙特塞拉特游憩中心地

该建筑物的空间分配和住宿容量与上图的职员宿舍几乎相似，不仅如此，它还为所有的卧室提供了可遍及每一角落的通风。不过，从另一方面讲，其烟囱位置又使其经济性与上例不同，因为，当准备将该建筑物使用于冬季时，其卧室中则需设置一个用以烧饭的炉灶，这就使得建筑物的第二个烟囱成为必要。

宾夕法尼亚州，拉孔河游憩中心地

在这张图例中，可以找到与上面两张平面图相似的平面元素，但这些平面元素的组合却没有上面两图密集，且其空间尺度也较为宽敞。其烟囱的位置很合适，当因冬季露营而需在卧室中设置一个烹调用炉时，该烟囱还可为其提供额外的烟道。该起居室的三边朝向是建筑物的一个优良特征，但有两间卧室的采光和通风条件均不好。

弗吉尼亚州，乔巴瓦姆锡克游憩中心地

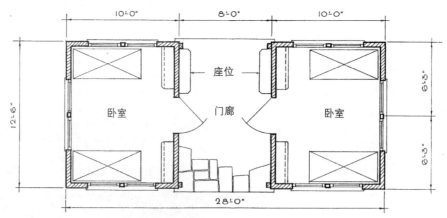

密苏里州，奎夫尔河地区

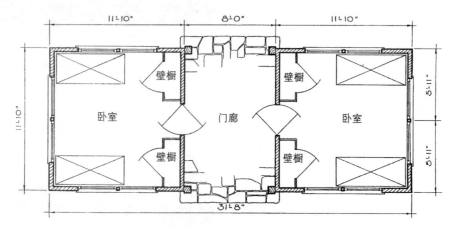

密苏里州，蒙特塞拉特地区

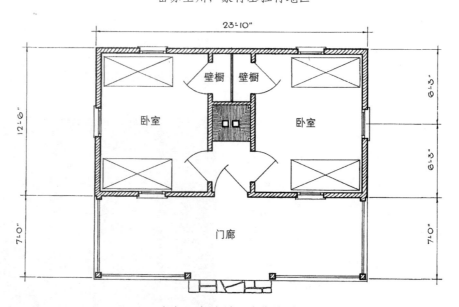

南卡罗来纳州，金斯山地区

露营地佣工住所

比例 $\frac{1}{8}'' = 1' - 0''$ (1 : 96)

佣工住所

这种设有通廊的小木屋平面非常适合露营地雇工住房，该通廊赋予两间卧室更强的私密感。由于佣工的种类可能较多，这种平面形式便显示出其优势所在。不管门廊是设置在两个卧室之间（如本图所示），还是设置在其它等效面积（如其它某些平面所示）之中，对于建造成本的影响并不是很大。

密苏里州，奎夫尔河游憩中心地

这一通廊式的佣工住宿小木屋几乎是上图所示平面的副本。它们的开窗方法是相同的。本例的建筑尺寸稍大。它用壁橱代替了上例小木屋中的开放搁架和挂衣辊。如果将通廊的开放尽端加以屏障，就可以增加这些住所的舒适性。由于被屏障地区的面积较小，所以，增加屏障的所耗费用并不多。

密苏里州，蒙特塞拉特游憩中心地

如果整个露营地都贯彻统一的结构主题，而这样的统一主题又很适宜，那么，即便是这种比较独立的佣工住所也应具备与其它建筑物相似的外部特征。该图所示实例位于金斯山游憩中心地，除增加了一个烟囱之外，这里的佣工小木屋都严密复制了露营者的住宿小木屋。

南卡罗来纳州，金斯山游憩中心地

弗吉尼亚州，斯威夫特河游憩中心地

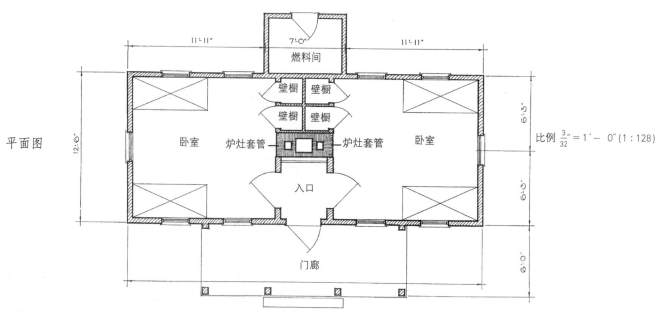

平面图

如图所示的雇工住房比先前所回顾的各个实例更为宽敞，其空间大小或许还超出了实际必要值。当资金有限时，我们建议采用更为紧凑的布局形式。考虑到冬季短期露营的要求，需在每一卧室各设置一个炉灶，并由此产生更大的建筑空间尺寸。该建筑背部的棚屋提供了燃料存储空间。

译后记

人与自然和谐发展的设计图解

　　自从 1872 年黄石国家公园成立以来，美国国家公园的发展取得了世人瞩目的成就，我国有不少学者相继介绍了美国国家公园保护与发展的经验教训，但多数是在宏观层面上从政策法规、经营管理、规划理论与方法等方面介绍，而这本书着重从设施设计的角度系统总结了美国国家公园百年来发展的成就、特色和风格，探讨了国家公园可持续发展的方向和途径。它从"分子水平"上提出了解决自然保护与游憩发展矛盾的方法。

　　这本书早在 1938 年由内务部出版了三卷，1999 年再版，修改后图文并茂，从全国数十家国家公园中选取 1000 多张代表性设施图片及平面和立面图，记载了公园开发辉煌时期所留下的丰富的设施遗产，全面系统展示了游憩设施与国家公园的建筑风格。本书更多地直接聚焦在公园建筑的最新发展方向上，通过不同公园同一主题的比较研究，使它们之间相互产生影响进而汇成一股强大的力量以推动公园设施的技术发展。

1. 公园设施的类型与体系

　　代表美国国家和州立公园独特持续视觉个性的设施主要是公园博物馆、石屋、小木屋、指示牌与野餐露营地设施。从设施性质的角度可分为管理设施、游憩设施、文化设施、特许设施、解说设施、基础设施以及环境改造设施等。每种设施类型均系统地介绍了发展现状、趋势、理论和设计方法，附有建筑设计平面图、立面图、比例尺寸、建筑材料、建筑环境等，对支持每一种功能的设施体系均作了详细分析。

国家公园设施体系　　表 1

设施种类	管理设施	文化设施	特许设施	游憩设施	解说设施	环境改造设施	基础设施
设施细分	办公建筑 大门 门房 栅栏 瞭望塔 售票处	博物馆 历史遗存 自然俱乐部	住宿设施 小旅馆 小木屋 帐篷 挂车 员工住所 餐饮设施 商业设施	路边座椅 露营地 野餐桌 野餐亭 野餐炉 游步道 船库 马厩 医疗室 洗衣房 浴室 营火剧场 工艺品商店	指示牌 标识牌 解说中心	水坝 挡土墙 石墙	厕所 供水设施 饮水塔 污水处理设施 垃圾收运设施 垃圾焚化炉 棚屋 设施维护建筑 桥梁

从设施的普遍性与独特性角度可分为三类：

第一类是可复制的设施，在一定的功利或技术的限制内发展成为具有宜人外观的小型设施。这绝对不是提倡不加选择的照搬，也不表示选用成品的小构件比强调独特性的创造更好。

第二类是仅适合某一特殊地点的设施，它们一旦被原封不动地移到其它环境中就很难获得成功。只有依靠最专业的意见才能防止在一个地方很合适的设施在别处成为笨拙的模仿。在进行修改时只有高超的技术和罕见的正确判断力才能防止混杂式的发展。

第三类是对于个别问题的成功解决的设施，它们是极有价值的成就，可以鼓励那些将来可能遇到更加复杂的公园设计问题的设计人员，使他们以相同的令人振奋的独特性、独创性和率直性解决新的问题。在这种情况下无论是明显的还是微妙的剽窃都是极端愚蠢的。

2. 公园游憩设施设计的基本原则

2.1 最少地牺牲自然特色、最多地满足人类需要，和谐性、地方性和实用性相统一，任何精心设计的公园建筑物，都不是为了公园的自然美学特征，而是为了其在使用方面的具体需要而产生的。建设一个具有永恒利用价值的设施是不可能的，必须坚持一个重要的原则——不是绝对必要就不建造建筑。大自然是一幅美丽的油画，任何建筑不可能美化自然，而只会破坏自然。公园建设工程管理的基本目标就是将对自然景观的改变减小至最低程度。

2.2 人性关怀，充分考虑人类生理、心理需求和游憩行为特点，结合环境进行周密细致有效的设计。有许多公园保留地并不因为其具有最高的山峰或最深的峡谷、最蓝的湖泊或最高大的树木而存在，而是它们成功地给大都市的年青人带

来了山水风景、游泳池、阳光与遮荫，而这些年青人曾经只能在单调简陋的城市街道上积满雨水的排水沟边戏水玩耍。

3. 公园乡土设施风格的创造

如果人类能够将大自然赋予野生动物的保护色运用到国家公园的设施上，这将对他们给大自然造成的侵扰起到很大的调和作用，人们特别希望包括石墙、木栅栏、护栏和挡土墙等用来限制汽车通行的路障能与自然融合。这些设施都是公园中不可缺少的，任何缺乏技术性的处理都将成为污染自然美的污染源。

影响公园设施风格的因素主要有材料、色彩、屋顶、立面、高度、体量、密度等，其中材料对风格的影响最大，也是争议比较大的地方，建造一个真正的圆木设施需要的木料足够可以造出好几个宜人的设施。建立公园的目的是为了保护资源，而建造木屋又是在破坏资源。一般来说，在指定需要使用木材的地方，一些更重要的设施可以忠实地按照圆木建筑的构造建造，这样可以将正在逐渐失传的构造方法保存下来以供研究；另一方面，小型的以及经常被重复的设施如小木屋，应采用虽不够独特、耐久但更经济的材料和方法。

每个设施在自然公园内仅仅是整体中的一小部分。单独的设施必须完全服从于作为基本方针的公园计划，这一点决不能忽视。公园规划决定了每个设施的大小、特征、位置以及功能。它们之间是密切相关的，必须合理地保证公园计划的可行性和协调性。否则，就像有些人所说的，它们只会成为昂贵而无用的"部件"集合罢了。

公园设施仅是因为公众的使用而存在，但并不要求它们在很远的距离就能够被看见。最令人满意的效果是，设施成为环境中的风景，从任何

角度看其存在都是合理的、有益的。使用合适的标志牌来指明通向位置不那么明显的公园设施做法远比一座突兀建筑的冲击或老远就能看见这座建筑来得高明。

公园设施外观的颜色特别是木造部分的颜色，是影响景观协调的重要因素。自然存在的颜色几乎都能和环境很好地协调起来。总的来说，暖棕色将大大有助于使木制建筑融合于林地和半林地环境。明亮的木灰色是另一种可以放心使用的颜色。在需要强调的一些建筑小构件譬如窗格条上，可以少量地使用明亮的浅黄色或岩石的颜色。绿色差不多是所有颜色中最难以把握的，在一个特定的环境获得合适的绿色调十分困难，混合了其它不同颜色的树叶及其空隙和阴影加上屋顶的光学反射，使绿色的屋顶很难与周围环境协调，而棕色或暗灰色的屋顶可以和土地及树干的颜色取得很好的协调感。

天然材料能赋予公园建筑多少原始特征，这完全取决于怎样巧妙地使用它们。我们还应该尝试发挥材料本身的"自然性"。当地出产的石材如果被加工成规整尺寸的切割石块或水泥块的样子，或者将当地的圆木加工成像电线杆一样整齐的商用木料，就完全失去了其天然特色。

4. 指示解说系统的创意

公园指示解说系统包括栅栏、石墙、指示牌、标识牌等，改变基地条件的任何设计方案都会导致灾难性的后果。自然性很容易消失，人工性却容易留存。一个公园选用石制栅栏还是木制栅栏取决于每种材料对本土的适用性，一般来说在不出产石材的地方引进石材作为材料看起来是不合适的。即使引进，也必须采用有效的技术手段和艺术手法进行处理。

指示牌的数量、位置、建筑尺度、成本和耐久性应该经过深思熟虑后才决定。提供太多的指示牌很快遭到那些渴望大自然井井有条的人们的反对。若是没有足够的指示牌服务，缺少指示性的信息会惹恼那些既没有时间又不喜欢一路找寻的人们。若一个地区的树木没有成林，它就不适合放巨大的指示牌，否则会增强自然环境的缺陷。烘烤过的瓷釉文字缺少特色，漆在木头上的文字要不断地刷漆，增加维护成本。

指示牌上文字比例和易读性也很重要，那些警戒的和指示性的指示牌上的文字要求精练，并在一个合适的距离内快速易读，如"急转弯"、"停止"、"浅水横渡"，像这样的指示牌文字是遵循一定标准的，这完全不同于为露营者和野餐者写的长篇详细的规定。然而对一个迷人的特有的地区的尊重可能来自于风格化的文字的质量、奇异性和个性。

把公园指示牌刻在天然的大鹅卵石和悬崖上或固定在树上，都是值得肯定的。需要警告的是那些把公园指示牌变成一种现代的、商业的、吸引人的技术的倾向。公园入口处绝不允许指示牌与沿路香烟海报竞争。几条不同信息按照一定的逻辑关系把它们积聚起来，用一个指示牌传达。

标志牌和神龛在使用目的和意图方面与指示牌有所区别。指示牌起到的是引导、控制或提醒的作用，而标志牌及其同类神龛或导游图只是起到加深游客对公园内某一景点或景物的文化内涵的理解并使他们能更好地游览公园的作用。越来越多的人用小比例的浮雕模型、石膏模型、混凝土模型表示整个公园地形所具有的教育价值，再现造山运动以及水、风和冰对土壤的侵蚀，或者帮助人们了解一场战争或某个消失的文明，而这些效果都是其它媒体无法达到的。

5. 历史保护与重建策略

5.1增加自然、科学和历史文化构筑物的数量，通过对事件的展示、对遗存物的保护和对大事记的再现，来突出与大自然相关的自然科学（涉及土地、天空、自然元素、自然现象、动植物和人类历史等）报道，可以大大增强国家公园吸引力。

记录自然、历史进程的辅助媒介，一般分为两类：一类是视觉媒体，包括标记物、博物馆、历史文物以及现场展览品等；另一类是听觉媒体，包括环形营火场地和户外剧场或圆形露天剧场等。

5.2公园博物馆（工房博物馆或帐篷博物馆）

这通常是一种小型的开敞式的建筑，在那里游憩或露营的团体——童子军、营火少女团及其它有组织的团队——可以在自然辅导员的指导下将他们收集到的树叶、昆虫、岩石等样本放在里面作为自然学课程的作业展览出来。一个公园博物馆的价值决不是由占地面积或展示的标本数量这类标准衡量的，应能体现地方自然或历史文化方面的特色，展示公园的精神。必须尽量避免展览品是自然的复制物，最好能够展示活的标本。例如，正在生长的野花、一系列活的爬虫、把当地的鸟类放在一起供游客观赏等。

人们保护或重建具有历史、建筑、考古价值或相关文化价值的构筑物在某种意义上既是大尺度的展示场所又是"活"博物馆。这种可以真切感受到生活的博物馆相对而言是最近才发展起来的。在俄亥俄州、印第安纳州、伊利诺伊州以及其它一些州的国家公园可以感受到美国过去阶段的普遍特征和联系。为了游憩和教育的目的，这些州在重要的历史遗迹上重建了传统的拓荒者村庄。俄亥俄州的斯肯恩布朗纪念馆就重现了前革命时期毁灭于印第安人血腥大屠杀的摩拉维亚传教团村落。

印第安纳的斯普林磨坊重现了围绕着一座石磨坊活动的拓荒者聚居地，这座磨坊由19世纪移民的弗吉尼亚贵族建造的。这个磨坊经过了完全的修复，已能够再次用原来的方法碾磨谷物，这一工序深深吸引了许多游客。它上部的楼层用来展示早期农具、家用器具和手工艺品，药房也装备了同时期的设备和货品。

伊利诺伊州新塞勒姆上演了一幕林肯的往事，通过杜撰和事实结合的方法讲述了林肯还是村里的砍柴工和仓库管理员时和安·露特莱奇的一段爱情故事。

无数人前来参观大雾山国家公园的磨坊，它展现了幸存下来的原始工业。这些重建的大革命时期的医院和茅屋是临时军营，它们能够勾起人们庄严的回忆。

这些"活"博物馆在以后的发展中会变得更加生动，人们的兴趣开始集中到用来展览各种展品的博物馆本身，它也是一件完整的展品。人们意识到内部和外部都是本质的一个组成部分，这样博物馆就有了四维。修复后的弗吉尼亚威廉斯堡生动的描绘了大革命之前维尼亚和泰德渥特地区的高地骑士生活。密歇根的迪尔伯恩用大众品味和无限的资金将人们吸引到格林菲尔德村庄，这种将无根据的科学和文化现象以不计时间顺序的方式组合的方法是一种全新的表现方式。

最好警记：保护胜于维修，维修胜于改造，改造胜于重建。

通常，保留几个时期的真正的古迹要比武断地完全重建整个工程更好。

5.3 自然俱乐部

从博物馆到自然俱乐部是公园游憩策划的产

物，赋予博物馆动态感、活力感。自然俱乐部是一种长期存在的、具有多种特指意义的露营地设施，是露营者中那些具有或可能具有自然意识的人的聚会地，是一个自然教育馆，有当地多种自然标本，是实验室——教室——图书馆综合体，包括一个大型的展览——工作间和一个供露营辅导员使用的小型办公——实验室，并配有展览架、展览箱、工作台、书架、储藏橱柜和一个可供给自来水的水槽。有些俱乐部还设置野生花园或生态动物园或水族馆，这里就是通向自然景观的出发点。

5.4 露天剧场

演讲圈或露天剧场是公园博物馆一项很受欢迎的附属设施，其吸引人的特色在于营火及其附近大致平坦的地形和未加修饰的自然环境。在那里人们伴着温暖的友情和营火，唱着歌听着故事欢度夜晚时光。它常常位于如帐篷区或小木屋区之类的过夜居住设施的附近，它作为许多活动项目的中心，几乎已成了经过规划的营地中的一项必不可少的项目。

6. 截流造湖的争议

在国家公园能否人工控制地表水流？有两种不同的观点，自然保护主义者认为，为了达到一定面积的水面，以牺牲区域自然环境为代价，这是一种可悲的地方风尚，类似于上一代人在标榜美国中南部最高的银行建筑物，而其之前的一代人则因其红色、豪华的"大剧院"为荣。然而该"大剧院"早已成为一个市场或一个滑稽剧场，而如今的银行则在一个破产财产接管人手中。如果构思拙劣的人工湖泊侵入优美和谐的自然风光中，或者变更了一个具有历史或科学价值的环境，它们的命运也可能同样令人震惊！在原本具有风景价值的地方，人工湖的建造并不能增加风景价值。

如果将人工湖强加于风景区中，则会削弱该地区原有天然价值。人工湖的好处主要在于其游憩性。如果该景区的主题是其天然风光或科学、历史价值，人工湖则没有立足之地。

另一种观点认为，原则上严格禁止，人工控制水流破坏了宝贵的自然条件，而它创造的价值却不足以弥补这些损失，但在严重缺乏水资源和区域性的水游憩设施的地区，对自然条件的人为改造是有理由的，问题在于大坝与自然环境如何协调？水坝的表面常被覆以石块以软化坚硬的表面和僵硬的线条，才能使水坝很完美地融于自然。和其它一些公园设施一样，建造大型水坝之前必须先研究一下它能为游憩活动带来的好处，建造人工湖的合理性取决于它能带来的游憩价值，而不是它能给公园带来的所谓的"特色"，在任何特大规模的公园开发项目中，人工湖都不会带来这种特色。只有那些以自然式的瀑布或具有相当程度自然地形特色的蓄水湖的形式暗暗地融入公园环境的水坝或蓄水池才有讨论的价值。

7. 营地发展与规划设计方法

7.1 露营的发展历史

在多种公园留宿方式中，最简单的方式即是帐篷宿营，在人类历史上露营生活要比定居生活的时间长，怀旧情结难以割舍，露营生活会持续发展下去，从前的部落组织为有组织露营提供了远古时代的露营先例。现代有组织的露营不同于有限群体的、个人主义的露营探险，它延续了露营的历史，并主要推动与现代实践的结合。

露营地起源于美国印第安人的生活方式，并被早期拓荒者加以改造。主要的印第安人和拓荒者除影响了露营的活动节目之外，还相当程度地影响了露营地布局和建筑构造。现在使用的露营方式，正是印第安习俗的彻底复兴。单元式营地类似于游牧民族的印第安村，通过一种圆锥形帐篷的安置，形成了大团体中的小群落，并为同种家庭提供固定位置，而在每次重新扎营时也常常会这样。拓荒者们的大火堆和木结构设施是露营地标志性设施。

7.2 露营地容量与布局

营地可容纳的露营者数量在 25 至 100 人之间。即当营地人数超过 32 人时，应将其分成 16 人、24 人或最多 32 人的组群。一个完整的单元式营地应包括中心区、用餐区、医疗保健区，中心区是所有露营者进行集体娱乐活动和文化活动的聚集区。从中心区步行很短距离就可以到达各个小组团，每个小组团都是一个供露营者及其领导睡觉用的小屋集群或帐篷集群，这些集群的中心是一个小旅馆，再加上一个洗衣房和一个公厕，便构成了一个完整的单元式露营地布局。研究表明，围绕中心设施而建的一些可提供住宿设施的独立小屋的布局方式，与同等容量的整体式中央设施相比，独立式小屋的运营和维护费用都偏高。

单元式的露营地布局考虑到了存在于整个人类的个体差异性，根据露营者的年龄、体能、兴趣和经历等一般分为儿童露营地、青年露营地、家庭露营地等，营地规划布局方式从兵营式向自由式转变，营地规模是以 8 的倍数作为一个单元，包括 16 人、24 人、32 人等单元，其中 24 人的露营单元便于有效管理，是一个合理的平均值，露营地的最大规模是 125 人，可分成 5 个 24 人的单元。

就一个单元式营地而言，其若干组成单元之间的适宜距离以及这些单元与管理区或中心区的距离，都不能随意规定。在任何营地选址时，有效获取安全的饮用水和选取适宜进行污水处理的土壤，是首要的考虑因素，除此之外，私密性问题也具有同等的重要性，保持适宜私密性所必需的距离取决于各个案例的场地现状条件，其中，地形和地被条件是控制要素。

有组织露营地的经济基础建立在满足绝大多数人利益的原则，在分年龄组使用的露营地中，其职员住宿区必须广泛分散，以获得合宜的管理效果。作为露营辅导员或露营地领导的工作人员，需每日 24 小时上班，就连他们在睡觉时也要保持警醒。在家庭露营地中，这种需求并没有那样迫切，或者是完全没有这种要求。

露营地职员的安置趋势是，为给定数量的露营者安排比先前更多的露营辅导员。在目前的实践中，露营者与露营辅导员的平均比率在 8：1 左右。无疑，露营地的人员配置情形是，当露营者非常年幼或有身体残疾时，露营者与露营辅导员的比值应较小，而当露营者更为成熟健壮时，该比值则更大。

7.3 野餐活动

野餐活动周期短，时间集中。要保持野餐区迷人的自然价值，就必须实施野餐区交替循环使用制度。节假日人群集中使公园中的野餐设施承受非常严重的负载，而这些设施在正常客容量情况下却是相当充足的。这些超载现象常常致使公园管理局提供超出正常需求比例的野餐桌和火炉。这种解决方法并不明智。通过将再生过程中的备用区域作为一种暗中的应急手段，可为公园吸收高峰负荷的冲击做好准备。只要高峰负荷并不出现在所有的周末，而是限制于节假日和类似罕见的特殊场合，替换野餐区的开放就没有理由抑制场地的恢复过程。如果野餐桌已经从休整区域撤出，则可将备用的折叠餐桌暂时放置于植物生长不当令的地区，以供假日人群使用。

从长远观点看，在自然公园中，最好选用现代公厕而非旧式茅房。前者可以提供较高标准的卫生设备，是美国国家公园管理局和绝大多数公众健康机构的绝对推荐物。无论公园的自然条件和经济条件如何，现代公厕都可适用。这一推荐还包括对污水的自然处理过程和对堆积物的化学处理过程。而对于废水的化学除菌则应被理解为另一过程，污水处理的理想方法通常是细菌作用。

8. 特许设施的性质

特许设施相当于我国风景名胜区中的服务设施，在美国国家公园设施体系中把服务设施作为特许设施充分体现了国家公园主导功能与辅助功能、主导设施与辅助设施的关系。特许设施是指为方便公园游客而迁移至公园地域的街角商店、熟食店、餐馆等。 只出售物品而非出租物品，它向游憩者提供食品、软饮料、糖果、烟草、玩具、新产品和预制的清淡午餐。其它公园设施可能需要依靠津贴来维持运行，而特许设施则被要求自负盈亏，建筑形式要与环境协调。既是一个成功的公园构筑物、又是一个成功的商业设施。

9. 结语

中国自然保护地保护与发展矛盾比较突出，其中设施特色、布局、设计与建设方面的问题最为关注：人与自然、传统与现代、保护与发展、企业与政府、经营与管理等方面的理念与策略均需转型升级。翻译本书的目的就是从一个侧面系统介绍美国国家公园的设施特点及其设计方法。他山之石，可以攻玉，借鉴他国经验，探索本土风格。

中国风景名胜区规划强调游赏景点规划，注重自然的人化，情感性文化性比较突出，而在美国国家公园规划中强调游憩体验规划，注重人的自然化，科学性教育性比较突出，东西方在风景资源利用上走了两条不同道路，各有所长，各有所鉴。野餐露营是美国国家公园的一个重要功能，也是发展比较成熟的重要领域，露营也将是我国生态旅游发展的重要方向，营地规划设计理论与方法对我们有重要的启发和指导意义。

保护与发展是世界各国自然保护地普遍存在的问题，国家公园作为自然保护地的一类重要类型，其基本任务就是在保护好自然生态系统的基础上满足国民户外游憩需求，通过富有创意的建筑设计解决了两者的矛盾。在宏观层面上通过功能分区协调保护与发展的矛盾，在中观层面上通过对游憩地的科学规划调控环境容量，在微观层面上在游憩行为、地方文化与环境特色上寻求结合点，通过工程技术上的技巧，从视觉上和生态上实现人与自然的和谐统一。

本书中文版自2003年出版以来已全部售完，获得了广大同行的盛誉。2013年十八届三中全会正式提出建设国家公园体制以来，国家公园成为社会广泛关注的热点，为满足大家对此书的需求，决定重新印刷出版。为了更准确反映此书的内容特色，让广大读者更加全面完整了解美国国家公园设施系统的特点与设计方法，把书名改为《国家公园设施系统与风景设计》。

本书翻译最初源自同济大学风景旅游系98、99级专业英语教学，在两年的教学过程中逐步翻译成稿，姚雪艳老师承担第三和第二部分原稿的校译工作，严诣青同志承担第一部分原稿的校对工作，最后由吴承照统一校译定稿。

本书翻译是集体劳动的产物，在此对所有参与、支持本书工作的同仁表示衷心感谢，特别感谢刘爱灵编辑，她为此书出版付出了大量心血，她对待工作一丝不苟的精神，值得我们学习。